高等职业教育“十三五”规划教材

手机维修技术

主　编　董　兵
副主编　陈　岗　罗德宇　陈　俊

北京邮电大学出版社
www.buptpress.com

内 容 摘 要

本教材结合当前手机生产和维修岗位的需求及高职学校学生的现状，按照生产手机企业设计、生产、测试、维修的岗位分布及培养要求，以具体的手机检测与维修的项目为教学案例，介绍了手机的基本结构、拆装技能、识图技巧、检测技术、故障分析与维修技能等。本教材包含手机基础、手机检测技术、手机维修技术等方面内容，布局为认识手机、理解手机、检测手机和维修手机。四个过程由易到难，层层递进。本教材在结构和内容方面，以岗位技术为核心，侧重知识的实践与实用，使学生通过学习这本教材，具备手机维修、设计、分析、调试等多项能力。

本教材可以作为高职移动通信技术、通信技术、应用电子、电气自动化等电子通信类专业的教材或参考书，也可以供手机维修行业相关专业工程技术人员参考。

图书在版编目（CIP）数据

手机维修技术 / 董兵主编. -- 北京：北京邮电大学出版社，2016.6（2022.6 重印）
ISBN 978-7-5635-4770-8

Ⅰ. ①手… Ⅱ. ①董… Ⅲ. ①移动电话机－维修 Ⅳ. ①TN929.53

中国版本图书馆 CIP 数据核字（2016）第 115594 号

书　　　名： 手机维修技术
著作责任者： 董　兵　主编
责 任 编 辑： 马晓仟　徐振华
出 版 发 行： 北京邮电大学出版社
社　　　址： 北京市海淀区西土城路 10 号(邮编：100876)
发　行　部： 电话：010－62282185　传真：010－62283578
E-mail： publish@bupt.edu.cn
经　　　销： 各地新华书店
印　　　刷： 北京九州迅驰传媒文化有限公司
开　　　本： 787 mm×1 092 mm　1/16
印　　　张： 18.5
字　　　数： 456 千字
版　　　次： 2016 年 6 月第 1 版　　2022 年 6 月第 3 次印刷

ISBN 978-7-5635-4770-8　　定　价：39.00 元

前　言

随着手机技术的飞速发展，采用新技术、新材料和新工艺的新型手机层出不穷，各种信息技术及大规模新型集成电路已广泛应用到手机上，使手机在短短的几年之内，无论在生产、测试技术还是产品品种上都有了一个质的飞跃。手机已成为人们工作、生活中的必需品。

本书是按照手机产品的生产、维修流程，以手机拆装技能、识别手机元器件、手机测试、手机故障维修为主线编写的。本书以手机检测及维修操作技能为主要内容，系统地介绍了手机维修中装拆机、元器件检测、焊接、信号检测、手机维修仪使用等必须掌握的操作技能。

本书的特点是：实用性强，将手机技术的发展与维修实践相结合；实训内容可操作性好，将多项维修技能以实训的方式体现出来，增强学生的实操技能；与生产岗位的结合紧密，根据手机生产和维修行业的岗位需求增加了手机测试、手机软件测试等内容；注重手机维修技能介绍，使学生能够掌握手机维修的特点和规律性；注重学生综合能力的培养，使学生能熟悉手机的内部组成及各部分功能，熟悉各类手机接口电路及特殊电路的功能，掌握对手机测试和故障分析的方法以及维修技能，具备对手机检测、维修及软件测试的基本能力。

本书由广东轻工职业技术学院董兵任主编，广东轻工职业技术学院陈岗、罗德宇、陈俊任副主编，其中第2章、第4章由董兵编写，第1章由陈俊编写，第3章由陈岗编写，附录由罗德宇编写，其中打“*”号的是选讲内容。本书由广东省职业技能鉴定指导中心移动通信专家组专家、广东捷讯技工学校副校长陈功全担任主审。参编的还有广东轻工职业技术学院的贾萍、成超等老师。在编写过程中，我们参考了其他作者的资料、网上的资料和手机生产厂家的资料，在此一并表示感谢。

由于电子信息技术发展迅速，手机产品更新快，虽然我们做了许多努力，但由于手机资料收集困难，加上水平所限，在对手机芯片电路的理解分析上难免出现偏差，对书中的错误和不足之处恳请读者批评指正。

编　者

目　　录

第1章　认识手机

工作项目

实训项目一：手机整机拆装

实训项目二：手机专用维修电源的操作与使用

实训项目三：手机贴片分立元器件的拆焊和焊接

实训项目四：手机 SOP 和 QFP 封装 IC 的拆焊和焊接

实训项目五：手机 BGA 封装 IC 的拆焊和焊接

实训项目六：电阻、电容、电感的识别与检测

实训项目七：半导体元器件的识别与检测

实训项目八：手机集成电路的识别与检测

实训项目九：送话器、受话器、振铃器等其他元器件的识别与检测

1.1　实训项目一：手机整机拆装

手机整机的拆装技能是我们认识手机内部结构和元器件的第一步。由于手机的外壳一般采用薄壁 PC-ABS 工程塑料，它的强度有限，再加上手机外壳的机械结构各不相同，有螺钉紧固、内卡扣、外卡扣等结构，所以对于手机的安装和拆卸，维修人员一定要心细，事先看清楚，在弄明白机械结构的基础上，再进行拆卸，否则极易损坏外壳。手机的拆卸和安装是手机维修的一项基本功，有些手机是易拆易装的。但也有不少手机，特别是一些新式手机，有隐藏的螺丝固定，如果掌握不住拆装的窍门，很容易造成拆装损坏。本实训项目中要求学生能熟练掌握手机整机的拆装方法；熟悉手机的内部结构；熟练使用手机拆装工具。

1.1.1　手机整机拆装工具的使用

1. 手机整机拆装工具

整机拆装工具主要包括塑料起子、镊子（弯、直）、综合开启工具、换壳及换屏拆装工具、毛刷等，如图 1-1 所示。

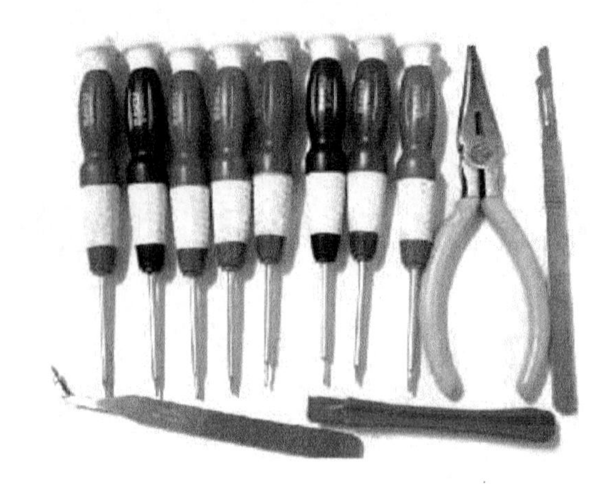

图 1-1　整机拆装工具

2. 整机拆装工具的正确使用

(1) 螺丝刀

修理手机时，打开手机机壳需要用螺丝刀(有的手机外壳是按扣型的，不用螺丝刀)，而采用螺丝的大多用内六角螺丝钉。不同的手机有不同的规格，一般有 T5、T6、T7、T8 等几种，有些机型还装有特殊的螺丝钉，需要用专用的螺丝刀。另外还需要准备一些小一字、小梅花螺丝刀。在打开机壳时，要根据机壳上固定螺丝钉的种类和规格选用合适的螺丝刀。如果选用不适当，就可能把螺丝钉的槽拧平，产生打滑的现象。图 1-2 所示为常用的组合式螺丝刀实物图。

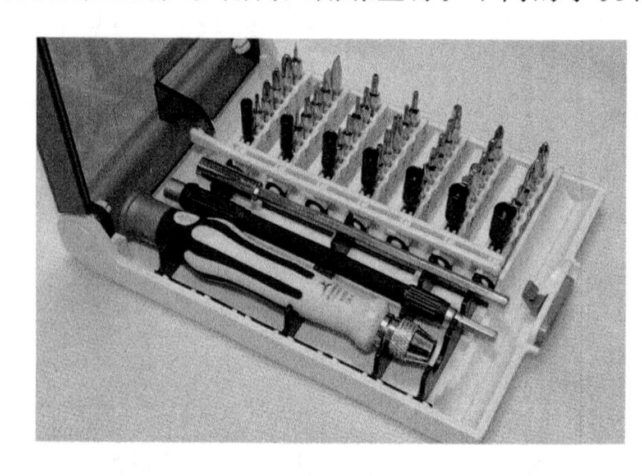

图 1-2　常用的组合式螺丝刀

(2) 镊子

镊子是手机维修中经常使用的工具，常常用它夹持导线、元件及集成电路引脚等。不同的场合需要不同的镊子，一般要准备直头、平头、弯头镊子各一把。常用的要选一把质量好的钢材镊子。图 1-3 所示为直头和弯头镊子实物图。

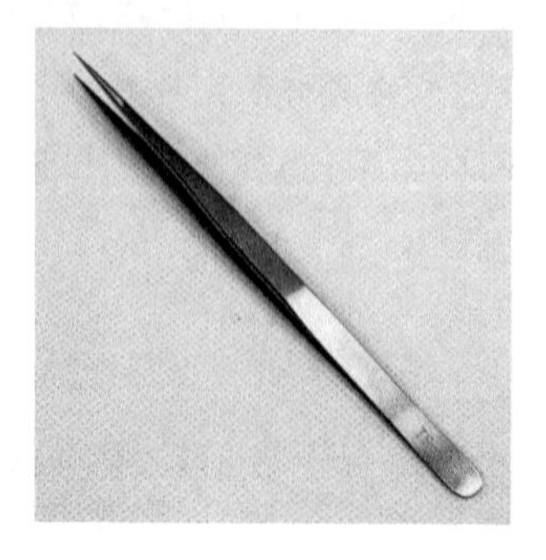

图 1-3　直头和弯头镊子实物图

（3）换壳或换屏拆装工具

拆机棒和拆机片是手机的换壳或换屏专用工具，作用是撬开手机连接处，而不会损坏手机机壳或显示屏。图1-4所示为拆机棒和拆机片实物图。

3. 苹果智能手机的拆装工具

苹果智能手机拆装工具标配十件套实物图如图1-5所示。

（1）吹尘器：用于手机内部吹尘清洁。

（2）小毛刷：用于手机清洁。

（3）吸盘/取卡针：iPhone 4/4s拆屏幕时用不到吸盘，iPhone 5拆屏幕可以用吸盘辅助；取卡针是拆装手机卡时使用。

（4）三角撬片：拆屏幕时使用。

（5）宽口撬棒：拆排线座、拆屏幕时使用。

（6）窄口撬棒：拆排线座、拆屏幕时使用。

（7）五角星螺丝刀：拆尾部螺丝时使用。

（8）十字螺丝刀：拆内部螺丝时使用。

（9）一字螺丝刀：拆主板时用到，用的情况很少。

（10）防静电弯尖头镊子：拆手机内部小零件时使用。

图1-4　拆机棒和拆机片实物图

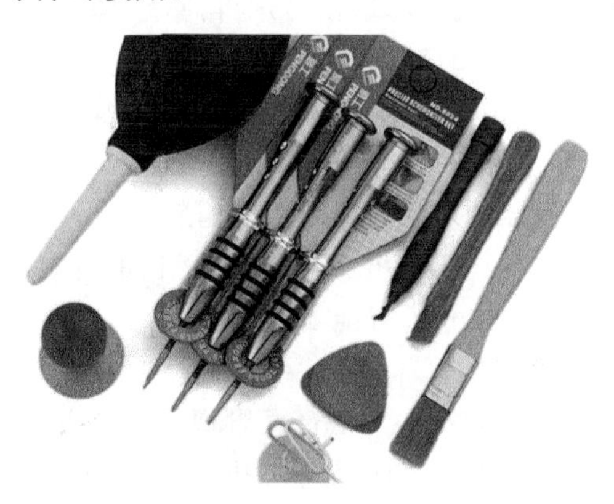

图1-5　苹果智能手机拆装工具标配十件套实物图

1.1.2　手机整机拆装方法

手机的拆卸和安装是手机维修的一项基本功。有些手机较易拆装，如诺基亚N1116直板机、爱立信788、T18等手机。但也有不少手机，如果掌握不好拆装的技巧，很容易拆坏。有的手机靠内、外壳的塑料胶挂钩、卡扣来紧固；有的手机显示屏的边框与听筒都有固定胶；有的手机后壳在螺丝防护胶塞的小孔内等。对于一时不易拆卸的手机，应先研究一下手机的外壳，看清上下两盖是如何配合的，然后再拆卸待修手机。

手机的拆装一般需要使用专用的整机拆装工具。

手机外壳的拆装可分为两种情况：一种是带螺钉的外壳，如三星手机SGH600、800和A188，摩托罗拉手机L2000等，它们的拆装方法较简便；带螺钉的手机拆装时要防止螺钉滑丝，否则既拆不开，又装不上。另一种是不带螺钉（或带少量螺钉）而主要依靠卡扣装配的手机外壳，在拆卸这类手机时要使用专用工具，否则会损坏机壳。带卡扣的手机外壳要防止硬撬，以免损坏卡扣。

手机的体积小，结构紧凑，所以在拆卸时应十分小心，否则会损坏机壳和机内元器件及液晶显示屏等。显示屏为易损元件，在更换液晶显示屏时更要小心慎重，以免损坏显示屏和灯板以及连接显示屏到主板的软连接排线。尤其注意显示屏上的软连接排线，不能折叠。对于显示屏，要轻取轻放，不能用力过大，不要用风枪吹屏幕，也不能用清洗液清洗屏幕，否则屏幕将不显示。下面列举两个手机整机拆装实例来进一步说明拆装方法。

1. 手机整机拆装实例

(1) 练习诺基亚 3210 手机的拆装。

诺基亚 3210 手机的拆装步骤如图 1-6 所示。具体如下：

1) 按住手机后盖下部的按钮，推出电池后盖，如图 1-6(a)所示。

2) 按图所示方向取出电池，如图 1-6(b)所示。

3) 按图所示方向分离天线两边的塑扣，取出内置天线，如图 1-6(c)所示。

4) 拧下 4 个固定螺钉，取出金属后盖，如图 1-6(d)所示。

5) 用镊子取出外接接口组件，取出主板，如图 1-6(e)所示。

6) 取下按键膜，取出显示屏总成(即完整的一套显示屏)，剥离显示屏固定锁扣，如图 1-6(f)所示。

7) 卸下显示屏的固定框，取下显示屏，如图 1-6(g)所示。

8) 重装的步骤与拆卸步骤相反。

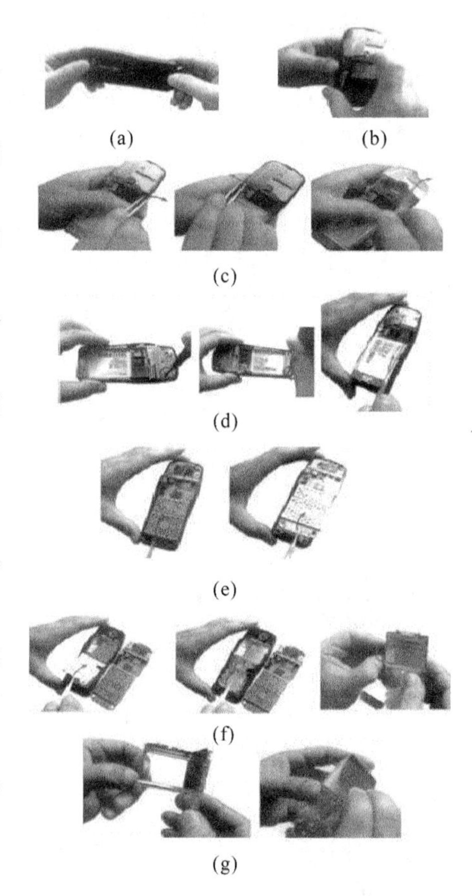

图 1-6 诺基亚 3210 手机的拆机步骤

(2) 练习苹果 iPhone 4 智能手机的拆装

苹果 iPhone 4 智能手机的拆装步骤如图 1-7 所示。具体如下：

1) 先从 iPhone 4 底部两颗螺丝开始着手。然后将 iPhone 4 后盖向前与主机错开，如图 1-7(a)所示。

2) 将后盖彻底从机身上卸下来，并拔出手机电池，如图 1-7(b)所示。

3) 卸下机身顶部的屏蔽层，如图 1-7(c)所示。

4) 卸下主板固定板，如图 1-7(d)所示。

5) 卸下机身震动马达和 720p 高清视频拍摄的 500 万像素模组，如图 1-7(e)所示。

6) 卸下底部天线和扬声器屏蔽罩，如图 1-7(f)所示。

7) 卸下 iPhone 4 的核心——主板。主板采用全屏蔽金属罩保护，如图 1-7(g)所示。

8) 将金属边框和屏幕分离，如图 1-7(h)所示。

9) 取下底部的 Home 按键，取下 30 针(pin)数据连接口，如图 1-7(i)所示。

10) 全部拆卸完毕的 iPhone 4，如图 1-7(j)所示。

11) 重装的步骤与拆卸的步骤相反。

2. 手机整机拆装的注意事项

(1) 建立一个良好的工作环境。所谓良好的工作环境,应具备如下条件:一个安静的环境应简洁、明亮,无浮尘和烟雾,尽量远离干扰源;在工作台上铺盖一张起绝缘作用的厚橡胶片;准备一个带有许多小抽屉的元器件架,可以分门别类地放置相应的配件。

(2) 预防静电干扰。应将所有仪器的地线都连接在一起,并良好地接地,以防止静电损伤手机的CMOS电路;要穿不易产生静电的工作服,并注意每次在拆机器前,都要用手触摸一下地线,把人体的静电放掉,以免静电击穿零部件。

(3) 养成良好的维修习惯。拆卸下的元器件要存放在专用元器件盒内,以免丢失而不能复原手机。

3. 手机整机拆装实训

请指导教师选择几款不同类型的手机,让学生练习拆装整机。要求学生先仔细观察手机的特点(颜色、外形、型号、电池等),再用正确的方法拆装手机。

(1) 实训目的

熟练掌握手机整机的拆装方法;熟悉手机的内部结构;熟练使用手机拆装工具。

(2) 实训器材与工作环境

1) 手机若干,具体种类、数量由指导教师根据实际情况确定。

2) 手机维修平台一台、整机拆装工具一套。

3) 建立一个良好的工作环境。

(3) 实训内容

1) 手机整机的拆卸。

2) 手机整机的安装。

(4) 实训报告

根据实训内容,完成手机整机拆装实训报告。

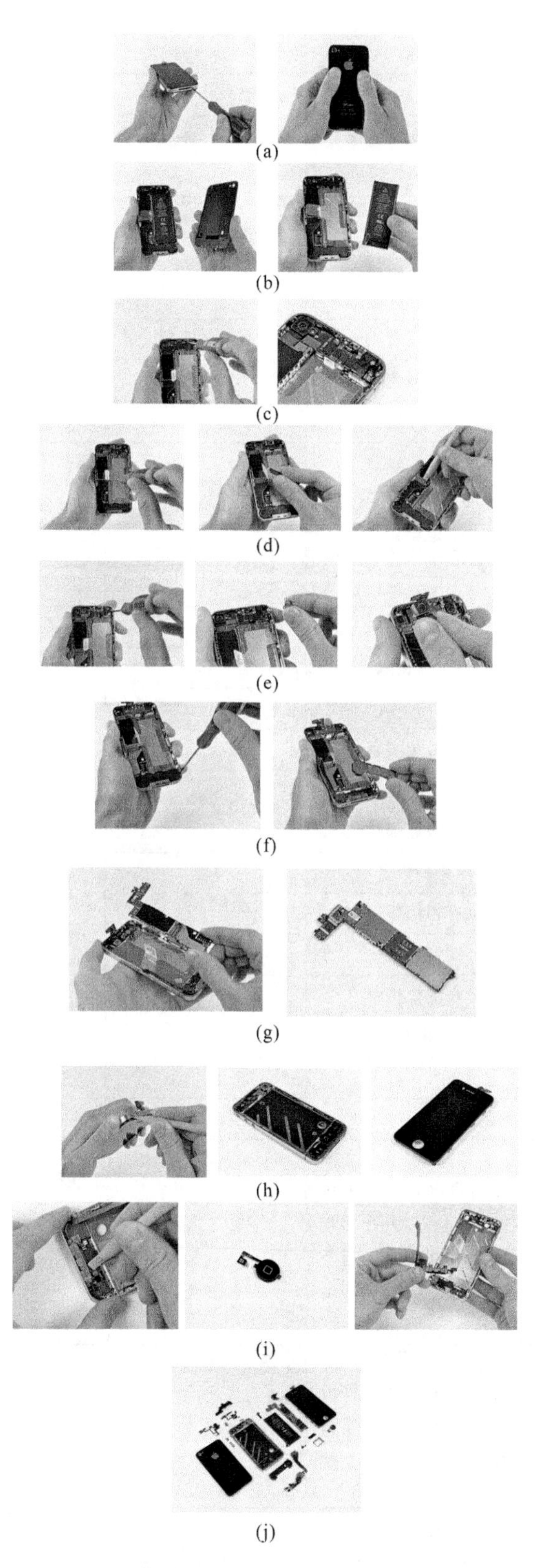
(a) (b) (c) (d) (e) (f) (g) (h) (i) (j)

图1-7　苹果iPhone 4智能手机的拆机步骤

实训报告一　手机整机拆装实训报告

<table>
<tr><td colspan="2">实训地点</td><td colspan="2"></td><td>时间</td><td></td><td>实训成绩</td><td></td></tr>
<tr><td>姓名</td><td></td><td>班级</td><td></td><td>学号</td><td></td><td>同组姓名</td><td></td></tr>
<tr><td colspan="2">实训目的</td><td colspan="6"></td></tr>
<tr><td colspan="2">实训器材与工作环境</td><td colspan="6"></td></tr>
<tr><td colspan="2">实训内容</td><td colspan="2">第 1 款手机</td><td colspan="2">第 2 款手机</td><td>第 3 款手机</td><td>第 4 款手机</td></tr>
<tr><td colspan="2">手机颜色</td><td colspan="2"></td><td colspan="2"></td><td></td><td></td></tr>
<tr><td colspan="2">手机外形</td><td colspan="2"></td><td colspan="2"></td><td></td><td></td></tr>
<tr><td colspan="2">手机类别(翻盖、折叠、直板)</td><td colspan="2"></td><td colspan="2"></td><td></td><td></td></tr>
<tr><td colspan="2">手机型号</td><td colspan="2"></td><td colspan="2"></td><td></td><td></td></tr>
<tr><td colspan="2">电池容量</td><td colspan="2"></td><td colspan="2"></td><td></td><td></td></tr>
<tr><td colspan="2">电池标识</td><td colspan="2"></td><td colspan="2"></td><td></td><td></td></tr>
<tr><td colspan="2">显示屏类别</td><td colspan="2"></td><td colspan="2"></td><td></td><td></td></tr>
<tr><td colspan="2">IMEI 码</td><td colspan="2"></td><td colspan="2"></td><td></td><td></td></tr>
<tr><td colspan="2">外壳拆装类别</td><td colspan="2"></td><td colspan="2"></td><td></td><td></td></tr>
<tr><td colspan="2">拆装所用工具</td><td colspan="2"></td><td colspan="2"></td><td></td><td></td></tr>
<tr><td colspan="2">拆装重点部位</td><td colspan="2"></td><td colspan="2"></td><td></td><td></td></tr>
<tr><td colspan="2">电路板数目</td><td colspan="2"></td><td colspan="2"></td><td></td><td></td></tr>
<tr><td colspan="2">有否挡板</td><td colspan="2"></td><td colspan="2"></td><td></td><td></td></tr>
<tr><td colspan="2">螺钉数目</td><td colspan="2"></td><td colspan="2"></td><td></td><td></td></tr>
<tr><td colspan="2">手机部件数目(不包括螺钉)</td><td colspan="2"></td><td colspan="2"></td><td></td><td></td></tr>
<tr><td colspan="2">拆装难易程度</td><td colspan="2"></td><td colspan="2"></td><td></td><td></td></tr>
<tr><td colspan="2">用时</td><td colspan="2"></td><td colspan="2"></td><td></td><td></td></tr>
<tr><td colspan="2">详细写出某一款手机的拆装机顺序,并指出实训过程中遇到的问题及解决方法</td><td colspan="6"></td></tr>
<tr><td colspan="2">写出此次实训过程中的体会及感想,提出实训中存在的问题</td><td colspan="6"></td></tr>
<tr><td colspan="2">指导教师评语</td><td colspan="6"></td></tr>
</table>

1.2　实训项目二:手机专用维修电源的操作与使用

手机不开机故障一般的维修方法是,根据外接手机专用维修电源的整机工作电流进行故障判断:用外接手机专用维修电源给手机供电,按开机键,观察电流表的变化,由电流表指针的变化情况来确定故障范围,再结合下面介绍的维修方法进行排除。RF-1502T 手机专用维修电源及面板特征如图 1-8 所示。

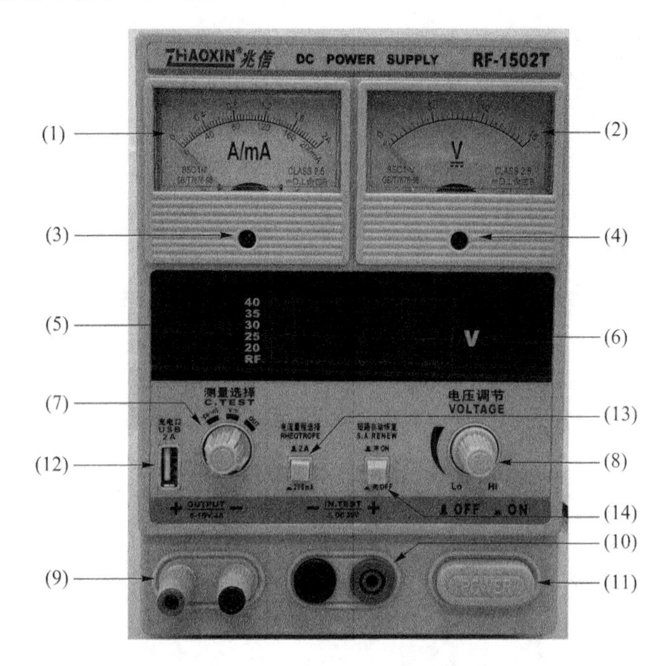

图 1-8　RF-1502T 手机专用维修电源及面板特征图

1.2.1　手机专用维修电源介绍

RF 系列手机专用维修电源是专为手机维修人员设计的专用电源,它将万用表的电压、短路、二极管的测量与电源结为一体,为手机维修人员提供了一个最为便利的测量工具。它还具有手机发射功率强弱显示,可直接看出手机发射部分是否故障。它还带有 UBS 手机充电口,输出短路报警,电流量程转换,短路自动恢复功能。电源保护为截止型保护,它对负载的过流和短路,能及时加以保护。它也适合其他电器维修人员使用。

1. RF 系列手机专用维修电源面板特征

面板特征如图 1-8 所示。

(1) 电流显示(2)电压显示(3)电流表调零(4)电压表调零(5)场强 RF 显示(6)测量显示(7)测量选择(8)电压调节(9)电压输出(10)测量输入(11)电源开关(12)手机充电口(13)电流量程选择(14)短路自动恢复选择

2. 技术参数

(1) 额定工作条件:

输入电压:AC220(1±10%) V,50/60 Hz。

工作条件：温度−10～40 ℃，相对湿度<90%。

储存条件：温度−20～80 ℃，相对湿度<80%。

（2）稳定状态：

输出电压：从0到标称值之间连续可调。

电压稳定度：电源稳定度≤2(1+0.01%) mV；负载稳定度≤2(1+0.01%) mV。

恢复时间：≤100 μs。

（3）截止保护电流：大于标称值10%～15%。

（4）短路警报：阻值≤51(1±20%) Ω。

（5）输出电压：0～15 V。

（6）输出电流：0～2 A。

（7）量程转换：2 A/200 mA。

（8）短路恢复：开关选择。

（9）USB充电口：有。

（10）测量功能：电压、短路、二极管。

（11）显示精度：指针显示为±2.5%，数字显示为±1%±1字。

3. 使用说明

（1）注意事项

1）交流输入：AC220(1±10%) V，50 Hz（如果是AC110(1±10%) V，60 Hz在机箱后面会标明）。

2）绝缘：请勿在环境温度超过40 ℃的地方使用，散热器位于机器后部，应留有足够的空间，以利于散热。

3）输出电压过冲限制：当开关电源时，输出端之间的电压不超过预置值。

（2）操作方法

1）接上电源。

2）将电源开关置于"ON"位置。

3）调节"VOLTAGE"旋转到手机所需要的输出电压值即可。

4）连接外部负载到"+""−"输出端子(OUTPUT)。

5）用于测量电压、短路、二极管时，先将测量选择开关打到相应的位置，再将万用笔插入测量输入(IN. TEST)端后，即可进行测量。

6）当短路自动恢复开关打到关的位置时，如果输出端过流或短路，电源将自动截止输出，待排除过流或短路故障后，重新启动一下电源开关即可恢复正常工作。

4. 维护

（1）保险管替换

如果保险管烧断，本电源停止工作，维修人员必须要找出并纠正故障的起因后，再用相同的保险管替换。除了发生问题一般保险盒不要打开。

（2）维修

该电源一旦内部烧坏必须由专业电器维修人员修理，或送经销商由厂家维修，不得自行修理，以保证安全。

1.2.2　外接手机专用维修电源判断手机故障部位

手机在开机、待机以及发射状态时，整机工作电流并不相同，通过观察不同工作状态下的工作电流，即可判断出故障的大致部位。正常情况下，非智能型普通手机开机电流为200 mA左右，待机电流为10～50 mA，发射电流为300 mA左右。这些数值与仪表精度、手机机型有关，在此只能作为参考。因此，手机维修人员手里应具备一台类似RF系列的内含电流表和电压表的手机专用维修电源。具体方法是：取下手机电池，给手机加直流稳压电源，按开机键，观察电流表上的电流，根据如下几种情况来判断。

1. 按开机键时电流表无任何电流

其主要原因是由于开机信号断路或电源IC不工作引起的。如开机键接触不良，或者开机键到电源IC触发脚之间的电路有虚焊现象，或者电池触片损坏使电源不能送到电源IC，或者电源IC损坏等。

2. 按开机键时电流达不到最大值

故障来源于射频电路或发射电路。由于功放的发射电流较大，可以通过观测电流值的大小来判断有无发射。一般正常开机搜索网络时，电流都有一个动态变化过程，但由于不同类型的手机其电流不一样，所以不能认定电流达到多大值才正常，只能作为一个参考值来考虑。

3. 手机通电就有几十毫安左右漏电流(不按开机键)

在不按开机键的情况下，给手机加上电源后有几十毫安左右的漏电流，表明电源部分有元器件短路或损坏。

4. 按开机键时电流表指针瞬间达到最大

按开机键时，电流表指针瞬间达到最大，还常伴随着出现手机专用维修电源保护关机，这种情况表明电源部分有短路现象或功放部分有元器件损坏。

5. 按开机键时，有几十毫安的电流，然后回到零，手机不能开机

有几十毫安的电流说明电源部分基本正常，故障多为时钟电路、逻辑电路或软件不正常造成的。若电流有轻微的摆动，时钟电路应基本正常，一般为软件故障；若不摆动，可能是时钟电路故障。另外，若有几十毫安的电流，但停留在这一电流值上不动，再按开关机键无反应，多数情况下为软件故障。

6. 按开机键能开机，但待机状态时电流比正常情况大许多

表明负载电路有元件漏电。排除方法是：给手机加电，然后用手指去感觉哪一个元器件发热，将其更换，大多数情况下，可排除故障。

7. 手机开机后，拨打电话，观察电流的反应

若电流变化正常，则说明发射电路基本正常；若无电流反应，则说明发射电路不工作；若电流反应过大(超过600 mA)，说明功放电路坏。

1.2.3　不同机型的手机在不同工作状态下的电流情况

下面列举几种不同机型的手机在不同工作状态下的电流情况，供维修时参考。

(1) 诺基亚3210型手机，接上手机专用维修电源后，在按下开机键时，电流表上升到50 mA，随后升至100 mA，再升至200 mA，突然上升到300～400 mA处来回摆动，这时手机在找寻网络，当找到网络后，电流表再回到150～180 mA处来回摆动。当背景灯熄灭后，又回到10 mA处摆动。在上述电流变化过程中，50 mA的电流说明电源部分在工作；大于100 mA说明时钟电路已工作；大于200 mA时表明接收电路在工作；300～400 mA表明收、发信机在工作并寻找网络。回落到150～180 mA，说明已找到网络，处于待机状态，同时背景灯亮。回落10 mA是背景灯熄灭后的待机状态。一部诺基亚3210手机按开机键后，若能看到上面的电流变化过程，则手机应该是没有什么问题的。

(2) 诺基亚6110型手机，在接上手机专用维修电源后，按下开机键时，电流表上升到50 mA，再升到100 mA，突然上升至300 mA左右又回到250 mA处来回摆动，这时手机开机正常开始寻找网络。当找到网络后，回到100 mA左右摆动，背景灯熄灭之后，回到20 mA左右摆动。

(3) 三星A188型手机，接上手机专用维修电源，按下手机开机键，电流表上升到50 mA，再上升到100 mA，然后突然上升至250 mA，又回到130 mA处来回摆动找寻网络。当手机搜到网络后，回到80 mA处来回摆动，当背景灯熄灭后回到20 mA处摆动。

其他机型的在手机不同工作状态下的参考电流如表1-1所示。

表1-1 其他机型的手机在不同工作状态下的参考电流

手机机型		开机电流/mA	守候电流/mA	发射电流/mA	电池电压/V
摩托罗拉	328/338	175～250	20～25	400	3.6
	CD928	175～250	10～30	200～250	3.6
	T2608	50～150	10～20	250～350	3.6
	V998/8088	60～100	15～20	200	3.6
三星系列	S600	60～150	20～25	250～300	3.6
	S800	10～150	20～25	200～250	3.6
	A100	100～150	20～25	200～250	3.6
	A188	50～150	20～25	20～250	3.6
	N188	100～150	20～25	250左右	3.6
爱立信	T18/T10	150～250	20～30	250～350	4.8
	T28/T20	75～150	15～25	300左右	3.6
	788/768	150～250	15～30	300左右	4.8
诺基亚	5110/6110/6150	50～300	20～30	250～350	3.6
	3210/3310	50～200	10～30	300左右	3.6
	8810/8850	200	10～20	200～250	3.6

注：因手机专用维修电源不同，电流表精度不同，以上数值仅供参考。

1.2.4 手机专用维修电源的操作与使用实训——以N1116手机为例

1. 手机正常时的工作电流

(1) 手机开机电流为50～150 mA；

(2) 手机待机电流为10～50 mA；

(3) 手机发射电流为200～250 mA。

2. 手机工作电流的一般流程

(1) 按开机键,背景灯亮,电流上升至50 mA左右,电源开始工作;

(2) 再升到150 mA左右,时钟电路工作;

(3) 再升到200～250 mA,发射电路工作,并寻找网络;

(4) 再回到150 mA左右,已找到网络,背景灯亮;

(5) 回到10～50 mA,来回摆,背景灯灭,进入待机状态。

3. 如何根据手机工作电流判别手机故障部位

(1) 在不按开机键的情况下,给手机加上电源后有50 mA左右的电流

故障分析:电源部分有元器件漏电。

排除方法:重点检查电源电解滤波电容。

(2) 按开机键时电流表无任何电流

故障分析:开机信号断路;电源IC不工作。

排除方法:重点检查开机键。

(3) 按开机键时,电流>500 mA

故障分析:电源短路、电源滤波电容击穿短路;功放元器件损坏。

排除方法:重点检查电源IC和功放元件。

(4) 按开机键时,有几十毫安的电流,然后回到零,手机不能开机

故障分析:若几十毫安的电流有轻微的摆动,时钟电路应基本正常,一般为软件故障;若几十毫安的电流不摆动,可能是时钟电路故障;若有几十毫安的电流,但停留在这一电流值上不动,再按开关机键无反应,多数情况下为软件故障。

排除方法:重新加载软件;检查时钟电路。

(5) 按开机键时,有200 mA左右电流,稍停一下,马上回到零,手机不能开机

故障分析:码片资料错乱引起软件不开机。

排除方法:重新加载软件。

(6) 按开机键能开机,但待机状态时电流比正常情况大许多(>6 mA)

故障分析:某个元器件失效。

排除方法:给手机加电,然后用手指去感觉哪一个元器件发热,将其更换,大多数情况下,可排除故障。

4. 手机开机后,拨打电话,观察电流的反应

(1) 若电流变化正常,则说明发射电路基本正常;

(2) 若无电流反应,则说明发射电路不工作;

(3) 若电流反应过大(超过600 mA),说明功放电路坏。

5. 手机专用维修电源的操作与使用实训

(1) 实训目的:

1) 学会操作使用手机专用维修电源。

2) 能用手机专用维修电源对各类手机进行电流测量。

3) 能通过手机专用维修电源对手机故障进行分析。

(2) 实训器材:

1) N1116手机一部。

2）手机专用维修电源一台。

3）手机专用维修工具一套。

（3）操作方法

1）使用前应先通电检查专用维修电源的输出电压，严禁专用维修电源的电压超过4.2 V；

2）确认专用维修电源电压后，关上专用维修电源开关；

3）将专用维修电源的电源夹的红色夹夹在电池的正极端，黑色夹夹在中间端和电池的负极，并用绝缘材料将两夹隔离开，以防短路；

4）打开专用维修电源开关，测量手机电流值。

（4）实训内容

对至少两部以上手机进行电流测量，并将测量结果填入表中，并完成手机专用维修电源的操作与使用实训报告。

实训报告二　手机专用维修电源的操作与使用实训报告

<table>
<tr><td colspan="2">实训地点</td><td colspan="2"></td><td>时间</td><td></td><td>实训成绩</td><td></td></tr>
<tr><td>姓名</td><td></td><td>班级</td><td></td><td>学号</td><td></td><td>同组姓名</td><td></td></tr>
<tr><td colspan="2">实训目的</td><td colspan="6"></td></tr>
<tr><td colspan="2">实训器材与工作环境</td><td colspan="6"></td></tr>
<tr><td colspan="2">实训内容</td><td colspan="2">第 1 款手机</td><td colspan="2">第 2 款手机</td><td>第 3 款手机</td><td>第 4 款手机</td></tr>
<tr><td colspan="2">手机型号</td><td colspan="2"></td><td colspan="2"></td><td></td><td></td></tr>
<tr><td colspan="2">IMEI 码</td><td colspan="2"></td><td colspan="2"></td><td></td><td></td></tr>
<tr><td colspan="2">关机电流/mA</td><td colspan="2"></td><td colspan="2"></td><td></td><td></td></tr>
<tr><td colspan="2">开机电流/mA</td><td colspan="2"></td><td colspan="2"></td><td></td><td></td></tr>
<tr><td colspan="2">待机电流/mA</td><td colspan="2"></td><td colspan="2"></td><td></td><td></td></tr>
<tr><td colspan="2">发射电流/mA</td><td colspan="2"></td><td colspan="2"></td><td></td><td></td></tr>
<tr><td colspan="2">专用电源电压/V</td><td colspan="2"></td><td colspan="2"></td><td></td><td></td></tr>
<tr><td colspan="2">手机电池电压/V</td><td colspan="2"></td><td colspan="2"></td><td></td><td></td></tr>
<tr><td colspan="2">用时</td><td colspan="2"></td><td colspan="2"></td><td></td><td></td></tr>
<tr><td colspan="2">操作步骤</td><td colspan="2"></td><td colspan="2"></td><td></td><td></td></tr>
<tr><td colspan="2">简述根据手机工作电流判别手机故障部位的方法</td><td colspan="6"></td></tr>
<tr><td colspan="2">写出此次实训过程中的体会及感想，提出实训中存在的问题</td><td colspan="6"></td></tr>
<tr><td colspan="2">指导教师评语</td><td colspan="6"></td></tr>
</table>

1.3 实训项目三:手机贴片分立元器件的拆焊和焊接

1.3.1 手机元器件拆装

随着全球移动通信技术日新月异的发展,众多的手机厂商竞相推出了外形小巧功能强大的新型手机。在这些新型手机中,普遍采用了贴片元器件,包括贴片分立元器件、小外形封装(SOP)和四方扁平(QFP)封装集成电路,以及先进的球栅阵列封装(BGA)集成电路,这种已经普及的技术可大大缩小手机的体积,增强功能,减小功耗,降低生产成本。但与传统有引脚的元器件相比,由于芯片和焊点都较小,给维修工作带来了很大的困难。因此,要正确地完成手机元器件拆装,除具备熟练使用手机焊接及拆焊工具之外,还必须掌握各种贴片元器件焊接技能和正确的拆焊方法。本实训项目要求学生掌握热风枪和电烙铁的使用方法;掌握手机分立元器件的焊接及拆焊方法;熟练掌握手机表面安装集成电路的焊接及拆焊方法;熟练掌握手机BGA集成电路的焊接及拆焊方法。

1. 手机拆焊及焊接工具操作

(1) 维修平台

维修平台用于固定电路板。在焊接与拆焊手机电路板上的元器件时,需要固定电路板,否则拆装组件极不方便。利用仪器检测电路时,也需固定手机电路板,以便表笔准确地接触到被测点。维修平台上的一侧是夹子,一侧是卡子;也有两侧都是卡子的,可以在金属维修平台上任意移动被卡电路板的位置,这样便于焊接与拆焊电路板的元器件和检测电路板的正反面。维修平台实物图如图1-9所示。

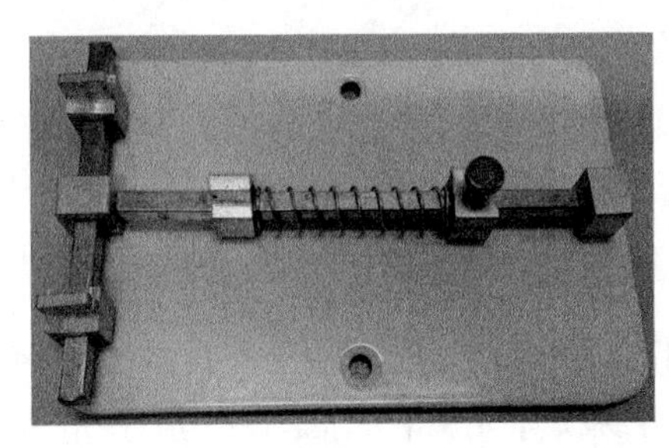
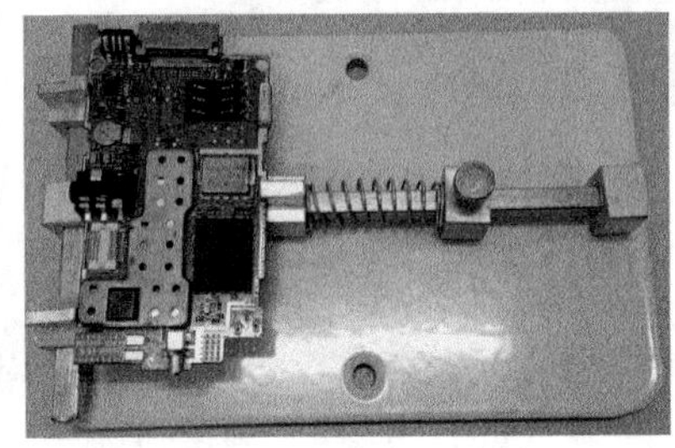

图1-9 维修平台实物图

在对BGA芯片进行植锡操作时,维修平台的凹槽也被用来定位BGA芯片。

(2) 防静电调温电烙铁

防静电调温电烙铁常用于手机电路板上电阻、电容、电感、二极管、晶体管、CMOS器件等引脚较少的贴片分立元器件的焊接与拆焊。图1-10所示为ATTEN936型控温防静电电烙铁,其主要功能如下。

1) 整部焊台采用导电性材料制成,专为防止静电而设计。

2) 发热体采用进口耐温材料先进工艺制成,寿命长。

3) 发热体使用低压交流电源供电,保证了防静电、无漏电、无干扰。

4）200～480℃温度的设定和控制，使烙铁头的输出温度稳定、准确。

5）快速升温。

6）手柄特别轻巧，长时间使用无疲劳感。

7）发热体用的主电源完全隔离电网。

8）烙铁部分以航空接头和耐高温防静电的矽橡胶（硅胶）电缆与控温台连接。

9）独特的温度锁定装置，防止人员乱调温度。

10）分体式设计，摆放容易。

使用时应注意以下几点。

1）使用的防静电调温电烙铁确认已经接地，这样可以防止工具上的静电损坏手机上的精密元器件。

2）应该调整到合适的温度，不宜过低，也不宜过高。用烙铁做不同的操作，比如清除或焊接的时候，以及焊接不同大小的元器件的时候，应该相应地调整烙铁的温度。

3）及时清理烙铁头，防止因为氧化物和碳化物损害烙铁头而导致焊接不良等问题，定时给烙铁头上锡。

4）对于引脚较少的片状元器件的焊接与拆焊，常采用轮流加热法，如图1-11所示。

5）烙铁不用的时候应当将温度旋钮旋至最低或关闭电源，防止因为长时间的空烧损坏烙铁头。

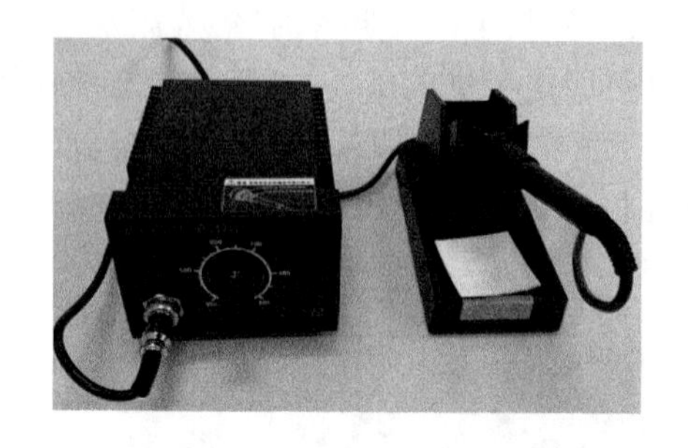

图1-10　ATTEN936型控温防静电电烙铁图

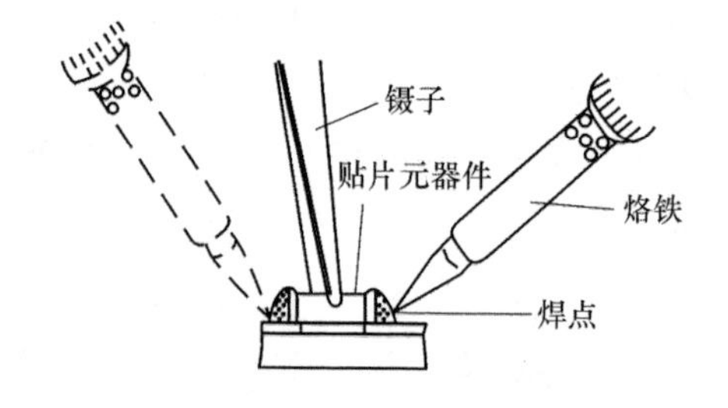

图1-11　轮流加热法

（3）热风枪

热风枪是用来拆焊集成块（如QFP和BGA等）和片状元器件及大多数表面贴装零件的专用工具。其特点是防静电，温度可调节，不易损坏元器件。图1-12所示为ATTEN858型控温防静电热风枪实物图，其主要特点如下。

1）传感器闭合回路，微电脑过零触发控温，LED显示，功率大，升温迅速，温度精确稳定，不受出风量影响，真正实现无铅拆焊。

2）气流量可调，风量大且出风柔和，温度调节方便，可以适应多种用途。

3）手柄架装有感应开关，只要手握手柄，系统即可迅速进入工作模式；手柄放归手柄架，系统便会进入待机状态，实时操作方便。

4）系统设有自动冷风功能，可延长发热体寿命及保护热风枪。

5）采用塑料外壳，机身小巧、美观，占用工作台面积小。

6）采用无刷风机，寿命极长，噪声极小。

7）吹焊带塑料的元器件不变形。如吹手机的振铃器、尾插内连接座等不变形。

8）吹屏蔽盒不变色，快捷方便。

9）吹焊线路板不起泡。

10）拆解带胶 BGA-IC 不易断脚，更安全、可靠。

使用时应注意以下几点。

1）温度旋钮和风量旋钮的选择要根据不同集成组件的特点，以免温度过高损坏组件或风量过大吹丢小的元器件。

2）用热风枪吹焊 SOP、QFP 和 BGA 封装的片状元器件时，初学者最好先在需要吹焊的集成块四周贴上条形纸带，可以避免损坏其周围元器件。如图 1-13 所示。

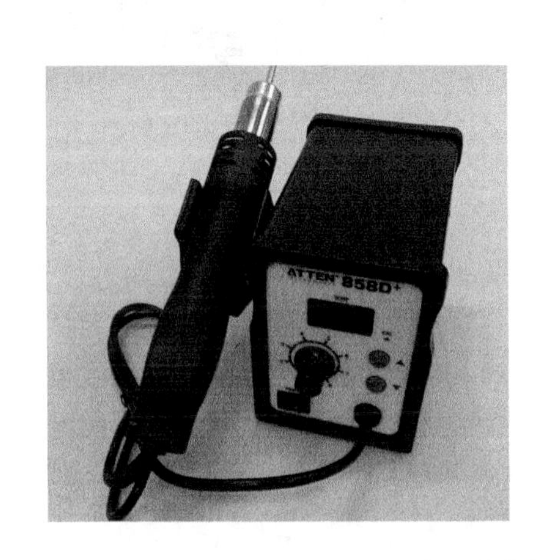

图 1-12　ATTEN858 型控温防静电热风枪实物图

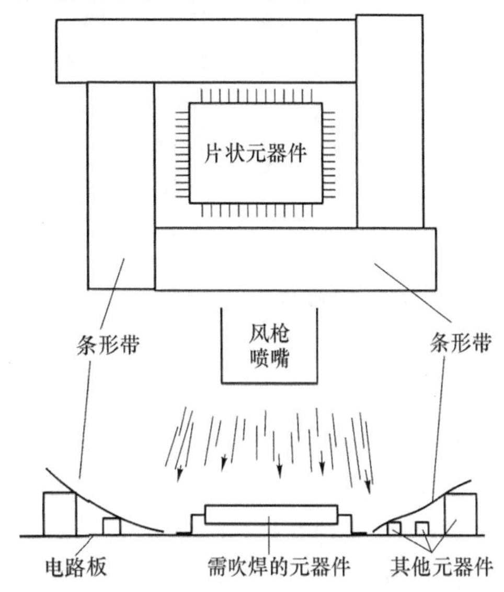

图 1-13　热风枪吹焊片状元器件

3）注意吹焊的距离适中。距离太远吹不下来元器件，距离太近又会损坏元器件。

4）风嘴不能集中于一点吹，应按顺时针或逆时针的方向均匀转动手柄，以免吹鼓、吹裂元器件。

5）不能用热风枪吹接插件的塑料部分。

6）不能用风枪吹灌胶集成块，应先除胶，以免损坏集成块或板线。

7）吹焊组件要熟练准确，以免多次吹焊损坏组件。

8）吹焊完毕时，要及时关闭热风枪，以免持续高温降低手机的使用寿命。

（4）超声波清洗器

超声波清洗器实物图如图 1-14 所示，用来清洗因进液或被污物腐蚀的故障手机电路板。把电路板浸放在超声波清洗器中进行清洗，清洗液可用无水酒精，利用超声波的振动把电路板上以及集成电路模块底部的各种杂质和电解质清理干净。

使用时应注意以下几点。

1）清洗液的选择。一般超声波清洗器的容器内应放入无水酒精，其他清洗液如天那水易腐蚀清洗器。

2）清洗故障电路板时，应先将容易被清洗液损坏的元器件摘下。例如，显示屏、受话器、送话器、振铃、振子等。

3）清洗液放入要适量。

4）适当选择清洗时间。

（5）带灯放大镜

带灯放大镜一方面为手机的维修起照明作用，另一方面可在放大镜下观察电路板上的元器件是否有虚焊、鼓包、变色和被腐蚀等。带灯放大镜实物图如图 1-15 所示。

图 1-14　超声波清洗器实物图

图 1-15　带灯放大镜实物图

1.3.2　手机贴片分立元器件拆焊和焊接

手机电路中的分立元器件主要包括电阻、电容、电感、晶体管等。由于手机体积小、功能强大，电路比较复杂，决定了这些元器件必须采用贴片式(SMD)安装，贴片式元器件与传统的通孔元器件相比，贴片元器件安装密度高，减小了引线分布的影响，增强了抗电磁干扰和射频干扰能力。对于分立元器件一般使用热风枪进行拆焊和焊接(拆焊和焊接时也可使用电烙铁)。在拆焊和焊接时一定要掌握好风力、风速和风力的方向，操作不当，不但会将元器件吹跑，而且还会将周围的元器件也吹偏或吹跑。

1. 分立元器件拆焊和焊接工具

拆焊分立元器件前要准备好以下工具。

（1）热风枪：用于拆焊和焊接分立元器件。

（2）电烙铁：用于焊接或补焊分立元器件或拆焊分立元器件。

（3）镊子：拆焊时将分立元器件夹住，待焊锡熔化后将分立元器件取下；焊接时用于固定分立元器件。

（4）带灯放大镜：便于观察分立元器件的位置。

（5）手机维修平台：用于固定线路板。维修平台应可靠接地。

（6）防静电手腕：戴在手上，防止人身上的静电损坏手机元器件。

（7）小刷子、吹气球：用于将分立元器件周围的杂质吹跑。

（8）助焊剂：将助焊剂加入元器件周围便于拆卸和焊接。

（9）无水酒精或天那水：清洁线路板时使用。

（10）焊锡：焊接时使用。

2. 用热风枪进行分立元器件的拆焊和焊接操作

（1）分立元器件的拆焊

1）在用热风枪拆焊分立元器件之前，一定要将手机线路板上的备用电池拆下(特别是备用电池离所拆元器件较近时)，否则备用电池很容易受热爆炸，对人身构成威胁。

2）将手机线路板固定在手机维修平台上，打开带灯放大镜，仔细观察欲拆卸的分立元器件的位置。

3）用小刷子将元器件周围的杂质清理干净，往元器件上加注少许助焊剂。

4）安装好热风枪的细嘴喷头，打开热风枪电源开关，调节热风枪温度开关在 2 至 3 挡，风速开关在 1 至 2 挡。

5）一只手用镊子夹住分立元器件，另一只手拿稳热风枪手柄，使喷头离欲拆焊元器件保持垂直，距离为 2～3 cm，沿元器件表面均匀加热，喷头不可接触元器件。待元器件周围焊锡熔化后用镊子将元器件取下。

（2）分立元器件的焊接

1）用镊子夹住欲焊接的分立元器件放置到需焊接的位置，注意要放正，不可偏离焊点。若焊点上焊锡不足，可用电烙铁在焊点上加注少许焊锡。

2）打开热风枪电源开关，调节热风枪温度开关在 2 至 3 挡，风速开关在 1 至 2 挡。使热风枪的喷头离欲焊接的元器件保持垂直，距离为 2～3 cm，沿元器件上均匀加热。待元器件周围焊锡熔化后移走热风枪喷头。

3）焊锡冷却后移走镊子。

4）用无水酒精或天那水将元器件周围清理干净。

3. 用电烙铁进行分立元器件的拆焊和焊接操作

防静电调温电烙铁也可用于手机电路板上贴片分立元器件的焊接与拆焊。

（1）分立元器件的拆焊

当待拆焊的分立元器件周围的元器件不多，可采用轮流加热法，用防静电调温电烙铁在元器件的两端各加热 2～3 秒后快速在元器件两端来回移动，同时握电烙铁的手稍用力向一边轻推，即可拆下元器件。若周围的元器件较密，可用左手持镊子轻夹元器件中部，用电烙铁充分熔化一端的锡后快速移至元器件的另一端，同时左手稍用力向上提，这样当一端的锡充分熔化尚未凝固而另一端也开始熔化时，左手的镊子即可将其拆下。

（2）分立元器件的焊接

换新元器件之前应确保焊盘清洁，先在焊盘的一端上锡（上锡不可过多），再用镊子将元器件夹住，先焊接焊盘上锡的一端，然后再焊另一端，最后用镊子固定元器件，并把元器件两端镀上适量的锡加以修整。

1.3.3　手机贴片分立元器件拆焊与焊接实训

由指导教师选择带有分立元器件的手机主板，将其固定在手机维修平台上，由学生练习手机分立元器件的拆焊和焊接，拆焊与焊接元器件数量及型号由指导教师根据实训时间来定。要求学生先仔细观察手机主板上的分立元器件，再用正确的方法对其进行拆焊和焊接。

（1）实训目的

熟练掌握手机分立元器件的拆焊和焊接方法；熟悉手机分立元器件的结构；能熟练使用热风枪和防静电调温电烙铁工具。

（2）实训器材与工作环境

1）手机主板若干，具体种类、数量由指导教师根据实际情况确定。

2）手机维修平台、热风枪、防静电调温电烙铁各一台。

3）建立一个良好的工作环境。

（3）实训内容

1）拆焊手机主板上的贴片分立元器件。

2）焊接贴片分立元器件到手机主板上。

（4）实训报告

根据实训内容，完成手机分立元器件的拆焊和焊接实训报告。

实训报告三　手机分立元器件的拆焊和焊接实训报告

<table>
<tr><td colspan="2">实训地点</td><td colspan="2"></td><td>时间</td><td></td><td>实训成绩</td><td></td></tr>
<tr><td>姓名</td><td></td><td>班级</td><td></td><td>学号</td><td></td><td>同组姓名</td><td></td></tr>
<tr><td colspan="2">实训目的</td><td colspan="6"></td></tr>
<tr><td colspan="2">实训器材与工作环境</td><td colspan="6"></td></tr>
<tr><td colspan="2">实训内容</td><td colspan="2">二引脚分立元器件</td><td colspan="2">三引脚分立元器件</td><td colspan="2">四引脚分立元器件</td></tr>
<tr><td colspan="2">元器件外形</td><td colspan="2"></td><td colspan="2"></td><td colspan="2"></td></tr>
<tr><td colspan="2">元器件颜色</td><td colspan="2"></td><td colspan="2"></td><td colspan="2"></td></tr>
<tr><td colspan="2">所用拆焊工具</td><td colspan="2"></td><td colspan="2"></td><td colspan="2"></td></tr>
<tr><td colspan="2">采用的拆焊方法</td><td colspan="2"></td><td colspan="2"></td><td colspan="2"></td></tr>
<tr><td colspan="2">所用焊接工具</td><td colspan="2"></td><td colspan="2"></td><td colspan="2"></td></tr>
<tr><td colspan="2">采用的焊接方法</td><td colspan="2"></td><td colspan="2"></td><td colspan="2"></td></tr>
<tr><td colspan="2">用时</td><td colspan="2"></td><td colspan="2"></td><td colspan="2"></td></tr>
<tr><td colspan="2">详细写出某一分立元器件的拆焊和焊接顺序，并指出实训过程中遇到的问题及解决方法</td><td colspan="6"></td></tr>
<tr><td colspan="2">写出此次实训过程中的体会及感想，提出还可用其他什么方法实现对手机分立元器件的拆焊与焊接？</td><td colspan="6"></td></tr>
<tr><td colspan="2">指导教师评语</td><td colspan="6"></td></tr>
</table>

1.4　实训项目四：手机 SOP 和 QFP 封装 IC 的拆焊和焊接

手机贴片安装的 IC（集成电路）主要有 SOP（小外形）封装和 QFP（四方扁平型）封装两种。SOP 封装的引脚数目在 28 之下，引脚分布在两边，手机电路中的码片、字库、电子开关、频率合成器、功放等集成电路常采用这种 SOP 封装 IC。QFP 封装适用于高频电路和引脚较多的模块。QFP封装四边都有引脚，其引脚数目一般为20以上。手机电路中许多中频模块、数据处理器、音频模块、微处理器、电源模块等都采用QFP封装。这些贴片的拆焊和焊接都必须采用热风枪或防静电调温电烙铁才能将其拆下或焊接好。和手机中的一些分立元器件相比，这些贴片集成电路由于体积相对较大，拆卸和焊接时可将热风枪、防静电调温电烙铁的温度调得高一些。

1.4.1　SOP和QFP封装IC的拆焊和焊接工具

拆焊和焊接SOP和QFP封装IC前要准备好以下工具。

(1) 热风枪：用于拆焊和焊接贴片IC。

(2) 防静电调温电烙铁：用于补焊贴片集成电路虚焊的引脚和清理余锡，也可对SOP和QFP封装IC进行拆焊和焊接。

(3) 镊子：焊接时用于将贴片IC固定。

(4) 医用针头：拆焊时可用于将IC掀起。

(5) 带灯放大镜：用于观察贴片集成电路的位置。

(6) 手机维修平台：用于固定手机线路板。维修平台应可靠接地。

(7) 防静电手腕：戴在手上，防止人身上的静电损坏手机元器件。

(8) 小刷子、吹气球：用于扫除贴片IC周围的杂质。

(9) 助焊剂：将助焊剂加入贴片IC引脚周围，便于拆焊和焊接。

(10) 无水酒精或天那水：清洁手机线路板时使用。

(11) 焊锡：焊接或补焊用。

1.4.2　用热风枪进行SOP和QFP封装IC拆焊和焊接

1. SOP和QFP封装IC的拆焊

(1) 在用热风枪拆焊贴片IC之前，一定要将手机线路板上的备用电池拆下(特别是备用电池离所拆IC较近时)，否则备用电池很容易受热爆炸，对人身构成威胁。

(2) 将手机线路板固定在手机维修平台上，打开带灯放大镜，仔细观察欲拆焊IC的位置和方位，并做好记录，以便焊接时恢复。

(3) 用小刷子将贴片IC周围的杂质清理干净，往贴片IC引脚周围加注少许助焊剂。

(4) 调好热风枪的温度和风速。温度开关一般调至3～5挡，风速开关调至2～3挡。

(5) 用单喷头拆卸时，应注意使喷头和所拆IC保持垂直，并沿IC周围引脚慢速旋转，均匀加热，喷头不可触及IC及周围的外围元件，吹焊的位置要准确，且不可吹跑集成电路周围的外围较小的元器件。

(6) 待集成电路的引脚焊锡全部熔化后，用医用针头或镊子将IC掀起或夹走，且不可用力，否则极易损坏IC的锡箔。

2. SOP和QFP封装IC的焊接

(1) 将焊接点用平头烙铁整理平整，必要时，对焊锡较少焊点应进行补锡，然后，用酒精清洁干净焊点周围的杂质。

(2) 将更换的IC和电路板上的焊接位置对好，用带灯放大镜进行反复调整，使之完全对正。

(3) 先用电烙铁焊好 IC 的四脚，将集成电路固定，然后，再用热风枪吹焊四周。焊好后应注意冷却，不可立即去移动 IC，以免其发生位移。

(4) 冷却后，用带灯放大镜检查 IC 的引脚有无虚焊，若有，应用尖头电烙铁进行补焊，直至全部正常为止。

(5) 用无水酒精将集成电路周围清理干净。

1.4.3 用防静电调温电烙铁进行 SOP 和 QFP 封装 IC 拆焊和焊接

当 IC 周围元器件较密时，使用热风枪容易将电路板其他贴片元器件烫脱落，可用防静电调温电烙铁进行 SOP 和 QFP 封装 IC 拆焊和焊接。

1. SOP 和 QFP 封装 IC 的拆焊

用防静电调温电烙铁对 SOP 和 QFP 封装 IC 的拆焊方法有多种，下面介绍几种常用的拆焊方法。

(1) 漆包线拆焊法

用一根漆包线，将漆包线一头从 IC 一列引脚中穿出，将防静电调温电烙铁温度调到 350 ℃，从 IC 第一脚开始焊，同时用漆包线往外拉，则可将 IC 的一列引脚焊下。完成后仔细检查是否引脚全都脱离焊点。

(2) 防静电调温电烙铁毛刷配合拆焊法

先用防静电调温电烙铁加热 IC 引脚上的焊锡熔化后，用一把毛刷快速扫掉熔化的焊锡。使 IC 的引脚与印制板分离。此方法可分脚进行也可分列进行。最后用镊子或小一字螺丝刀撬下 IC 即可。

(3) 增加焊锡熔化拆焊法

此方法比较适合于 SOP 封装 IC 的拆焊。首先给待拆焊的 IC 引脚上再增加一些焊锡，使每列引脚的焊点连接起来，以利于传热，便于拆焊。拆焊时用电烙铁每加热一列引脚就用镊子或小一字螺丝刀撬一撬，两列引脚轮换加热，直到拆下为止。

2. SOP 和 QFP 封装 IC 的焊接

(1) 在焊接之前，用防静电调温电烙铁先在焊盘上涂上助焊剂，以免焊盘镀锡不良或被氧化。

(2) 用镊子将待焊接 IC 放到电路板上，使其与焊盘对齐，并保证放置方向正确。把电烙铁的温度调到 300 ℃左右，焊接 IC 两个对角位置上的引脚，使 IC 固定而不能移动。

(3) 开始焊接所有的引脚时，保持烙铁尖与被焊引脚平行，防止因焊锡过量发生搭接。

(4) 焊完所有的引脚后，用助焊剂浸湿所有引脚以便清洗焊锡。最后用镊子和带灯放大镜检查是否有虚焊，检查完成后，用毛刷浸上酒精沿引脚方向仔细擦拭，将电路板上助焊剂清除。

1.4.4 手机 SOP 和 QFP 封装 IC 拆焊和焊接实训

由指导教师选择带有 SOP 和 QFP 封装 IC 的手机主板，将其固定在手机维修平台上，由学生练习手机 SOP 和 QFP 封装 IC 的拆焊与焊接。拆焊和焊接元器件数量及型号由指导教师根据实训时间来定。要求学生先仔细选择手机主板上的元器件，找出 SOP 和 QFP 封装的 IC，再用两种以上不同的方法对同一类型的 IC 进行拆焊和焊接。

1. 实训目的

熟练掌握手机SOP和QFP封装IC的拆焊和焊接方法；熟悉手机SOP和QFP封装IC的结构；能熟练使用热风枪和防静电调温电烙铁工具。

2. 实训器材与工作环境

(1) 手机主板若干，具体种类、数量由指导教师根据实际情况确定。

(2) 手机维修平台、热风枪、防静电调温电烙铁各一台。

(3) 建立一个良好的工作环境。

3. 实训内容

(1) 拆焊手机主板上的SOP和QFP封装IC。

(2) 焊接SOP和QFP封装IC到手机主板上。

4. 实训报告

根据实训内容，完成手机SOP和QFP封装IC的拆焊和焊接实训报告。

实训报告四　手机SOP和QFP封装IC的拆焊和焊接实训报告

<table>
<tr><td colspan="2">实训地点</td><td colspan="2"></td><td>时间</td><td></td><td>实训成绩</td><td></td></tr>
<tr><td>姓名</td><td></td><td>班级</td><td></td><td>学号</td><td></td><td>同组姓名</td><td></td></tr>
<tr><td colspan="2">实训目的</td><td colspan="6"></td></tr>
<tr><td colspan="2">实训器材与工作环境</td><td colspan="6"></td></tr>
<tr><td colspan="2">实训内容</td><td colspan="2">SOP封装IC</td><td colspan="2">QFP封装IC(1)</td><td colspan="2">QFP封装IC(2)</td></tr>
<tr><td colspan="2">元器件外形</td><td colspan="2"></td><td colspan="2"></td><td colspan="2"></td></tr>
<tr><td colspan="2">元器件颜色</td><td colspan="2"></td><td colspan="2"></td><td colspan="2"></td></tr>
<tr><td colspan="2">所用拆焊工具</td><td colspan="2"></td><td colspan="2"></td><td colspan="2"></td></tr>
<tr><td colspan="2">采用的拆焊方法</td><td colspan="2"></td><td colspan="2"></td><td colspan="2"></td></tr>
<tr><td colspan="2">所用焊接工具</td><td colspan="2"></td><td colspan="2"></td><td colspan="2"></td></tr>
<tr><td colspan="2">采用的焊接方法</td><td colspan="2"></td><td colspan="2"></td><td colspan="2"></td></tr>
<tr><td colspan="2">用时</td><td colspan="2"></td><td colspan="2"></td><td colspan="2"></td></tr>
<tr><td colspan="2">详细写出某一种IC的拆焊和焊接顺序，并指出实训过程中遇到的问题及解决方法</td><td colspan="6"></td></tr>
<tr><td colspan="2">写出此次实训过程中的体会及感想，提出还可用其他什么方法实现对手机SOP和QFP封装IC的拆焊或焊接？</td><td colspan="6"></td></tr>
<tr><td colspan="2">指导教师评语</td><td colspan="6"></td></tr>
</table>

1.5 实训项目五：手机 BGA 封装 IC 的拆焊和焊接

球栅阵列封装技术(Ball Grid Array)，简称 BGA 封装，早在 20 世纪 80 年代已用于尖端军用设备、导弹和航天科技中。随着半导体工艺技术的发展，目前手机已广泛地使用到 BGA 封装 IC 元件，它对于手机的微型化和多功能化起到决定性作用。采用 BGA 技术与 QFP 封装技术的不同之处在于：在 BGA 封装方式下，IC 引脚不是分布在 IC 的周围，而是在“肚子”下面，实际是将封装外壳基板原四面引出的引脚变成以矩阵布局的凸点引脚，这就可以容纳更多的引脚数，且可以用较大的引脚间距代替 QFP 引脚间距，避免引脚距离过短而导致焊接互连。BGA 封装 IC 的实物图如图 1-16 所示。因此，使用 BGA 封装方式不仅可以使芯片在与 QFP 相同的封装尺寸下保持更多的封装容量，还可使引脚间距加大。但是，由于采用 BGA 封装的 IC 引脚的不可见性，使我们在进行 BGA 封装 IC 的拆焊和焊接过程中的难度较大，因此，本实训项目也是手机维修工作需要重点掌握的内容之一。

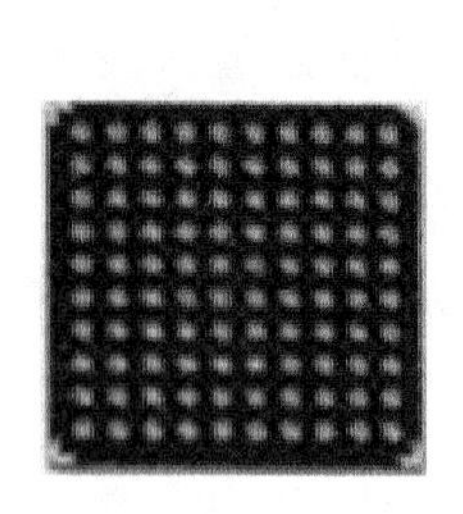

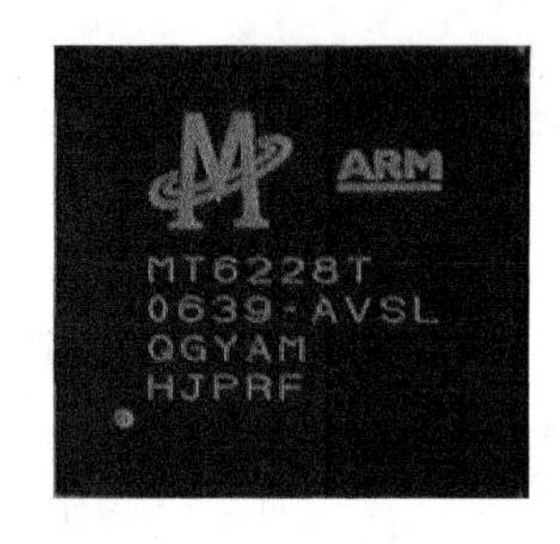

图 1-16　BGA 封装 IC 的实物图

1.5.1 BGA 封装 IC 的拆焊和焊接工具

拆焊手机 BGA 芯片前要备好以下工具。

(1) 热风枪：用于拆焊和焊接 BGA 芯片。使用有数控恒温功能的热风枪，容易掌握温度，可去掉风嘴直接吹焊。

(2) 防静电调温电烙铁：用于清理 BGA 封装 IC 及电路板上的余锡。

(3) 镊子：焊接时用于将 BGA 封装 IC 固定。

(4) 手机维修平台：用于固定手机电路板。维修平台应可靠接地。

(5) 防静电腕带：戴在手上，防止人身上的静电损坏手机元器件。

(6) 毛刷：用于扫除 BGA 封装 IC 周围的杂质。

(7) 植锡工具：是对 BGA 封装 IC 引脚进行植锡的必备工具，它包括以下几种。

1) 植锡板：是用来为 BGA 封装的 IC 芯片“种植”锡脚的工具，其实物图如图 1-17 所示。BGA 芯片的植锡板采用的是激光打孔的具有单面喇叭形网孔的钢片，钢片厚度要求有 2 mm厚，并要求孔壁光滑整齐，喇叭孔的下面(接触 BGA 的一面孔)应比上面(刮锡进去的小孔)大 10～15 μm。

2) 刮刀：用于将锡浆薄薄地、均匀地填充于植锡板的小孔中。

3) 锡浆和助焊剂：锡浆是用来做焊脚的，建议使用瓶装的锡浆。助焊剂对 IC 和电路板没有腐蚀性，因为其沸点仅稍高于焊锡的熔点，在焊接时焊锡熔化不久便开始沸腾吸热汽化，可使 IC 和电路板的温度保持在这个温度而不被烧坏。

4) 清洗剂：使用无水酒精或天那水作为清洗剂，对松香助焊膏等有极好的溶解性。注意，长期使用天那水对人体有害。

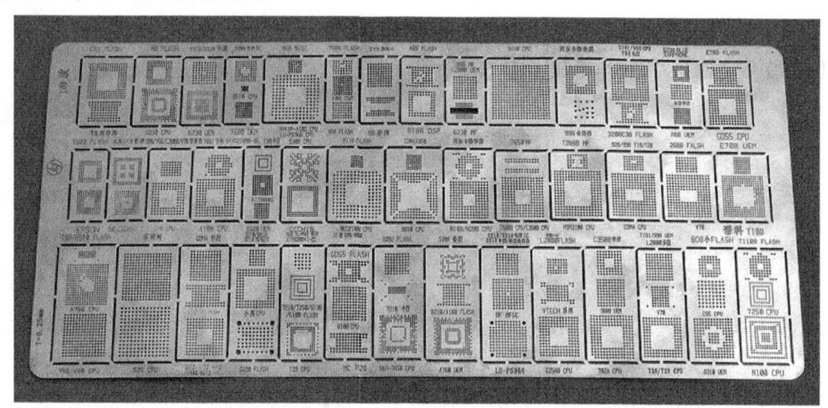

图 1-17　植锡板实物图

1.5.2　BGA 封装 IC 的拆焊和焊接

1. BGA 封装 IC 的定位

在拆卸 BGA 封装的 IC 之前，一定要搞清 IC 的具体位置，以方便后面的焊接安装。在一些手机的电路板上，事先印有 BGA 封装 IC 的定位框，这种 IC 的焊接定位一般不成问题。下面，主要介绍电路板上没有定位框的情况下 IC 的定位方法。

(1) 画线定位法：拆下 IC 之前用笔在 BGA 封装 IC 的四周画好线，记住方向，作好记号，为重焊作准备。

(2) 目测法：拆卸 BGA 封装 IC 前，先将 IC 竖起来，这时就可以同时看见 IC 和线路板上的引脚，先横向比较一下焊接位置，再纵向比较一下焊接位置。记住 IC 的边缘在纵横方向上与线路板上的哪条线路重合或与哪个元器件平行，然后根据目测的结果按照参照物来定位 IC。

2. BGA 封装 IC 的拆焊

(1) 在 IC 上面放适量助焊剂，既可防止干吹，又可帮助芯片底下的焊点均匀熔化，不会伤害旁边的元器件。

(2) 调节热风枪温度在 280～300 ℃，风速开关调至 2 挡(对于无铅产品，风枪温度调至 310～320 ℃)，在芯片上方约 2.5 cm 处作螺旋状吹，直到 IC 底下的锡珠完全熔解，用镊子轻轻托起 IC。

(3) 对于有封胶的 BGA 封装 IC，在无溶胶水的情况下，可先用焊枪对着封胶的 IC 四周吹焊，把 IC 的每个脚位的部分都吹熔化，在焊枪慢慢地转着吹的同时，再用刮刀往 IC 底下撬，可将 IC 与电路板分离。如果刮刀太厚，可用手术刀或剃须刀代替。

(4) IC 取下后，焊盘和手机电路板上都有余锡，此时在电路板上加足量的助焊剂，用防静电调温电烙铁将电路板上多余焊锡去除，并适当上锡使电路板的每个焊脚光滑圆润。

3. BGA 封装 IC 的植锡

(1) 清洗：首先在 IC 的锡脚面加上适量的助焊剂，用电烙铁将 IC 上的残留焊锡去除，然后用无水酒精或天那水清洗干净。

(2) 固定：可以使用维修平台的凹槽来定位 IC，也可以简单地采用双面胶将 IC 粘在桌子上来固定。

(3) 上锡:选择稍干的锡浆,用刮刀挑适量锡浆到植锡板上,用力往下刮,边刮边压,使锡浆薄薄地、均匀地填充于植锡板的小孔中,上锡过程中要注意压紧植锡板,不要让植锡板和芯片之间出现空隙,以免影响上锡效果。整个操作如图 1-18 所示。

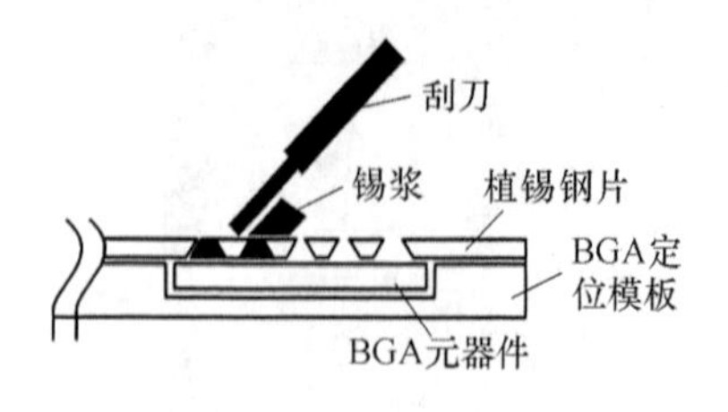

图 1-18　BGA 封装 IC 植锡操作

(4) 吹焊植锡:将植锡板固定到 IC 上面,然后把锡浆刮印到 IC 上面压紧植锡板,将热风枪风量调大,温度调至 350 ℃左右,摇晃风嘴对着植锡板缓缓均匀加热,使锡浆慢慢熔化。当看见植锡板的个别小孔中已有锡球生成时,说明温度已经到位,这时应当抬高热风枪的风嘴,避免温度继续上升。过高的温度会使锡浆剧烈沸腾,造成植锡失败,严重的还会使 IC 过热损坏。锡球冷却后,再将植锡板与 IC 分离。这种方法的优点是一次植锡后,若有缺脚,或者锡球过大或过小,可进行二次处理,特别适合新手使用。

(5) 调整:如果吹焊完毕后,发现有些锡球的大小不均匀,甚至有个别引脚没植上锡,可先用裁纸刀沿着植锡板的表面将大锡球的露出部分削平,再用刮刀将锡球过小和缺脚的小孔中上满锡浆,然后用热风枪再吹一次。

4. BGA 封装 IC 的焊接

(1) 焊接前先要对 BGA 封装 IC 进行定位。由于 BGA 封装的 IC 引脚在下方,在电路板上焊接过程中不能直接看到,所以在焊接的时候要注意 IC 的定位。熟练的操作人员一般用前面介绍的目测定位法;不熟练的操作人员,可采用前面介绍过的画线定位法。用画线法时,要注意 IC 的边沿必须对齐所画的线,并且画线用力不要过大,以免造成印制板上铜箔断路。另外,如图 1-19 所示的贴纸定位法也是可采用的方法。

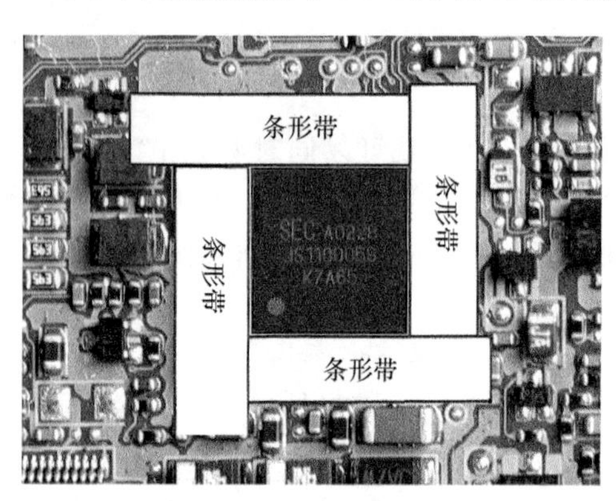

图 1-19　贴纸定位法

(2) 先将 IC 有焊脚的那一面涂上适量助焊剂,用热风枪轻轻吹一吹,使助焊剂均匀分布于 IC 的表面,为焊接作准备。再将植好锡球的 IC 按拆焊前的定位位置放到电路板上,同时,用手或镊子将 IC 前后左右移动并轻轻加压,这时可以感觉到两边焊脚的接触情况。对准后,因为事先在 IC 的脚上涂了一点助焊剂,有一定黏性,IC 不会移动。如果 IC 对偏了,则需要重新定位。

(3) BGA-IC 定好位后,可进行焊接。同植锡时一样,把热风枪调节至合适的风量和温度,让风嘴的中央对准 IC 的中央位置,缓慢加热。当看到 IC 往下一沉且四周有助焊剂溢出时,说明锡球已和电路板上的焊点熔合在一起。这时可以轻轻晃动热风枪使加热均匀充分,由于表面张力的作用,IC 与电路板的焊点之间会自动对准定位。注意在加热过程中切勿用力按住 IC,否则会使焊锡外溢,极易造成脱脚和短路。

(4) 借助带灯放大镜对已焊上电路板上的 BGA 封装 IC 进行检查。主要是检查 IC 是否对正,角度是否相对应,与电路板是否平行,有无从周边出现焊锡溢出,甚至短路等,否则都要重新拆焊。

1.5.3 BGA封装IC的拆焊和焊接时的注意事项

(1) 风枪吹焊植锡球时，温度不宜过高，风量也不宜过大，否则锡球会被吹在一起，造成植锡失败，温度通常不超过350℃。

(2) 刮抹锡要均匀。

(3) 每次植锡完毕后，要用清洗液将植锡板清理干净，以便下次使用。

(4) 锡浆不用时要密封，以免干燥后无法使用。

(5) 需备防静电吸锡笔或吸锡线，在拆焊IC，特别是BGA封装的IC时，将残留在上面的锡吸干净。

1.5.4 手机BGA封装IC拆焊和焊接实训

BGA封装IC的拆焊和焊接是一项技术性与技巧性很强的操作，必须凭着细心、严谨、科学的态度，合理借助专用工具和设备，在实训中学习其工艺和技能。由指导教师选择带有BGA封装IC的手机主板，由学生练习手机BGA封装IC的拆焊与焊接。

1. 实训目的

熟练掌握手机BGA封装IC拆焊、植锡及焊接方法；熟悉手机BGA封装IC的结构；能熟练使用热风枪和防静电调温电烙铁工具。要求学生在10分钟内能保质保量完成指定BGA封装IC的拆焊和焊接操作。

2. 实训器材与工作环境

(1) 手机主板若干，具体种类、数量由指导教师根据实际情况确定。

(2) 手机维修平台、热风枪、防静电调温电烙铁各一台。

(3) 建立一个良好的工作环境。

3. 实训内容

(1) 拆焊手机主板上的BGA封装IC。

(2) BGA封装IC的植锡操作。

(3) 焊接BGA封装IC。

4. 实训报告

根据实训内容，完成手机BGA封装IC的拆焊和焊接实训报告。

实训报告五 手机BGA封装IC拆焊和焊接实训报告

<table>
<tr><td colspan="2">实训地点</td><td colspan="2"></td><td>时间</td><td></td><td>实训成绩</td><td></td></tr>
<tr><td>姓名</td><td></td><td>班级</td><td></td><td>学号</td><td></td><td>同组姓名</td><td></td></tr>
<tr><td colspan="2">实训目的</td><td colspan="6"></td></tr>
<tr><td colspan="2">实训器材与工作环境</td><td colspan="6"></td></tr>
<tr><td colspan="2">实训内容</td><td colspan="6"></td></tr>
</table>

续表

元器件外形	
元器件颜色	
所用拆焊工具	
采用的拆焊方法	
所用焊接工具	
采用的焊接方法	
用时	
用方框图写出 BGA 封装 IC 的拆焊和焊接的工艺流程,并指出实训过程中遇到的问题及解决方法	
写出此次实训过程中的体会及感想,提出对本次实训的意见和建议	
指导教师评语	

1.6 实训项目六:电阻、电容、电感的识别与检测

手机电路中的分立元器件主要包括电阻、电容、电感、晶体管等。由于手机体积小,功能强大,电路复杂,决定了这些分立元器件必须采用贴片式封装(SMD),使电路的安装密度高,引线分布影响小,高频特性好,并增强了抗电磁干扰和射频干扰能力。但也带来了识别和检测的难度。本实训项目要求掌握手机各类分立元器件的识别和检测技能,为手机维修打基础。

1.6.1 电阻的识别与检测

1. 电阻的识别

在手机中,贴片电阻只有一粒米大小。电阻体绝大多数是黑色的,个别是浅蓝色的,两头是银色的镀锡层。电阻实物图如图 1-20 所示,手机中的电阻绝大多数未标出其阻值,个别体积稍大的电阻在其表面一般用三位数表示其阻值的大小,其中,第一、二位数

为有效数字，第三位数为倍乘，即有效数字后面“0”的个数，单位是Ω。例如，201表示200Ω，225表示2 200 000Ω即2.2MΩ。当阻值小于10Ω时，以R表示，将R看作小数点，如3R90表示3.9Ω。

(a)普通电阻 (b)直标电阻

图1-20 电阻实物图

手机电池检测电路和充电电路中可能会使用一些特殊电阻，常用的有热敏电阻和保险电阻。热敏电阻的阻值随外界温度变化而变化，手机中主要用热敏电阻对电池温度进行采样；保险电阻在电路中主要起熔丝的作用。当电流超过最大电流时，电阻层会迅速剥落熔断，切断电路，起到保护作用。保险电阻的电阻值通常很小。

2. 电阻的检测

对手机贴片电阻的检测方法与以前所讲电阻相同，有两种方法。一是直接观察法，察看电阻外观是否受损、变形和烧焦变色，若有，则表明电阻已损坏。此法对其他元器件(如电容器、电感等)均适用。二是测量法，将模拟式万用表打到Ω挡，先将表笔短路调零，将两表笔(不分正负)分别与电阻的两端引脚相接即可测出实际电阻值。由于贴片电阻太小，可在引脚两端焊接导线后，再用万用表测量。注意：测量时，特别是在测几十千欧以上阻值的贴片电阻时，手不要触及表笔和贴片电阻的导电部分。在实际故障检修时，如怀疑电阻变质失效，则不能直接在电路板上测量电阻值，因被测电阻两端存在其他电路的等效电阻，正确的方法是先将电阻从电路板上拆下，再选择合适的Ω挡测量。如果所测电阻阻值为0，则电阻内部发生了短路；如果所测电阻阻值为无穷大，则表明电阻内部已断路，以上两种结果都是说明电阻损坏。

1.6.2 电容的识别与检测

1. 电容的识别

手机中的无极性普通电容的外观、大小与电阻相似，电容一般为棕色、黄色、浅灰色等，两端为银色。无极性普通电容都很小，最小的面积只有1 mm×2 mm。通常，电解电容的外观都是长方体，体积稍大，颜色以黄色和黑色最常见。电解电容的正极一端有一条色带(黄色的电解电容色带通常是深黄色，黑色的电解电容色带通常是白色)。还有一种电容体颜色鲜艳(多为红色、棕色或黄色)，它是金属钽电容，其特点是容量稳定。它的突出一端为正极性，另一端为负极性。电容实物图如图1-21所示。

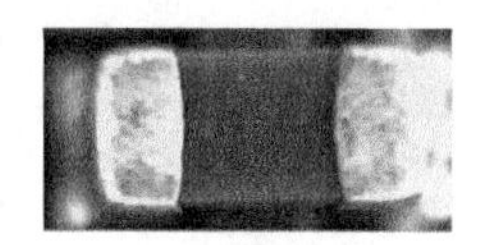

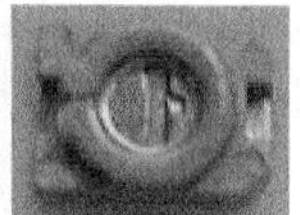

(a)无极性电容 (b)有极性电容 (c)可调电容

图1-21 电容实物图

在手机电路中，可根据经验从颜色的深浅去辨别电容器容量的等级。浅色的为皮法(pF)级，如 100 pF 以内的；深色、棕色为隔直流、滤波电容器，为纳法(nF)和微法(μF)级的电容器。μF 级(微法)的电容一般为有极性的电解电容，而 pF 级(皮法)的电容一般为无极性的普通电容。

有的普通电容容量采用符号标注，在其中间标出两个字符，而大部分普通电容则未标出其容量。标注符号的意义是：第一位用字母表示有效数字，第二位用数字表示倍乘，即有效数字后面"0"的个数，单位为 pF。第一位字母所表示的有效数字的意义如表 1-2所示。

表 1-2　部分片状电容器容量标识字母的含义

字符	A	B	C	D	E	F	G	H	I	K	L	M
值	1	1.1	1.2	1.3	1.5	1.6	1.8	2.0	2.2	2.4	2.7	3.0
字符	N	P	Q	R	S	T	U	V	W	X	Y	Z
值	3.3	3.6	3.9	4.3	4.7	5.1	5.6	6.2	6.8	7.5	9.0	9.1

例如，电容体上标有"C3"字样的容量是 1.2×10^3 pF＝1 200 pF。

电解电容由于体积大，其容量与耐压一般直接标在电容体上，而钽电解电容则不标其容量大小和耐压，不标容量和耐压的电容都可通过图样查找其参数。注意电解电容是有极性的，使用时正、负不可接反。

2. 电容的检测

用模拟式万用表的电阻挡测量电容，只能定性判断电容漏电大小、容量是否衰退、是否变值，而不能测出电容的标称静电容量。要测量标称静电容量，可使用带有电容测量功能的数字万用表，下面只介绍模拟式万用表判别电解电容好坏的方法。

将万用表的电阻挡调到 $R\times1$ k 挡或 $R\times10$ 挡，用表笔接触电容器的两个端子，表针先向 0 Ω 方向摆动，当达到一个很小的电阻读数后便开始反向摆动，最后慢慢停留在某一个大阻值读数上，电容量越大，表针偏转的角度应当越大，指针返回的也应当越慢。如果指针不摆动，则说明电容内部已开路；如果指针摆向 0 Ω 或靠近 0 Ω 的数值，并且不向无穷大的方向回摆，则表明电容内部已击穿短路；如果表针指向 0 Ω 后能慢慢返回，但不能回摆到接近无穷大的读数，则表明电容存在较大的漏电，且回摆指示的电阻值越小，漏电就越大。由于电解电容本身就存在漏电，所以表针不能完全指向无穷大，而是接近无穷大的读数，这为正常。由于万用表打在电阻挡时，黑表笔连接内部电池的正极，红表笔连接内部电池的负极，而电解电容都是有极性的电容，所以用万用表测量耐压低的电解电容时，应当将黑表笔连接到电容的正极，红表笔连接到电容的负极，以防止电容被反向击穿。再次测量之前，应先将电容短路放电，否则将看不到电容的充放电现象。如果没有充放电现象，或终值电阻很小，或表针的偏转角度很小，则都表明电容已不能正常工作。

对于容量很小的一般电容器，用模拟式万用表只能判断是否发生短路，无法判断电容是否开路。所以在故障维修时，如果怀疑某电容有问题，其一，可使用带有电容测量功能的数字万用表进行测试；其二，采用替换法，用一个新电容进行替换，若故障现象消失，则可确定原电容有问题。

1.6.3 电感的识别与检测

1. 电感的识别

手机电路中电感的数量很多，有的从外观上可以辨认出来。如图 1-22(a)所示是绕线电感，呈片状矩形，用漆包线绕在磁心上，目的是为了提高电感量。如图 1-22(b)所示是漆包线隐藏的电感，一般是手机电源电路中的升压电感。两头为银色而中间为蓝色的镀锡层，形状类似普通小电容，这种电感是叠层电感，又叫压模电感，可以通过图样和测量方法将其与电容分开，如图 1-22(c)所示。手机中还有很多 LC 选频电路的电感，如图 1-22(d)所示的电感，其外表是白色、浅蓝色、绿色、一半白一半黑。

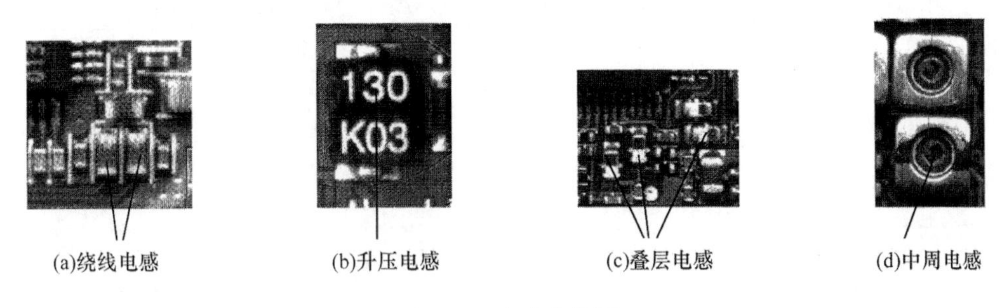

图 1-22 电感实物图

2. 电感的检测

用万用表无法直接测量电感器的电感量和品质因数，只能定性判断电感线圈的好坏。因大多数电感线圈的直流电阻不会超过 1 Ω，所以用万用表的 $R\times1$ 挡测量电感线圈两端的电阻应近似为零。如指针不动或指向较大的电阻读数，则表明电感线圈已断路或损坏。大多数电感发生故障均是断路，而电感线圈内部发生短路的情况极少见，所以在实际检修中主要测量它们是否开路，或者用一个新电感进行更换来判断。如果万用表表针指示不稳定，说明内部接触不良。

1.6.4 手机电阻、电容、电感识别与检测实训

1. 实训目的

掌握手机电阻、电容、电感的识别技能，能对手机电阻、电容、电感进行简单检测。

2. 实训器材与工作环境

(1) 手机主要元器件、手机主板若干，具体种类、数量由指导教师根据实际情况确定。

(2) 数字、模拟万用表各一只。

(3) 手机维修平台、热风枪、防静电调温电烙铁各一台。

(4) 建立一个良好的工作环境。

3. 实训内容

(1) 识别手机主板上的电阻、电容、电感。

(2) 拆焊手机主板上的电阻、电容、电感，仔细观察电阻、电容和电感的特点（颜色、标识、引脚等），并作简单检测。

(3) 元器件复位焊接。

4. 注意事项

(1) 学生在实训前要预习实训内容，做实验时要及时记录数据，在老师允许操作之前不

得随便乱动实验仪器，实训后要认真写出实训报告。要求实训环境安静、简洁、明亮，无灰尘和烟雾；工作台上应铺盖起绝缘作用的厚橡胶片；所有仪器的地线都连在一起，并良好接地。要求学生穿着不易产生静电的衣服，并在工作前要摸一下地线。

(2) 为了避免丢失元器件，应备有分别盛放元器件的容器。

(3) 因元器件的引出线非常短小，可加引线进行测量。

5. 实训报告

根据实训内容，完成手机电阻、电容、电感识别与检测实训报告。

实训报告六　电阻、电容、电感识别与检测实训报告

<table>
<tr><td colspan="2">实训地点</td><td colspan="2"></td><td>时间</td><td></td><td>实训成绩</td><td></td></tr>
<tr><td>姓名</td><td></td><td>班级</td><td></td><td>学号</td><td></td><td>同组姓名</td><td></td></tr>
<tr><td colspan="2">实训目的</td><td colspan="6"></td></tr>
<tr><td colspan="2">实训器材与工作环境</td><td colspan="6"></td></tr>
<tr><td colspan="2">实训内容</td><td colspan="2">电阻</td><td colspan="2">电容(1)</td><td>电容(2)</td><td>电感</td></tr>
<tr><td colspan="2">元器件外形</td><td colspan="2"></td><td colspan="2"></td><td></td><td></td></tr>
<tr><td colspan="2">颜色</td><td colspan="2"></td><td colspan="2"></td><td></td><td></td></tr>
<tr><td colspan="2">标称值</td><td colspan="2"></td><td colspan="2"></td><td></td><td></td></tr>
<tr><td colspan="2">拆焊所用工具</td><td colspan="2"></td><td colspan="2"></td><td></td><td></td></tr>
<tr><td colspan="2">测量值</td><td colspan="2"></td><td colspan="2"></td><td></td><td></td></tr>
<tr><td colspan="2">元器件作用</td><td colspan="2"></td><td colspan="2"></td><td></td><td></td></tr>
<tr><td colspan="2">原理图代号</td><td colspan="2"></td><td colspan="2"></td><td></td><td></td></tr>
<tr><td colspan="2">测试工具</td><td colspan="2"></td><td colspan="2"></td><td></td><td></td></tr>
<tr><td colspan="2">焊接所用工具</td><td colspan="2"></td><td colspan="2"></td><td></td><td></td></tr>
<tr><td colspan="2">引脚数</td><td colspan="2"></td><td colspan="2"></td><td></td><td></td></tr>
<tr><td colspan="2">检测方法</td><td colspan="2"></td><td colspan="2"></td><td></td><td></td></tr>
<tr><td colspan="2">用时</td><td colspan="2"></td><td colspan="2"></td><td></td><td></td></tr>
<tr><td colspan="2">详细写出判断手机有极性电容的好坏的检测方法，并指出实训过程中遇到的问题及解决方法</td><td colspan="6"></td></tr>
<tr><td colspan="2">写出此次实训过程中的体会及感想，提出实训中存在的问题</td><td colspan="6"></td></tr>
<tr><td colspan="2">指导教师评语</td><td colspan="6"></td></tr>
</table>

1.7 实训项目七:半导体元器件的识别与检测

1.7.1 二极管的识别与检测

1. 二极管的识别

根据二极管类别的不同,它在手机电路中的作用也不相同。普通二极管用于开关、整流、隔离;发光二极管用于键盘灯、显示屏灯照明;变容二极管是采用特殊工艺使PN结电容随反向偏压变化反比例变化,变容二极管是一种电压控制元件,通常用于压控振荡器(VCO),改变手机本振和载波频率,使手机锁定信道;稳压二极管用于简单的稳压电路或产生基准电压。手机中普通二极管的外形与电阻、电容相似。有的呈矩形、有的呈柱形,颜色一般为黑色,一端有一白色的竖条,表示该端为负极,如图1-23所示。手机中常采用双二极管封装(即两个二极管组合在一起),有3～4个引脚,此时难以辨认,很容易与晶体管混淆,这时只有借助原理图和印制电路板图识别,或通过测量才能确定其引脚。

(a)矩形二极管　(b)柱形二极管　(c)双二极管

图1-23 二极管实物图

2. 二极管的检测

用模拟万用表检测二极管时,红表笔接二极管的负极,黑表笔接二极管的正极,其正向电阻应当很小,表笔互换测得的反向电阻应当很大,这才表明二极管的质量是好的。如果正、反向电阻都很小,则表明管子内部已经短路;如正、反向电阻都很大,则说明管子内部已经断路。通过测量二极管的正、反向电阻值,也可以判断二极管的正负极性。当正向电阻很小时,黑表笔端为二极管的正极;如测得阻值很大时,红表笔端为其正极。

1.7.2 晶体三极管的识别与检测

1. 晶体三极管的识别

手机中的三极管一般为黑色,普通三极管有三个电极的,也有四个电极的,外形及引脚排列如图1-24所示。四个引脚的三极管中,比较大的一个引脚是集电极,另有两个引脚相通的是发射极,余下的一个是基极。晶体三极管的外形和双二极管(即两个二极管组成的元件,也为三个引脚)、场效应管极为相似,判断时应注意区分,以免造成误判。

2. 晶体三极管的检测

首先找出基极,并判定管型(NPN或PNP)。对于PNP型三极管,C、E极分别为其内部两个PN结的正极,B极为它们共同的负极,而对于NPN型三极管而言,则正好相反:

C、E极分别为两个PN结的负极，而B极则为它们共用的正极，根据PN结正向电阻小反向电阻大的特性就可以很方便地判断基极和管子的类型。具体方法如下：将模拟万用表打在$R\times100$或$R\times1\,k$挡上。红表笔接触某一引脚，用黑表笔分别接另外两个引脚，这样就可得到三组（每组两次）的读数，当其中一组两次测量都是几百欧的低阻值时，若公共引脚是红表笔，所接触的是基极，且三极管的管型为PNP型；若公共引脚是黑表笔，所接触的也是基极，且三极管的管型为NPN型。

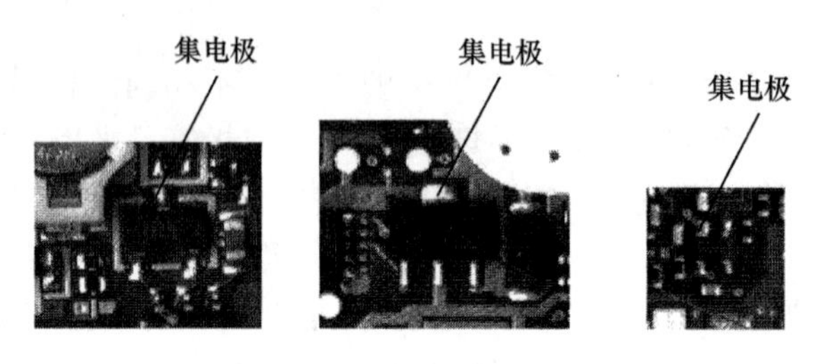

图1-24　三极管实物图

其次可判别三极管的发射极和集电极。在判别出管型和基极后，可用下列方法来判别集电极和发射极。将万用表打在$R\times1\,k$挡上。用手将基极与另一引脚捏在一起（注意不要让电极直接相碰），为使测量现象明显，可将手指湿润一下，将红表笔接在与基极捏在一起的引脚上，黑表笔接另一引脚，注意观察万用表指针向右摆动的幅度。然后将两个引脚对调，重复上述测量步骤。比较两次测量中表针向右摆动的幅度，找出摆动幅度大的一次。对于PNP型三极管，则将黑表笔接在与基极捏在一起的引脚上，重复上述实验，找出表针摆动幅度大的一次。对于NPN型，黑表笔接的是集电极，红表笔接的是发射极，对于PNP型，红表笔接的是集电极，黑表笔接的是发射极。这种判别电极方法的原理是，利用万用表内部的电池，给三极管的集电极、发射极加上电压，使其具有放大能力。有手捏其基极、集电极时，就等于通过手的电阻给三极管加一正向偏流，使其导通，此时表针向右摆动幅度就反映出其放大能力的大小，因此可正确判别出发射极、集电极来。

1.7.3　场效应管(MOS)的识别与检测

1. 场效应管的识别

手机中的场效应管一般也为黑色，大多数为三只脚，少数为四只脚（有两只脚相通，一般为源极S）。其结构图和实物图如图1-25所示。场效应管的外形和作用与晶体三极管极为相似，在电路板上很难辨别它们，只有借助于原理图和印制电路板图识别。晶体三极管有NPN、PNP两种类型，场效应管有NMOS管、PMOS管两种类型，其三个电极（栅极G、源极S、漏极D）分别对应于晶体管的三个电极（基极B、发射极E、集电极C）。但与晶体管相比，场效应管具有很高的输入电阻，工作时栅极几乎不取信号电流，因此它是电压控制组件。以晶体管或场效应管为核心，配以适当的阻容元件就能构成放大、振荡、开关、混频、调制等各种电路。

使用MOS管时应注意：由于MOS管的输入阻抗高，很小的输入电流就会产生很高的电压，从而导致MOS管击穿。因此，拆卸场效应管时需使用防静电的电烙铁，最好使用热风枪。另外，栅极不可悬浮，以免栅极电荷无处释放而击穿场效应管。

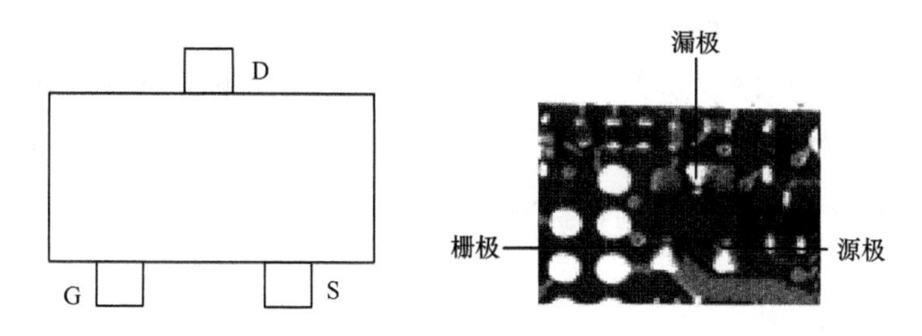

图 1-25　场效应管结构和实物图

另外，手机中还有双场效应管封装方式，一类是单纯的两个管子封装在一起，还有一类是两个管子有逻辑关系，如构成电子开关等。

2. 场效应管的检测

可用模拟万用表来定性判断 MOS 型场效应管的好坏。先用万用表 $R\times10\,\text{k}$ 挡(内置有 9 V 或 15 V 电池)，把负表笔(黑)接栅极(G)，正表笔(红)接源极(S)。给栅、源极之间充电，此时万用表指针有轻微偏转。再改用万用表 $R\times1$ 挡，将负表笔接漏极(D)，正表笔接源极(S)，万用表指示值若为几欧姆，则说明场效应管是好的。如图 1-26 所示。

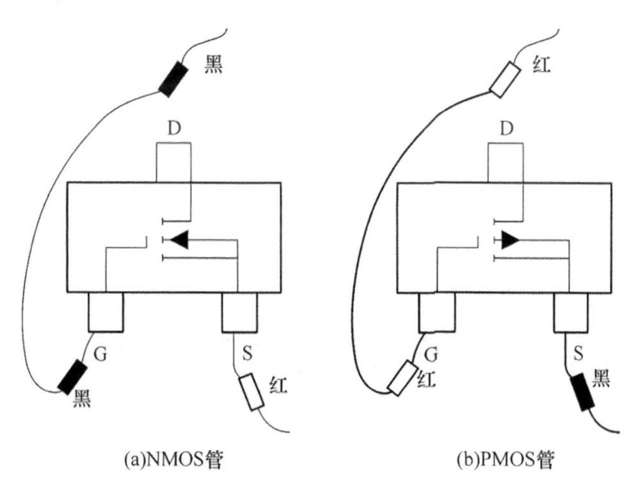

图 1-26　场效应管的判断

也可用万用表定性判断结型场效应管的电极。将万用表拨至 $R\times100$ 挡，红表笔任意接一个引脚，黑表笔则接另一个引脚，使第三脚悬空。若发现表针有轻微摆动，就证明第三脚为栅极。欲获得更明显的观察效果，还可利用人体靠近或者用手指触摸悬空脚，只要看到表针作大幅度偏转，即说明悬空脚是栅极，其余二脚分别是源极和漏极。其判断理由是：JFET 的输入电阻大于 100 MΩ，并且跨导很高，当栅极开路时空间电磁场很容易在栅极上感应出电压信号，使管子趋于截止，或趋于导通。若将人体感应电压直接加在栅极上，由于输入干扰信号较强，上述现象会更加明显。如表针向左侧大幅度偏转，就意味着管子趋于截止，漏-源极间电阻 RDS 增大，漏-源极间电流 IDS 减小。反之，表针向右侧大幅度偏转，说明管子趋向导通，RDS 减小，IDS 增大。但表针究竟向哪个方向偏转，应视感应电压的极性(正向电压或反向电压)及管子的工作点而定。

在检测时需要注意以下两点：一，试验表明，当两手与 D、S 极绝缘，只摸栅极时，表针一般向左偏转。但是，如果两手分别接触D、S极，并且用手指摸住栅极时，有可能观察到表针向右偏转的情形。其原因是人体几个部位和电阻对场效应管起到偏置作用，使之进入饱和区。二，也可用舌尖舔住栅极，现象同上。

1.7.4　手机半导体元器件的识别与检测实训

1. 实训目的

掌握手机半导体元器件的识别技能，能对手机半导体元器件进行简单检测。

2. 实训器材与工作环境

(1) 手机半导体元器件、手机主板若干，具体种类、数量由指导教师根据实际情况确定。

(2) 数字、模拟万用表各一只。

(3) 手机维修平台、热风枪、防静电调温电烙铁各一台。

(4) 建立一个良好的工作环境。

3. 实训内容

(1) 识别手机主板的二极管、三极管、场效应管。

(2) 拆焊手机主板上的二极管、三极管、场效应管，仔细观察二极管、三极管、场效应管的特点(颜色、标识、引脚等)，并作简单检测。

(3) 元器件复位焊接。

4. 注意事项

(1) 学生在实训前要预习实训内容，做实验时要及时记录数据，在老师允许操作之前不得随便乱动实验仪器，实训后要认真写出实训报告。要求实训环境安静、简洁、明亮，无灰尘和烟雾；工作台上应铺盖起绝缘作用的厚橡胶片；所有仪器的地线都连在一起，并良好接地。要求学生穿着不易产生静电的衣服，并在工作前要摸一下地线。

(2) 为了避免丢失元器件，应备有分别盛放元器件的容器。

(3) 因元器件的引出线非常短小，可加引线进行测量。

5. 实训报告

根据实训内容，完成手机半导体元件的识别与检测实训报告。

实训报告七　手机半导体元件的识别与检测实训报告

<table>
<tr><td colspan="2">实训地点</td><td colspan="2"></td><td>时间</td><td></td><td>实训成绩</td><td></td></tr>
<tr><td>姓名</td><td></td><td>班级</td><td></td><td>学号</td><td></td><td>同组姓名</td><td></td></tr>
<tr><td colspan="2">实训目的</td><td colspan="6"></td></tr>
<tr><td colspan="2">实训器材与工作环境</td><td colspan="6"></td></tr>
<tr><td colspan="2">实训内容</td><td colspan="2">二极管</td><td colspan="2">发光二极管</td><td>三极管</td><td>场效应管</td></tr>
<tr><td colspan="2">元器件外形</td><td colspan="2"></td><td colspan="2"></td><td></td><td></td></tr>
<tr><td colspan="2">颜色</td><td colspan="2"></td><td colspan="2"></td><td></td><td></td></tr>
<tr><td colspan="2">标识</td><td colspan="2"></td><td colspan="2"></td><td></td><td></td></tr>
</table>

续表

拆焊所用工具				
封装方式				
原理图代号				
测试工具				
元器件作用				
焊接所用工具				
引脚数				
第 1 引脚位置				
检测方法				
用时				
详细写出判断手机三极管的好坏的检测方法；提出判断发光二极管和稳压二极管好坏的检测方法				
写出此次实训过程中的体会及感想，提出实训中存在的问题				

1.8　实训项目八：手机集成电路的识别与检测

手机集成电路一般用字母 IC 表示。IC 内最容易集成的是 PN 结，也能集成小于 1 000 pF的电容，但不能集成电感和较大的组件，因此，IC 对外要有许多引脚。将那些不能集成的元器件连到引脚上，组成完整的电路。由于 IC 内部结构很复杂，在识别手机集成电路时，重点是 IC 的主要功能、输入、输出、供电及对外呈现出来的特性等，并把其看成一个功能模块，分析 IC 的引脚功能，外围组件的作用等。

由于 IC 有许多引脚，外围组件又多，所以要判断 IC 的好坏比较困难，通常采用在线测量法、触摸法、观察法（损坏或大电流时，加电会出现发烫、鼓包、变色及裂纹等）、按压法（观察数码电子产品的工作情况，从而判断 IC 是否虚焊）、元器件置换法和对照法等。

手机电路中使用的 IC 多种多样，有射频处理 IC、VCOIC、电源 IC、锁相环 IC 等。IC 的封装形式各异，用得较多的表面安装集成 IC 的封装形式有 SOP 封装，QFP 封装和 BGA 引脚封装等。本实训项目主要介绍手机电路中常见的 IC 识别方法和简单的检测方法。

1.8.1 稳压块的识别与检测

1. 稳压块的识别

稳压块主要用于手机的各种供电电路，为手机正常工作提供稳定的、大小合适的电压。应用较多的主要有五脚和六脚稳压块。五脚稳压块引脚排列如图 1-27 所示。其中 1 脚为输入端，2 脚为接地端，3 脚为控制端，4 脚悬空，5 脚为稳压输出端。六脚稳压块引脚排列如图 1-28 所示。其中 6 脚为输入端，5 脚为接地端，4 脚为输出端，1 脚为控制端。当 1 脚为高电平时，4 脚有稳压输出。该类稳压块最大的特点是表面标有电压输出标称值，例如，标记为 P48，其稳压输出则为 4.8 V，又如，标记为 18P，则其稳压输出为 1.8 V。稳压块的实物图如图 1-29 所示。

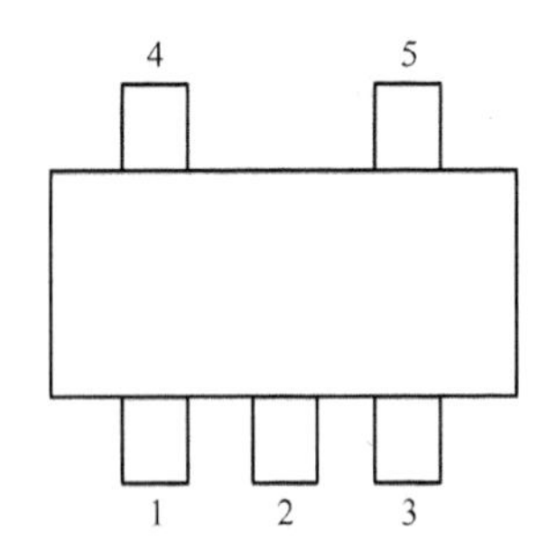

图 1-27　五脚稳压块引脚排列

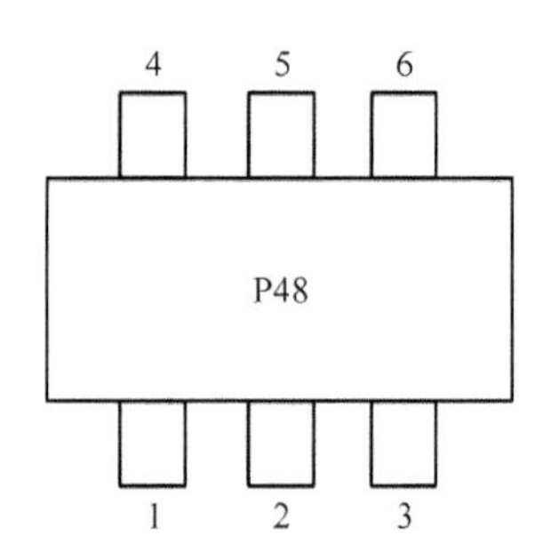

图 1-28　六脚稳压块引脚排列

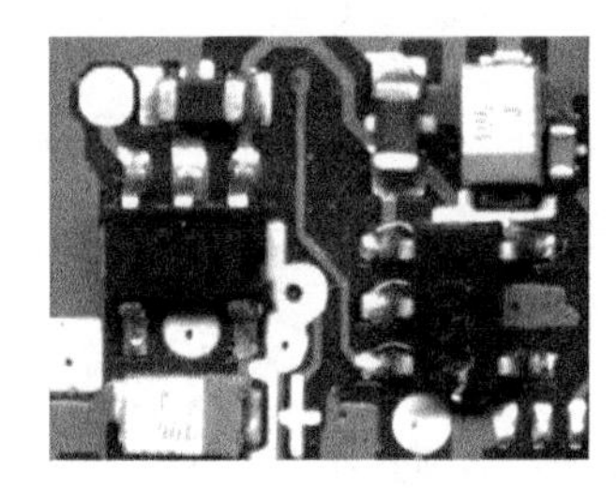

图 1-29　稳压块实物图

2. 稳压块的检测

手机稳压块的检测常用在线测量法、触摸法、观察法、按压法、元件置换法等。其中在线测量法检测较为准确。

1.8.2 VCO 组件的识别与检测

1. VCO 组件的识别

在手机电路中，越来越多的 UHFVCO 及 VHFVCO 电路采用一个组件，构成 VCO 电路的器件被封装在一个屏蔽罩内，简化了电路，并方便维修。组成 VCO 电路的元器件包含电阻器、电容器、晶体管、变容二极管等。VCO 大多采用 SON 封装方式(即引脚在组件下面)，这样既简化了电路，又减小了外界对 VCO 电路的干扰。VCO 组件实物如图 1-30 所示。

单频手机中的 VCO 组件一般有 4 个引脚：输出端、电源端、控制端及接地端。不同手机中的 VCO 组件引脚功能可能不同，但它们是有规律可循的。若 VCO 组件上有一个小的方框或一个小黑点标记，则该组件各端口通常如图1-31(a)所示；若VCO组件上有一个小圆圈的标记，则该VCO组件各端口功能如图1-31(b)所示。

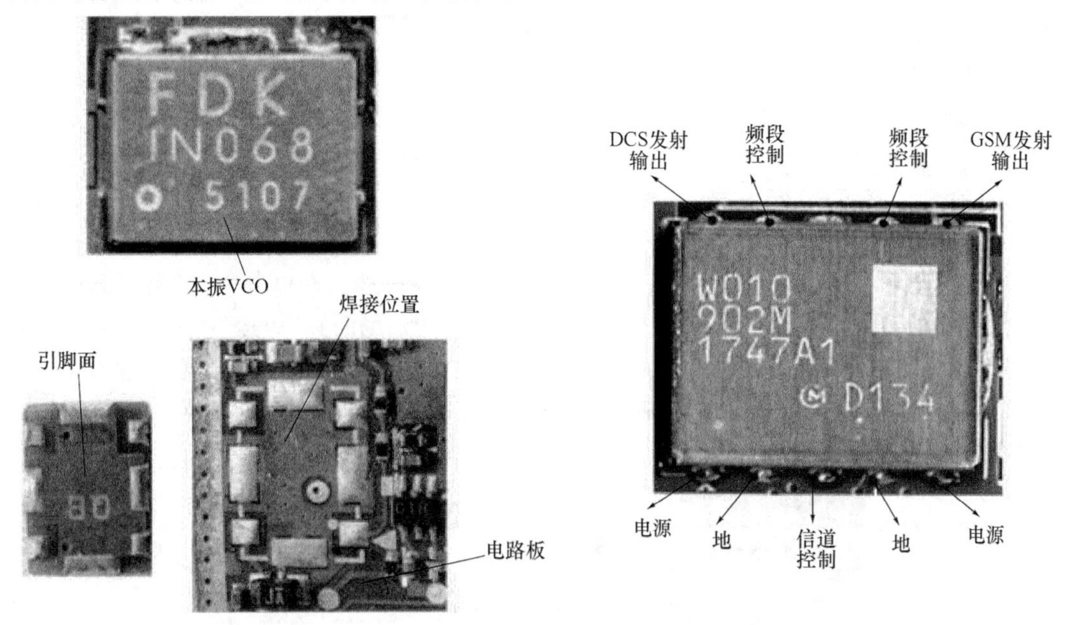

图1-30　几种VCO组件实物图

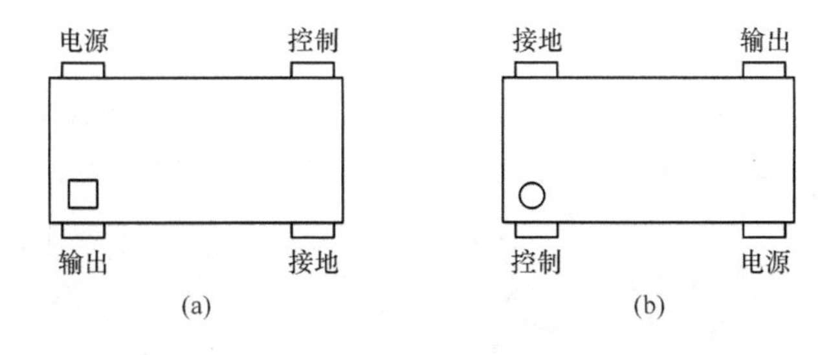

图1-31　VCO组件

在部分双频手机中，若VCO是双频VCO组件，其标记为一个小点。有些VCO组件标明了该VCO组件就是一个双频VCO。

2. VCO组件检测

VCO组件引脚的检测方法是：接地端的对地电阻为"0"；电源端的电压与该机的射频电压很接近；控制端一般接有电阻器或电感器；在待机状态下或按"112"启动发射电路时，该端口有脉冲控制信号，余下的便是输出端(若有频谱分析仪，则可测试这些端口有无射频信号输出，有射频信号输出的就是输出端)。

1.8.3　时钟电路的识别与检测

1. 基准频率时钟电路

(1) 基准频率时钟电路的识别

在GSM手机众多的元器件中，有一个不可缺少的器件，就是13 MHz振荡器及产生13 MHz时钟的电路，它在手机中用于产生锁相环的基准频率和主时钟信号，它的正常工作为手机系统正常开机和正常工作提供了必要条件。这个器件所引发的故障在手机故障中占有很大的比例，尤其是摔坏的手机更易引起该电路的损坏。不同手机采用的 13 MHz 振荡器及基准频率时钟电路，基本上都因品牌不同而有所不同。

手机 13 MHz 信号的产生可分为两大类。

1）采用谐振频率为 13 MHz 的石英晶体振荡器。基准频率时钟电路基本上都是由一个晶体振荡器和中频模块内的部分电路一起构成一个振荡电路。该石英晶体也靠近中频模块，该类型的 13 MHz 信号通常会经中频模块处理后才将信号送到频率合成电路和逻辑电路。它们所使用的石英晶体通常如图 1-32 所示。

石英晶体是利用具有压电效应的石英晶体片制成的器件。在电路中，是利用晶体片受到外加交变电场的作用，产生机械振动的特性，如果交变电场的频率与芯片的固有频率相一致，振动会变得很强烈，这就是晶体的谐振特性。由于石英晶体的物理和化学性能都十分稳定，因此，在要求频率十分稳定的振荡电路中，常用它作为谐振组件。将石英晶体作为振荡回路组件，组成晶体振荡器。

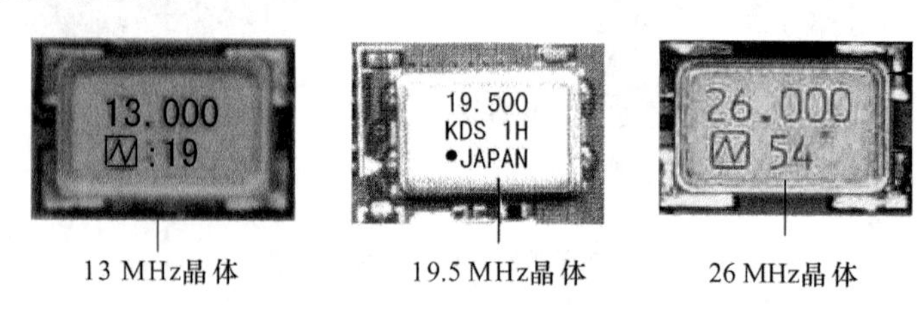

图 1-32　石英晶体实物图

2)采用 VCO 组件形式。基准频率时钟电路通常是由一个 VCO 组件构成一个独立的电路，该 13 MHz 信号经缓冲放大后直接送到频率合成电路和逻辑电路。如图 1-33 所示。

图 1-33　基准频率时钟 VCO 组件实物图

13 MHz 石英晶体振荡器和 13 MHz VCO 组件上面一般标有“13”的字样。现在一些机型使用的振荡频率是 26 MHz，也有使用 19.5 MHz 振荡频率的，实物如图 1-33 所示。CDMA型手机常采用 19.68 MHz 振荡频率，它们的作用与 13 MHz 晶体振荡器一样。在手机电路中，这个晶体振荡电路受逻辑电路 AFC 信号的控制。

(2) 实时时钟晶体的识别

在手机电路中，实时时钟信号通常由一个 32.768 kHz 的石英晶体产生。在该石英晶体的表面大多数都标有 32.768 的字样，如图 1-34 所示。如果该晶体损坏，会造成手机无时间显示的故障。实时时钟在电路中的符号用晶体的图形符号加标注来表示(这些标注通常有 32.768、SLEEPCLK 等)。当然，该晶体还有其他形状，但比较好辨认，例如也有与 13 MHz 晶体相同外形的实时时钟晶体。

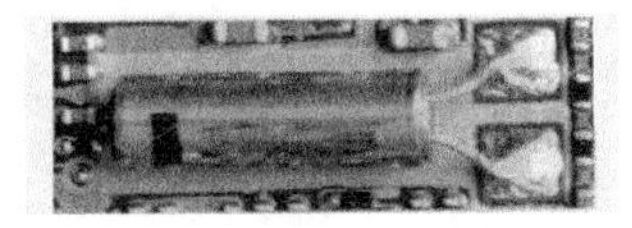

图 1-34　实时时钟晶体实物图

2. 时钟电路的检测

晶体受震动或受潮都会导致其损坏、频点偏移或损耗增加。可以用频谱分析仪准确检测其Q值、中心频点等参数。晶体无法用万用表检测，由于晶体引脚少，代换很容易，因此在实际中，常用组件代换法鉴别。代换时注意用相同型号的晶体，保证引脚匹配。

VCO组件一般有4个端口：输出端、电源端、自动频率控制(AFC)端及接地端。判断VCO组件的端口很容易：接地端对地电阻为"0"；用示波器或频率计检测余下的3个端口，有13 MHz信号输出的就是输出端；AFC端的电压通常为电源端电压的1/2左右。

1.8.4　功率放大器的识别与检测

功率放大器在发射机的末级，工作频率高达900/1 800 MHz，因此，功放是超高频宽带放大器。功放由于功耗较大，故较易损坏，应作为检修的重点。早期的手机多使用分立元器件的功率放大器，目前，越来越多的手机发射功率放大器使用功率放大器组件或集成电路。如果该手机有双工滤波器，则功率放大器的输出端接在双工滤波器的TX端口。

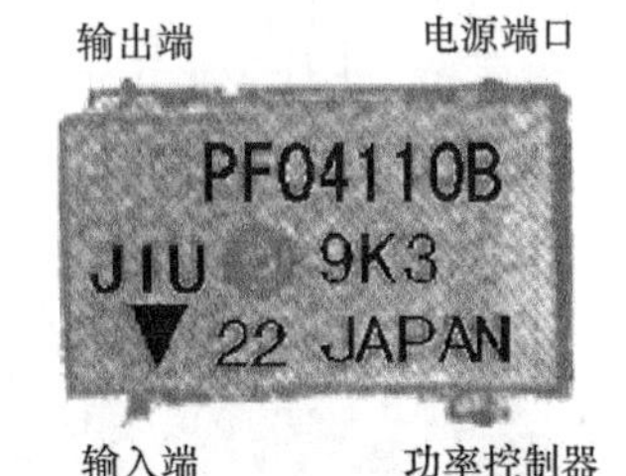

图 1-35　SON封装的单频功放组件

1. 功率放大器的识别

功率放大器组件一般有两大类封装形式。

(1) SON封装的功放器件

SON封装的功放器件的金属外壳如图1-35所示。一些双频手机的SON封装功率放大器也采用结构与图1-36所示的功率放大器相似的器件，不过它多了几个端口，如图1-37和图1-38所示。

图 1-36　SON封装的双频8端口功放组件(黑色塑封)

图 1-37　SON封装的双频12端口功放组件

对于金属外壳SON封装的12端口和16端口双频功放组件，虽然端口数量增加，但不外乎也是有两路输入、两路输出和两个电源输入端，另外就是功率控制端、切换控制端和若干接地端等，甚至有悬空端。不同的手机电路其端口的功能不尽相同，不能一概而论。

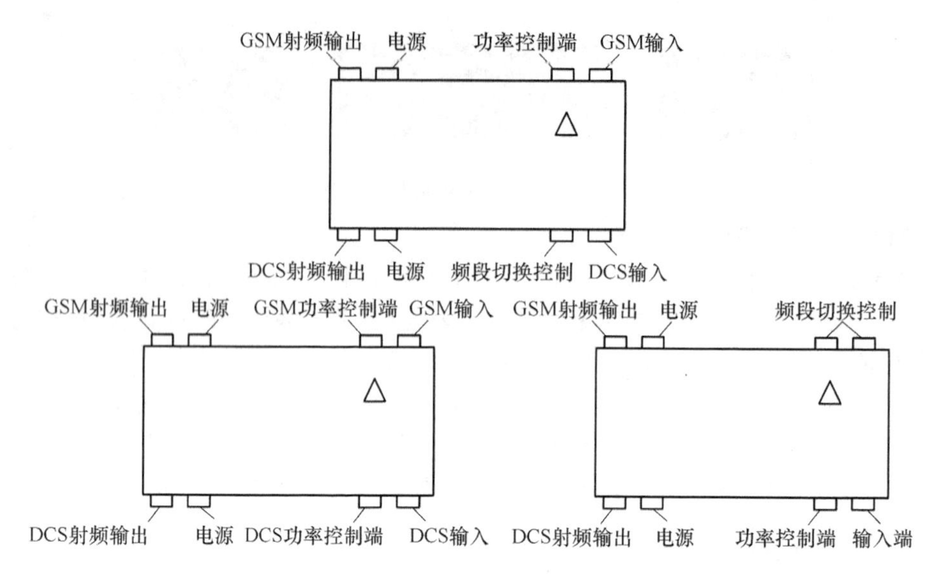

图 1-38　SON 封装 8 端口双频功放端口功能

(2) SOP 封装的功放器件

功率放大器的另一类封装形式是 SOP 封装和 QFP 封装集成电路。这些功率放大器旁边常有微带线,并且多见于旧款手机,如图 1-39 所示。

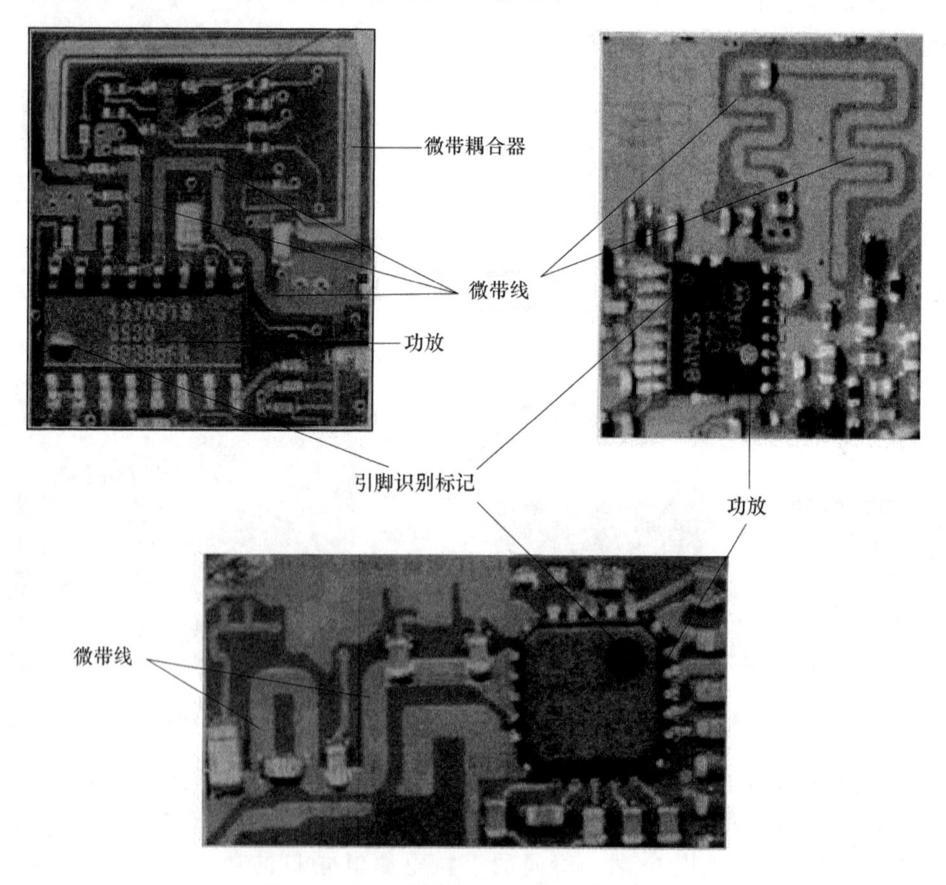

图 1-39　SOP 封装和 QFP 封装集成功放

2. 功率放大器的检测

功放的电路的检测点主要是功放的供电部分及功率控制部分。

(1) 功率放大器的供电检测

手机在守候状态时，功放不工作，不消耗电能，其目的是延长电池的使用时间。手机中的功放供电有两种情况：一是电子开关供电型；二是常供电型。电子开关供电时，守候状态电子开关断开，功放无工作电压，只有手机发射信号时，电子开关闭合，功放才供电。常供电型的功放管工作于丙类，在守候状态虽有供电，但功放管截止，不消耗电能；有信号时功放进入放大状态。丙类工作状态通常由负压提供偏压。检测功放是否工作正常，可通过手机整机电流测量来判定，即手机发射信号时，整机电流大；手机处于守候状态时，整机电流小，则说明功放工作正常，否则，可能功放有故障。

(2) 功率控制端检测

手机功放在发射过程中，其功率是按不同的等级工作的，功率等级控制来自功率控制 IC，如图 1-40 所示。控制信号主要来自两个方面：一是由定向耦合器检测发射功率，反馈到功放，组成自动功率控制（APC）环路，用闭环反馈系统进行控制；二是功率等级控制信号，手机的收信机不停地测量基站信号场强，送到 CPU 处理，据此计算出手机与基站的距离。产生功率控制资料，经数/模变换器变为功率等级控制信号，通过功率控制模块控制功放发信功率的大小。检测功率控制是否正常，主要通过用万用表测量功放控制端的电平来判定。当测得控制端在手机分别处于发射和守候状态时，其电平有变化，则说明功放控制信号工作正常，否则，功放控制电路有故障。

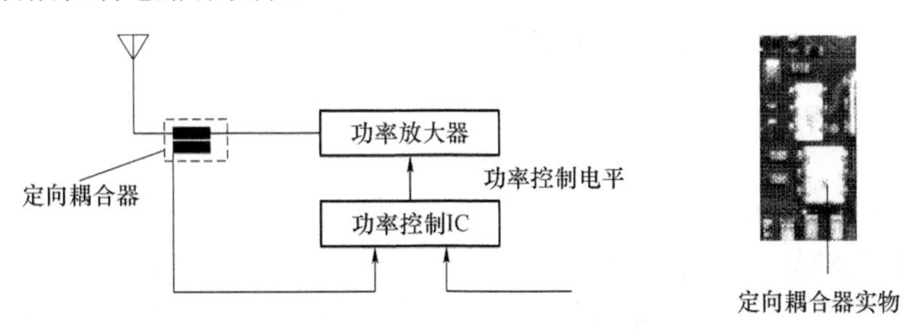

图 1-40　功率控制组成框图

另外，功放的负载是天线，在正常工作状态，功放的负载是不允许开路的，因为负载开路会因能量无处释放而烧坏功放。所以在维修时应注意这一点。在拆卸机器取下天线时，应接上一条短导线充当天线。

1.8.5 集成电路的识别与检测

1. 集成电路的识别

手机电路中使用的 IC 多种多样，有射频处理 IC、逻辑 IC、电源 IC、锁相环 IC 等。IC 的封装形式各异，用得较多的表面安装集成 IC 的封装形式有：小外形封装（SOP）、四方扁平封装（QFP）和栅格阵列引脚封装（BGA）等。

(1) SOP 封装

SOP 封装即小外形封装，其引脚数目少于 28 个，引脚分布在两边。手机电路中的存储器、电子开关、频率合成器、功放等集成电路常采用这种 SOP 封装。图 1-41 所示为小外形封装的 IC 和其对应的框图。

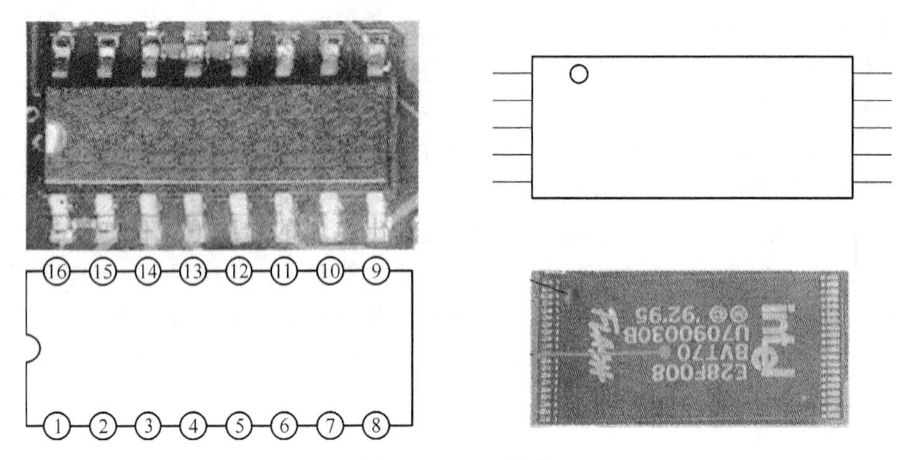

图 1-41　SOP 封装

(2)QFP 封装

QFP 封装适用于高频电路和引脚较多的模块，该模块四边都有引脚，其引脚数目一般多于 20 个。如许多中频模块、数据处理器、音频模块、微处理器、电源模块等都采用 QFP 封装。图 1-42 所示为四方扁平封装的 IC 和其对应的框图。

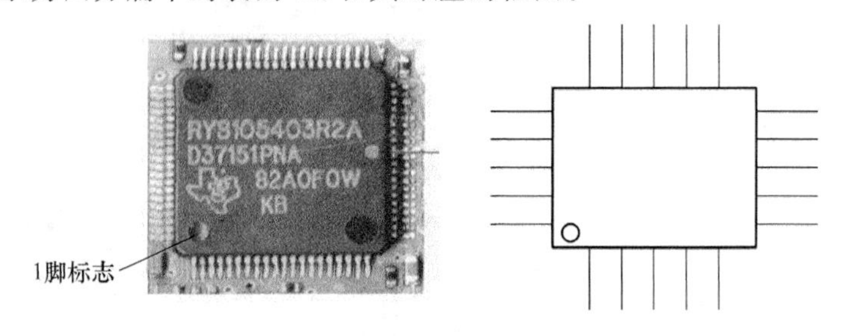

图 1-42　QFP 封装

对于 SOP 封装和 QFP 封装的 IC，找出其引脚排列顺序的关键是找出第 1 脚，然后按照逆时针方向，确定其他引脚。确定第 1 脚的方法是：IC 表面字体正方向左下脚圆点为 1 脚标志；或者找到 IC 表面打“—”的标记处，对应的引脚为第 1 脚。

(3) BGA 封装

BGA 封装是一个多层的芯片载体封装，这类封装的引脚在集成电路的“肚皮”底部，引线是以阵列的形式排列的，其引脚是按行线、列线来区分，所以引脚的数目远远超过引脚分布在封装外围的封装。

利用阵列式封装可以省去电路板多达 70%的位置。BGA 封装充分利用封装的整个底部来与电路板互连，而且用的不是引脚而是焊锡球，从而缩短了互连的距离。目前，许多手机的 CPU 等都采用这种封装形式，如图 1-43 所示。

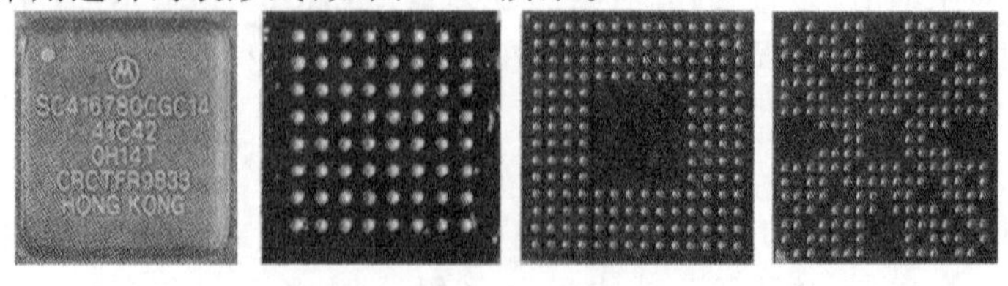

图 1-43　BGA 封装

2. 集成电路的检测

由于IC的内部结构复杂，在分析集成电路时，重点是IC的主要功能、输入、输出、供电及对外呈现出来的特性等，并把其看成一个功能模块，分析IC的引脚功能、外围组件的作用等。由于IC有许多引脚，外围组件又多，所以要判断IC的好坏比较困难，通常采用在线测量法、触摸法、观察法、元器件置换法和对照法等。

1.8.6 手机集成电路的识别与检测实训

1. 实训目的

掌握手机常用集成电路识别技能。

2. 实训器材与工作环境

（1）手机主要IC元器件、手机主板若干，具体种类、数量由指导教师根据实际情况确定。

（2）数字、模拟万用表各一只。

（3）手机维修平台、热风枪、防静电调温电烙铁各一台。

（4）建立一个良好的工作环境。

3. 实训内容

（1）手机常用集成电路（稳压模块、时钟电路、QFP封装和BGA封装、功率放大器）的识别。

（2）拆焊手机常用集成电路，仔细观察手机常用集成电路的特点（颜色、标识、引脚等），并作简单检测。

（3）元器件复位焊接。

4. 注意事项

（1）学生在实训前要预习实训内容，做实验时要及时记录数据，在老师允许操作之前不得随便乱动实验仪器，实训后要认真写出实训报告。要求实训环境安静、简洁、明亮，无灰尘和烟雾；工作台上应铺盖起绝缘作用的厚橡胶片；所有仪器的地线都连在一起，并良好接地。要求学生穿着不易产生静电的衣服，并在工作前要摸一下地线。

（2）为了避免丢失元器件，应备有分别盛放元器件的容器。

5. 实训报告

根据实训内容，完成手机集成电路的识别与检测实训报告。

实训报告八　手机集成电路的识别与检测实训报告

实训地点				时间		实训成绩	
姓名		班级		学号		同组姓名	
实训目的							
实训器材与工作环境							

续表

实训内容	稳压模块	VCO组件	时钟电路	功放模块	滤波器	接插件
元器件外形						
颜色						
标识						
拆焊所用工具						
封装方式						
原理图代号						
测试工具						
元器件作用						
焊接所用工具						
引脚数						
第1引脚位置						
检测方法						
用时						
详细写出手机稳压模块、时钟电路、QFP封装和BGA封装、功率放大器的IC识别步骤						
写出此次实训过程中的体会及感想，提出实训中存在的问题						
指导教师评语						

1.9 实训项目九：送话器、受话器、振动器等其他元器件的识别与检测

手机电路中使用的外围元器件多种多样，主要包括滤波器、磁控开关、天线、接插件、送话器、受话器、振动器等。本实训项目主要介绍手机电路中常见元器件的识别方法和简单的检测方法。

1.9.1 滤波器、磁控开关的识别与检测

1. 滤波器的识别与检测

滤波器的作用是让指定频段的信号能比较顺利地通过，而对其他频段的信号衰减。滤波器从性能上可以分为：低通(LPF)、高通(HPF)、带通(BPF)、带阻(BEF)4种。LPF主要用在信号处于低频(或直流成分)，并且需要削弱高次谐波或频率较高的干扰和噪声等场合；HPF主要用在信号处于高频并且需要削弱低频(或直流成分)的场合；BPF主要用来突出有用频段的信号，削弱其余频段的信号或干扰和噪声；BEF主要用来抑制干扰，例如，信号中常含有不需要的交流频率信号，可针对该频率加BEF，使之削弱。在手机电路中，4种滤波

电路都要用到，例如，接收电路需要 HPF 和 BPF；在频率合成电路中需要 BPF 和 LPF；在电源和信号放大部分需要 LPF 和 BEF。滤波器符号如图 1-44 所示。

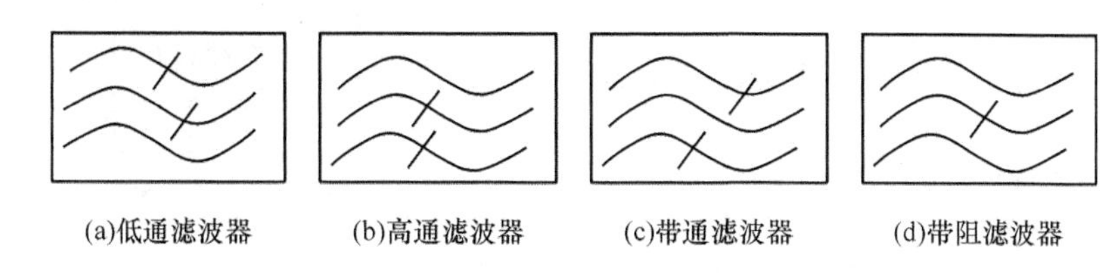

(a)低通滤波器　(b)高通滤波器　(c)带通滤波器　(d)带阻滤波器

图 1-44　滤波器符号

(1)滤波器的识别

滤波器按其介质分，可分为声表面滤波器、晶体滤波器、陶瓷滤波器和 LC 滤波器等。实物如图 1-45 所示。陶瓷滤波器、晶体滤波器和声表面滤波器容易集成和小型化，频率固定，不需调谐。常见于手机的射频滤波、中频滤波等。LC 滤波损耗小，但不容易小型化，因此在手机电路中仅作为辅助滤波器。

(a)声表面滤波器　(b)晶体滤波器　(c)陶瓷滤波器

图 1-45　滤波器实物图(按其介质分)

滤波器按其所起的作用分，可分为双工滤波器、射频滤波器、本振滤波器、中频滤波器及低频滤波器等。

1) 双工滤波器

GSM 手机可用双工滤波器来分离发射与接收信号，又可以用天线开关电路来分离发射与接收信号。用天线开关电路分离发射和接收电路较为复杂，而用双工滤波器则简化了许多。双工滤波器是一个复合器件，它包含一个发射带通滤波器和一个接收带通滤波器。这样，通过这两个带通滤波器，在天线电路形成两个单向通道，完成发射信号与接收信号的分离。

双工滤波器在其表面一般有“TX/RX”(发射/接收)和“ANT”(天线)字样。双工滤波器有时也称为“收发合成器”“合路器”等，其实物图如图 1-46 所示。双频手机中的双工滤波器实物图如图 1-47 所示。

双工滤波器是介质谐振腔滤波器，在更换这种双工滤波器时应注意焊接技巧，否则，可能将双工滤波器损坏。

2) 射频滤波器

射频滤波器通常用在手机接收电路的低噪声放大器、天线输入电路及发射机输出电路部分。它是一个带通滤波器，接收电路射频滤波器只允许接收频段的信号通过；发射射频滤波器只允许发射频段的信号通过。

图 1-46　单频手机双工滤波器实物图　　　　图 1-47　双频手机双工滤波器实物图

当然，射频滤波器还有很多，但不管其形状或材料如何，所起的作用大都如此。射频滤波器的实物图如图 1-48 所示。

图 1-48　射频滤波器实物图

3）中频滤波器

中频滤波器也是带通滤波器，它是手机电路的重要组成部分，对接收机的性能影响很大，若该元器件损坏，将会造成手机无接收、接收信号差等故障。不同的手机，其中频滤波器可能不一样，但通常来说，接收电路的第一混频器后面的第一中频滤波器体积较大，第二混频器后面的第二中频滤波器则小些，而第二中频滤波器通常对接收电路的性能影响更大。第一中频滤波器实物图如图 1-49 所示，第二中频滤波器实物图如图 1-50 所示。

图 1-49　第一中频滤波器实物图

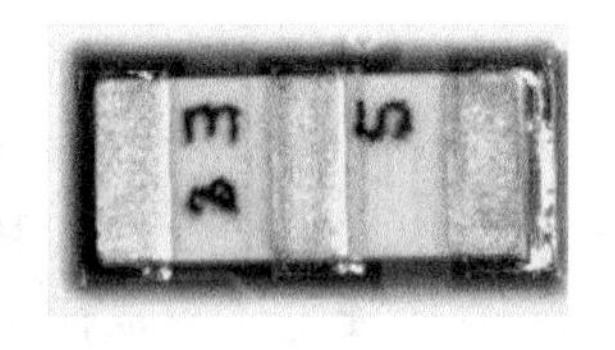

图 1-50　第二中频滤波器实物图

（2）滤波器的检测

在手机电路中，滤波器的引脚是在其下面，这类元器件也是 SON 封装模块。实际应用中，其主要引脚是输入、输出和接地端。滤波器是无源器件，所以没有供电端。

滤波器是易损组件，受震动或受潮都会导致其性能改变。可以用频谱分析仪准确检测滤波器的带宽、Q 值、中心频点等参数。滤波器无法用万用表检验，在实际维修中可简单地用跨接电容的方法判断其好坏，也可用组件代换法鉴别。

2. 磁控开关的识别与检测

磁控开关在手机中常常被用于手机翻盖电路中，通过翻盖的动作，使翻盖上的磁铁控制磁控开关闭合或断开,从而挂断电话或接听电话以及键盘锁定等。常见磁控开关有干簧管和霍尔元件。在实际维修中,干簧管或霍尔元件出问题,常常导致手机按键失灵。

(1) 磁控开关的识别

1) 干簧管

干簧管是利用磁场信号来控制的一种电路开关器件。干簧管的外壳一般是一根密封的玻璃管,在玻璃管中装有两个铁质的弹性簧片电极,玻璃管中充有某种惰性气体。它是一种具有密封接点的继电器,由干簧片、小磁铁、内部真空的隔离罩等组成。其示意图如图 1-51 所示。依照干簧管内簧片平时的状态,干簧管分为常开式与常闭式两类。常开式干簧管在平时处于关断状态,有外磁场时才接通;常闭式干簧管在平时处于闭合状态,有外磁场时才断开。在实际运用中,通常使用磁铁来控制这两根金属片的接通与断开,又称其为磁控管。如摩托罗拉 V998、V8088 等前板上都有干簧管。

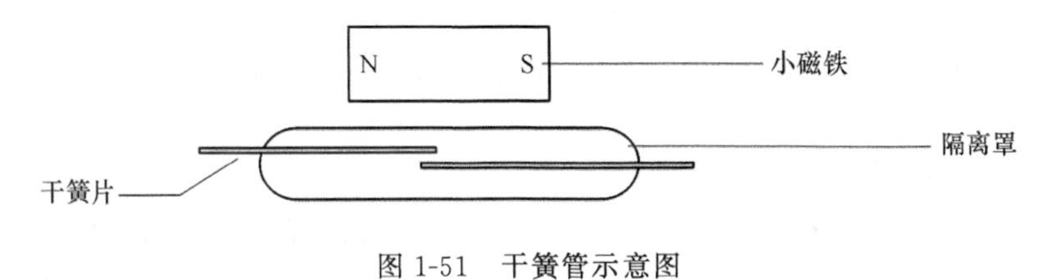

图 1-51 干簧管示意图

2) 霍尔器件

由于干簧管的隔离罩易破碎,近年来采用霍尔器件,其控制作用等同于干簧管,但比干簧管的开关速度快,因此在诸多品牌手机中得到广泛的应用。霍尔器件是一种电子元件,外形与三极管相似,如图 1-52 所示。其中,VCC 为电源,GND 为地,OUT 为输出。其内部由霍尔元件、放大器、施密特电路和集电极开路 OC 门组成。它与干簧管一样,等同一个受控开关。

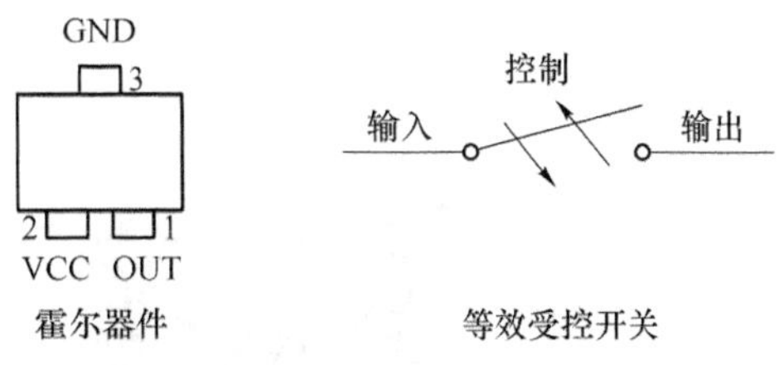

图 1-52 霍尔器件及等效特性

(2) 磁控开关的检测

干簧管的检测较容易。检测时可以将它拆下,在它的感应处放一磁铁再用万用表测量通断,即可判定干簧管的好坏。

霍尔器件的检测需要在通电状态下进行。将霍尔器件拆下后,先通电,并在输出端串联电阻,当磁铁远离霍尔器件时,霍尔器件的输出电压为高电平,当磁铁靠近霍尔器件时,霍尔器件的输出电压为低电平,这说明该霍尔器件是好的。如果霍尔器件靠近或离开磁铁,该霍尔器件的输出电平保持不变,则说明该霍尔器件已损坏。

1.9.2 天线、接插件的识别与检测

1. 天线的识别与检测

利用无线电磁波方式传递信息的无线通信设备,都离不开天线,天线是手机中重要的部件,它直接影响到接收灵敏度和发射性能。

手机中常见的天线有两种:即外置式和内置式。在电路图上,天线通常用字母“ANT”表示。随着手机小型化的发展,一些手机的内置天线通过巧妙的设计,变得与传统的天线大

不一样。比如有的内置天线是焊接在电路板上的一段金属丝，有的是机壳内的一些金属镀膜，有的仅仅是一块铜皮。如图 1-53 所示。

图 1-53　天线实物图

应注意的是，手机的天线有其工作频段，GSM 手机的天线工作在 900 MHz 的频段，DCS 手机工作在 1 800 MHz 的频段，而 GSM/DCS 双频手机的天线则可工作在两个频段。正因为手机工作在高频段，所以天线体积可以很小。天线还涉及阻抗匹配等问题，所以手机的天线是不可以随便更换的。另外，如果天线锈蚀、断裂、接触不良均会引起手机灵敏度下降，发射功率减弱。

2. 接插件的识别与检测

接插件又称连接器或插头座。在手机中，接插件口可以提供方便的插拔式电气连接，为组装、调试、维修提供方便。例如，手机的按键板、显示屏与主板的连接座、手机底部连接座与外部设备的连接均由接插件来实现。手机的按键板与主板的接插件大多采用图 1-54 所示的凸凹插槽式内连座，显示屏接口采用图 1-54 所示的插件连接。在实际维修中，接插件容易出现变形问题，一旦变形，会造成接触不良。在使用时，注意不能让接插件受热变形或受力损坏。

(a)键盘内联座

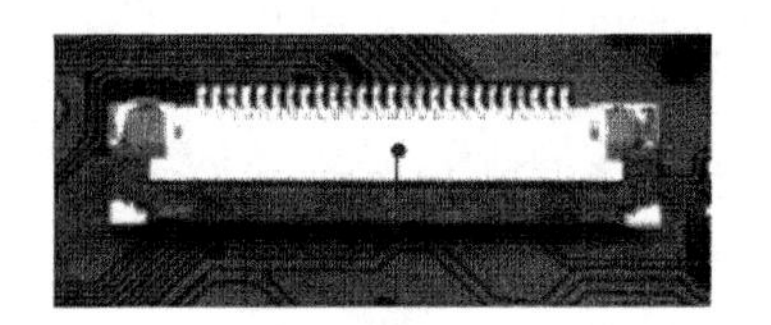

(b)显示屏接口插件

图 1-54　接插件实物图

1.9.3　送话器、受话器、振动器的识别与检测

1. 送话器的识别与检测

送话器是用来将声音转换为电信号的一种器件，它将话音信号转化为模拟的话音电信号，送话器又被称为麦克风、话筒、拾音器等。手机中常用驻极体电容送话器。

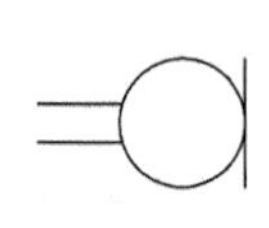

(a)符号

(b)实物

图 1-55　送话器符号及实物图

送话器在手机电路中连接的是发射音频电路，用字母 MIC 或 Microphone 表示。图 1-55所示是送话器的符号和实物。

送话器有正负极之分，在维修时应注意，若极性接反，则送话器不能输出信号。判断送话器是否损坏的简单方法是：将数字万用表的红表笔接在送话器的正极，黑表笔放在送话器的负极。注意，如用指针式万用表，则相反。用嘴吹送话器，观察万用表的指示，可以看到万用表的电阻值读数发生变化或指针摆动。若无指示，说明送话器已损坏；若有指示，说明送话器是好的，指示范围越大，说明送话器灵敏度越高。在实际中也可以采用直接代换法来判断其好坏。

2. 受话器的识别与检测

受话器被用来在电路中将模拟的话音电信号转化为声音信号，是供人们听声的器件。受话器又被称为听筒、喇叭、扬声器等。受话器的种类很多，它是利用电磁感应、静电感应、压电效应等将电能转换为声能，并将其辐射到空气中去，与送话器的作用刚好相反。在旧款手机中多采用动圈式受话器，属于电磁感应式的。目前，手机中越来越多地采用高压静电式受话器，它是通过两个靠得很近的导电薄膜间加电信号，在电场的作用下，导电薄膜发生振动，从而发出声音。受话器在手机电路中接的是接收音频电路，用字母 SPK 或 EAR 表示。受话器的电路符号及实物图如图 1-56 所示。

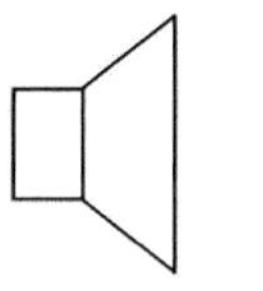
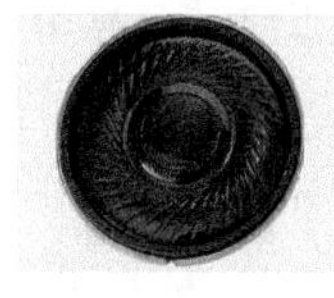

图 1-56 受话器符号及实物图

手机中的送话器、受话器和振铃器查找是很容易的，通常分别位于手机的底部和顶部。它们也常通过弹簧片或插座与手机主板相连。

可以利用模拟万用表的电阻挡对动圈式受话器进行简单的判断：用万用表的电阻 $R\times1$ 挡测其两端，正常时，电阻应接近零，且表笔断续点触时，听筒或振铃器应发出“咯、咯”的声音。

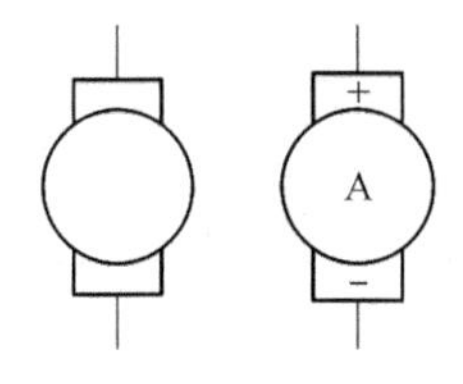

(a)符号

(b)实物

图 1-57 振动器符号及实物图

3. 振动器的识别与检测

振动器俗称马达、振子，用于来电振动提示。通常使用英文 VIB 或 Vibrator 来表示。振动器的符号和实物如图 1-57 所示。

可以利用万用表的电阻 $R\times1$ 挡对振子进行简单的判断：用万用表的表笔接触振子的两个触点，振子即会振(转)动，则为正常。

4. 手机送话器、受话器、振动器的识别与检测实训

(1) 实训目的

掌握手机送话器、受话器、振动器的识别技能，能对常见送话器、受话器、振动器进行简单检测。

(2) 实训器材与工作环境

1) 手机送话器、受话器、振动器等元器件若干，具体种类、数量由指导教师根据实际情况确定。

2) 数字、模拟万用表各一只。

3) 手机维修平台、热风枪、防静电调温电烙铁各一台。

4) 建立一个良好的工作环境。

(3) 实训内容

1) 对手机送话器、受话器、振动器的识别和简单检测。

2) 拆焊(或拆卸)手机主板上的送话器、受话器、振动器,仔细观察送话器、受话器、振动器的特点(颜色、标识、引脚等),并作简单检测。

3) 元器件复位。

(4) 注意事项

1) 学生在实训前要预习实训内容,做实验时要及时记录数据,在老师允许操作之前不得随便乱动实验仪器,实训后要认真写出实训报告。要求实训环境安静、简洁、明亮,无灰尘和烟雾;工作台上应铺盖起绝缘作用的厚橡胶片;所有仪器的地线都连在一起,并良好接地。要求学生穿着不易产生静电的衣服,并在工作前要摸一下地线。

2) 为了避免丢失元器件,应备有分别盛放元器件的容器。

3) 因元器件的引出线非常短小,可加引线进行测量。

(5) 实训报告

根据实训内容,完成手机送话器、受话器、振动器的识别与检测实训报告。

实训报告九　手机送话器、受话器、振动器的识别与检测报告

<table>
<tr><td colspan="2">实训地点</td><td colspan="2"></td><td colspan="2">时间</td><td></td><td colspan="2">实训成绩</td><td></td></tr>
<tr><td>姓名</td><td></td><td>班级</td><td></td><td colspan="2">学号</td><td></td><td colspan="2">同组姓名</td><td></td></tr>
<tr><td colspan="2">实训目的</td><td colspan="8"></td></tr>
<tr><td colspan="2">实训器材与工作环境</td><td colspan="8"></td></tr>
<tr><td colspan="2">实训内容</td><td colspan="3">送话器</td><td colspan="3">受话器</td><td colspan="2">振动器</td></tr>
<tr><td colspan="2">元器件外形</td><td colspan="3"></td><td colspan="3"></td><td colspan="2"></td></tr>
<tr><td colspan="2">颜色</td><td colspan="3"></td><td colspan="3"></td><td colspan="2"></td></tr>
<tr><td colspan="2">标识</td><td colspan="3"></td><td colspan="3"></td><td colspan="2"></td></tr>
<tr><td colspan="2">拆焊所用工具</td><td colspan="3"></td><td colspan="3"></td><td colspan="2"></td></tr>
<tr><td colspan="2">封装方式</td><td colspan="3"></td><td colspan="3"></td><td colspan="2"></td></tr>
<tr><td colspan="2">原理图代号</td><td colspan="3"></td><td colspan="3"></td><td colspan="2"></td></tr>
<tr><td colspan="2">测试工具</td><td colspan="3"></td><td colspan="3"></td><td colspan="2"></td></tr>
<tr><td colspan="2">元器件作用</td><td colspan="3"></td><td colspan="3"></td><td colspan="2"></td></tr>
<tr><td colspan="2">焊接所用工具</td><td colspan="3"></td><td colspan="3"></td><td colspan="2"></td></tr>
<tr><td colspan="2">引脚数</td><td colspan="3"></td><td colspan="3"></td><td colspan="2"></td></tr>
<tr><td colspan="2">第 1 引脚位置</td><td colspan="3"></td><td colspan="3"></td><td colspan="2"></td></tr>
<tr><td colspan="2">识别方法</td><td colspan="3"></td><td colspan="3"></td><td colspan="2"></td></tr>
<tr><td colspan="2">用时</td><td colspan="3"></td><td colspan="3"></td><td colspan="2"></td></tr>
<tr><td colspan="2">详细写出用数字式万用表判断手机送话器、受话器、振动器好坏的检测方法</td><td colspan="8"></td></tr>
</table>

续表

写出此次实训过程中的体会及感想，提出实训中存在的问题	
指导教师评语	

1.10　习题一

一、填空题

1. 手机中的 VCO 组件一般有 4 个引脚，分别是__________、__________、__________、__________。

2. 滤波器按其介质可分为：__________滤波器、__________滤波器、__________滤波器、__________滤波器。

3. 手机电路中使用的 IC 的封装形式有：__________、__________、__________封装等。

二、判断题

1. 13 MHz 石英晶振和 13 MHz VCO 组件上面一般标有"13"的字样。（　　）

2. 基准频率时钟电路所引发的故障在手机故障中占有很大的比例，尤其是摔坏的手机更易引起该电路的损坏。（　　）

3. 实时石英晶体的表面，大多数都标有 32.768 的字样。（　　）

4. 功放的负载是天线，在正常工作状态，功放的负载是不允许开路的，因为负载开路会因能量无处释放而烧坏功放。所以在维修时应注意这一点，在拆卸机器取下天线时，应接上一条短导线充当天线。（　　）

5. 手机电路板上的电容颜色越深，电容量越大。（　　）

6. 由于手机天线还涉及阻抗匹配等问题，所以手机的天线是不可以随便更换的。（　　）

7. 如果手机天线锈蚀、断裂、接触不良均会引起手机灵敏度下降，发射功率减弱。（　　）

8. 在实际维修中，手机接插件容易出现变形，一旦变形，就会造成接触不良。在使用时，注意不要让接插件受热变形或受力损坏。（　　）

9. 在手机电路图中，天线通常用字母"SPK"表示。（　　）

三、选择题

1. 手机中的电阻的颜色绝大多数是（　　）。

A. 黑色　　B. 红色　　C. 绿色　　D. 黄色

2. 5R1 表示（　　）。

A. 5.1 Ω　　B. 51 Ω　　C. 510 Ω　　D. 5 100 Ω

3. 手机中的电容的颜色绝大多数是（　　）。

A. 黑色　　B. 红色　　C. 绿色　　D. 棕色

4. 手机中的晶体管与场效应管的颜色绝大多数是(　　)。

A. 黑色　　B. 红色　　C. 绿色　　D. 黄色

5. 手机电路中的 LPF 表示的是(　　)滤波器。

A. 高通　　B. 低通　　C. 带通　　D. 全通

6. 功率放大器属于(　　)。

A. 发射电路　　B. 接收电路　　C. I/O 电路　　D. 电源电路

7. (　　)在手机电路中一般用字母 MIC 或 Microphone 表示。

A. 送话器　　B. 受话器　　C. 振动器　　D. 放大器

8. (　　)在手机电路中一般用字母 SPK 或 EAR 表示。

A. 送话器　　B. 受话器　　C. 振动器　　D. 放大器

9. 手机稳压块上标明“28P”,表示输出电压是(　　)V。

A. 2.8　　B. 28　　C. 0.28　　D. 280

四、简答题

1. 简述手机整机拆装的方法。
2. 简述手机整机拆装的注意事项。
3. 简述防静电调温电烙铁和热风枪的使用注意事项。
4. 简述手机贴片分立元器件拆焊与焊接方法。
5. 简述手机 SOP 和 QFP 封装 IC 拆焊和焊接方法。
6. 简述手机 BGA 封装 IC 拆焊和焊接方法。
7. 简述用数字万用表检测手机电容器好坏的方法。
8. 简述用数字万用表判断电感好坏的方法。
9. 简述用数字万用表检测二极管好坏的方法。
10. 简述判断手机三极管好坏的检测步骤。
11. 简述判断手机场效应管好坏的检测步骤。
12. 简述手机受话器的检测方法。
13. 简述手机振动器的检测方法。
14. 简述手机送话器的检测方法。
15. 简述磁控开关的检测方法。

第2章 理解手机

📖 **工作项目**

项目一：手机与移动通信系统的关系
项目二：手机整机电路结构分析
项目三：手机射频电路分析
项目四：手机逻辑/音频电路
项目五：手机输入/输出电路
项目六：手机电源电路
项目七：手机开机的基本工作过程
项目八：手机的特别电路
项目九：手机电路图的识图训练
实训项目十：手机开机电路识图
实训项目十一：手机射频电路识图
实训项目十二：手机接口电路识图

2.1 项目一：手机与移动通信系统的关系

20 世纪 80 年代中期，当模拟蜂窝移动通信系统刚投放市场时，世界上的发达国家就在研制第二代移动通信系统。其中最有代表性和比较成熟的制式有泛欧 GSM（Global System for Mobile Communications，全球移动通信系统，是世界上主要的蜂窝系统之一），美国的 ADC(D-AMPS)和日本的 JDC(现在改名为 PDC)等数字移动通信系统。在这些数字系统中，GSM 的发展最引人注目。1991 年 GSM 系统正式在欧洲问世，网络开通运行。发展至今，GSM 手机在中国可谓是家喻户晓。

下面先对 GSM(GPRS)手机进行简单概述。

不同品牌的 GSM 手机，其采用的软、硬件是有区别的，各个厂家生产的手机在功能的实现和专用集成电路的技术上有所不同，工艺与机械结构也不一样，但其基本电路功能都是一样的，都采用统一的 GSM 无线接口规范，以保证不同厂家的产品都可以在 GSM 网络中使用，这也是各种机型的共同之处。GPRS 是通用分组无线业务（General Packet Radio Service）的英文缩写，是由 GSM 技术发展而来的，它突破了 GSM 网只能提供电路交换方式，实现了分组交换，使现有的移动通信网与因特网结合起来，用户可以在打电话的同时，轻松、愉快、方便地上网。

现在我国手机用户呈爆炸性增长趋势，GSM 900 系统所能提供的频段宽度和系统容量有限，越来越不适应移动通信的飞速发展。因此，在部分地区开通了 DCS 1800 移动通信系统（也叫 GSM 1800 系统）。两个系统的主要特性是一致的，只是工作频段有差别：GSM 900 系统工作频率为 900 MHz，GSM 1800 系统工作频率为 1 800 MHz。当两个系统同时覆盖同一地区时，两者设置互联接口，就可以构成 GSM 900/1800 双频系统。双频手机就是指可同时接收两个系统信号的手机，它在收信范围内可以自动判别是使用哪个系统，自动在GSM 900和GSM 1800两个频段之间切换；当一个频段线路繁忙时，可自动切换到另一个频段，更可以根据网络情况的变化，选择话音最好的频段自动来回切换，确保手机处于最佳接收状态。双频系统可以大大增加移动通信系统的容量，有效解决现有频段逐渐趋于饱和等问题。另外，GSM 900 系统把频率范围向下扩展 10 MHz，称为 EGSM。

GSM(GPRS)手机电路的主要技术指标如表 2-1 所示。

表 2-1　GSM(GPRS)手机电路的主要技术指标

参数	数值	参数	数值
系统	GSM 900，GSM 1800	发射频率范围/MHz	EGSM：880～890 GSM 900：890～915 GSM 1800：1 710～1 785
接收频率范围/MHz	EGSM：925～935 GSM 900：935～960 GSM 1800：1 805～1 880	输出功率	GSM 900：(+5～+33 dBm)3.2 mW～2 W GSM 1800：(+0～+30 dBm)1.0 mW～1 W
双工间隔/MHz	GSM 900：45 GSM 1800：95	信道间隔/kHz	200
信道数	EGSM：50 GSM 900：124 GSM 1800：374	功率级别数	GSM 900 含 EGSM：15 GSM 1800：16

中国的 3G 之路已走过一段行程，我国确立的 3G 标准有：WCDMA、CDMA2000 和 TD-SCDMA。最先普及的 3G 应用是“无线宽带上网”，六亿的手机用户随时随地手机上网。而无线互联网的流媒体业务将逐渐成为主导。3G 的核心应用包括：宽带上网、视频通话、手机电视、无线搜索、手机音乐、手机购物和手机网游等。

目前，中国的 4G 已经开始大规模地宣传并运营。4G 是第四代移动通信技术的简称，是集 3G 与 WLAN 于一体并能够快速传输高质量视频、图像、数据的技术标准，包括 TD-LTE 和 FDD-LTE 两种制式。4G 系统能够以 100 Mbit/s 的速度下载，比拨号上网快 2 000 倍，上传的速度也能达到 20 Mbit/s，并能够满足几乎所有用户对于无线服务的要求。

社会不断进步，手机技术的发展日新月异，下面涉及的几种通信技术，为手机准确无误地接入通信网络提供了保证，将引领我们进一步认识手机。

2.1.1　手机在移动通信系统中的重要性

1. GSM 移动通信系统的组成

移动通信系统是紧紧围绕对用户手机的服务来进行构建的。数字移动通信系统主要由交换网络子系统(NSS)、基站子系统(BSS)和手机(MS)组成。基站子系统与手机之间依赖无线信道来传输信息。移动通信系统与其他通信系统如 PSTN 固定电话网之间,需要通过中继线相连,实现系统之间的互联互通,其组成框图如图 2-1 所示。当然,对整个通信网络需要进行管理和监控,则是由操作维护子系统(OMS)来完成的。

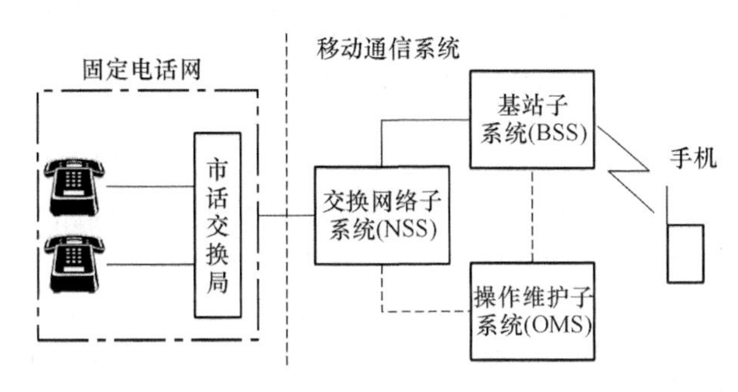

图 2-1　移动通信系统组成框图

(1) 终端设备

终端设备就是移动客户设备部分,它由两部分组成:移动终端(MS)和客户识别模块(称用户识别卡 SIM)。移动终端在早期是以车载台、便携台形式出现的,现在多为大众化的移动电话机——手机所取代。

1) 手机(MS)

手机作为移动终端,可完成话音编码、信道编码、信息加密、信息调制和解调、信息发射和接收等功能。

2) 用户识别卡

用户识别卡(SIM:Subscriber Identity Module)存有认证客户身份所需的所有信息和与网络和客户有关的管理数据,并能执行一些与安全保密有关的重要信息,以防止非法客户进入网络。只有插入 SIM 卡后移动终端才能接入进网,但 SIM 卡本身不是代金卡。

(2) 基站子系统(BSS)

基站又称基地台,它是一个能够接收和发送信号的固定电台,负责与手机进行通信。基站子系统(BSS)是在一定的无线覆盖区中由 MSC 控制,与 MS 进行通信的系统设备。它主要负责完成无线发送、接收和无线资源管理等功能。功能实体可分为基站控制器(BSC)和基站收发信台(BTS)。

1) 基站收发信台

基站收发信台(BTS)完全由 BSC 控制,主要负责无线传输,完成无线与有线的转换、无线分集、无线信道加密、跳频等功能。

2) 基站控制器

基站控制器(BSC)是基站的智能控制部分,负责本基站的收发信机的运行、呼叫管理、信道分配、呼叫接续等。一个基站控制器通常可以控制管理几个～十几个基站收发信台。

(3) 交换网络子系统(NSS)

交换网络子系统(NSS)主要完成交换功能和客户数据与移动性管理、安全性管理所需的数据库功能。交换网络子系统能在任意选定的两条用户线(或信道)之间建立和释放一条通信链路,并实现整个通信系统的运行、管理。

1) 移动交换中心

移动交换中心(MSC)是计算机控制的全自动交换系统。MSC与基站以光缆相连进行通信。一个MSC可以管理数十个基站,并组成局域网。MSC支持的呼叫业务是:

① 本地呼叫、长途呼叫和国际呼叫。

② 通过MSC进行移动用户与市话、长话之间的联系,控制不同蜂窝小区的运营。

③ 支持移动电话机的越区切换、漫游、入网登录和计费。

2) 访问位置寄存器

访问位置寄存器(VLR)是一个用于存储来访用户信息的数据库。一个VLR通常为一个MSC控制区服务,也可以为几个相邻的MSC控制区服务。手机的不断移动导致了其位置信息的不断变化,这种变化的位置信息在VLR中进行登记。

3) 归属位置寄存器

归属位置寄存器(HLR)是一种用来储存本地用户位置信息的数据库。当一个移动用户购机后首次使用SIM卡加入蜂窝系统时,必须通过MSC在该地的HLR中登记注册,把其有关参数存放在HLR中。

4) 鉴权中心

鉴权中心(AUC)的作用是可靠地识别用户的身份,只允许有权用户接入网络并取得服务。

5) 设备号识别寄存器

设备号识别寄存器(EIR)存放设备类型信息,每个移动电话机都有一个国际移动设备识别码IMEI,EIR用来监视和鉴别移动设备,并拒绝非法移动台入网。

6) 操作维护子系统

操作维护子系统(OMS)又称操作维护中心。其任务主要是对整个GSM网络进行管理和监控。通过OMS实现对GSM网内各种部件功能的监视、状态报告、故障诊断等功能。

2. CDMA数字移动通信系统的基本组成

各种CDMA系统的主要技术、具体构成不完全相同,但基本组成相同。CDMA数字移动通信系统的基本组成如图2-2所示。

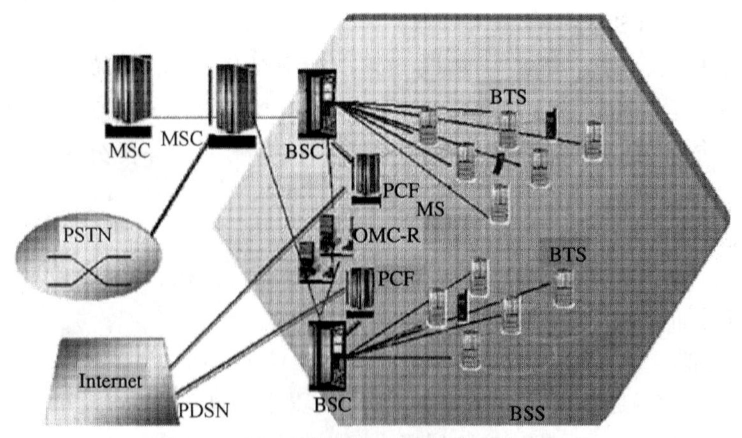

图2-2 CDMA数字移动通信系统基本组成

CDMA 的基本组成与 GSM 的大同小异，交换网络子系统（NSS）、基站子系统（BSS）、操作维护子系统（OMS）和手机（MS）是必不可少的组成部分。

图 2-2 中，PCF 部分主要实现对分组数据业务的处理功能。它能够提供强大的分组数据处理能力，满足用户对高速分组数据的传输要求，能适应目前和将来不断增长的业务需要。

OMC-R 部分主要是对整个 BSS 子系统来进行管理和控制，它是整个 BSS 子系统的操作维护中心。

3. 4G LTE 第四代移动通信系统的基本组成

图 2-3 所示为 4G LTE 第四代移动通信系统的基本组成。它由终端部分，接入部分，接入控制部分和网络控制部分组成。

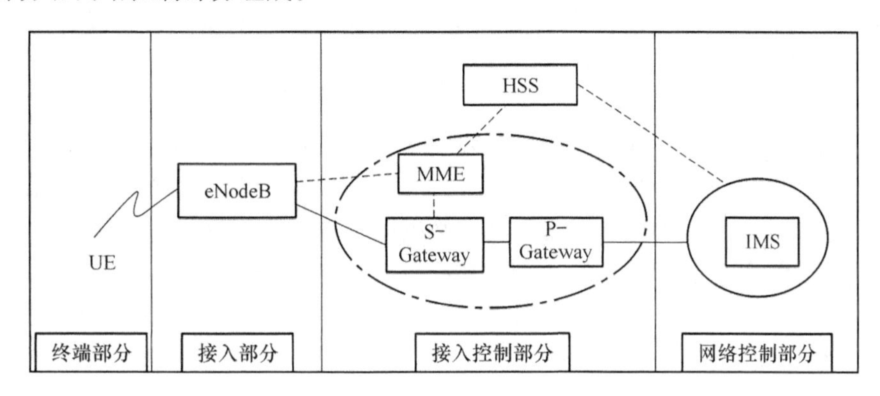

图 2-3　4G LTE 第四代移动通信系统基本组成

终端部分：LTE 终端，完成业务数据流在空中接口的收发处理，协议栈包括 PDCP、RLC、MAC 和 PHY 四个协议子层。

接入部分：eNodeB(Evolved Node B)，即演进型 Node B 简称 eNB，LTE 中基站的名称，相比现有 3G 中的 Node B，集成了部分 RNC 的功能，减少了通信时协议的层次。

接入控制部分：其中，MME 包括 NAS 信令，NAS 信令安全；认证；漫游跟踪区列表管理；3GPP 接入网络之间核心网节点之间移动性信令；空闲模式 UE 的可达性；选择 PDN GW 和 Serving GW；MME 改变时的 MME 选择功能；2G、3G 切换时选择 SGSN；承载管理功能（包括专用承载的建立），等等。SGW 包括 eNodeB 之间切换时本地移动性锚点和 3GPP 之间移动性锚点；在网络触发建立初始承载过程中，缓存下行数据包；数据包的路由（SGW 可以连接多个 PDN）和转发；切换过程中，进行数据的前转；上下行传输层数据包的分类标示；合法性监听等。

网络控制部分：即核心网。4G 移动通信系统的核心网是一个基于全 IP 的网络，可以实现不同网络间的无缝互联。核心网独立于各种具体的无线接入方案，能提供端到端的 IP 业务，能同已有的核心网和 PSTN 兼容。核心网具有开放的结构，能允许各种空中接口接入核心网；同时核心网能把业务、控制和传输等分开。采用 IP 后，所采用的无线接入方式和协议与核心网络（CN）协议、链路层是分离独立的。IP 与多种无线接入协议相兼容，因此在设计核心网络时具有很大的灵活性，不需要考虑无线接入究竟采用何种方式和协议。

2.1.2 移动通信系统中采用的技术

1. 多址技术

在蜂窝移动通信系统中，通常有很多手机同时通过基站和其他用户进行通信，因而必须对不同的基站和系统发出的信号赋予不同的特征，使基站能从众多手机的信号中区分出是哪一部手机发出的信号，而每部手机也能识别出基站发出的信号中哪个是发给自己的信号，解决这个问题的办法称为多址技术。

多址技术的基本类型有频分多址（FDMA）、时分多址（TDMA）和码分多址（CDMA）。选择什么样的多址方式取决于通信系统的应用环境的要求。就数字蜂窝通信网络而言，网内用户如何能从播发的信号中识别出发送给自己的信号就成为建立连接的首要问题。手机是通过基站和其他手机进行通信的，因此要对手机和基站的信息加以区别，就必须给每个信号赋予不同的特征，这就是多址技术要解决的问题。

(1) 频分多址

频分多址（FDMA）是把通信系统的总频段划分成若干个等间隔的频道（或称信道）分配给不同的用户使用。这些频道互不交叠，其宽度应能传输一路数字语音信息，而在相邻的频道之间无明显的串扰。这种通信系统的基站必须同时发射和接收多个不同频率的信号，任意两个移动用户之间进行通信都必须经过基站进行中转，因而必须同时占用四个频道，才能实现双工通信。不过手机在通信时所占用的频道并不是固定指配的。它通常是在通信建立阶段由系统控制中心临时分配的。通信结束后，手机将退出它占有的频道，这些频道可以重新分配给别的用户使用。

将总频段划分若干小频段在频域上互不重叠，每个频段分给一个用户，该系统同时必须发射和接收多个频率，任意两个移动用户之间必须经基站中转，同时占用四个频道才能实现通话。频分多址工作示意图如图 2-4 所示。

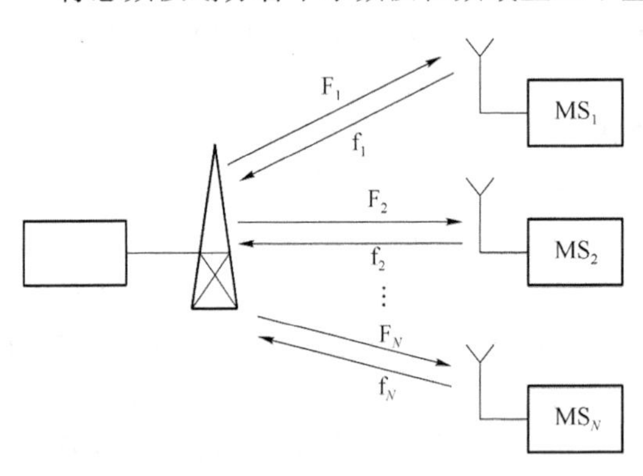

图 2-4 频分多址工作示意图

特点：技术成熟，易与模拟系统兼容，对信号功率要求不严格。

缺点：系统需要周密频率规划，基站需要多部不同载波频率发射机，设备易产生信道间干扰。

(2) 时分多址

时分多址（TDMA）是把时间分割成同周期的时帧，每一时帧再分割成若干个时隙（无论时帧或时隙都是互不重叠的），然后根据一定分配原则，使每个用户手机在每帧内只能在指定时隙内向基站发射信号。在满足定时和同步的条件下，基站可以分别在各时隙中接收到各移动台的信号而互不混扰。同时基站发向多个用户手机的信号都按顺序安排在预定的时隙中传输，各用户手机只要在指定的时隙内接收，就能在合路的信号中把发给它的信号区分出来。

将总频段分成若干频道，再分成若干帧，每帧再分成若干时隙然后根据一定时隙发配原则，使各移动台根据指定时隙，向基站发射信号。时分多址工作示意图如图 2-5 所示。

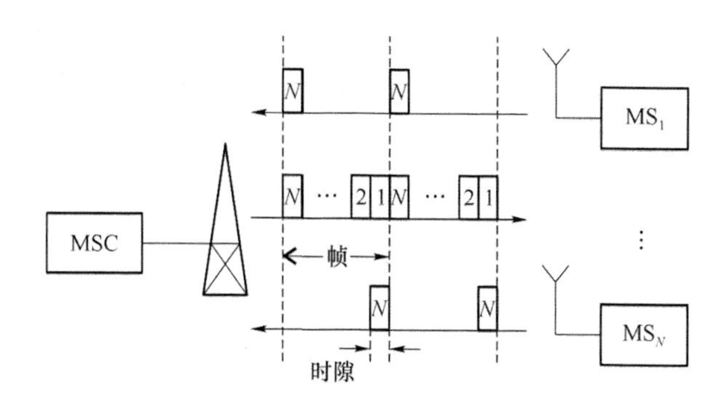

图 2-5 时分多址工作示意图

特点:系统的基站只需一部发射机,避免像 FDMA 系统出现的问题用户增多。频率再用率提高,保密性强。目前 TDMA 用于 GSM 系统中。

TDMA 通信系统和 FDMA 通信系统相比,具有以下主要特点。

1) TDMA 系统的基站可只用一部发射机,可以避免像 FDMA 系统那样因多部不同频率的发射机同时工作而产生互调干扰。

2) TDMA 系统对时隙的管理和分配通常要比对频率的管理与分配简单。因此,TDMA 系统更容易进行时隙的动态分配。

3) 因为移动台会只在指定的时隙接收基站发给它的信息,因而在一帧的其他时隙中,可以测量其他基站发送的主信号强度或推测网络系统发送的广播信息和控制信息,这对于加强通信网络的控制功能和保证移动台的过区切换是有利的。

4) TDMA 系统必须具有精确的定时和同步,保证各移动台发送的信号不会在基站发生重叠或混淆,并且能准确地在指定的时隙中接收基站发给它的信号。同步技术是 TDMA 系统正常工作的重要保证。

(3) 码分多址

在码分多址(CDMA)通信系统中,不同传输信息所用的信号不是靠频率不同或时隙不同来区分的,而是用各不相同的编码序列来区分的。或者说,是靠信号的不同波形区分的。如果以频域或时域来观察,多个 CDMA 信号是互相重叠的。接收机用相关器可以从多个 CDMA 信号中选出其中使用预定码型的信号,而其他使用不同码型的信号不能被解调。码分多址工作示意图如图 2-6 所示。

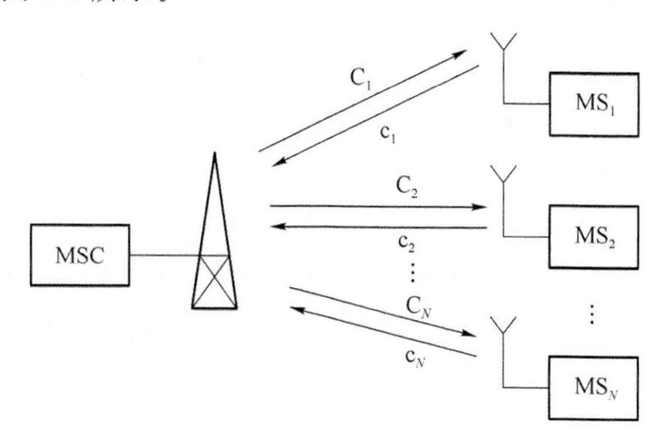

图 2-6 码分多址工作示意图

由以上内容可见,蜂窝结构的通信系统特点是通信资源的重用。频分多址系统是频率资源的重用;时分多址系统是时隙资源的重用;码分多址系统是码型资源的重用。图 2-7 所示为三种多址技术的频率资源分布。

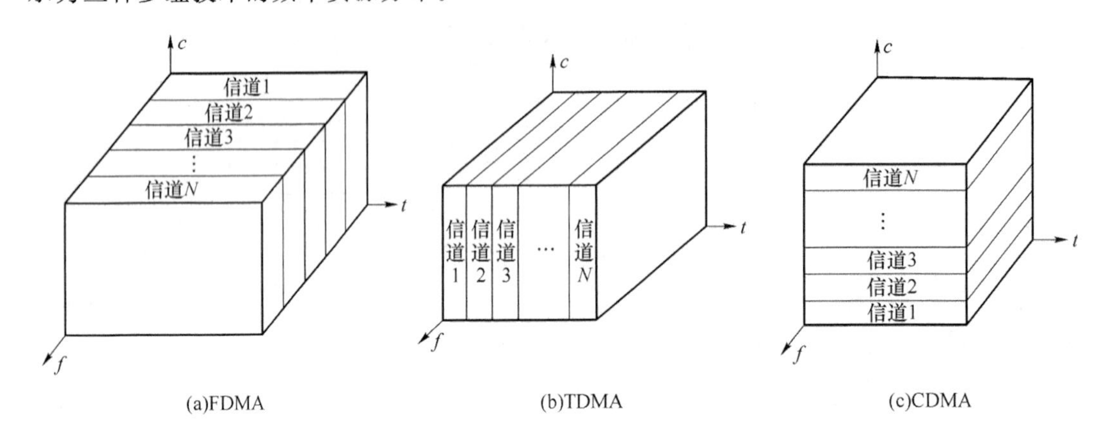

图 2-7　多址技术的频率资源分布

2. 4G LTE 的关键技术

(1) 正交频分复用技术

正交频分复用(OFDM)是一种无线环境下的高速传输技术,其主要思想就是在频域内将给定信道分成许多正交子信道,在每个子信道上使用一个子载波进行调制,各子载波并行传输。尽管总的信道是非平坦的,即具有频率选择性,但是每个子信道是相对平坦的,在每个子信道上进行的是窄带传输,信号带宽小于信道的相应带宽。OFDM 技术的优点是可以消除或减小信号波形间的干扰,对多径衰落和多普勒频移不敏感,提高了频谱利用率。

(2) 多天线技术

多天线技术即 MIMO,在基站和移动终端都有多个天线。MIMO 技术为系统提供空间复用增益和空间分集增益。空间复用是在接收端和发射端使用多副天线,充分利用空间传播中的多径分量,在同一频带上使用多个子信道发射信号,使容量随天线数量的增加而线性增加。

(3) 软件无线电技术

软件无线电的基本思想是把尽可能多的无线及个人通信功能通过可编程软件来实现,使其成为一种多工作频段、多工作模式、多信号传输与处理的无线电系统。也可以说,是一种用软件来实现物理层连接的无线通信方式。它将标准化、模块化的硬件功能单元经一通用硬件平台,利用软件加载方式来实现各类无线电通信系统的一种开放式结构的技术。其中心思想是使宽带模数转换器(A/D)及数模转换器(D/A)等先进的模块尽可能地靠近射频天线的要求。尽可能多地用软件来定义无线功能。其软件系统包括各类无线信令规则与处理软件、信号流变换软件、调制解调算法软件、信道纠错编码软件、信源编码软件等。软件无线电技术主要涉及数字信号处理硬件(DSPH)、现场可编程器件(FPGA)、数字信号处理(DSP)等。

(4) 智能天线技术

智能天线具有抑制信号干扰、自动跟踪以及数字波束调节等智能功能,是未来移动通信的关键技术。智能天线应用数字信号处理技术，产生空间定向波束，使天线主波束对准用户信号到达方向，旁瓣或零陷对准干扰信号到达方向，达到充分利用移动用户信号并消除或抑制干扰信号的目的。这种技术既能改善信号质量又能增加传输容量。

2.1.3 编码技术

移动通信系统的编码技术分为语音编码技术和信道编码技术。

1. 语音编码技术

语音编码技术通常分为三类：波形编码、声源编码和混合编码。

(1) 波形编码技术

波形编码技术的目的在于尽可能精确地再现原来的语音波形。对于电话通信来说，从64 kbit/s 到 16 kbit/s 的比特速率，这种技术提供了很好的语音质量。但在 16 kbit/s 比特速率以下，话音波形编码器的话音质量通常迅速下降。

(2) 声源编码技术

声源编码技术是以发声机制的模型为基础的。这种技术是一套模拟声带频谱特性的滤波器系数和若干声源参数。把这一套滤波器系数和声源参数传递到收信机，在收信机合成语音。声源编码技术的一例就是线性预测编码(LPC)。采用这种技术可以把数字话音信号压缩到 4.8～2 kbit/s 的比特速率范围，甚至更低，但又达到普通的话音质量。

(3) 混合编码技术

混合编码技术是可以把数字话音信号压缩到 16～4 kbit/s 之间的一类新的编码技术。这种编码技术将波形编码技术和声源编码技术结合在一起，保持两种编码技术的优点，尤其是 16～8 kbit/s 的范围内达到了良好的语音质量。GSM 通信网络采用的就是这种语音编码技术。

2. 信道编码技术

语音信号经过语音编码后，紧接着还要进行信道编码。信道编码能够检出和校正接收比特流中的差错。这是由于加入一些冗余比特，把几个比特上携带的信息扩散到更多的比特上。为此付出的代价是必须传送比该信息所需要的更多的比特。但这种方法可以有效地减少数据差错，提高了所传信号的质量。

2.1.4 调制技术

经语音编码后的信号是数字信号，此信号向外发送还需要经过调制。调制是用调制信号改变无线电载波信号的某一参数，以便把数字信号传递出去的过程。改变无线电载波信号振幅的叫幅移键控(ASK)；改变频率的叫频移键控(FSK)；改变相位的叫相移键控(PSK)，也可以同时改变振幅和相位，叫做正交振幅调制(QAM)。由于多径传播衰落对于载波振幅的影响，ASK 已被排除在移动通信系统之外。在数字移动通信系统中已采用的是 FSK 调制和 GMSK 调制。

1. 频移键控调制技术

频移键控(FSK)是数字信号的频率调制，可看成调频的一种特例。产生频移键控信号的组成框图如图 2-8 所示。

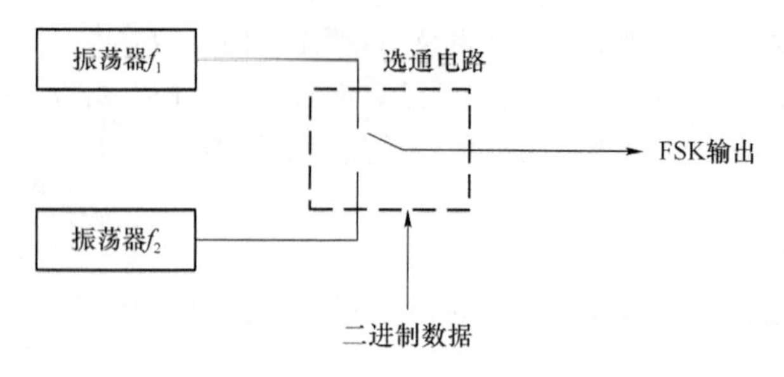

图 2-8 产生 FSK 信号的组成框图

2. 高斯最小频移键控调制技术

GSM 系统采用高斯最小频移键控(GMSK)。GMSK 与 FSK 不同之处是:

(1) 在调制时,使高、低电平所调制的两个频率 f_1、f_2 尽可能接近,即频移最小,这样可节省频带。

(2) GMSK 调制可以控制相位的连续性,在每个码元持续期 T s 内,频移恰好引起 $\pi/2$ 的相位变化。

(3) 在 MSK 之前加入了高斯滤波器,因其滤波特性与高斯曲线相似,故以此相称。

产生 GMSK 信号的组成框图如图 2-9 所示。

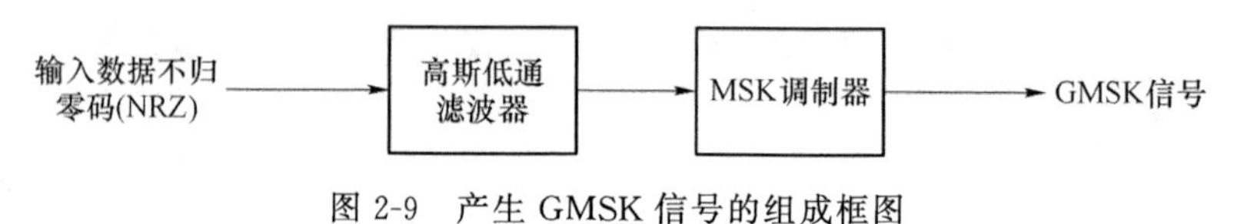

图 2-9 产生 GMSK 信号的组成框图

2.2 项目二:手机整机电路结构分析

数字手机是高新科技的移动通信设备,它是数字通信技术、单片机控制技术、贴片安装技术、元器件材料与工艺、多层印制电路板和柔性电路板等综合技术的产物。通过对数字手机整机的电路结构分析,有助于读者对数字手机的故障进行准确的判断,并进行简单的维修。

无论是 GSM(含 GPRS)型、CDMA 型手机,还是 4G 手机,从一般原理框图和印制电路板的结构上讲,有其相似之处。故本项目先以 GSM 型手机为例,分析手机的组成与工作原理。

2.2.1 手机电路板结构

在实际的手机中,手机电路在机板上是如何分布的呢?常见的手机从外形构造上分为两种类型:一种是直板式,目前大多数机型都是直板式;另一种是折叠式,现在已不生产了,所以不作介绍。现在的手机中主要的电路机板大多数为一块,机板正面主要是触屏、键盘和送话器等,而在机板背面,电路和芯片最集中,如图 2-10 所示。

直板式手机的机板正面最上方是受话器,最下方是送话器,这样的设计符合人们的使用习惯,显示屏(或触屏)的位置一般都在受话器的下方,键盘的上方;手机的机板背面一般是芯片及元器件集中之处,手机由于天线在顶端,所以手机的上部一般是与天线有密切关系的射频部分,当然,也有的手机设计成内置天线或专用的一块射频电路板,但区别一般不大。用于充电及数据通信的尾部插口在最下边，与此有关的逻辑和供电等一般就安排在手机的下方。

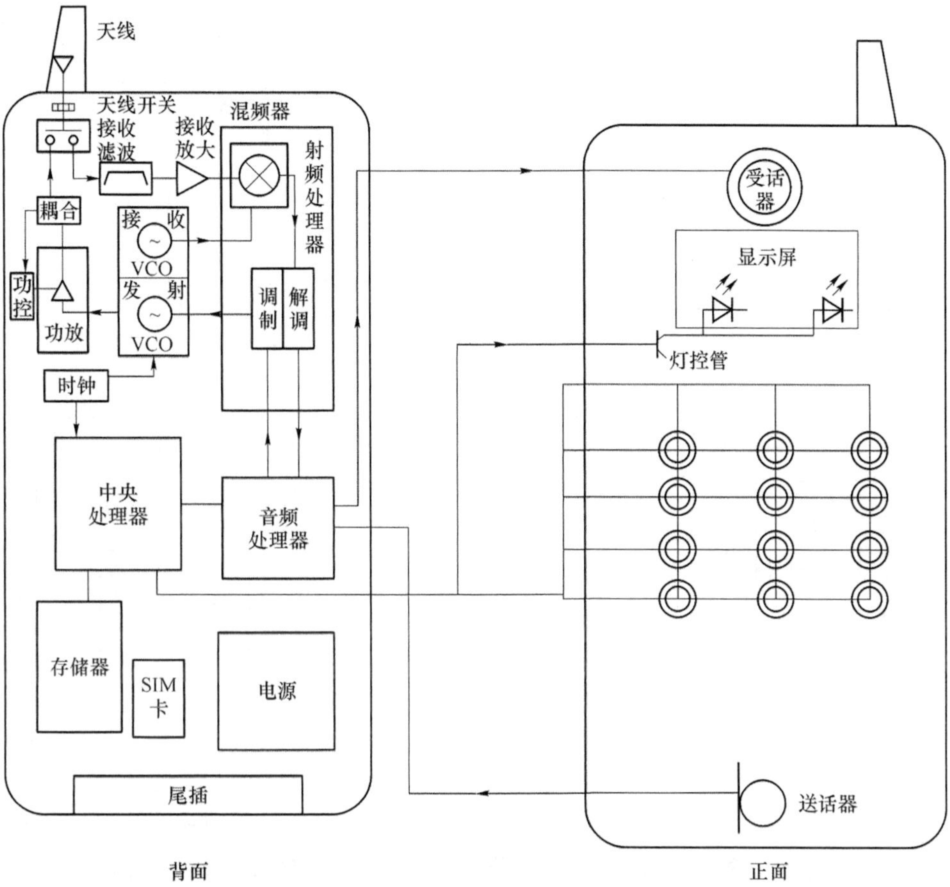

图 2-10　直板式手机电路机板分布示意图

2.2.2　手机整机电路方框图

手机由软件和硬件组成。软件是整机的灵魂，指挥硬件工作，硬件的正常是软件工作的基础。手机的软件和硬件就如同乐谱与钢琴的关系，融为一体才能奏出美妙的音乐。手机的软件保存在手机的存储器中，由中央处理器（CPU）调用；手机的硬件是指手机的电路及其壳体。

1. 手机整机电路结构

手机电路一般可分为 4 个部分——射频部分、逻辑/音频部分、输入/输出接口部分（也称界面部分）和电源部分。4 个部分相互联系，是一个有机的整体。特别是逻辑/音频部分和输入/输出接口部分电路紧密融合，电路分析时常常把它们作为一个整体。手机电路原理框图如图 2-11、图 2-12 所示。

手机接收信号时，来自基站的 GSM 射频信号由天线接收下来，经射频电路接收变换，由逻辑/音频电路处理后送到受话器发音；手机发射信号时，声音信号由送话器进行声电转换后，经逻辑/音频电路处理，再经射频电路发射变换和功率放大，最后由天线向基站发射出去。

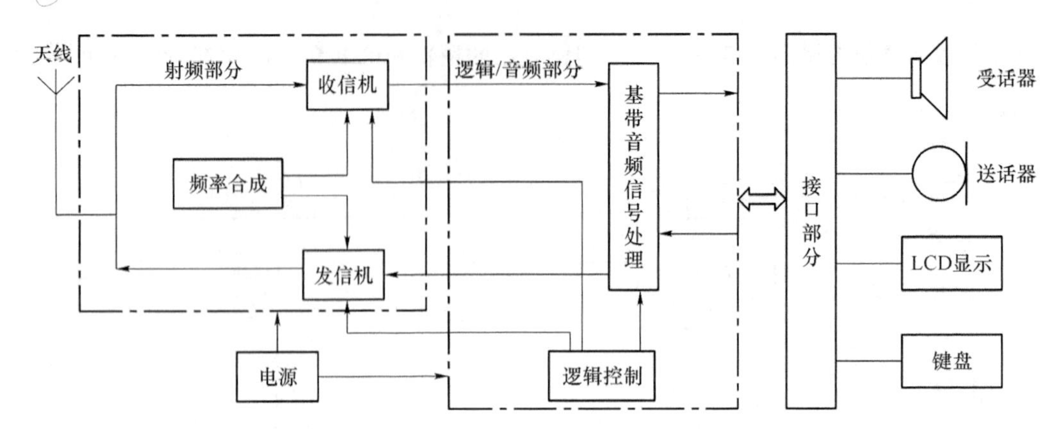

图 2-11　GSM 手机电路原理简略图

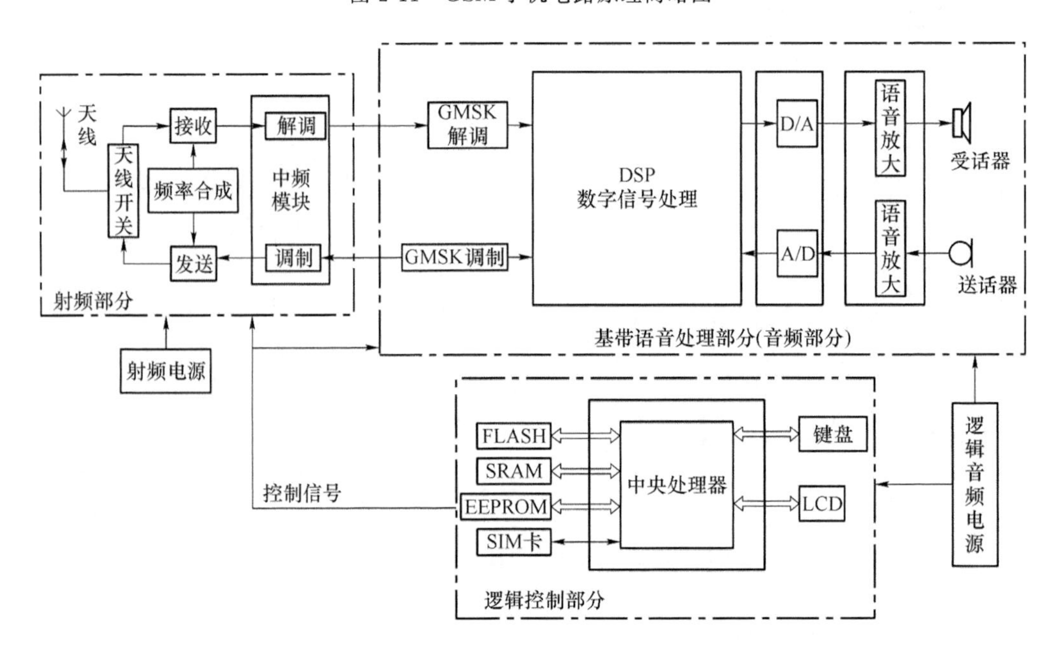

图 2-12　GSM 手机电路原理基本组成框图

从图 2-11 中可以看出手机电路的 4 个组成部分，从图 2-12 可以看到，逻辑/音频部分与输入/输出接口部分电路密切关联，并且可以看出信号的接收和发送两个通道的脉络。两个通道的信号变化过程是相反的，还共用数字信号处理电路(DSP)。电源电路为各个部分供电，逻辑控制电路对整机的工作进行协调和指挥。

2. 手机的入网过程

(1) 手机的接收

手机开机后，从天线接收空中信号，搜索到最强的广播信道，读取频率校正信道的信息，并使手机与之同步。手机得到同步信道的信息后，找到基站的识别码，并读取基站系统的信息，如手机所处小区的使用频率、移动系统的国家码、地区码、网络码等。

手机得到这些信息后，向系统的请求接入信道发送接入请求信息，并向系统传送卡内的各种信息，系统接收到卡内的信息经过鉴权确认合格后，通过允许接入信道，使手机接入信道并分配给一个独立的专用控制信道，手机完成了请求登记，返回空闲待机状态，与系统保持同步并鉴听系统控制信道的信息。

(2) 手机的发射

手机入网与系统保持同步,需要拨号发送信息时,用锁定的广播控制信道通过接入信道发射数据,基站用允许接入信道来响应,并为手机指定一个新的信道进行连接,一旦连接到专用的控制信道,手机要得到系统传给的定时提前量和发射功率供手机处理。手机处理完这些信息后,才能发送正常的语音业务所要求的突发序列信息。

当移动电话交换中心将手机发送的语音信息传入基站时,专用的控制信道要检验用户的合法性和有效性,基站由独立专用控制信道使手机转向为业务信道安排的基站系统和时隙,一旦接入业务信道,语音信号在链路上就传送呼叫成功。

3. 手机整机工作过程

(1) GSM 手机开机初始工作流程

在正常情况下,手机开机后,手机中的 CPU 工作,并运行开机程序,对手机中各个芯片和整机电路进行自检。若自检通过,则手机开始搜索空中无线电信号。一旦发现最强的信号,它就会自动调整内部电路的工作频率,使其在频率和时间上与最强信号所属的网络保持同步,然后检查该网络的运营商和本手机 SIM 卡上所记录的是否一致,即中国移动或中国联通,最后进入待机状态。如图 2-13 所示。

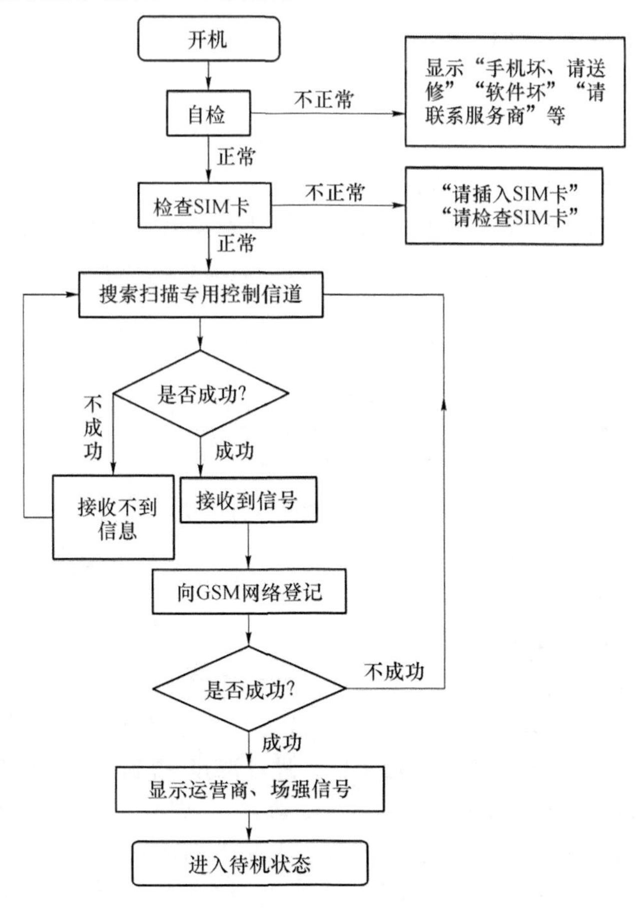

图 2-13　GSM 手机开机初始工作流程

在手机开机的过程中,若出现自检不正常,显示"手机坏、请送修""软件坏""请联系服务商"等,一般是手机的软件故障;若找不到网络,说明手机射频电路有故障或手机不在网络覆盖区。由于手机入网时先要接收网络信号,然后再发射信号向网络登记,所以不入网故障可能发生在射频接收电路,也可能在射频发射电路。究竟发生在哪个部分,不同类型的手机有不同的判断方法,后面将详细介绍。

(2) GSM 手机通话过程

当手机通话时,GSM 系统为手机分配一个语音信道,手机电路调整频率,从守候信道进入语音信道,并开始通话状态。通话结束,手机返回到守候信道待机。

2.3 项目三:手机射频电路分析

射频电路部分一般是指手机电路的模拟射频、中频处理部分,包括天线系统、接收通路、发射通路、模拟调制与解调以及进行 GSM 信道调谐用的频率合成器。它的主要任务有两个:一是完成接收信号的下变频,得到模拟基带信号;二是完成发射模拟基带信号的上变频,得到发射射频信号。

2.3.1 接收通路部分方框图识图

接收通路(又称接收电路)一般包括天线、天线开关、射频滤波、射频放大、变频、中频滤波、中频放大、解调电路等,如图 2-14 所示。它将 925～960 MHz(GSM 900 MHz 频段)或 1 805～1 880 MHz(DCS 1800 MHz 频段)的射频信号进行下变频,最后得到 67.707 kHz 的接收模拟基带信号(RXI/RXQ)。解调大都在中频处理集成电路内完成,解调后得到频率为 67.707 kHz 的模拟的同相/正交信号(RXI/RXQ),然后进入逻辑/音频处理部分进行后级的处理。

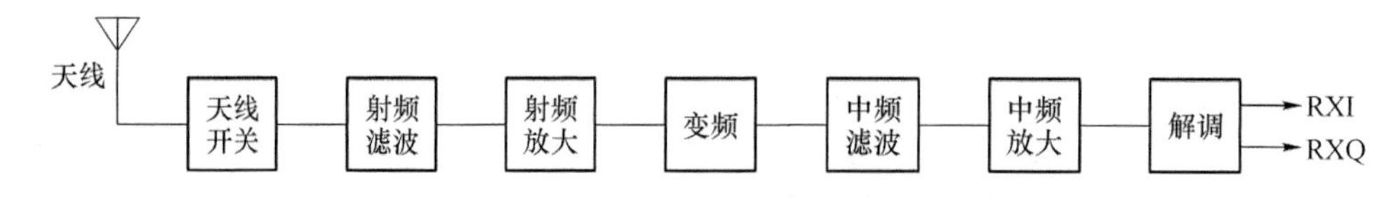

图 2-14 手机接收电路结构

手机接收电路一般有 3 种基本的电路结构:超外差一次变频接收电路、超外差二次变频接收电路、直接变频线性接收电路。

1. 超外差一次变频接收电路结构

超外差一次变频接收机的原理为:天线感应到的无线电信号经天线电路和射频滤波器进入接收机电路,首先由射频放大器进行放大,放大后的信号经射频滤波器后,被送到混频器。在混频器中,射频信号与接收本机振荡信号进行混频,得到接收中频信号。中频信号经中频放大后,在中频处理模块内进行 RXI/RXQ 解调,得到 67.707 kHz 接收模拟基带信号(RXI/RXQ)。I/Q 解调所用的本振信号通常由中频 VCO(IFVCO)信号处理得到。RXI/RXQ 信号在逻辑音频电路中先经 DSP(数字信号处理器)处理,然后经 PCM 解码还原出模拟的话音信号,推动受话器发声。如图 2-15 所示。

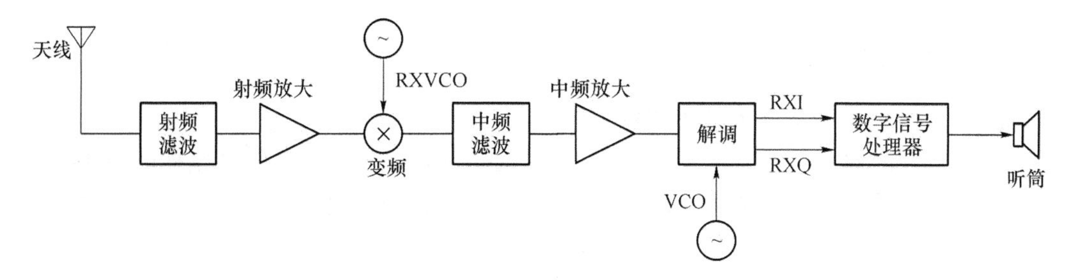

图 2-15　超外差一次变频接收电路框图

2. 超外差二次变频接收电路结构

与一次变频接收结构相比，二次变频接收结构多用了一级混频器。第一中频信号与第二接收本机振荡信号(IFVCO 信号)混频，得到接收第二中频信号。IFVCO 电路产生的IFVCO信号经过分频，也作为参考信号送入中频处理模块用于对第二中频信号的解调，分离出 67.707 kHz 的 RXI/RXQ 信号。如图 2-16 所示。

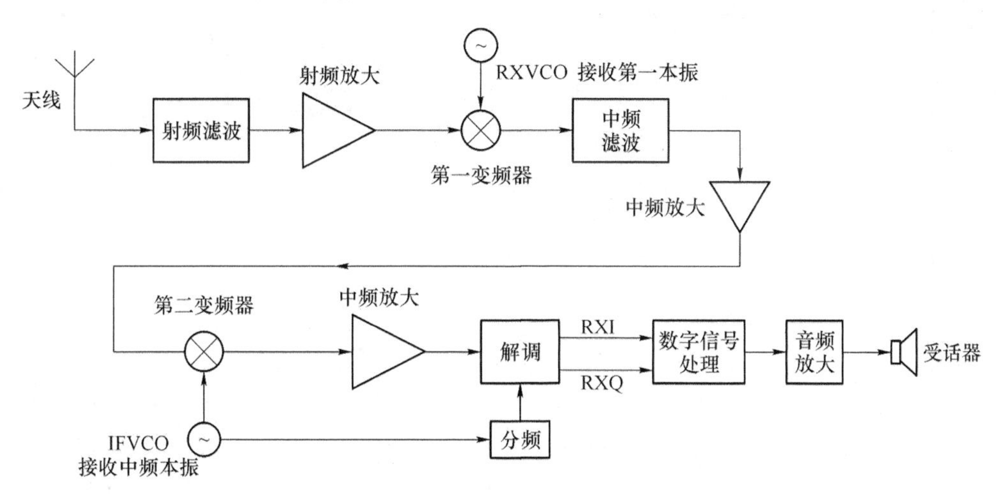

图 2-16　超外差二次变频接收电路框图

3. 直接变频线性接收电路结构

从一次变频接收结构和二次变频接收结构的方框图可以看到，RXI/RXQ 信号都是从解调电路输出的，但在直接变频线性接收机中，混频器输出不再是中频信号了，而直接就是RXI/RXQ 信号。混频与解调两个功能合二为一。如图 2-17 所示。

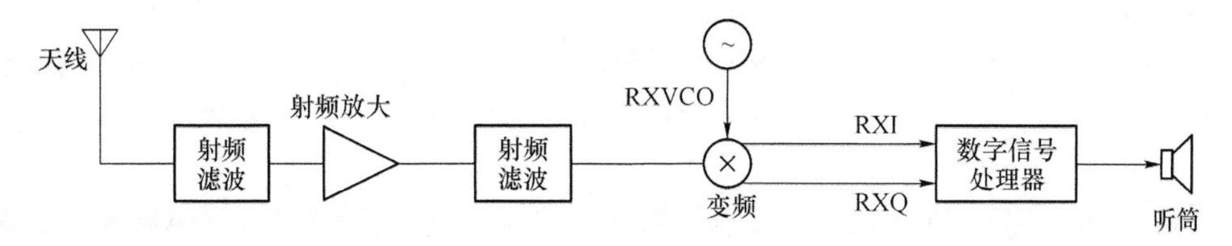

图 2-17　直接变频线性接收电路框图

不管接收电路结构怎样不同，它们总有相似之处：信号是从天线到射频放大器，经过频率变换，再解调输出 RXI/RXQ 信号，最后送到语音处理电路。区别是接收频率变换(降频)的方式不同。

2.3.2 接收电路原理图识图

1. GSM 手机接收电路原理图识图

下面以摩托罗拉 V60 型手机为例，介绍 GSM(GPRS)手机接收电路原理的分析方法。摩托罗拉 V60 型手机是一款三频中文手机，具有“通用无线分组服务”(GPRS)功能和“无线应用协议”(WAP)功能。

摩托罗拉 V60 手机既可以工作于 GSM 900 MHz 频段，也可以工作在 DCS 1800 MHz 和 PCS 1900 MHz 频段上，它的射频接收电路采用超外差二次变频接收方式，如图 2-18 所示。

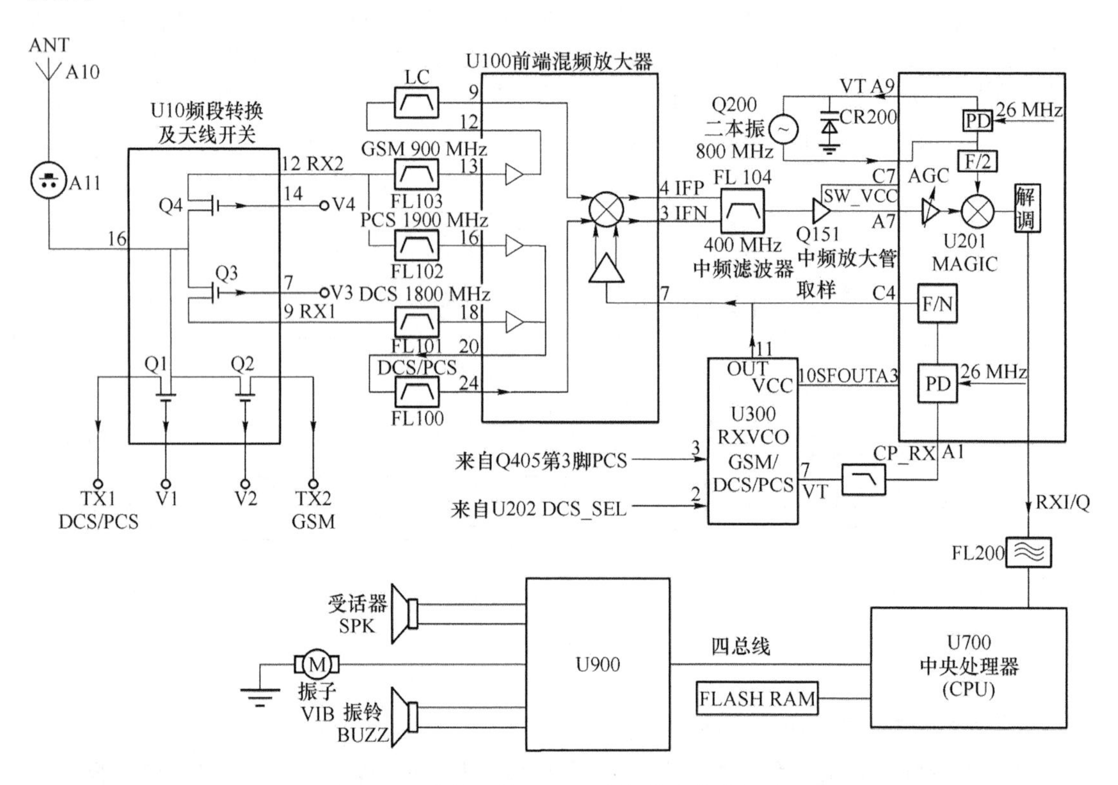

图 2-18 摩托罗拉 V60 型手机接收部分电路

从天线接收下来的信号经天线接口 A10 进入机内的接收机电路，经过 A11 开关(外接天线接口或射频测试接口)进入频段转换及天线开关 U10 的第 16 脚，当 V4(2.75 V)为高电平时，导通 U10 内的 Q4 开启 GSM/PCS 通道，经过 FL103、FL102 滤波后，进入前端混频放大器 U100。当 V3(2.75 V)为高电平时，导通 U10 内的 Q3，从而开启 DCS 通道，经过 FL101 滤波后进入前端混频放大器 U100。

注意，GSM、DCS、PCS 这三个通道不能同时工作，它们的转换是逻辑电路输出控制指令，由中频模块(U201)输出 N_DCS_SEL 等信号，再经三频切换电路去控制天线开关(U10)的信号通道。

当手机工作在 GSM 通道时，射频信号(935.2～959.8 MHz)在 U100 内经多级射频放大器增益后和来自 RXVCO U300 的本振频率混频，得到 400 MHz 的中频信号后送中频放大电路(以 Q151 为中心)进一步处理。

当手机工作在 DCS 通道时,射频信号(1 805.2～1 884.8 MHz)在 U100 内经多级射频放大器增益后和来自 RXVCO U300 的本振频率混频,得到 400 MHz 的中频信号后和 GSM 共用后级电路。

当手机工作在 PCS 通道时,射频信号(1 930.2～1 989.2 MHz)在 U100 内经过多级射频放大器增益后和来自 RXVCO U300 的本振频率混频,得到 400 MHz 的中频信号后也和 GSM、DCS 使用同一中频及音频等电路。

当 400 MHz 的中频信号经 FL104(中频滤波)和 Q151(中频放大)进入 U201 内部,先进行放大,放大量由 U201 内部 AGC 电路调节,主要依据为此接收信号的强度,接收信号越强,放大量就越少;接收信号越弱,放大量也越多。对中频信号(400 MHz)的解调是利用接收第二本振信号在 U201 芯片内部完成,获得的 RXI、RXQ 信号通过数据总线传输给 CPU700,U700 对其解密、去交织、信道解码等数字处理后,送 U900 再进行解码、放大后,还原出模拟话音信号,一路推动受话器发声,一路供振铃,还有一路供振子。

(1) 频段转换及天线开关 U10

V60 型手机是一款三频手机,U10 将收/发转换及频段间的转换集成到了一起,它的内部由 4 个场效应管组成,如图 2-19 所示。

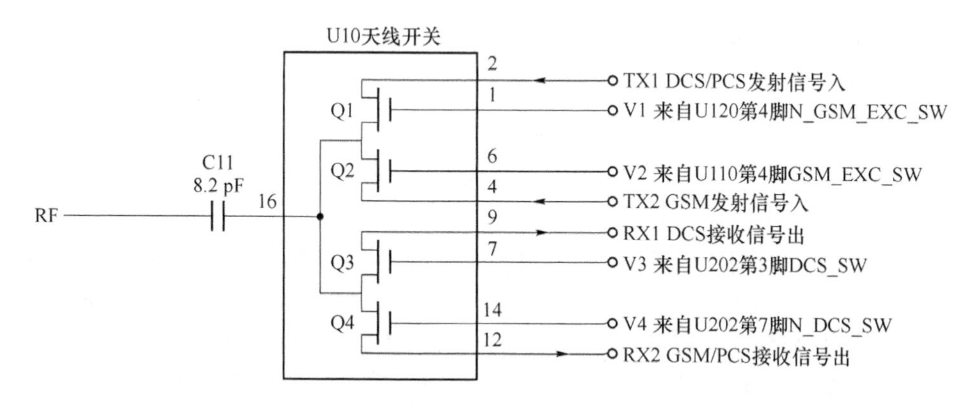

图 2-19 摩托罗拉 V60 型手机频段转换及天线开关 U10

4 个场效应管分别由栅极的 V1、V2、V3、V4 来控制它们的开启或关闭,当它们的栅极控制电压处于高电平时导通对应的通路。其中,V1 控制 U10 内的场效应管 Q1;V2 控制 U10 内的场效应管 Q2;V3 控制 U10 内的场效应管 Q3;V4 控制 U10 内的场效应管 Q4。而 Q1 的开启相当于允许 TX1(DCS 1800 MHz 或 PCS 1900 MHz)发射信号经过 U10 后发送到天线发射;Q2 的开启相当于允许 TX2(GSM 900 MHz)发射信号经 U10 后送到天线发射;Q3 的开启相当于允许天线接收到的 RX1(DCS 1800 MHz)信号送下一级接收电路;Q4 的开启相当于允许天线接收到的 RX2(GSM 900 MHz 或 PCS 1900 MHz)信号送下一级接收电路。

另外,为了省电以及抗干扰,V1、V2、V3、V4 均为跳变电压,V1、V2 为 0～5 V 脉冲电压,V3、V4 为 0～2.75 V 脉冲电压。

(2) 射频滤波电路

摩托罗拉 V60 型手机接收射频滤波电路的原理图如图 2-20 所示。

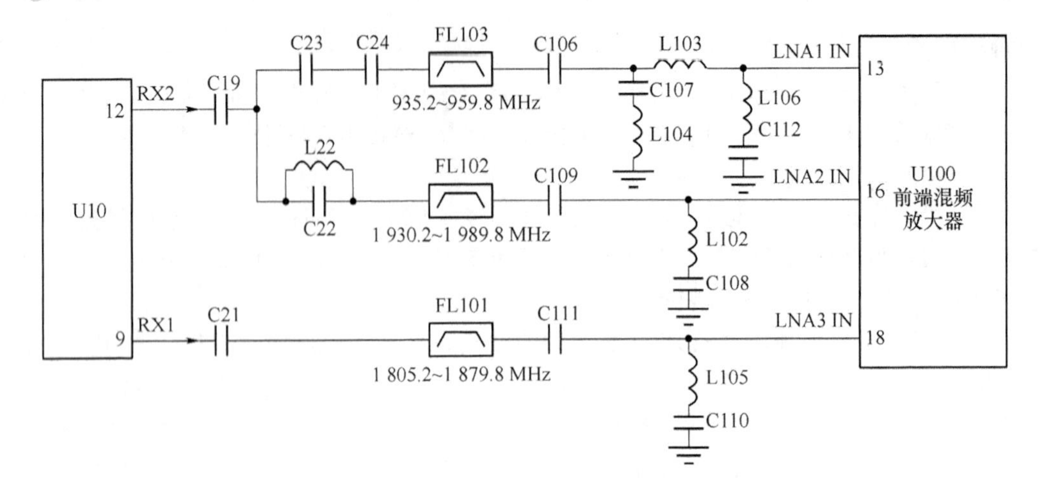

图 2-20　摩托罗拉 V60 型手机接收射频滤波电路

当手机工作在 GSM 频段时，由频段转换及天线开关 U10 第 12 脚送来的 935.2～959.8 MHz 的射频信号经 C19、C24 等耦合进入带通滤波器 FL103，FL103 使 GSM 频段内 935.2～959.8 MHz 的信号都能通过，而该频带外的信号被衰减滤除。FL103 输出信号又经匹配网络(主要由 C106、L103、C107、L104、L106、C112 等组成)，从 U100(高放/混频模块)的 LNA1 IN(第 13 脚)进入 U100 内的射频放大器。

当手机工作在 PCS 频段时，由天线开关 U10 第 12 脚送来的 1 930.2～1 989.8 MHz 的射频信号经 C19、C22 等耦合进入带通滤波器 FL102。FL102 使 PCS 频段内 1 930.2～1 989.8 MHz的信号通过，而该频带外的信号被滤除。FL102 的输出信号经 C109 耦合，从 U100 的 LNA2 IN(第 16 脚)进入 U100 内的射频放大器(高放)。

当手机工作在 DCS 频段时，由频段转换及天线开关 U10 第 9 脚送来的 1 805.2～1 879.8 MHz的射频信号经 C21 耦合进入带通滤波器 FL101。FL101 使 DCS 频段内 1 805.2～1 879.8 MHz 的信号通过，而该频带外的信号被滤除。FL101 的输出信号经 C111 耦合，从 U100 的 LNA3 IN(第 18 脚)输入 U100 内部的射频放大器(高放)。

(3) 射频放大器/混频模块 U100 及中频选频电路

V60 机型一改以往机型前端电路采用分立元件的做法，把射频放大器和混频器集成在一起，U100 支持 3 个频段的射频放大和混频，U100 的电源为 RF_V20，其电路原理如图 2-21 所示。

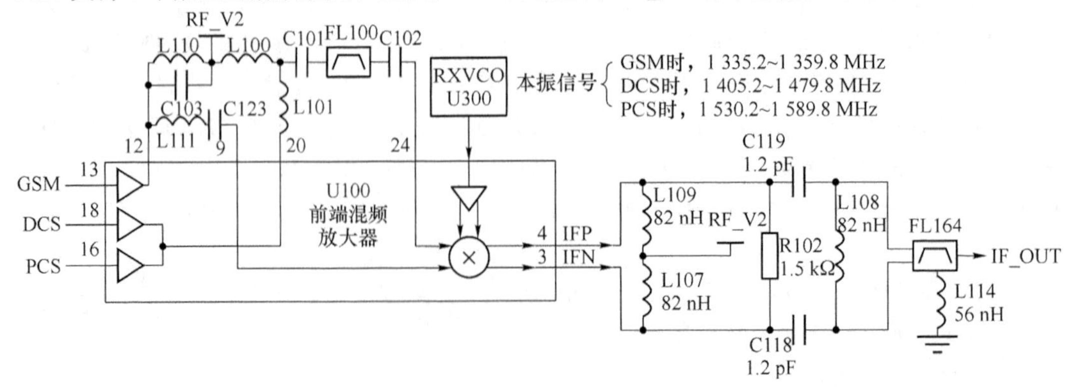

图 2-21　摩托罗拉 V60 型手机接收高放混频模块 U100 及中频选频电路

工作在 GSM 通道时，由 U100 的第 13 脚输入为 935.2～959.8 MHz 的信号，经 U100 内部的多级射频放大器放大后，从第 12 脚输出，经过由 L111、C123 谐振，又从第 9 脚返回 U100。该信号与来自 RXVCO U300 的一本振频率(1 335.2～1 359.8 MHz)进行混频。

工作在 PCS 和 DCS 频段时，分别由 U100 的第 16、18 脚输入 1 930.2～1 989.8 MHz 的信号和 1 805.2～1 879.8 MHz 的信号，经 U100 内部的多级射频放大器分别放大后走同一路径，从第 20 脚输出，经 FL100 等元件选频、滤波后，从第 24 脚返回 U100。PCS 信号与来自 RXVCO U300 产生的一本振频率 1 530.2～1 589.8 MHz 进行混频；DCS 信号与来自 RXVCO U300 产生的一本振频率 1 405.2～1 479.8 MHz 进行混频。

从 GSM、DCS 或 PCS 通道送来的射频(RF)信号，分别从 U100 的第 9 脚和第 20 脚进入 U100 内部混频器与一本振混频，产生一对相位差为 180°的 IFP、IFN。中频信号(400 MHz)，双平衡输出进入平衡与不平衡变换电路，经中心频率为 400 MHz 的中频滤波器 FL104 转变为一路的不平衡信号。前边的双平衡输出的目的是为了消除不必要的 RF 信号和本振寄生信号，后边转变为不平衡是为了方便中放管的工作。

(4) 中频放大电路与中频双工模块 U201

Q151 是 V60 手机中频放大器的核心，是典型的共射极放大电路，Q151 的偏置电压 SW_VCC来自于 U201，由 RF_V2 在 U201 内部转换产生，R104 是 Q151 上偏置电阻，用来开启 Q151 的直流通道，R105 是下偏置电阻，用来调节 Q151 的基极电流，C124 和 C126 是允许交流性质的中频信号 400 MHz 频率通过，隔绝 SW_VCC 电压进入 U201 和 FL104，如图 2-22 所示。

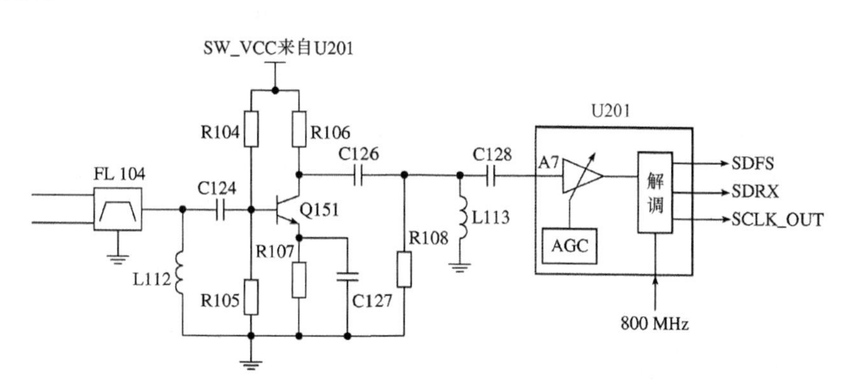

图 2-22　摩托罗拉 V60 型手机接收中频放大电路与中频双工模块 U201

FL104 输出的中频信号经 C124 耦合到 Q151(b 极)，放大后由 C126、C128 耦合到 U201 的 PRE IN(A7 脚)。400 MHz 的中频信号在 U201 内进行适当地放大，增益量由 AGC 电路根据接收信号的强弱来决定。接收信号越弱，所需增益量就越大；接收信号越强，所需增益量也就越小。800 MHz 的接收中频 VCO 信号被二分频、移相，在 I/Q 解频电路中与400 MHz的中频信号进行混频，得到接收机的基带信号 RXI/RXQ，获得的 RXI、RXQ 信号通过串行数据总线传输给音频逻辑部分进行数字信号处理。

2. CDMA 手机接收电路原理图识图

三星 CDMA A399 型手机接收电路框图如图 2-23 所示。

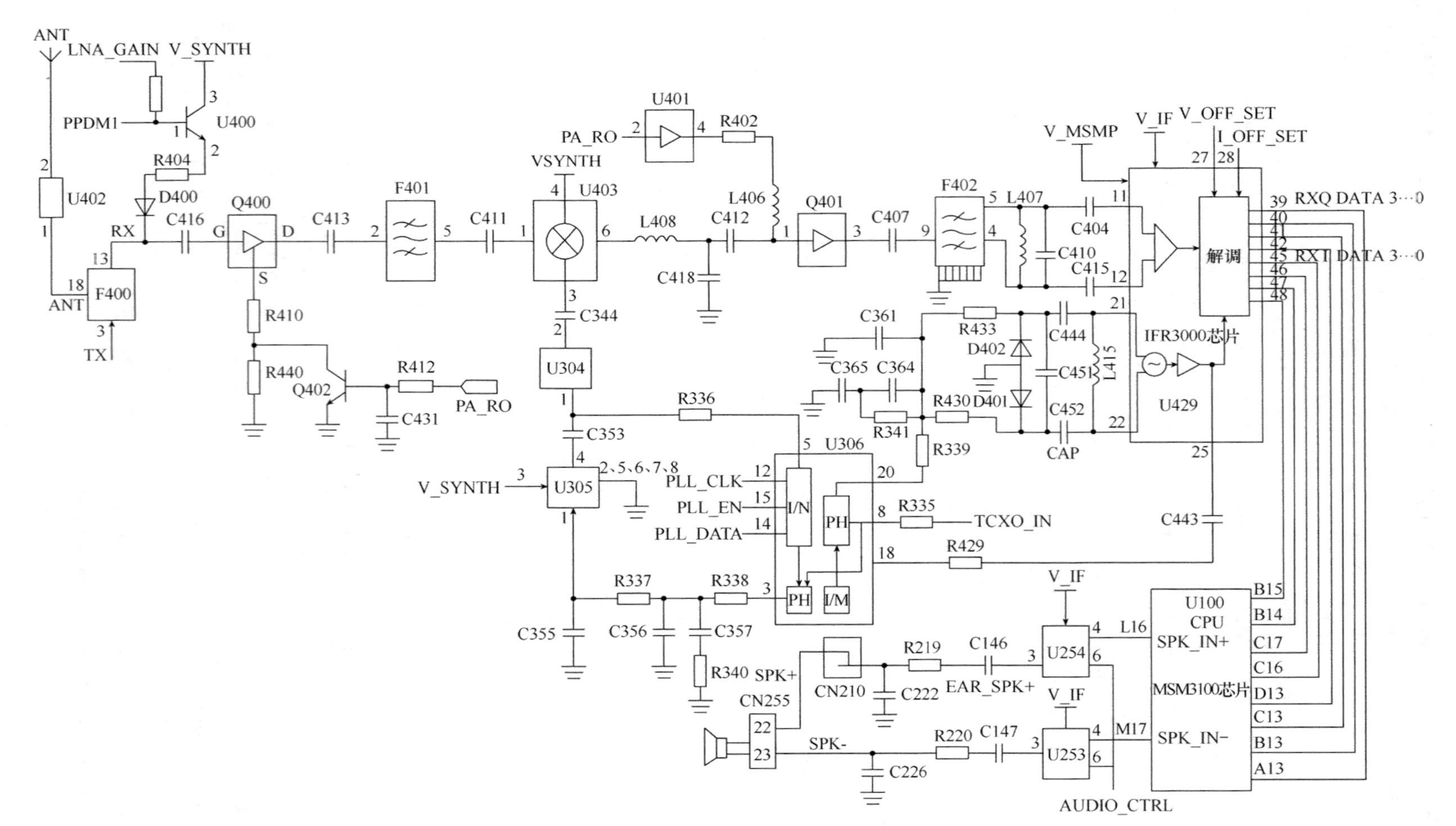

图 2-23 三星 CDMA A399 型手机接收电路框图

手机天线(ANT)接收的 CDMA 高频信号经天线合路器 F400 滤波转换后，获得 869.64～893.37 MHz 的高频信号从 F400 的 13 脚输出，经 C416 送给高放管 Q400 进行高频放大，放大后输出高频信号经 C413 送给 F401 进行接收滤波。接收滤波后，获得纯净的接收高频信号送给混频管 U403 的 1 脚输入，与 U403 的 3 脚输入的(来自于本振模块 U305，U304 模块是本振信号分离器)955.02～978.75 MHz 的本振信号进行混频，混频后取差频，产生 85.38 MHz 的接收中频信号由 U403 的 6 脚输出，供给中频放大管 Q401 进行中频放大，放大后的中频信号经 F402 中频滤波，供给接收中频模块 U429(IFR3000 芯片)的 11、12 脚输入，在 U429 内部，中频信号经 AGC 控制和中放，送给内部的解调器进行解调，获得 RXQ DATA3～RXQ DATA0、RXI DATA0～RXI DATA3 共 8 路接收基带信号，分别从接收中频模块 U429 的 39～42、45～48 脚输出，直接送给 CPU(U100，MSM3100 芯片)的输入，在 CPU 内部进行 CDMA 语音解调，转换产生数据流，完成 PCM 解码(D/A 转换)，音频放大，获得的音频信号从 CPU(U100)的 L16、M17 脚输出，经 U254、U253 放大后，输出送给受话器，推动受话器发音。

其中，由 CPU(U100)送来的 LNA_GAIN 信号控制电路完成 AGC 的控制，保证接收信号的稳定性。Q_OFF_SET、I_OFF_SET 供给接收中频模块 U429 的 27、28 脚输入，控制解调器完成解调工作。

(1) 射频放大电路

Q400 是射频放大器的核心器件，它与周边元器件一起构成射频放大器，其电路如图 2-24 所示。在射频放大电路的输入端，还有一个输入回路的控制电路。U400 构成控制主体，控制信号 LNA_GAIN 来自逻辑电路。当 LNA_GAIN 信号电压由大变小时，二极管 D400 的导通程度减小，则经 D400、C409 到地的信号减少，从而使 Q400 电路输出信号幅度增大。

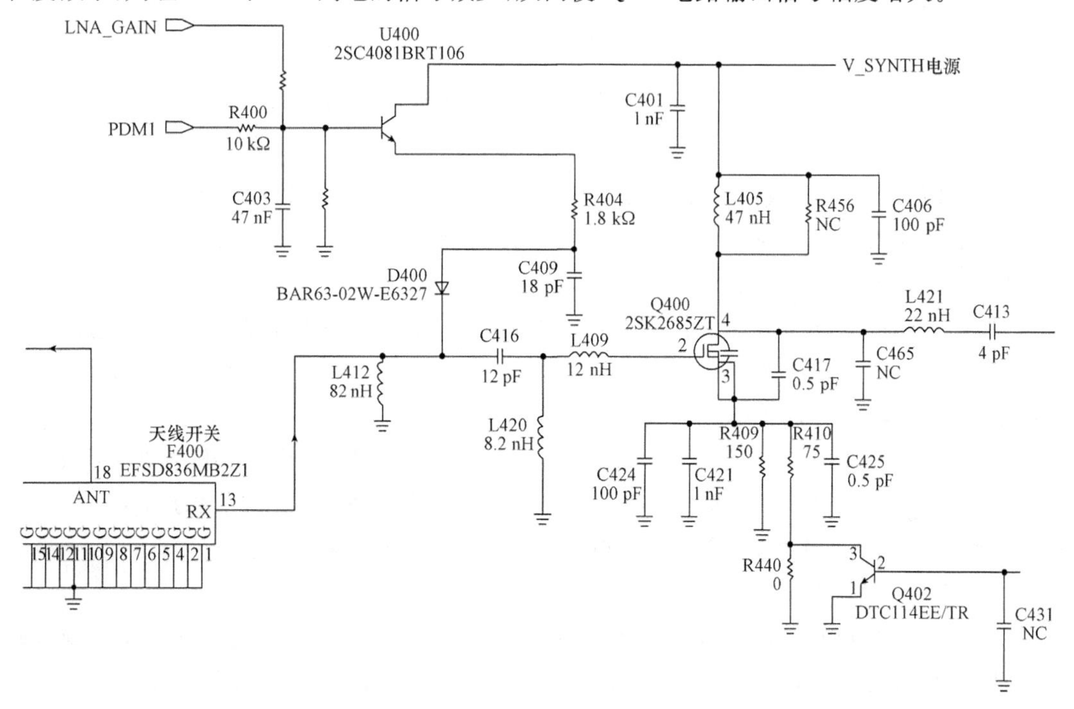

图 2-24　三星 CDMA A399 型手机接收部分射频放大电路

Q402 电路用来控制射频放大电路的增益。若射频放大电路工作不正常，将会导致手机出现接收差、上网难等故障。

（2）混频电路

三星 CDMA A399 型手机的接收混频器是一个集成的混频电路，如图 2-25 所示。U403 是核心器件，本机振荡信号经由 L413 送到 U403 模块，CDMA 射频信号由 F401 滤波后输入。混频得到的中频信号从 U403 的 6 脚输出。混频器的工作电源 V_SYNTH 由电压调节器 U411 提供。

若混频电路工作不正常，将会导致手机无接收或接收差等故障。

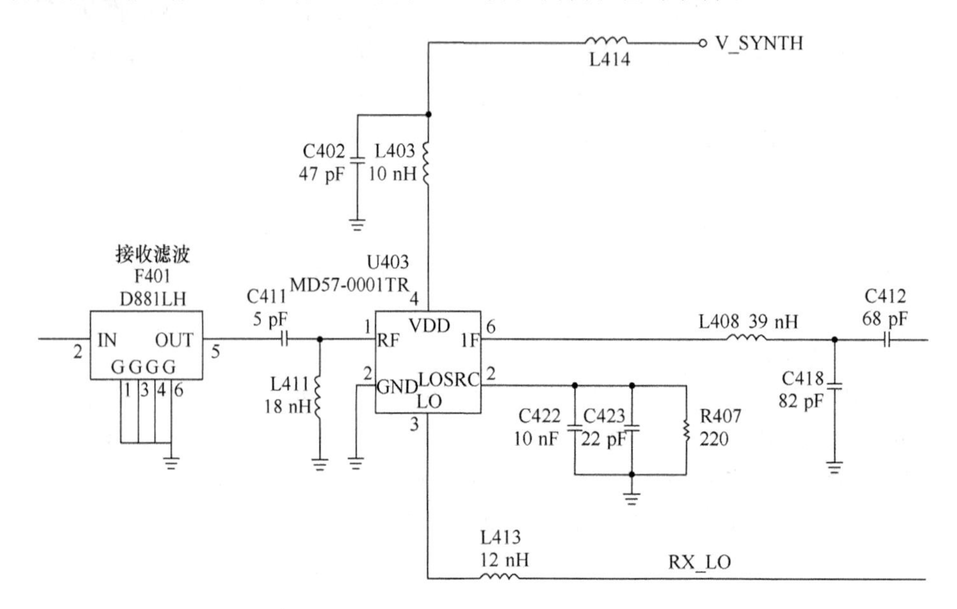

图 2-25　三星 CDMA A399 型手机接收部分混频电路

（3）中频放大器

在 GSM 手机中，混频电路输出端通常会连接一个中频滤波器，而 CDMA A399 手机中，混频电路输出端连接的是一个中频放大电路，如图 2-26 所示。Q401 是放大电路的核心，其工作电源由 U411 提供。

逻辑电路还可通过 PA_R0 信号来控制中频放大器，U401 是控制管。PA_R0 通过控制 U401 的 3、4 脚导通程度来改变 Q401 的偏压，从而达到增益控制的目的。正常情况下，该电路对中频信号有大约 12 dB 的放大。

中频滤波器 F402 不但对中频信号进行滤波，还将中频信号分离成相位相差 90°的两个信号——RX_IF 和 RX_IN。该信号被送到接收中频模块 U429（IFR3000 芯片）。

检修中频放大电路时，主要是检查 Q401 电路和中频滤波器。

（4）接收电路 VCO

三星 CDMA A399 型手机有一个接收中频 VCO 电路，该电路与超外差二次变频接收机中的中频 VCO 电路作用是不同的，A399 的接收中频 VCO 信号只用于接收 I/Q 信号的解调。其电路如图 2-27 所示。

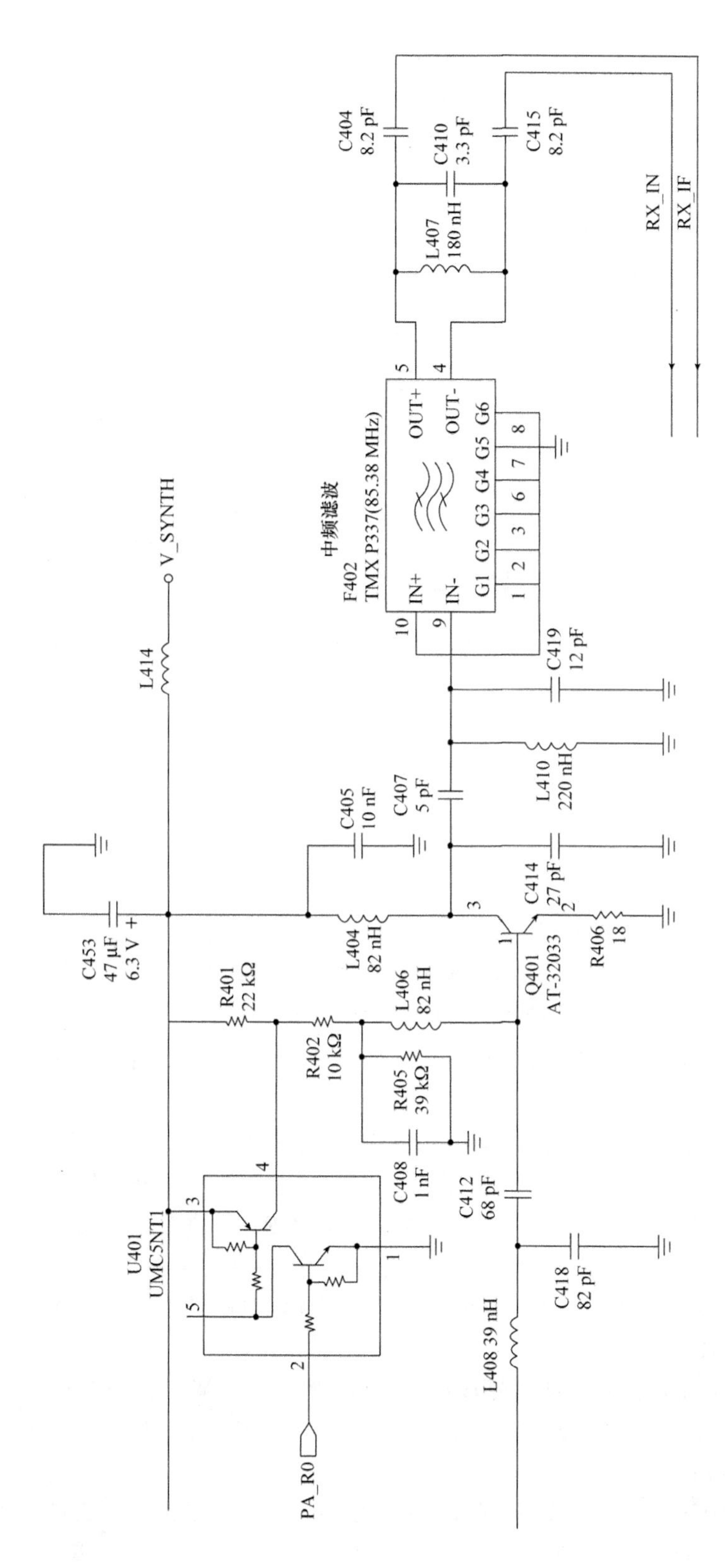

图 2-26　三星 CDMA A399 型手机接收部分中频放大器及中频滤波器

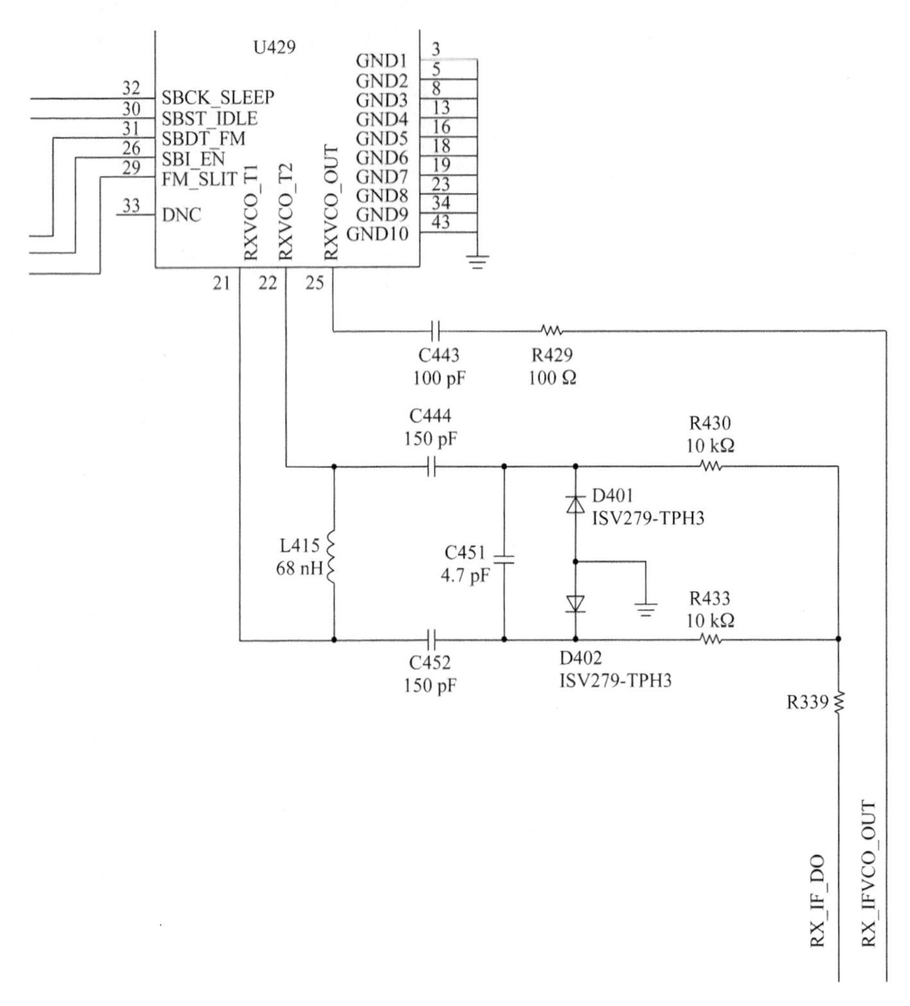

图 2-27　三星 CDMA A399 型手机接收中频 VCO 电路

由 U429(IFR3000 芯片)内的部分电路和变容二极管 D401、D402 等组成中频 VCO 电路。该电路产生一个 170.76 MHz 的中频 VCO 信号。170.76 MHz 的二分频信号在 U429 内用于 I/Q 解调。

U429 还从 25 脚输出一个中频信号,送到 PLL 频率合成模块 U306,用于频率合成的采样。在 PLL 模块中,该信号被分频,然后与参考信号进行比较,得到一个控制电压 RX_IF_DO。控制信号从 U306 的 20 脚输出,经电阻 R339 到变容二极管 D401、D402 的负极。

对于接收中频 VCO 电路,可用频谱分析仪来判断该电路是否工作正常。

(5) RXI/RXQ 解调

中频滤波器输出的接收中频信号被送到 U429 的 11、12 脚,首先在 U419 内进行 AGC 放大,然后送到 U429 内的 I/Q 解调电路解调出接收 I/Q 信号,从 U429 的 39～48 脚输出。其电路如图 2-28 所示。

U429 内的 AGC 放大电路还受逻辑电路的控制。逻辑电路输出的控制信号 RX_AGC_ADJ 被送到 U429 的 7 脚。若该信号不正常,手机肯定出现接收差的故障。

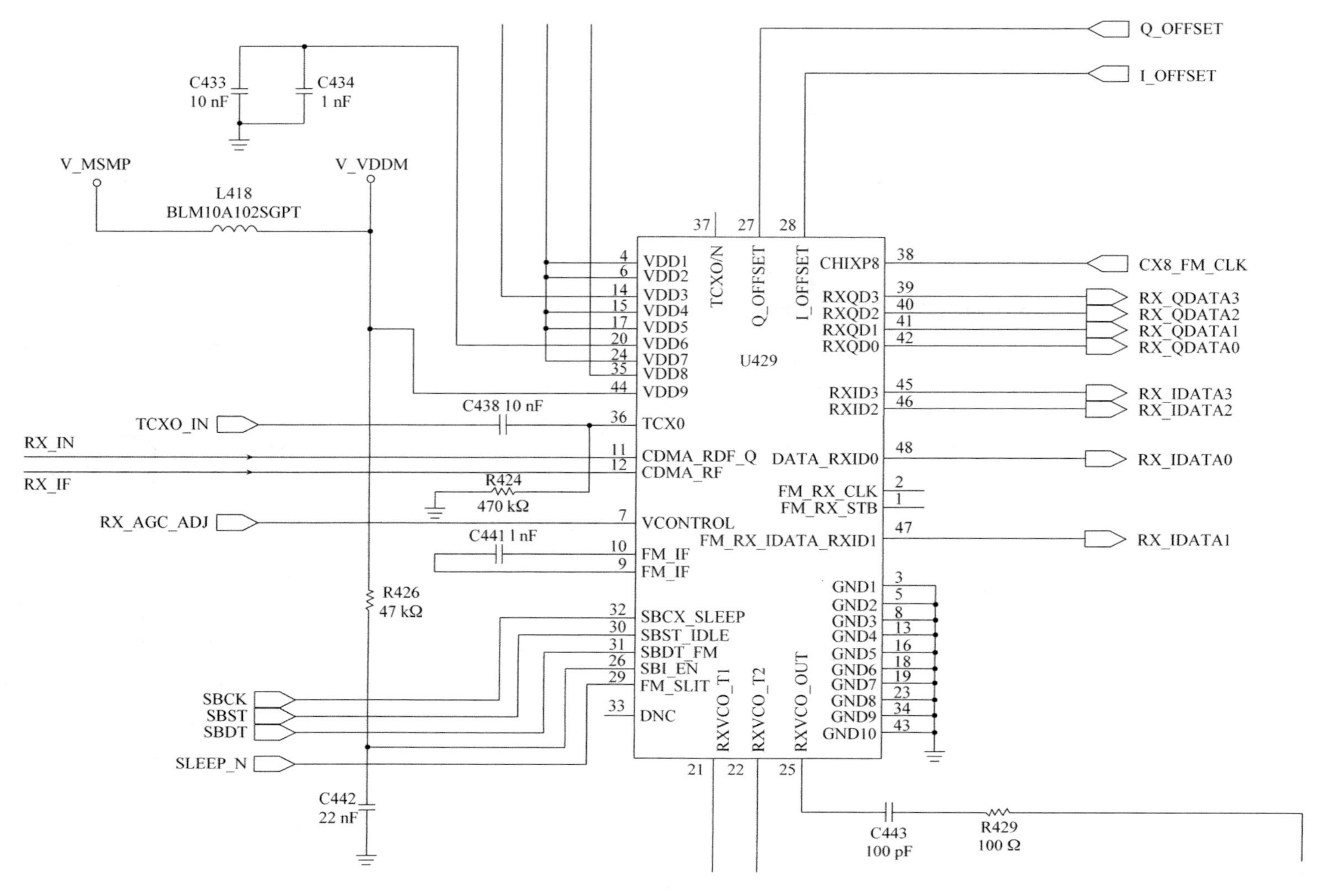

图 2-28　三星 CDMA A399 型手机接收中频模块 U429

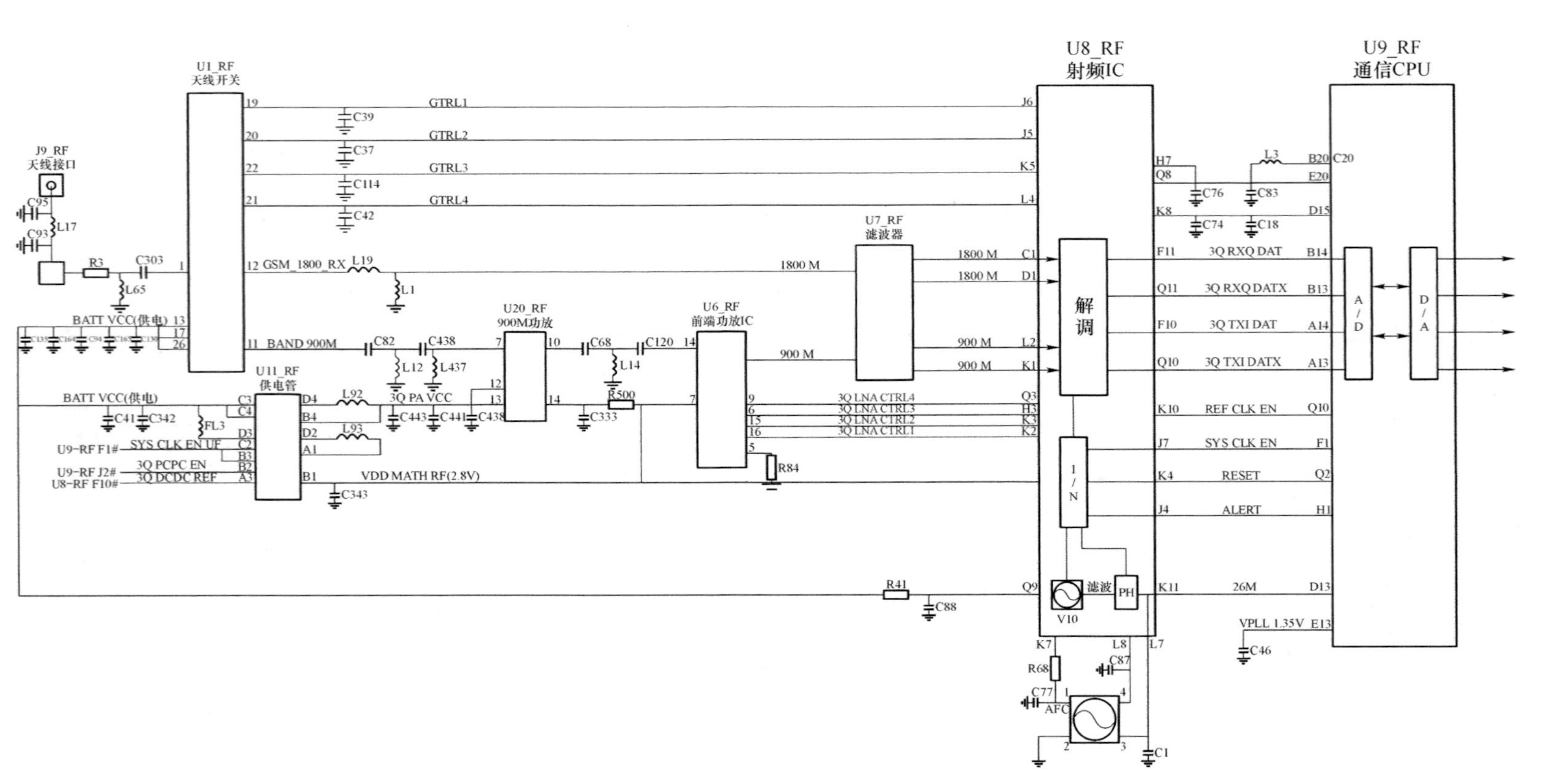

图 2-29　iPhone 4 手机 2G 接收电路原理图

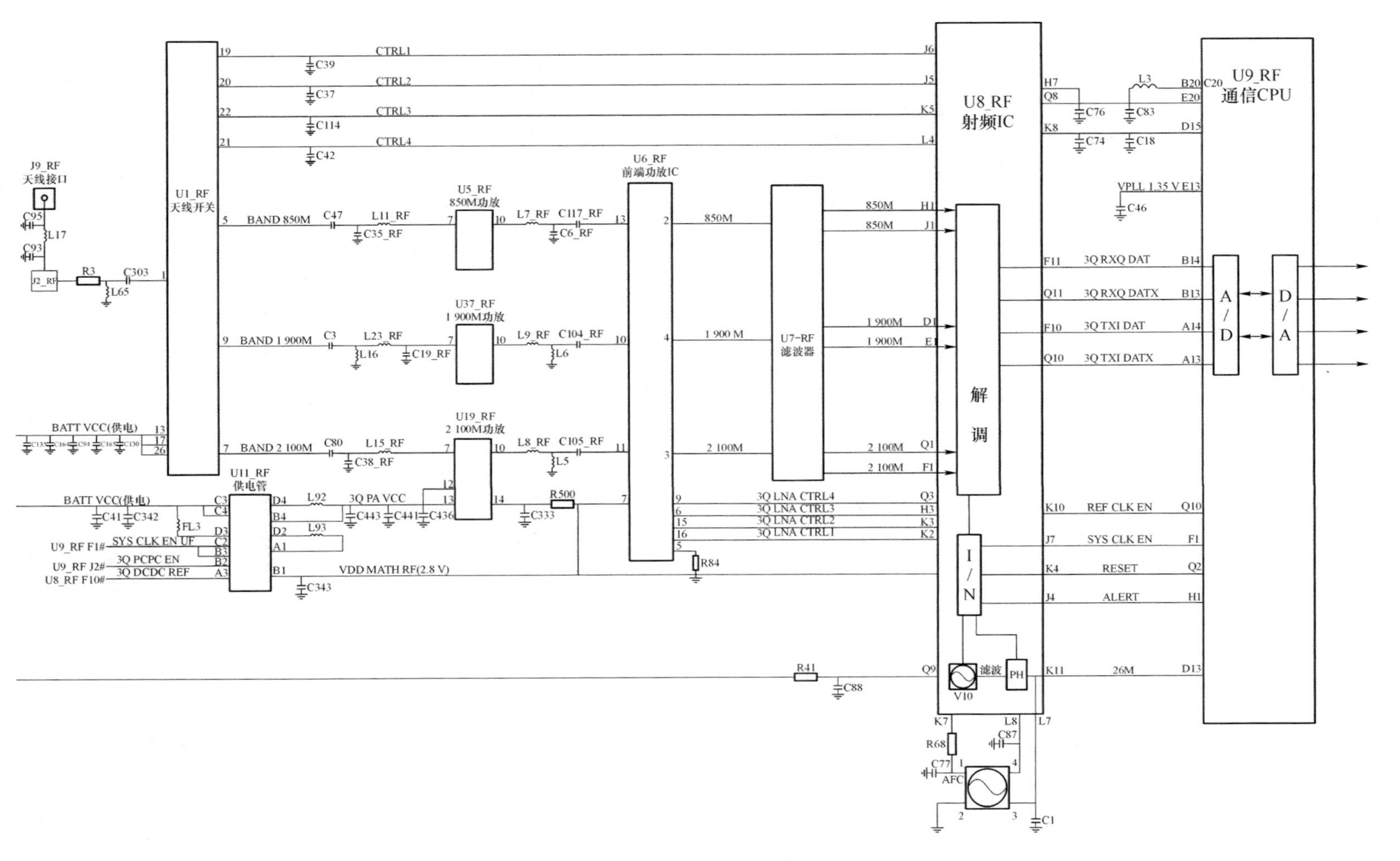

图 2-30 iPhone 4 手机 3G 接收电路原理图

在解调电路中，还需注意的是U100(CPU)模块与U429模块之间的I_OFF_SET、Q_OFF_SET信号线。若这两个信号不正常，I/Q解调电路肯定不能正常工作；若I/Q信号不正常，检查U429的焊接；检查U429的外围元件或更换U429模块即可。

(6) 接收音频处理

U429输出的RXI/RXQ信号被送到中央处理单元U100(MSM3100芯片)电路。U100实际上是一个复合电路，它包含了CPU、接口电路、DSP、声码器、PCM编译码器等电路，如图2-23所示。

接收机的逻辑音频电路基本上都被集成在U100模块中。RXI/RXQ信号经一系列的处理后，还原出模拟的话音信号，从U100的L16、M17端口输出。输出后的音频信号经U253、U254电路放大，然后经内联接口输送到受话器中。U253放大的信号被送到受话器中，而U254放大输出的信号被送到耳机电路。这两个电路的转换是通过逻辑电路输出的AUDIO_CTRL信号来控制的。

若U100无接收话音信号输出，则一般需要对U100进行重新焊接，或更换U100。若U100有输出，但手机无接收声，应检查U253、U254、翻盖接口和受话器。

3. iPhone 4 手机接收电路原理图识图

图2-29和图2-30所示分别为iPhone 4手机2G和3G接收电路原理图，供进行接收电路原理图识图练习。

2.3.3 手机射频发射电路原理图识图

1. 发射通路部分

发射通路(又称发射电路)一般包括带通滤波器、调制器、射频功率放大器、天线开关及天线等，它以TXI/TXQ(同相/正交)信号被调制为更高的频率为起点。它将67.707 kHz的TXI/TXQ(发射模拟基带信号)上变频为880～915 MHz(GSM 900频段)或1 710～1 785 MHz(DCS 1800频段)的射频信号，并且进行功率放大，使信号从天线发射出去。如图2-31所示。

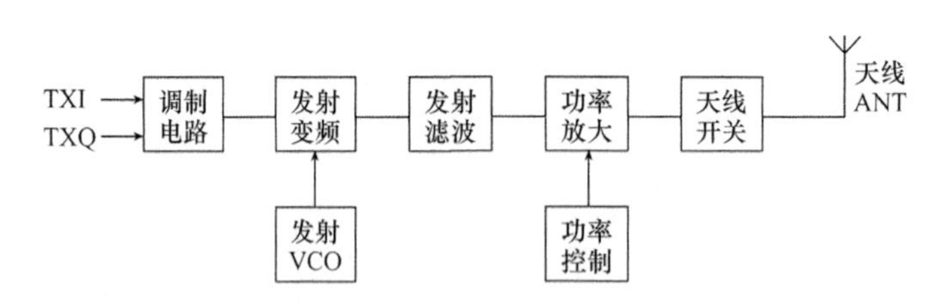

图2-31 手机发射电路框图

手机发射电路一般有3种电路结构：带偏移锁相环的发射电路、带发射上变频器的发射电路、直接变频的发射电路。

(1) 带偏移锁相环的发射电路结构

在图2-32所示的发射电路结构图中，发送流程如下：送话器将声音信号转化为模拟的话音电信号，经PCM编码变换为数字信号，该数字信号经数字信号处理(DSP)、GMSK(最小高斯频移键控)调制得到发射模拟基带信号(TXI/TXQ)，该基带信号被送到发射电路；信号在中频模块内完成I/Q(同相/正交)调制和中放，该发射中频信号经发射变频电路处理得到发射射频信号，经功率放大器放大后，由天线发射出去。发射变频电路主要采用了一个偏移锁相环路；其中，发射本振（TXVCO）输出的是已调发射信号，该信号经功放电路放大后，从天线发射出去；同时，对发射本振输出的采样信号与接收一本振频率信号混频得到一个差频信号，该差频信号送到鉴相器中与发射中频信号进行相位比较，用得到的差值去控制发射本振（TXVCO）的振荡频率，使 TXVCO 的输出频率保持稳定和准确，即保证手机的发射频率稳定和准确。

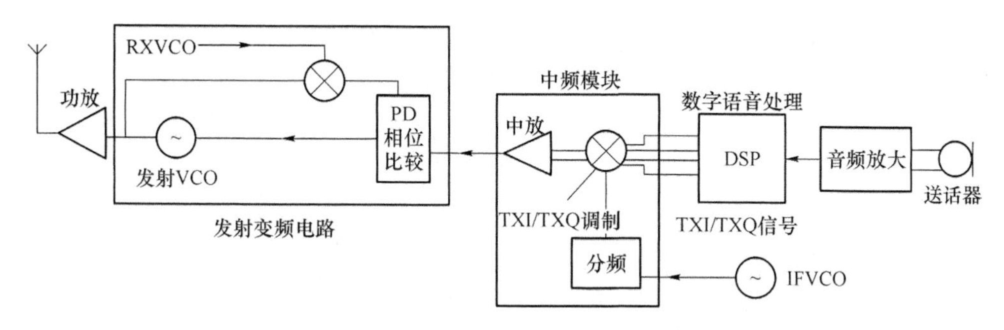

图 2-32 带偏移锁相环的发射电路框图

(2) 带发射上变频器的发射电路结构

与带偏移锁相环的发射电路结构相比，图 2-33 所示的发射电路在发射中频信号输出之前是一样的，其不同之处在于 TXI/TXQ 调制后的发射已调中频信号在一个发射混频器中与接收第一本振信号 RXVCO（或称 UHFVCO、RFVCO）混频，得到发射信号。

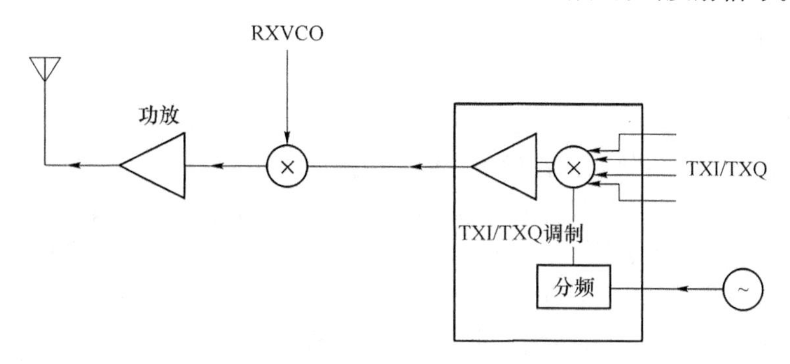

图 2-33 带发射上变频器的发射电路框图

(3) 直接变频发射电路结构

直接变频发射电路的结构如图 2-34 所示，发射基带信号 TXI/TXQ 不再用来调制发射中频信号，而是直接对发射射频载波信号进行调制，得到发射频率信号。

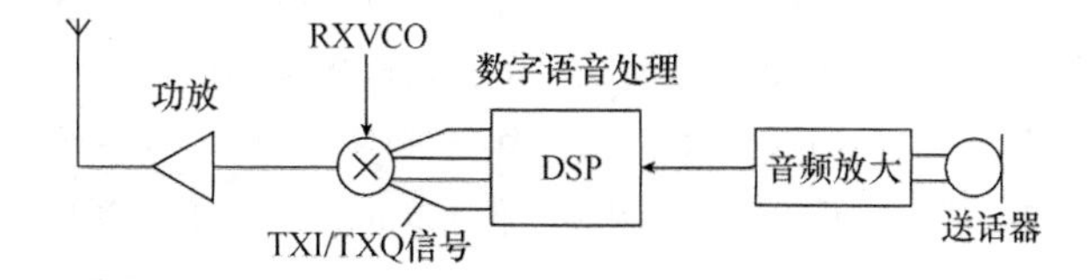

图 2-34 直接变频发射电路框图

不管发射电路结构怎样不同，发射前端（从送话器到 TXI/TXQ 输出）和末端（功率放大至天线发射）均相似；区别在于发射频率变换（升频）的方式不同。

2. GSM 手机发射电路原理图识图

摩托罗拉 V60 型手机发射电路原理图如图 2-35 所示。

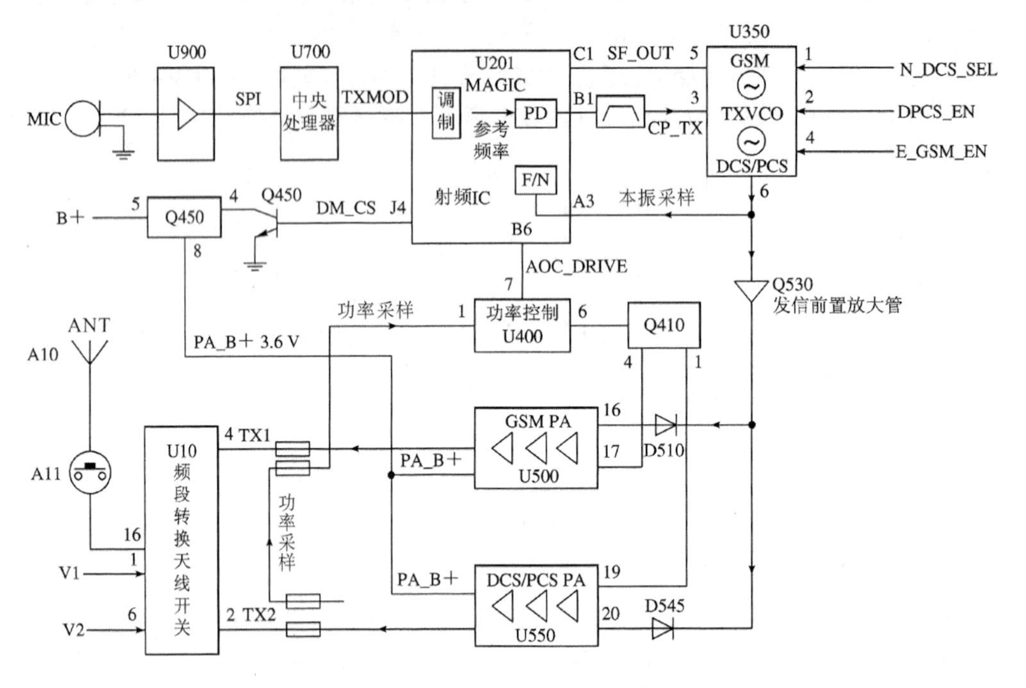

图 2-35　摩托罗拉 V60 型手机发射部分电路原理图

话音信号通过机内送话器或外部免提送话器，形成的模拟话音信号经 PCM 编码，又通过 CPU 处理产生的 TXMOD 信号进入 U201 内部进行 GMSK 调制等，并经发射中频锁相环输出调谐电压(VT)去控制 TXVCO U350 产生适合基站要求的带有用户信息的频率，经过 Q530 发信前置放大管给功放提供相匹配的输入信号。

其中，TXVCO U350 内部有两个振荡器，一个专用于 GSM 频段以产生 890.2～914.8 MHz的频率；一个专用于 DCS/PCS 频段以产生 1 710.2～1 909.8 MHz 的频率。

V60 手机的末级功放共有两个：一个专用于 GSM 频段，一个专用于 DCS/PCS 频段。它们不能通用，但工作原理相同，供电由 PA_B+提供，功率控制 U400 负责对功放输出的频率信号采样，并和自动功率控制信号 AOC_DRIVE 比较后，产生功控信号分别调整 GSM 功放 U500 和 DCS/PCS 功放 U550 的发射输出信号经天线开关，由天线发射至基站。

(1) 发射 TXVCO U350

在 TXVCO 中，V60 的 TXVCO 有两个振荡器，这是因为振荡频带太宽的缘故(890.2～1 909.8 MHz)。其中一个工作在低端，即 GSM 频段的 890.2～915.8 MHz，另一个工作于高端，即 DCS/PCS 的 1710.2～1909.8 MHz(DCS 频段的 1710.2～1784.8 MHz、PCS 频段的 1850.2～1909.8 MHz)。从 TXVCO U350 第 6 脚输出频率的高低受第 1、2、4 脚的三频切换控制信号和第 5 脚的压控信号来控制；当第 1 脚和第 2 脚为高电平，第 4 脚为高电平时，TXVCO 工作在 GSM 频段；当第 1 脚和第 2 脚为低电平，第 4 脚为高电平时，TXVCO 工作在 DCS 频段；当第 1 脚和第 4 脚为高电平，第 2 脚为低电平时，TXVCO 工作于 PCS 频段。其电路原理如图 2-36 所示。

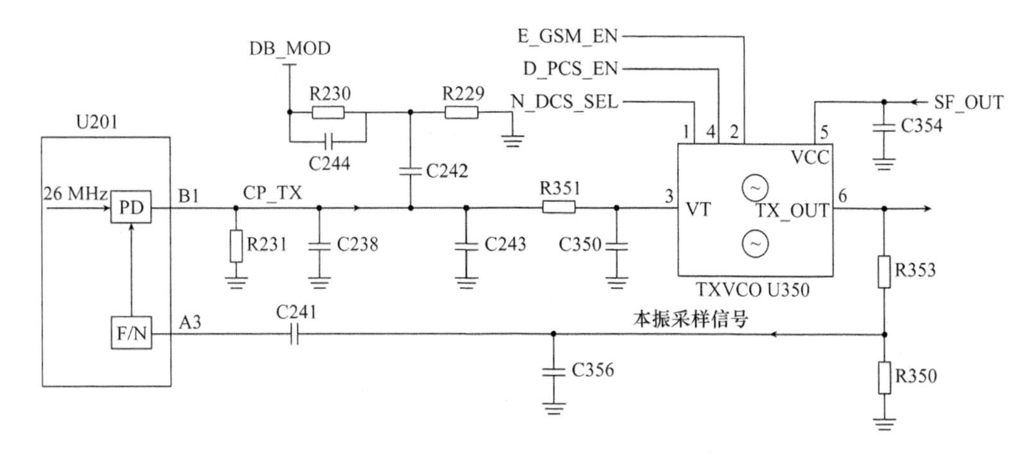

图 2-36　摩托罗拉 V60 型手机发射 TXVCO 电路原理图

(2) 发信前置放大电路

TXVCO 输出的已调模拟调制信号虽然在时间上和频率精度上符合基站的要求，但发射功率还差很多。为了给末级功放提供一个合适的输入匹配，V60 手机设置了前置放大电路，如图 2-37 所示。该电路是以 Q530 为核心的典型的共射极放大器，由 EXC_EN 为其提供偏置电压。

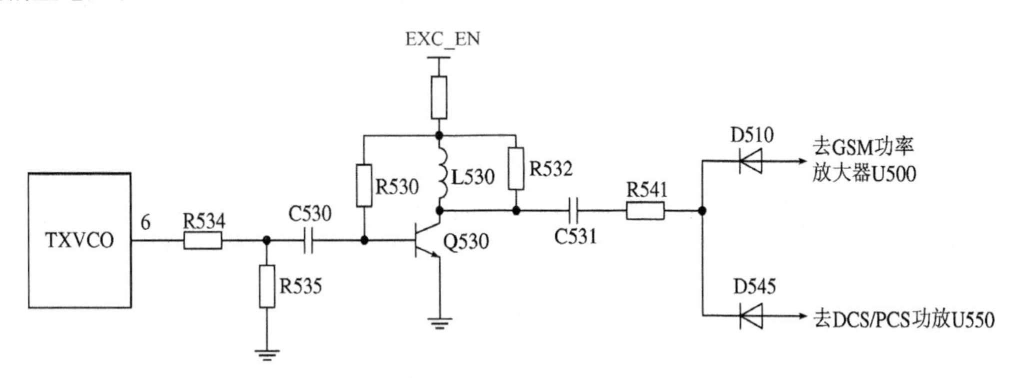

图 2-37　摩托罗拉 V60 型手机发信前置放大电路原理图

(3) 末级功率放大器及功率控制电路

1) GSM PA 末级功率放大器

GSM PA 末级功率放大器(U500)内有三级放大，由 PA_B+分别通过电感式微带线给各级放大器提供偏置电压。当工作在 GSM 频段时，由 U500 第 16 脚输入射频发信信号，通过三级放大后由第 6～9 脚送出，每一级放大器的放大量由 U400 功率控制通过 Q410 提供，第 13 脚为 U500 工作使能信号(当在 GSM 频段时为高电平)。其电路原理如图 2-38所示。

功控信号的产生过程为：由微带互感线将末级功放发信信号采样后，输入给功率控制 IC U400，U400 通过对该采样信号的分析与来自 U201 的自动功率控制信号进行比较后，从第 6 脚输出功控信号，再经频段转换开关 Q410 给 GSM 或 DCS/PCS 末级功放送出功率控制。其中，功率控制 U400 的第 14 脚为其工作电源；第 9、10 脚为功控 IC 工作的使能信号。

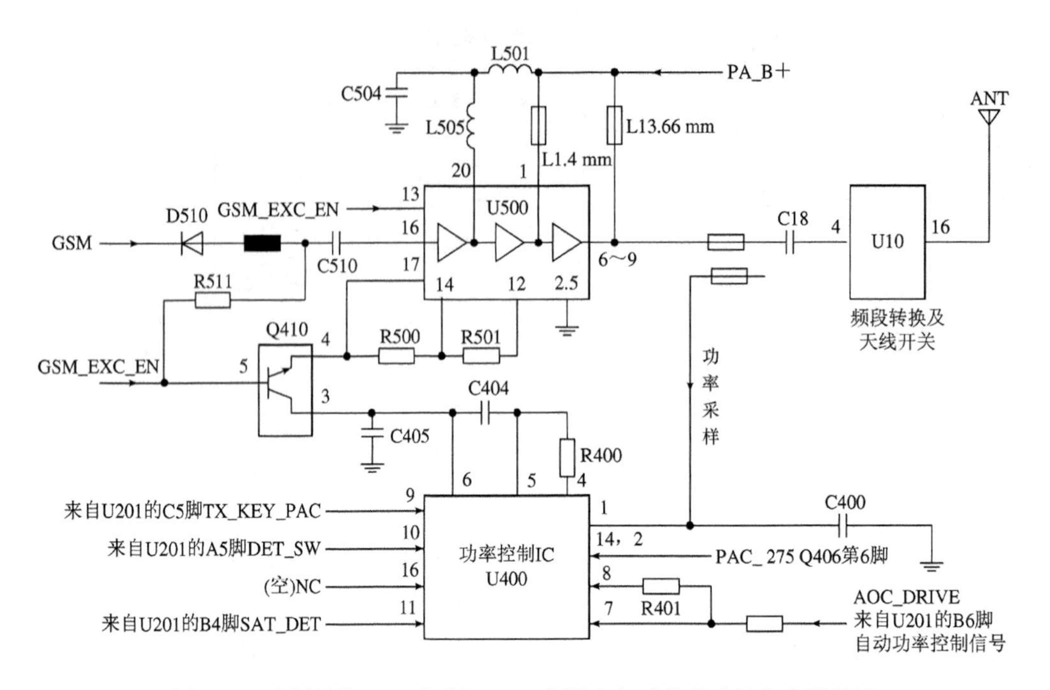

图 2-38　摩托罗拉 V60 型手机 GSM 频段末级功放及功控电路原理图

2) DCS/PCS PA 末级功率放大器

如图 2-39 所示，DCS/PCS PA 末级功率放大器(U550)内共有三级放大，每一级放大器的供电由 PA_B+通过电感或微带线提供。当 DCS/PCS 时，由 U550 的第 20 脚输入射频发信信号，经过内部的三级放大后，从第 7～10 脚输出给天线部分。每一级放大器的放大量由功率控制 U400 通过 Q410 提供。第 3 脚为 U550 工作使能，当工作在 DCS/PCS 频段时为高电平，U550 有效。

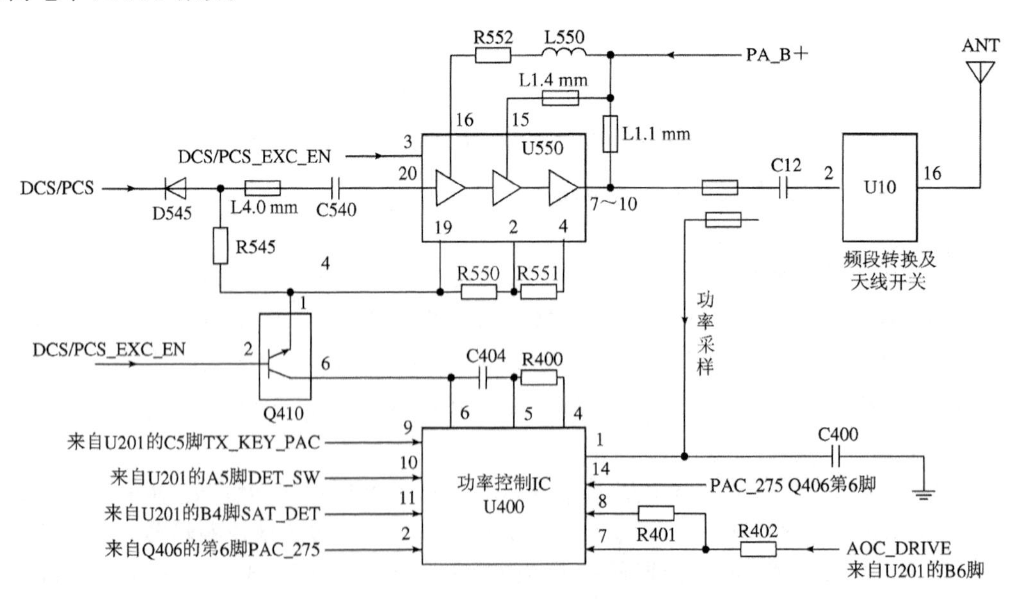

图 2-39　摩托罗拉 V60 型手机 DCS/PCS 频段末级功放及功控电路原理图

（4）功放供电 PA_B+产生电路

V60手机的末级功率放大电路供电 PA_B+首先由B+供到Q450第7、6、3、2脚，Q450的第1、5、8脚为输出脚。当Q450的第4脚为高电平时，Q450的第1、5、8脚无电压；当Q450的第4脚为低电平时，接通Q450，第1、5、8脚输出3.6 V电压，即Q450的第4脚为控制脚。

当来自U201的J4脚的DM_CS为高电平时，导通Q451，即通过Q451的c极，e极接地，把Q450的第4脚电平拉低，此时Q450导通，第1、5、8脚有PA_B+（3.6 V）给末级功放供电。其电路原理如图2-40所示。

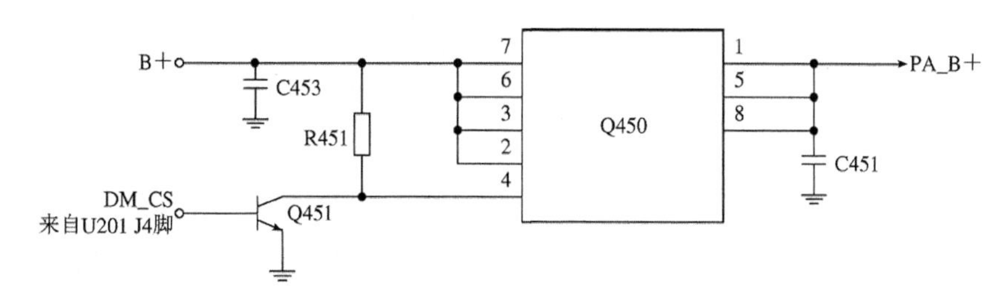

图2-40 摩托罗拉V60型手机功放供电PA_B+产生电路原理图

3. CDMA手机发射电路原理图识图

三星CDMA A399手机发射电路原理图如图2-41所示。

送话器（MIC）将声音信号转换成电信号（音频信号）后，经C150送给CPU（U100，MSM3100芯片）的J16脚输入，在内部经过PCM编码（A/D转换）、CDMA语音编码等处理，获得Q_OUT、Q_OUT_N、I_OUT、I_OUT_N发射基带信号（TXI/TXQ），从U100的B5、A6、A7、B6脚输出，送给发射中频模块U302（RFT3100芯片）的1、2、3、4脚输入，在中频模块内部与发射中频振荡电路产生的130.38 MHz的中频信号进行调制，产生130.38 MHz的发射中频信号，经带通滤波器滤波，再送发射上变频器与U302的19脚输入的载频信号进行混频，获得824.64～848.37 MHz的发射信号，从U302的15脚输出，经C328、R317、R313、R316、C329送给发射滤波器F300进行发射滤波，F300的输出送给功放U301的2脚输入，进行功率放大，功率放大后，发射信号从功放U301的5脚输出，再经发射滤波器F301滤波，送给天线合路器F400的3脚输入，滤波后，F400的18脚输出发射信号送给天线，完成信号的发射工作。

（1）送话器电路

三星CDMA A399手机的MIC+模拟话音电信号经C150送到U100（MSM3100芯片）模块的J16端口，EAR_MIC+耳机送话器转换得到的话音信号经C153送到CPU（U100）模块的H14端口。手机的发射音频放大电路被集成在U100复合芯片MSM3100内。

若该部分电路工作不正常，会导致手机出现发送话音电流声大、无送话等故障。

（2）发射音频处理

整个发射音频基带信号的处理都是在CPU（U100）模块中完成的。需发送的话音信号经一系列处理后，得到TXI/TXQ信号，从U100的A6、A7、B5、B6端口输出，送到U302（RFT3100芯片）内的I/O调制器。

若U100无TXI/TXQ信号输出，检查U100的焊接，检查U100的外围元件或更换U100模块。

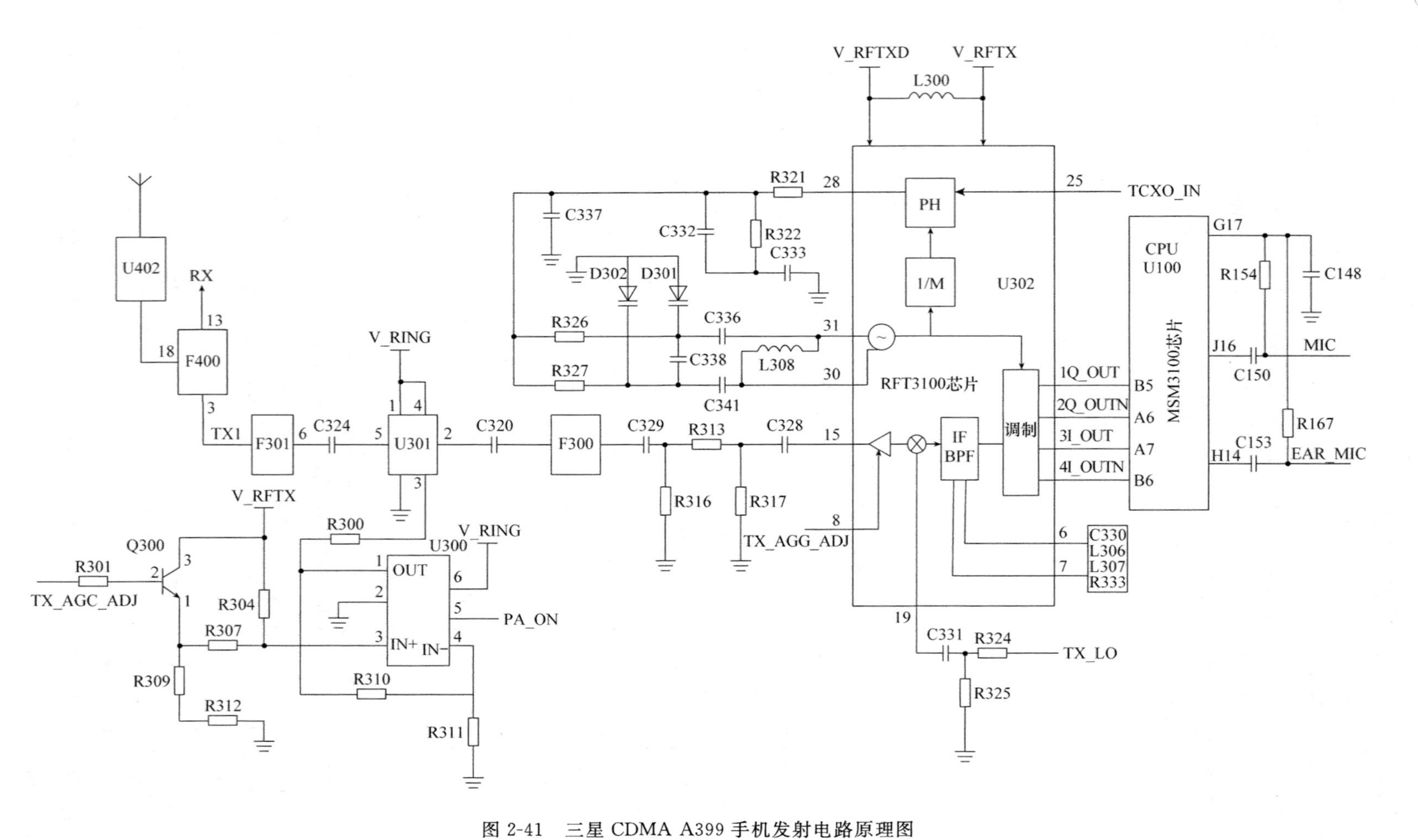

图 2-41　三星 CDMA A399 手机发射电路原理图

（3）发射中频 VCO

TXI/TXQ 信号在 U302(RFT3100 芯片)内进行调制。三星 CDMA A399 手机 I/Q 调制器的载波信号由一个专门的发射中频 VCO 电路产生。该手机发射中频处理电路如图 2-42所示。

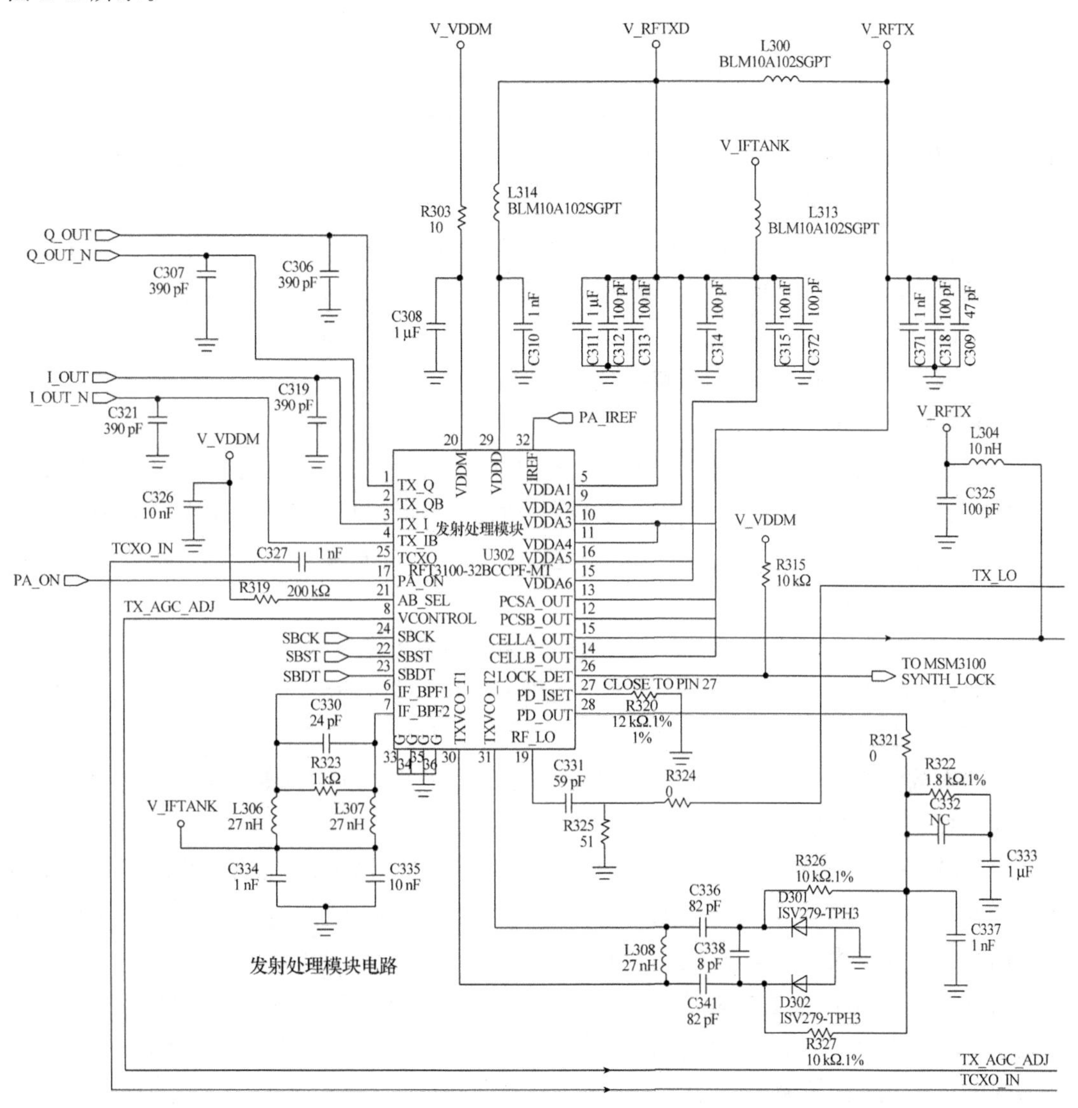

图 2-42 三星 CDMA A399 型手机发射中频处理电路

发射中频 VCO 电路由 U302 内的部分电路与变容二极管 D301、D302 等组成。发射中频 VCO 频率合成器的鉴相器、分频器等均被集成在 U302 中。U302 的 28 脚输出发射中频 VCO 的控制信号，经 R321 到变容二极管的负极。发射中频 VCO 电路产生 260.76 MHz 的信号。

该部分电路受逻辑电路的 SBCK、SBST、SBDT 信号控制。发射中频 VCO 电路的工作电器来自 V_IFTANK，该电源经电感 L306、L307 给发射中频 VCO 电路供电。

若发射中频 VCO 电路工作不正常，手机肯定不能进入服务状态。

(4) TXI/TXQ 调制器与发射上变频器

三星 CDMA A399 手机的 TXI/TXQ 调制与发射上变频均在 U302 模块内完成(图 2-41和图 2-42)。

发射中频 VCO 信号在 U302 模块内首先被二分频，得到 130.38 MHz 的载波信号。在调制器内，TXI/TXQ 信号在发射中频载波上调制，得到 130.38 MHz 的发射已调中频信号。该信号与发射本机振荡信号 TX_LO 进行混频，得到发射频率信号。该发射信号经缓冲放大后，从 U302 的 15 脚输出。U302 输出的发射信号经一个电阻网络，又经发射射频滤波器 F300 滤波，然后送到功率放大电路。

由于整个发射 I/Q 调制电路与发射上变频电路都被集成在 U302 模块内，所以无法检测发射已调中频信号。发射 I/Q 调制电路工作是否正常只有通过对发射上变频电路输出的检测才能判断。

若该部分电路工作不正常，手机肯定无发射。

(5) 功率放大器

功率放大电路由一个集成的功率放大组件 U301 组成。功率放大器的工作电源来自 Q407 的输出。功率放大器 U301 的第 3 脚是控制端，用以控制功率放大器的启动及功率放大电路的输出功率。控制信号来自 U300 电路。该机型的功率放大器及功率控制电路如图 2-41和图 2-43 所示。

F300 滤波后的发射信号经 C320 到功率放大器的输入脚 2 脚。放大后的最终射频信号从 U301 的 5 脚输出，经电容 C324 到发射滤波器 F301 进行滤波，然后经双工滤波器 F400 滤波，由天线辐射出去。

若功率放大电路工作不正常，则手机会出现无发射、发射功率低等故障。

(6) 功率控制电路

CDMA 手机的功率控制与 GSM 手机的功率控制是不同的。CDMA 蜂窝基站根据所接收到的 CDMA 手机的信号质量与强度，给出 CDMA 手机的控制指令。手机的逻辑电路将控制指令转换成模拟的电压信号，得到功率控制 TX_AGC_ADJ 信号。

当发射机启动时，功放启动控制信号 TCXO_IN 被送到 U300 的 5 脚。V_RFTX 电源经电阻 R304、R307、R309、R312 分压，给 U300 一个初始电压，使 U300 开始工作，给功率放大器提供一个基本的控制信号，如图 2-43 所示。

当逻辑电路输出 TX_AGC_ADJ 信号时，Q300 开始工作，通过控制 Q300 的集电极、发射极的导通程度来改变 U300 第 3 脚的电压，从而使 U300 第 1 脚的输出电压发生变化，完成功率控制。

若该部分电路工作不正常，可能导致手机无发射、发射功率低、发射关机等故障。

4. iPhone 4 手机发射电路原理图识图

图 2-44 和图 2-45 所示分别为 iPhone 4 手机 2G 和 3G 发射电路原理图，供进行发射电路原理图识图练习。

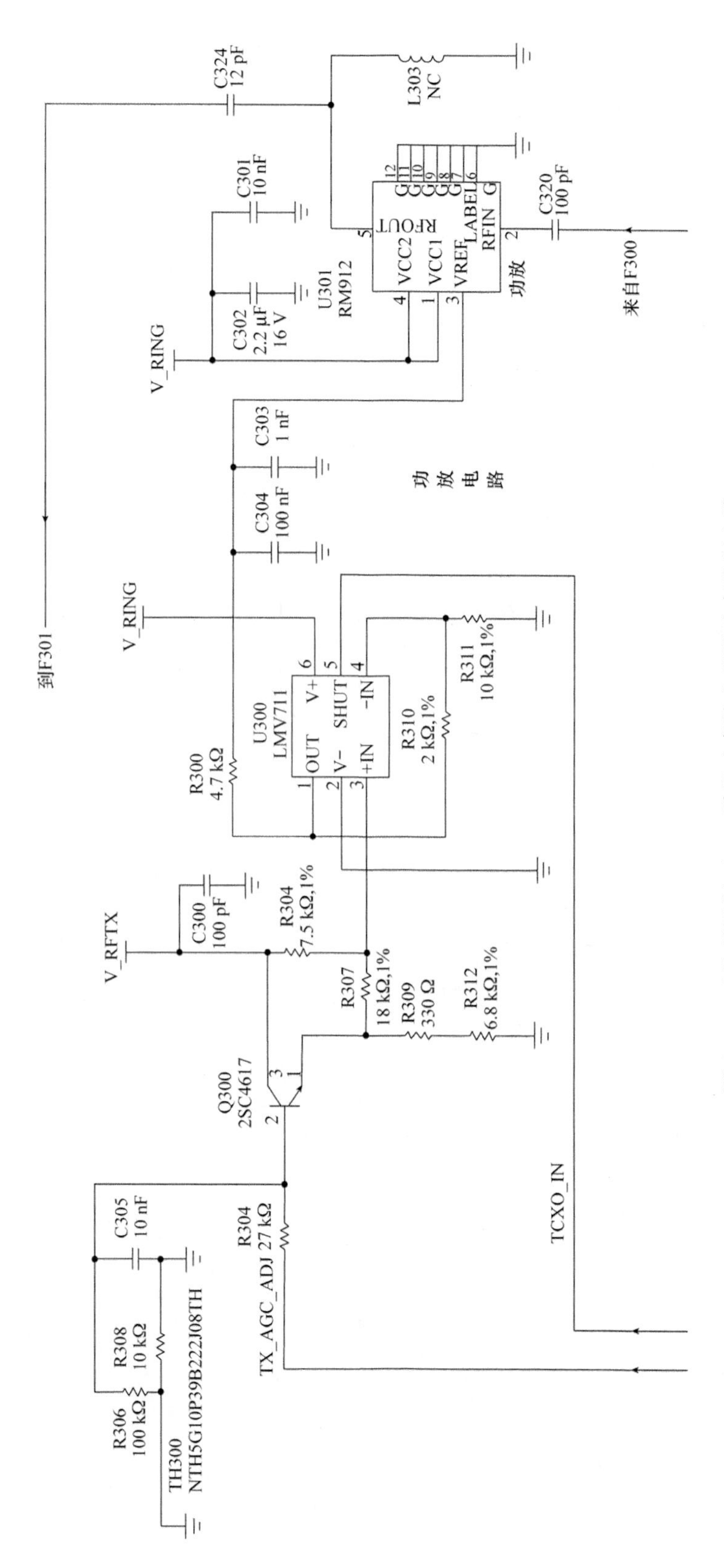

图 2-43　三星 CDMA A399 手机功率放大器及功率控制电路

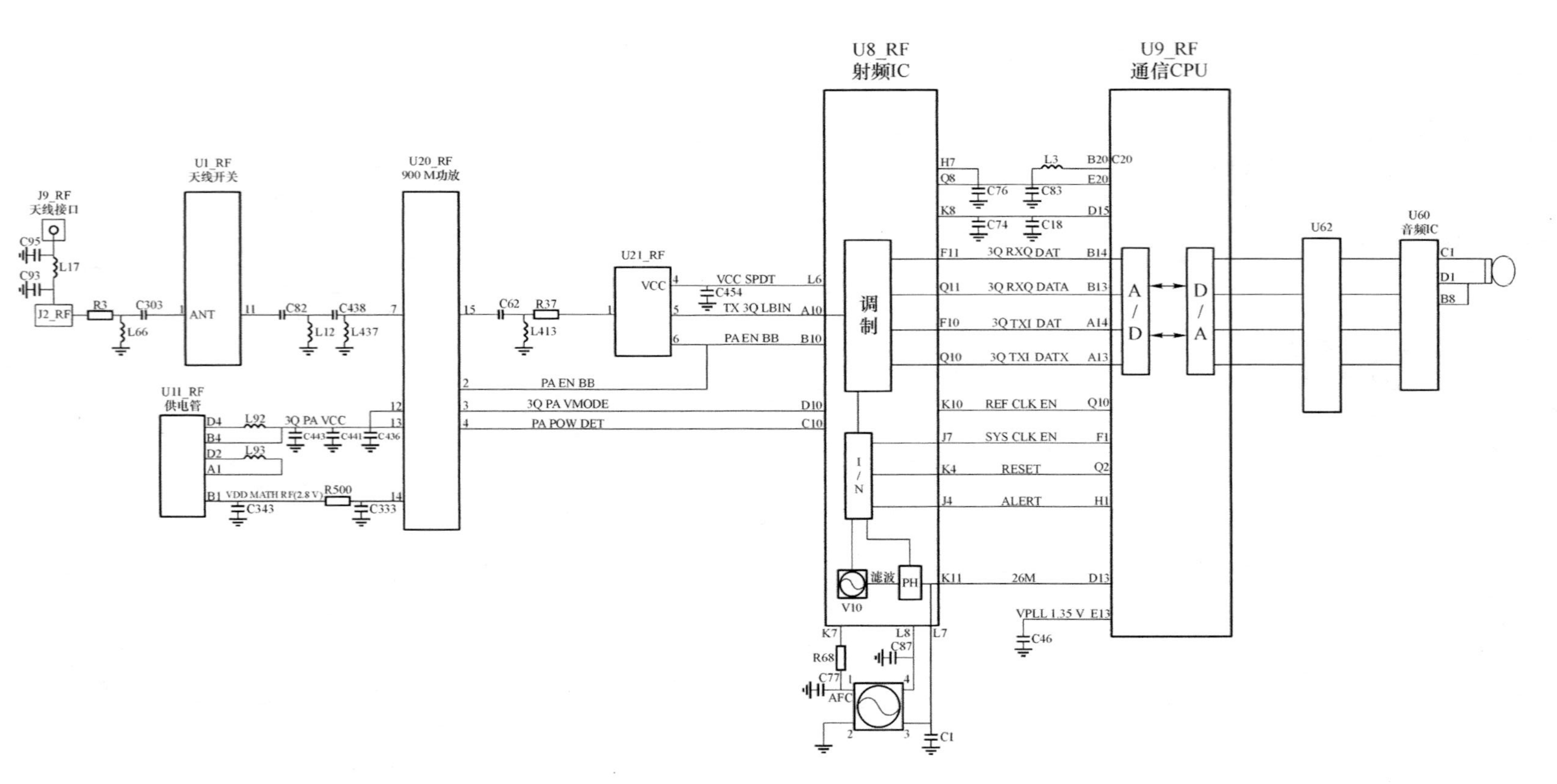

图 2-44 iPhone 4 手机 2G 发射电路原理图

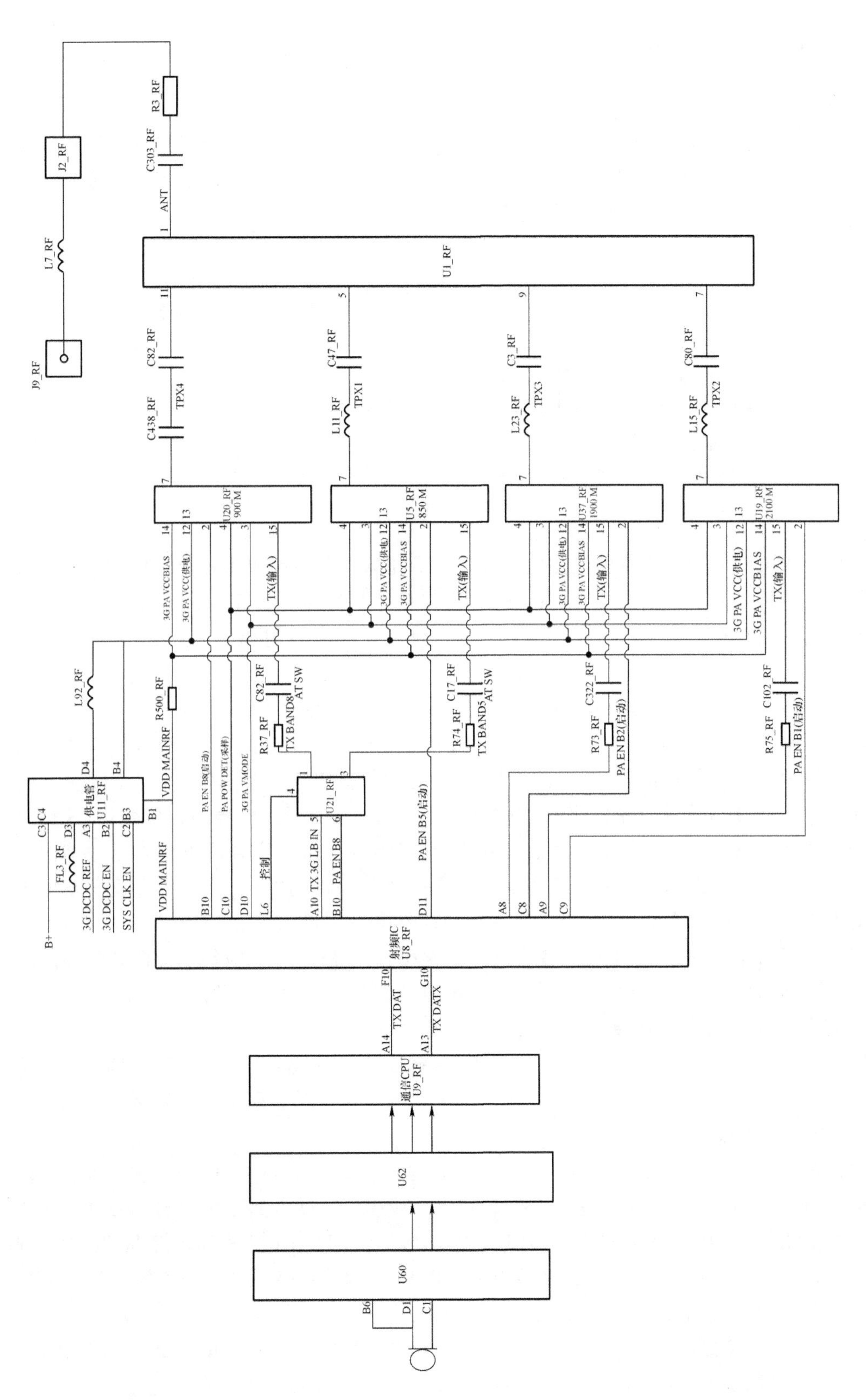

图 2-45　iPhone 4 手机 3G 发射电路原理图

2.3.4 手机频率合成电路原理图识图

1. 手机频率合成电路

频率合成电路(又称频率合成器)是手机中一个非常重要的基本电路,其电路原理框图如图 2-46 所示。在移动通信中,手机需要根据系统的控制信号变换自己的工作频率。在实际中,通常使用频率合成电路来提供有足够精度、稳定性高、大量不同的工作频率。

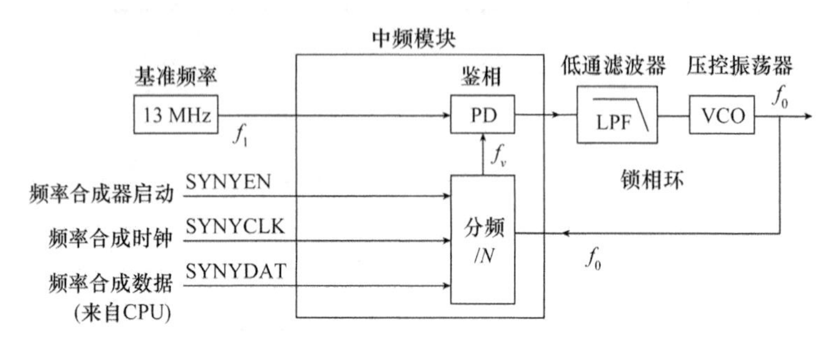

图 2-46 频率合成电路原理方框图

频率合成电路为接收通路的混频电路和发射通路的调制电路提供接收本振频率和发射载频频率。一部手机一般需要两个振荡频率,即接收本振频率和发射载频频率。有的手机则具有 4 个振荡频率,分别提供给接收第一、第二混频电路和发射第一、第二调制电路。目前,手机电路中常以晶体振荡器输出为基准频率、采用 VCO 电路的锁相环频率合成器,它受逻辑/音频部分的中央处理器(CPU)的控制,自动完成频率变换。带锁相环的频率合成器由基准频率、鉴相器 PD、环路滤波器 LPF、压控振荡器(VCO)、分频器等组成一个闭环的自动频率控制系统。鉴相器是一个相位比较器,它对输入的基准频率信号与压控振荡器(VCO)输出的振荡信号进行相位比较,差值反映了 VCO 输出振荡信号的相位变化,这个差值信号经环路滤波器滤除高频成分后去控制压控振荡器,保持频率合成电路输出振荡信号的稳定和准确。来自逻辑电路的三路控制信号通过对分频器的控制,使频率合成电路输出相应的不同频率。在手机中,频率合成器主要是接收第一本机振荡器(简称第一本振)和接收第二本机振荡器(简称第二本振),或者是一个频率合成器模块(有时简称 VCO)能够同时提供多个频率的信号。第一本振信号、第二本振信号经常是收发电路共用的。

2. 手机频率合成器电路原理图识图

摩托罗拉 V60 手机的频率合成器专为话机提供高精度的频率,它采用锁相环 PLL 技术,主要由接收一本振、接收二本振和发射 TXVCO 等组成。其电路原理如图 2-47 所示。

(1) 接收一本振 RXVCO U300

摩托罗拉 V60 手机一本振电路是一个锁相频率合成器,RXVCO(U300)输出的本振信号从第 11 脚经过 L214、C356 等进入中频 IC(U201)内部,经过内部分频后与 26 MHz 参考频率源在鉴相器 PD 中进行鉴相,输出误差电压经充电泵 CHARGE PUMP 后从 CP_RX 脚输出,控制 RXVCO 的振荡频率。该压控电路 CP_RX 越高,RXVCO(U300)的振荡产生频率越高,反之越低。其电路原理如图 2-48 所示。

U201 内部分频器的工作电源是 RF_V2,鉴相器、充电泵的工作电源是 5V;RXVCO U300 的工作电源是 RF_OUT,它们的控制信号来自 Q402、Q351 和 U201。

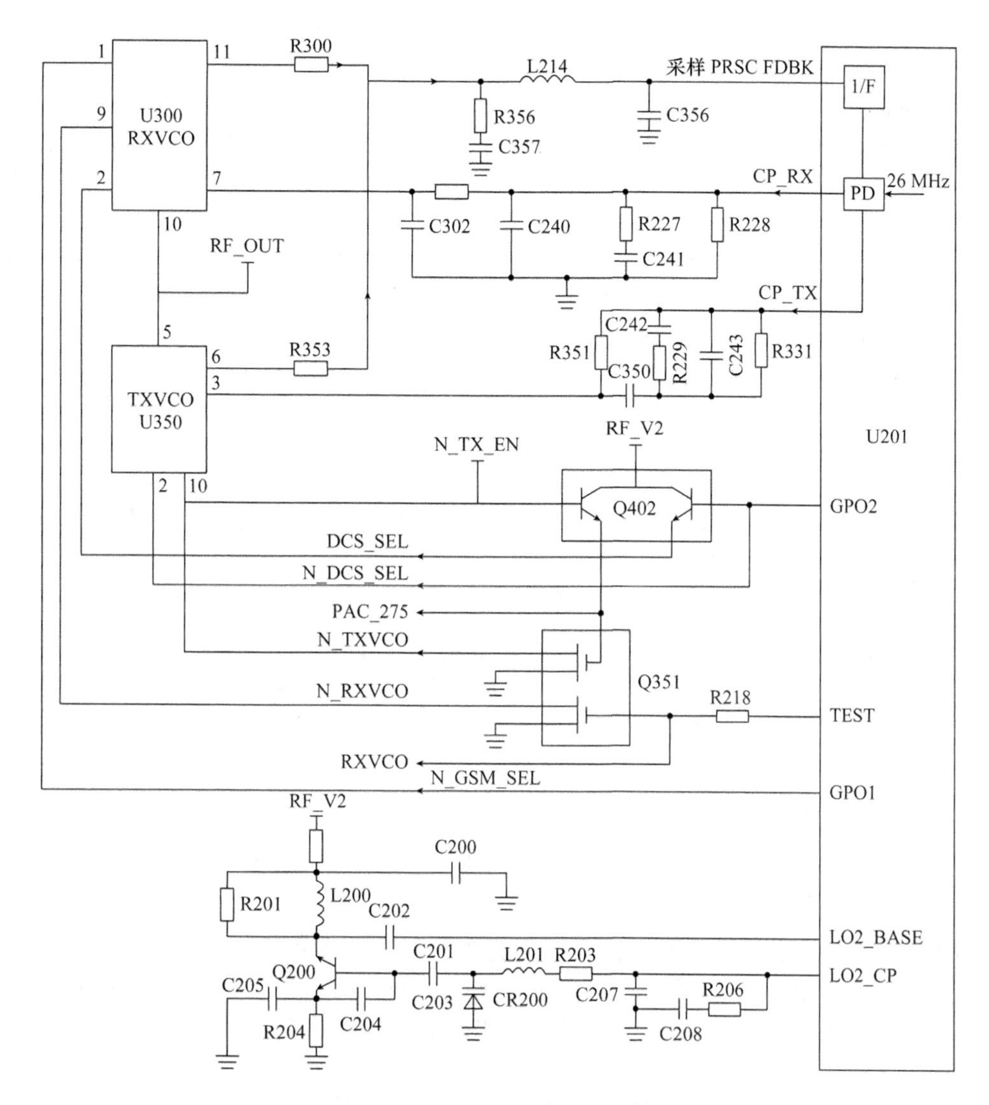

图 2-47　摩托罗拉 V60 型手机频率合成器电路图

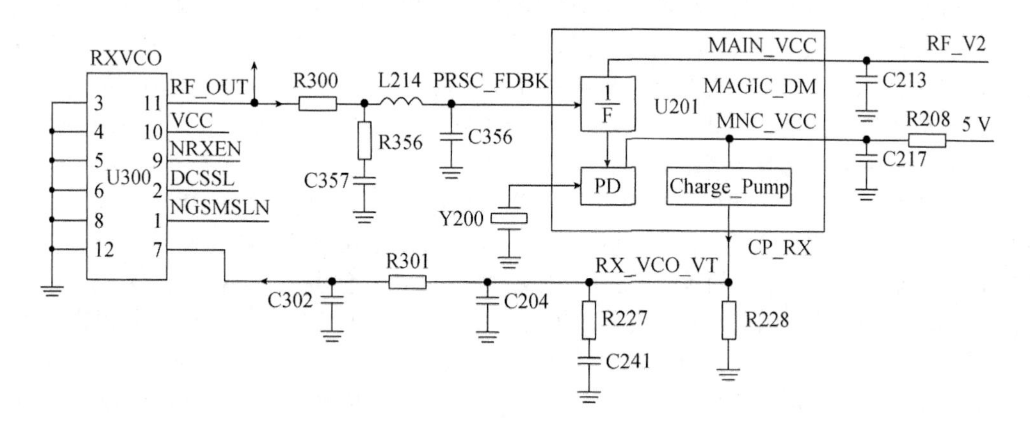

图 2-48　摩托罗拉 V60 型手机接收一本振电路原理图

(2) 接收二本振电路

摩托罗拉 V60 手机的 800 MHz 频率二本振产生电路是以 Q200 为中心的经过改进的考比兹振荡器(三点式),R206、C208 和 C207 则构成环路滤波器。分频鉴相是在 U201 内完成的,RF_V2 是 Q200 的工作电源,分频器和鉴相器的工作电源由 5 V 和 RF_V1 提供。

当振荡器满足启振的振幅、相位等条件时,Q200 产生振荡,并经 C204 采样反馈回 Q200 反复进行放大形成正反馈的系统,直至振荡管由线性过渡到非线性工作状态达到平衡后,由 C202 耦合至 U201 内部,其中一路经二分频去解调 IF400 MHz 中频信号,另外一路与基准频率 26 MHz 鉴相后,U201 输出误差电压,经环路滤波器除去高频分量,通过改变变容二极管 CR200 的容量,来控制二本振产生精准的 800 MHz 频率供话机使用。其电路原理如图 2-49 所示。

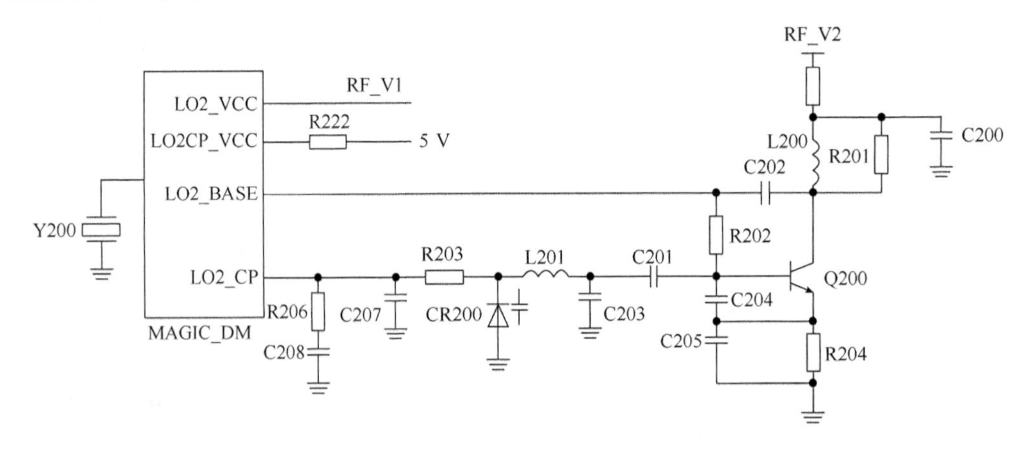

图 2-49　摩托罗拉 V60 型手机接收二本振电路原理图

(3) 三频切换电路

摩托罗拉 V60 是一款三频手机,但它不能在工作时同时使用两个频段。也就是说,手机在同一时间只能在某一个频段工作,或者在 GSM 900 MHz,或者在 DCS 1800 MHz,或者在 PCS 1900 MHz。若需切换频段,则需要操作菜单,然后由 CPU 做出修改,修改的重点是射频部分。

在射频部分中,GSM、DCS、PCS 三者最大的区别有如下两点:一个是所需的滤波器中心频点和滤除带宽不同(V60 设置了 3 个频段各自的滤波器通道,而开启这个通道的任务由 U10 频段转换及天线开关电路完成);另外一个是由于 3 个频段在手机的中频部分要合成一路,而中频频率是靠本振信号和接收的射频信号混频得到的,但众所周知,接收到的射频信号显然不是手机本身能改变的,所以,为了适应不同的射频信号而要得到同样的中频,手机只能主动改变本振的输出频率。

在摩托罗拉 V60 手机中,接收部分的一本振 RXVCO U300 与发射 TXVCO U350 都做成组件形式。在接收一本振 RXVCO 中有一个 VCO,当三频切换电路控制它工作在某一频段时,它立即产生相应的频率。如在 GSM 频段时,它产生的频率范围为 1 335.2～1 359.8 MHz;在 DCS 频段产生的频率范围为 1405.2～1479.8 MHz;在 PCS 频段产生的频率范围为 1 530.2～1 589.8 MHz;整个带宽的频率范围为 1 335.2～1 589.8 MHz,单靠改变压控电压显然不够,那么在 U300 的第 1、2 脚就有两个极其重要的控制端,该控制信号由 CPU(U700)发出,经过中间变换,由 U201 送过来。

当第 1、2 脚均为低电平时,RXVCO 自动工作在 GSM 频段,当第 2 脚为高电平,第 1 脚为低电平时，RXVCO 工作在 DCS 频段；当第 2 脚为低电平，第 1 脚为高电平时，该 RXVCO 工作在 PCS 频段，其电路原理如图 2-47 所示。当然，这么大的频率变化，混频器也是需要多个的，因此，V60 型手机使用 U100 前端混频放大器。

在发射（TXVCO）中，摩托罗拉 V60 的 TXVCO 有两个振荡器，这是因为振荡频带太宽的缘故（890.2～1 909.8 MHz）。其中一个工作在低端，即 GSM 频段的 890.2～915.8 MHz，另一个工作于高端，即 DCS/PCS 的 1 710.2～1 909.8 MHz（DCS 频段的 1 710.2～1 784.8 MHz、PCS 频段的 1 850.2～1 909.8 MHz）。

另外，功放电路也需要三频切换电路来控制。V60 手机有两个功放：一个工作在 GSM 频段，一个工作在 DCS/PCS 频段。

三频切换控制指令是 CPU（U700）发出的，由中频模块（U201）输出 N_DCS_SEL、N_GSM_SEL等信号，控制 Q203、Q204、Q403～Q406 等器件组成的电路适时地输出相应的信号，控制频段转换及天线开关（U10）、接收第一本振（U300）、发射 VCO（U350）和功放（U500、U550）等电路，完成三频切换。控制信号采用 0～2.75 V 的脉冲方式，是为了省电和抗干扰。三频切换控制电路原理如图 2-50 所示。

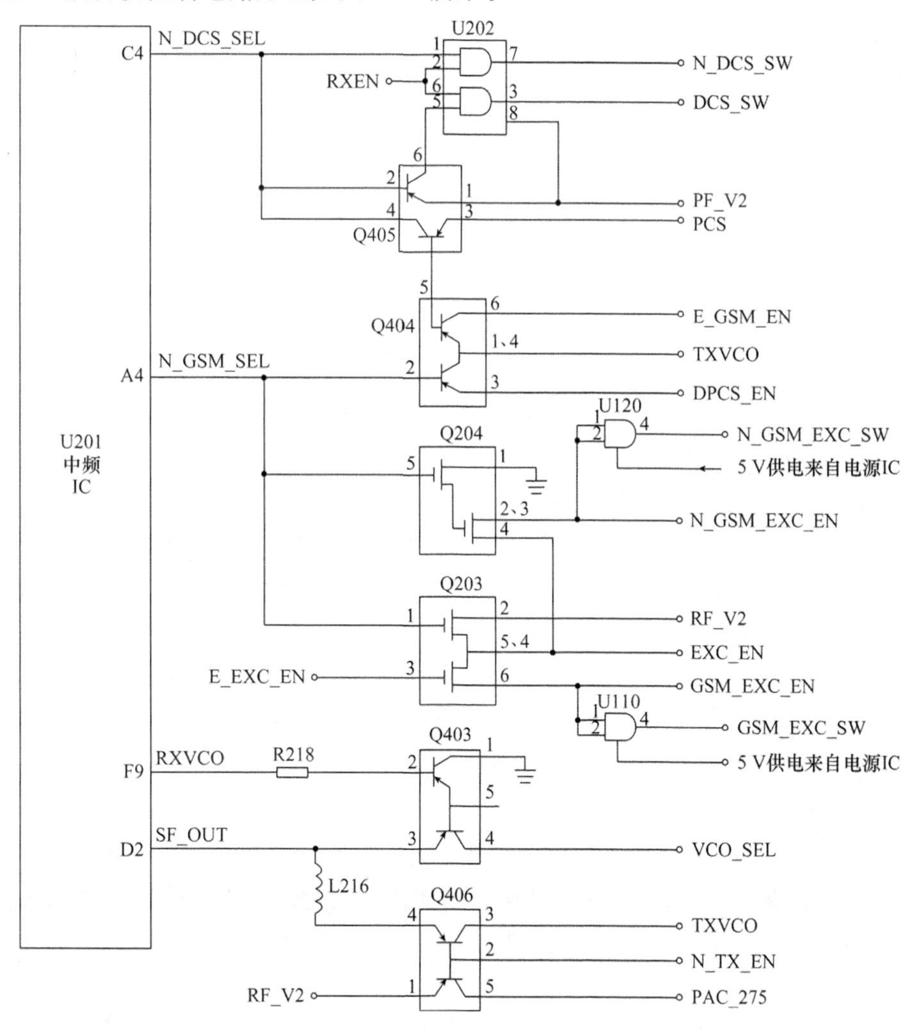

注：GSM 时，C4 脚高电平，A4 脚低电平；DCS 时，C4 脚低电平，A4 脚高电平；PCS 时，C4、A4 脚均为高电平。

图 2-50　摩托罗拉 V60 型手机三频切换控制电路原理图

2.4 项目四：手机逻辑/音频电路

逻辑/音频电路的主要功能是以中央处理器为中心，完成对话音等数字信号的处理、传输以及对整机工作的管理和控制，它包括音频信号处理（也称基带语音处理电路）和系统逻辑控制电路两个部分。实际的手机电路中，音频信号处理和系统逻辑控制两部分电路紧密融合在一起。

2.4.1 音频信号处理部分

音频信号处理分为接收音频信号处理和发送音频信号处理，一般包括数字音频信号处理电路和模拟音频放大电路等，如图 2-51 所示。

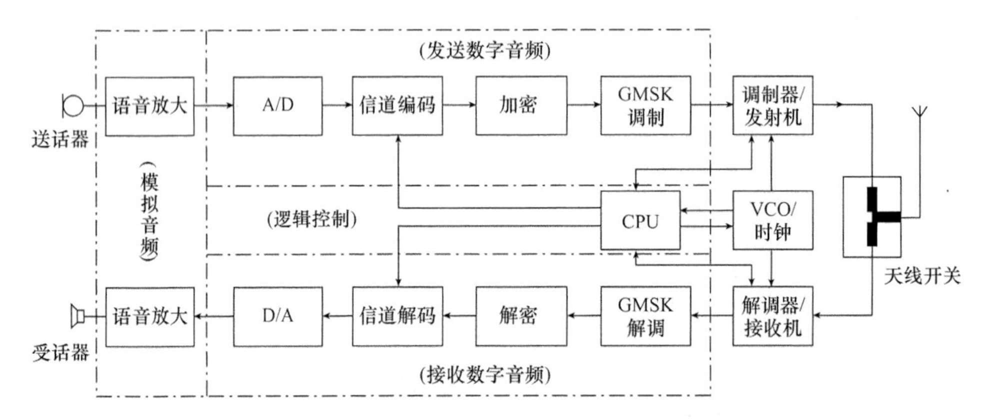

图 2-51 音频信号处理部分方框图

1. 接收音频信号处理

接收信号时，先对射频部分送来的模拟基带信号（RXI/RXQ）进行 GMSK 解调（即 A/D 转换），接着进行解密、去交织、信道解码等处理，得到的数据流经过语音解码（D/A 转换，也即 PCM 解码）转化为模拟语音信号，此声音信号经放大后驱动受话器发声。图 2-52 所示为接收信号处理变化流程示意图。

注意：图 2-52 中，DSP 前后的数码信号和数字信号。GMSK（最小高斯频移键控）解调输出的数码信号包含加密信息、抗干扰和纠错的冗余码及语音信息等，而 DSP 输出的数字信息则是去掉冗余码信息后的数字语音信息。

2. 发送音频信号处理

发送信号时，送话器送来的模拟语音信号经过 PCM 编码得到数字语音信号，该信号先后进行信道编码、交织、加密、GMSK 调制等处理，最后得到 67.707 kHz 的模拟基带信号（TXI/TXQ），送到射频部分的调制电路进行变频处理。图 2-53 所示为发送音频信号处理变化流程示意图。

注意：图 2-53 中，信号 1 是送话器拾取的模拟话音信号；信号 2 是 PCM 编码后的数字话音信号；信号 3 是数码信号；信号 4 是经数字电路一系列处理后，分离输出的 TXI/TXQ

波形;信号 5 是已调中频发射信号;信号 6 是发射频率信号;信号 7 是已经功率放大的最终发射信号。

每种机型的模块和集成方式不同,则具体情况也不尽相同,这是读图中值得注意的地方。

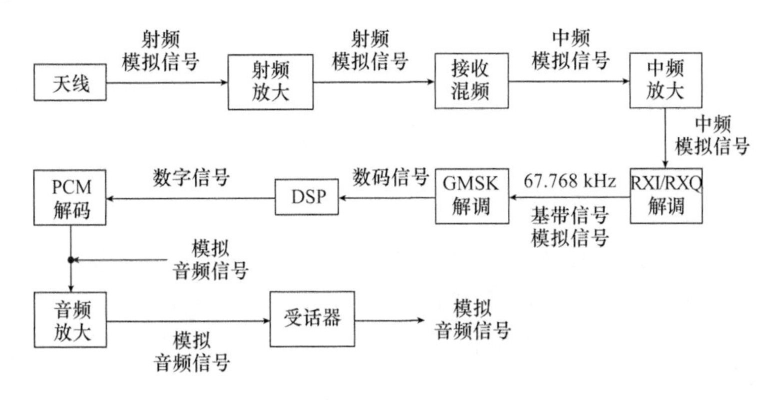

图 2-52　接收信号处理变化示意图

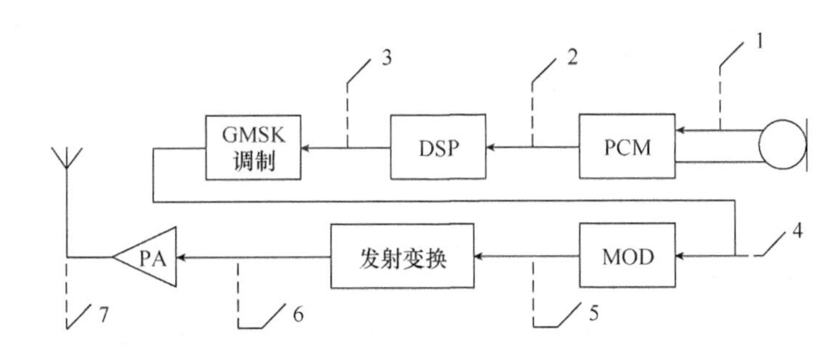

图 2-53　发送音频信号处理变化流程示意图

2.4.2　系统逻辑控制部分

在手机电路中,以中央处理器(CPU)为核心的控制电路称为系统逻辑电路,它由中央处理器、存储器和总线等组成,其基本组成如图 2-54 所示。系统逻辑控制部分负责对整个手机的工作进行控制和管理,包括开机操作、定时控制、音频部分控制、射频部分控制,以及外部接口、键盘、显示屏的控制等。

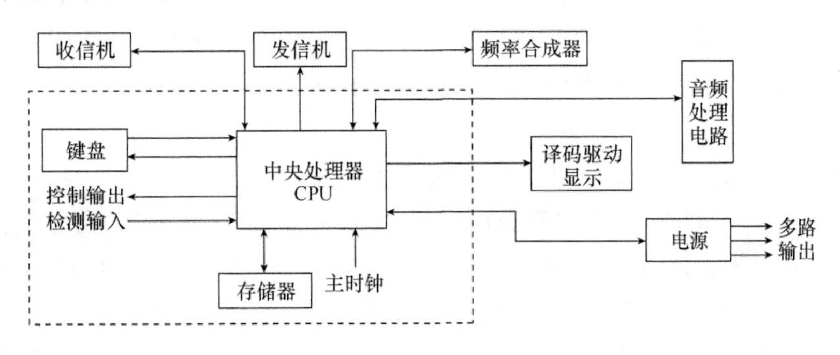

图 2-54　系统逻辑控制电路基本组成方框图

1. 中央处理器

系统逻辑电路是整部手机的指挥中心，CPU 就是总指挥，它相当于人的大脑。在工作中，CPU 发出各种指令，使整个手机的工作能自动、协调地进行。CPU 的功能包括程序控制、操作控制、时间控制和数据加工等。CPU 正常工作的三要素是供电、时钟和复位。

2. 存储器

存储器一般有两种不同类型：程序存储器和数据存储器。程序存储器多数由两类芯片组成，包括 Flash ROM(闪速只读存储器，俗称字库或版本)和 EEPROM(电可擦写可编程只读存储器，俗称码片)。数据存储器即 SRAM(静态随机存储器，又称暂存器)。

(1) Flash ROM

它以代码的形式存放手机的基本程序和各种功能程序，即存储手机出厂设置的整机运行系统软件控制指令程序，如开机和关机程序、LCD 字符调出程序、系统网络通信控制程序、监控程序等，它存储的是手机工作的主程序。一般 Flash ROM 的容量大，它也存放中文字库和固定参数等大容量数据。手机在工作时，只能读取其中的资料。

随着集成度越来越高，版本的容量越来越大，例如，1 MB、4 MB、8 MB、16 MB、32 MB、64 MB、128 MB 等，数据交换从 8 位发展到 16 位，但体积却越来越小；芯片封装方式从小外形封装(SOP)发展到现在的球形阵列内引脚封装(BGA)。

(2) EEPROM

EEPROM 容量较小(几百字节至几百千字节)，它存储手机的资料有：手机的机身码(IMEI 码)；检测程序，如电池检测、显示电压检测等；各种表格，如功率控制(APC)、数模转换(DAC)、自动增益控制(AGC)、自动频率控制(AFC)等；一些可以修改的系统参数，其数据会通过本机工作运行时自动更新；一些可以让用户通过本机键盘，使用手机菜单进行修改的数据如电话号码簿、锁机码、用户设定值等用户个人信息。手机在工作时，不仅能读取其中的数据资料，还能往存储器内写入资料。

手机工作对软件的运行要求非常严格，CPU 通过从程序存储器中读取资料来指挥整机工作，这就要求程序存储器中的软件资料正确。即使同一款手机，由于生产时间和产地等不同，其软件资料也有差异，所以对手机软件维修时要注意 CPU 版本号、手机的机板号与版本及码片资料的一致性。手机的软件故障主要是程序存储器数据丢失或者出现逻辑混乱，表现出来的现象如锁机、显示“联系服务商”、不开机等。这时，使用各种软件维修仪，通过向程序存储器内部重新写入资料，才能达到修复手机的目的。各种类型的手机所采用的字库(版本)集成块和码片集成块虽然不同，但其功能是基本一致的。

(3) 数据存储器

作为数据缓冲的数据存储器，其内部存放手机当前运行程序时产生的中间数据，为数据和信息在传输过程中提供一个暂时存放的空间；如果手机关机，则内容全部消失。而程序存储器内的资料能长期存放，即使断电也不会丢失。随着手机功能的不断增强，需要运行的软件容量越来越大，从而暂存器的容量也要求越来越大，从早期的几十千字节到几百千字节，再到现在的几兆字节。随着手机趋于小型化，现在手机内通常采用复合结构的芯片，就存储器而言，复合结构的存储芯片形式上有以下几种：

① 版本＋暂存形式。

② 版本＋码片形式。

③ 版本＋码片＋暂存形式。

④ CPU＋暂存形式。

⑤ CPU＋码片形式。

3. 总线

CPU 常用一组线路，并配置适当的接口电路，与存储器、各个芯片及外围设备连接，这组共用的连接线被称为总线（BUS）。总线结构如图 2-55 所示，它包括地址总线（AB）、数据总线（DB）、控制总线（CB）。总线共用，但分时使用。

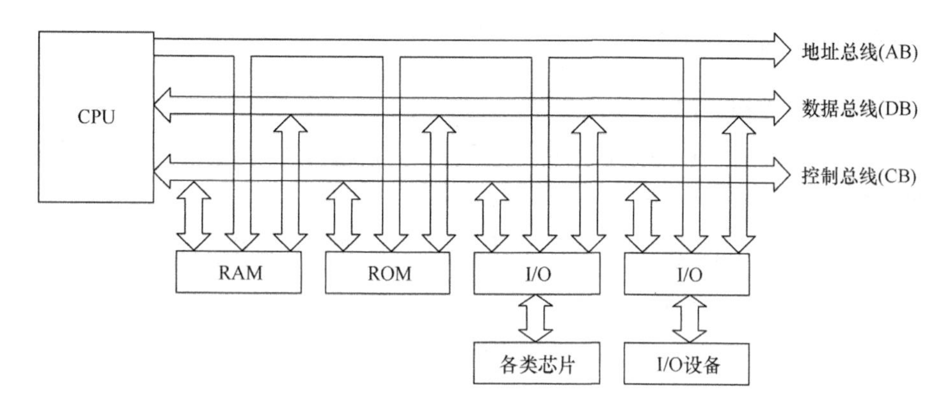

图 2-55　总线结构示意图

（1）地址总线

地址总线用来传输 CPU 向外发出的寻址信息，即要读取数据的具体地址。地址总线是单向传输的总线。

（2）数据总线

数据总线用于 CPU、存储器、各个芯片及外围设备之间相互传输数据，是双向传输的总线。

（3）控制总线

控制总线是双向传输的，用来传输各种控制信号。CPU 对整机的控制处理是通过控制线完成的，这些控制信号有 CPU 发出的，有发给 CPU 的，如片选、复位、看门狗、读写、MUTE（静音）、LCDEN（显示屏使能）、LIGHT（发光控制）、CHARGE（充电控制）、AFC（自动频率控制）、RXEN（接收使能）、TXEN（发送使能）、SYNDAT（频率合成器数据）、SYNEN（频率合成器使能）、SYNCLK（频率合成器时钟）等。这些控制信号从 CPU 伸展到逻辑/音频及接口部分、射频部分和电源部分内部，控制各种各样的模块和电路中相应的部分去完成复杂的工作。

4. 时钟

CPU 是按一定的时间顺序定时工作的，即 CPU 按照时钟信号脉冲，把需要执行的指令按先后顺序排好，并给每个操作规定好固定的时间，使 CPU 在某一时刻只做一个动作，实现电路的有序工作。主时钟信号的产生按照机型的不同,产生方式也有区别,但是其作用却是一致的,即:供给逻辑部分,为 CPU 提供时钟信号;供给射频部分,为频率合成器提供参考频率。整个手机系统在时钟的同步下完成各种操作。系统时钟频率一般为 13 MHz,电路中多采用 13 MHz 晶体或 13 MHz VCO 电路产生,也有的手机,将 26 MHz VCO 电路产生的 26 MHz 信号再分频得到 13 MHz 信号;有时可以见到其他频率的系统时钟,如用 19.50 MHz作为主时钟信号;CDMA 手机常采用 19.68 MHz。

另外,手机内部还有实时时钟晶体,它的频率一般为 32.768 kHz,用于提供正确的时间显示。若实时时钟信号出错,手机时间显示就会不正常。同时,在许多机型中,32.768 kHz 的频率信号还为手机提供待机或休眠时钟。

2.4.3 手机逻辑/音频电路原理图识图

1. 音频电路原理图识图

摩托罗拉 V60 手机的音频电路包括 U900、受话器、送话器、振子、振铃等。其电路原理如图 2-56 所示。

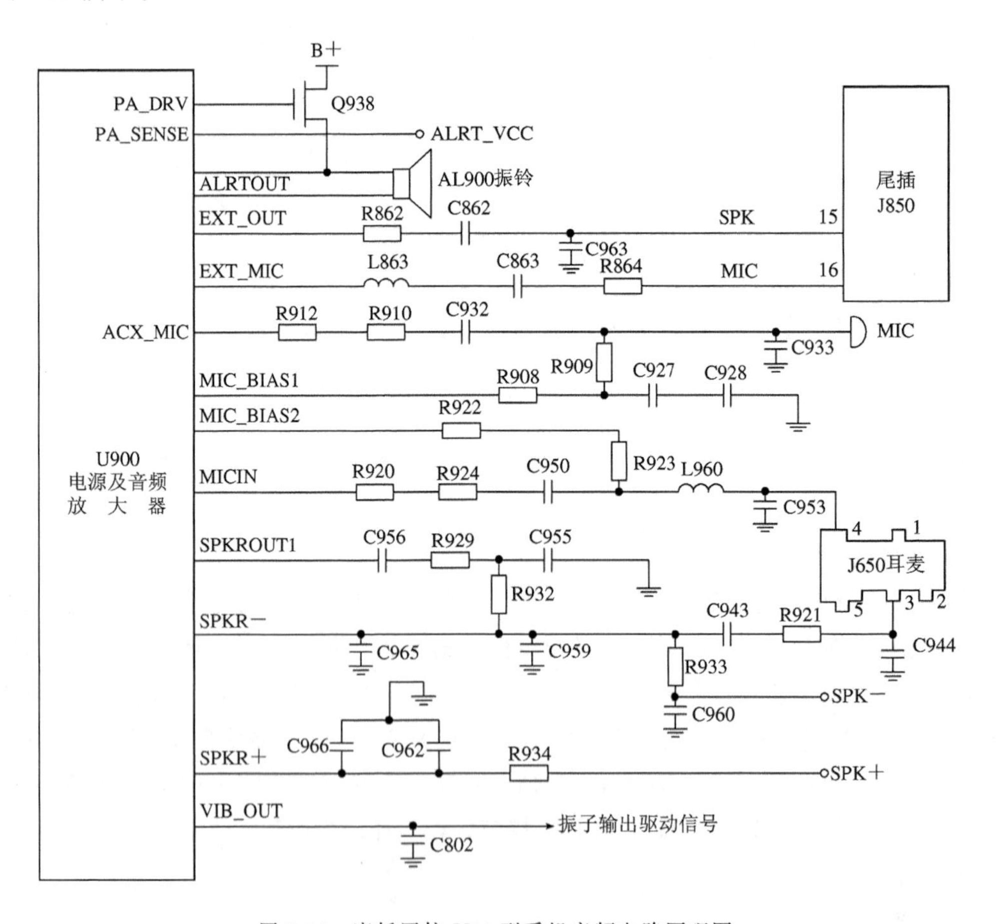

图 2-56 摩托罗拉 V60 型手机音频电路原理图

(1) 受话器

V60 型手机有三种模式可供用户选择。

数字音频信号在 CPU 的控制下,通过 SPI 总线传输给 U900,经过 D/A 转换器转换成模拟语音信号在 U900 内部语音放大,放大量则经由 SPI 总线控制。

当用户使用机内受话器时,由 SPK+、SPK-接到受话器。

使用外接耳机时,接到耳机座 J650 的#3。

使用尾插时,则由 EXT_OUT 经过 R862 和 C862 送尾插 J850 的#15。

(2) MIC 送话器

V60 型手机同样支持用户使用机内送话器或耳机、尾插 3 种模式,由机内送话器或耳麦输入的音频信号在 U900 内放大后,在同一时刻有一路被选通,哪一路选通由 SPI 总线决定。MIC BIAS1 和 MIC BIAS2 提供偏置电压,同样,偏压的开启、关闭也由 SPI 总线选择,而偏电压的存在与否也决定了哪一路被选通,被选通的信号经 U900 内部放大、编码(A/D),通过四线串口送给 CPU 进一步进行数字信号处理后,再送中频 IC 调制。

(3) 振铃

振铃供电 ALRT VCC 是在 U900 电源 IC 的控制下由 Q938 产生。Q938 是一个 P 沟道场效应管,U900 通过控制 Q938 的栅极电压来控制其导通状态,而 Q938 输出的电压 ALRT VCC 通过 PA SENSE 反馈回 U900,完成反馈的控制过程,从而使铃音更悦耳动听。

(4) 振子

在电源 IC 内部有一个振子电路,它的输入电压为 ALRT VCC,从 VIB OUT 输出 1.30 V去驱动振子。

2. 逻辑控制电路识图

逻辑单元主要由微处理器(U700)、系统版本程序储存器(U701)和两个暂存器(U702、U703)等组成,其电路结构如图 2-57 所示。

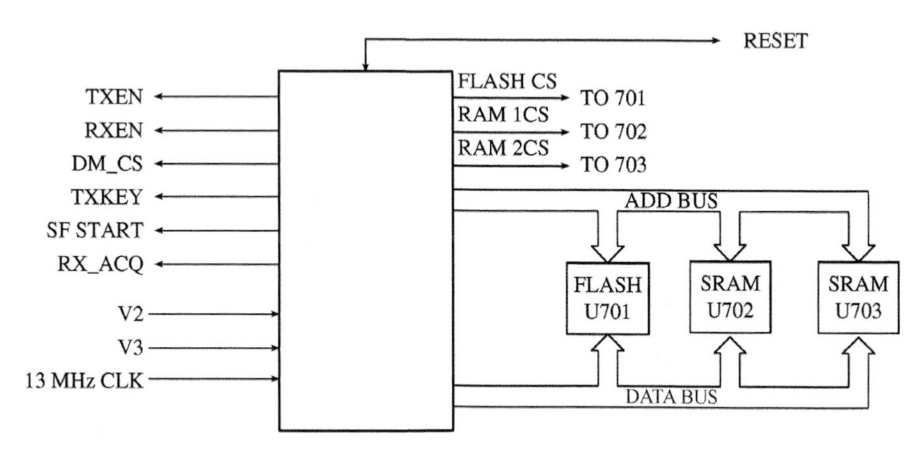

图 2-57 摩托罗拉 V60 型手机逻辑控制部分电路框图

V60 型手机的中央处理器(U700)是一个功能强大的微处理器,除了与 U701、U702、

U703 进行逻辑对话外，还负责整机电路的检测、运行监控及一些接口功能。

U701 为 V60 型手机的 FLASH，它的内部装载了手机运行的主程序，型号一般为 28F320W18、28F640W18。

U702、U703 是 V60 型手机的两个暂存器，它在 CPU 的工作过程中用于存放数据操作时的中间结果。断电后，数据丢失。其中，U702 为 4 Mbit，均由 CPU 决定何时选通其中一个与之完成运算、通信等。

3. iPhone 4 手机发射电路原理图识图

图 2-58 和图 2-59 所示分别为 iPhone 4 手机音频电路和逻辑控制电路原理图，供进行逻辑/音频电路原理图识图练习。

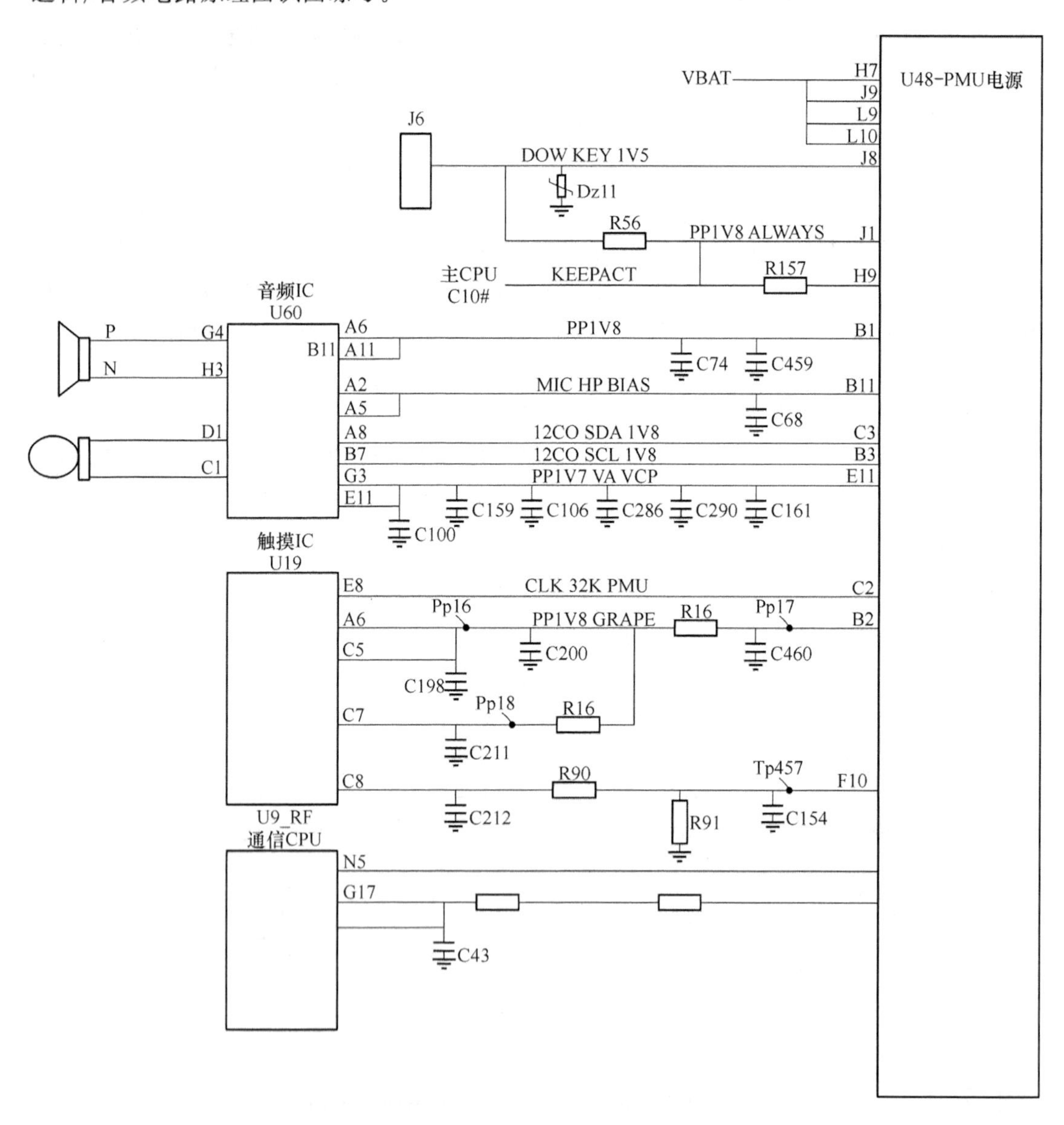

图 2-58 iPhone 4 手机音频电路

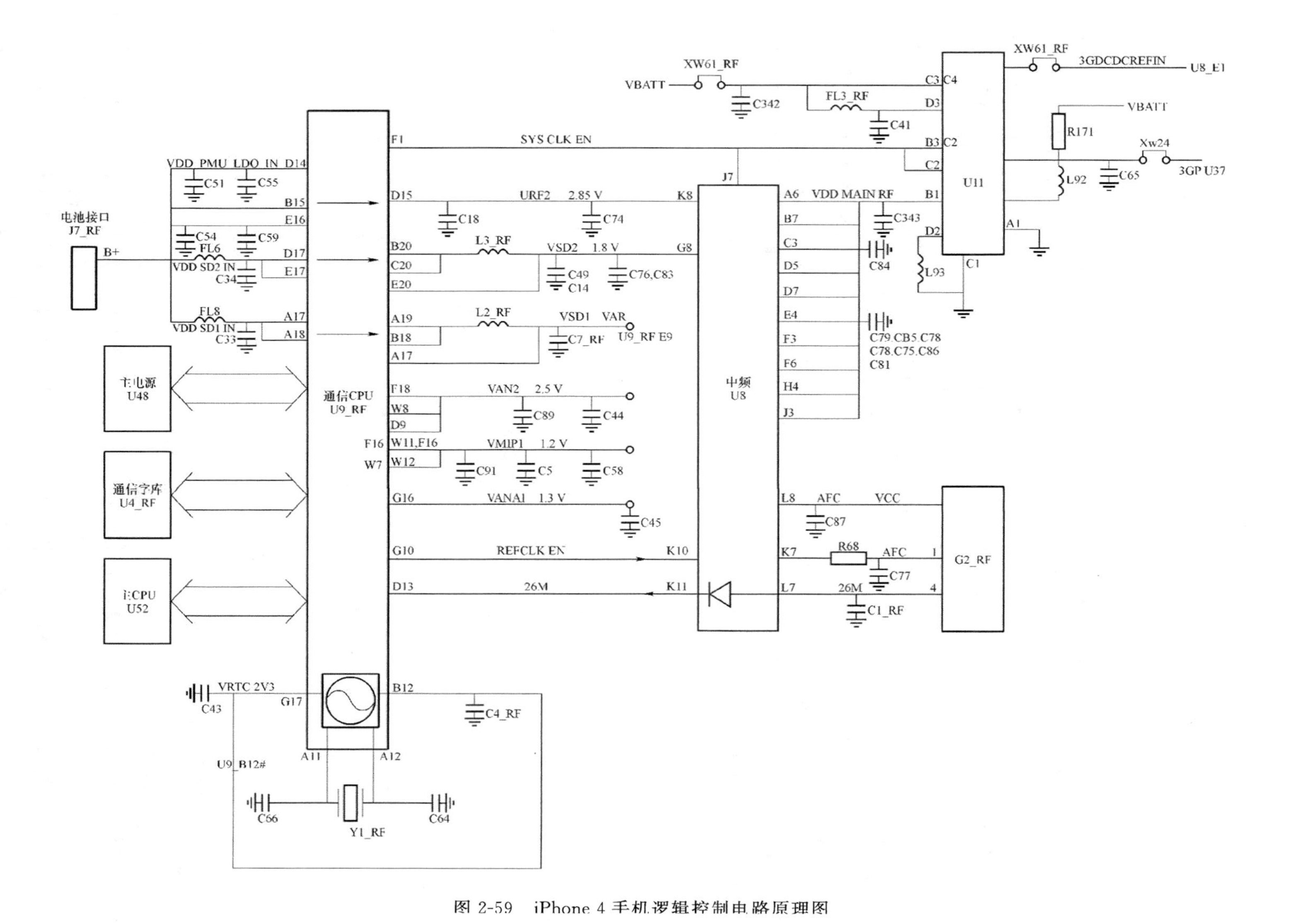

图 2-59　iPhone 4 手机逻辑控制电路原理图

2.5 项目五:手机输入/输出电路

2.5.1 手机输入/输出电路组成

手机输入/输出(I/O)接口按电路功能分类,包括模拟接口、数字接口以及人机接口3类。模拟接口包括A/D、D/A变换等;数字接口主要包括数字终端适配器(即尾插)、蓝牙接口和摄像头接口等;人机接口包括键盘输入、送话器输入、液晶显示屏(LCD)输出、受话器输出、振铃输出、手机状态指示灯输出等,它是用户与手机沟通的桥梁。逻辑/音频及输入/输出(I/O)接口部分的电路由众多元器件和专用集成电路构成。

由于这些集成电路具有专用、多功能、集成化、多引脚的特点,对它们的功能分析不是那么简单的。但从其最基本的功能作用的角度去分析就会知道输入/输出(I/O)接口部分电路是计算机(单片机)系统与外部设备的数据连接,如图2-60所示。其实,手机就是一部在单片机控制下的收/发信机。

随着技术的发展,在现实中,一些具有多功能的手机已经是一台能够打电话的掌上电脑了,如三星智能手机、苹果手机等。

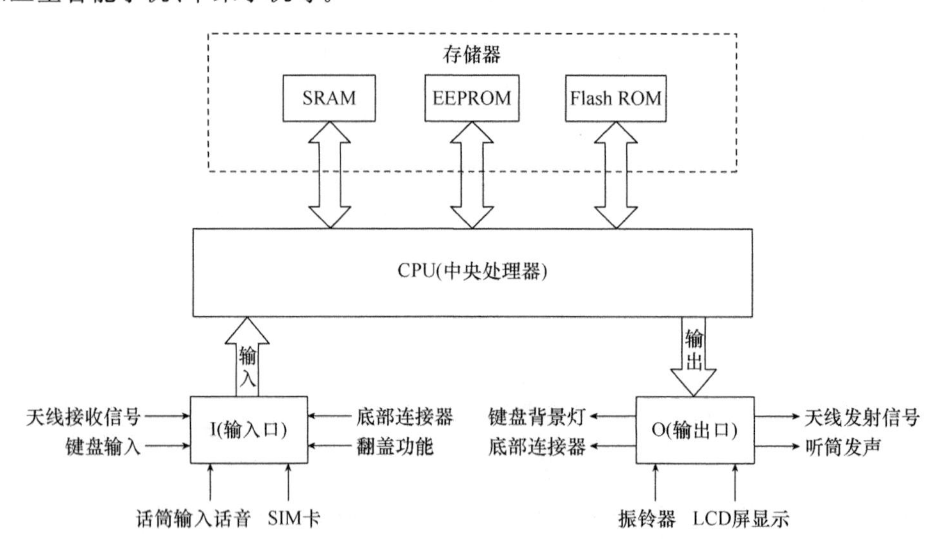

图2-60 从计算机的角度看手机

2.5.2 手机接口电路原理图识图

1. 显示电路

摩托罗拉V60型手机的显示电路如图2-61所示。整个电路使用了BB_SPI总线,其中,BB_SPI_CLK是它的时钟,DISP_SPI_CS作为总线控制信号,显示数据从BB_MOSI传输,它们由连接口J825连接到翻盖的液晶驱动器,与V系列手机的连接线相比,由于所需传输线路少,主显示解码驱动电路集成在上盖内,这样排线很少出问题。V2、V3翻盖电路板提供电源。

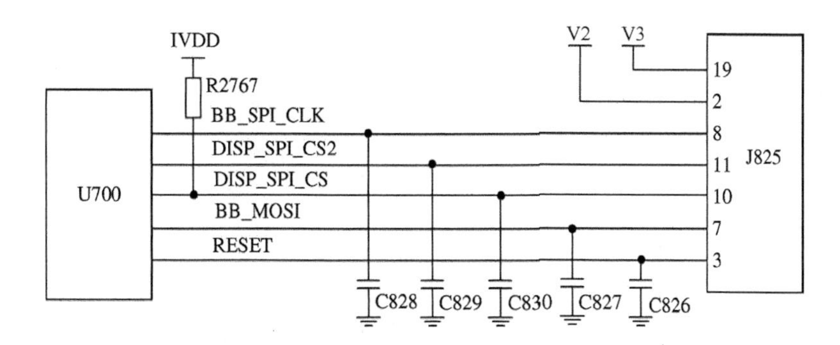

图 2-61　摩托罗拉 V60 型手机显示电路图

排线接口 J825 负责翻盖与主板的连接，共有 22 个脚，其中包括显示、彩灯、受话器、备用电池等的连接。如图 2-62 所示。

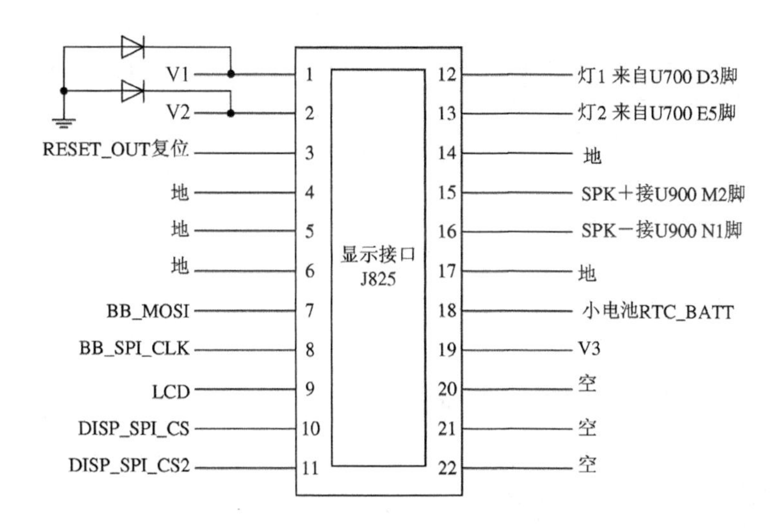

图 2-62　摩托罗拉 V60 型手机显示接口电路图

iPhone 4 手机显示接口电路原理图如图 2-63 所示，供进行显示接口电路原理图识图练习。

2. SIM 卡电路

VSIM 为 SIM 卡提供电源，VSIM_EN 是 SIM 卡驱动使能信号，由 U700 发出，在 VSIM_EN 和 U900 内部逻辑的控制下，U900 内部的场效应管将 V_BOOST 转化得到 VSIM，VSIM 的电压可以通 SPI 总线编程设置为 3 V 或 5 V。SIM I/O 是 SIM 卡与 CPU（U700）的通信数据输入/输出线，在 SIM_CLK 时钟的控制下，SIM I/O 通过 U900 与 CPU 通信。LS1_OUT_SIM_CLK 是 SIM 卡的时钟，它是由 U900 将 U700 发出的 SIM_CLK 经过缓冲后得到的；LS2_OUT_RST 作为 SIM 卡的 RESET 复位信号，它是 U900 将 U700 发出的 SIM_RST 缓冲后得到的。电路原理如图 2-64 所示。

iPhone 4 手机 SIM 卡接口电路原理图如图 2-65 所示，供进行 SIM 卡接口电路原理图识图练习。

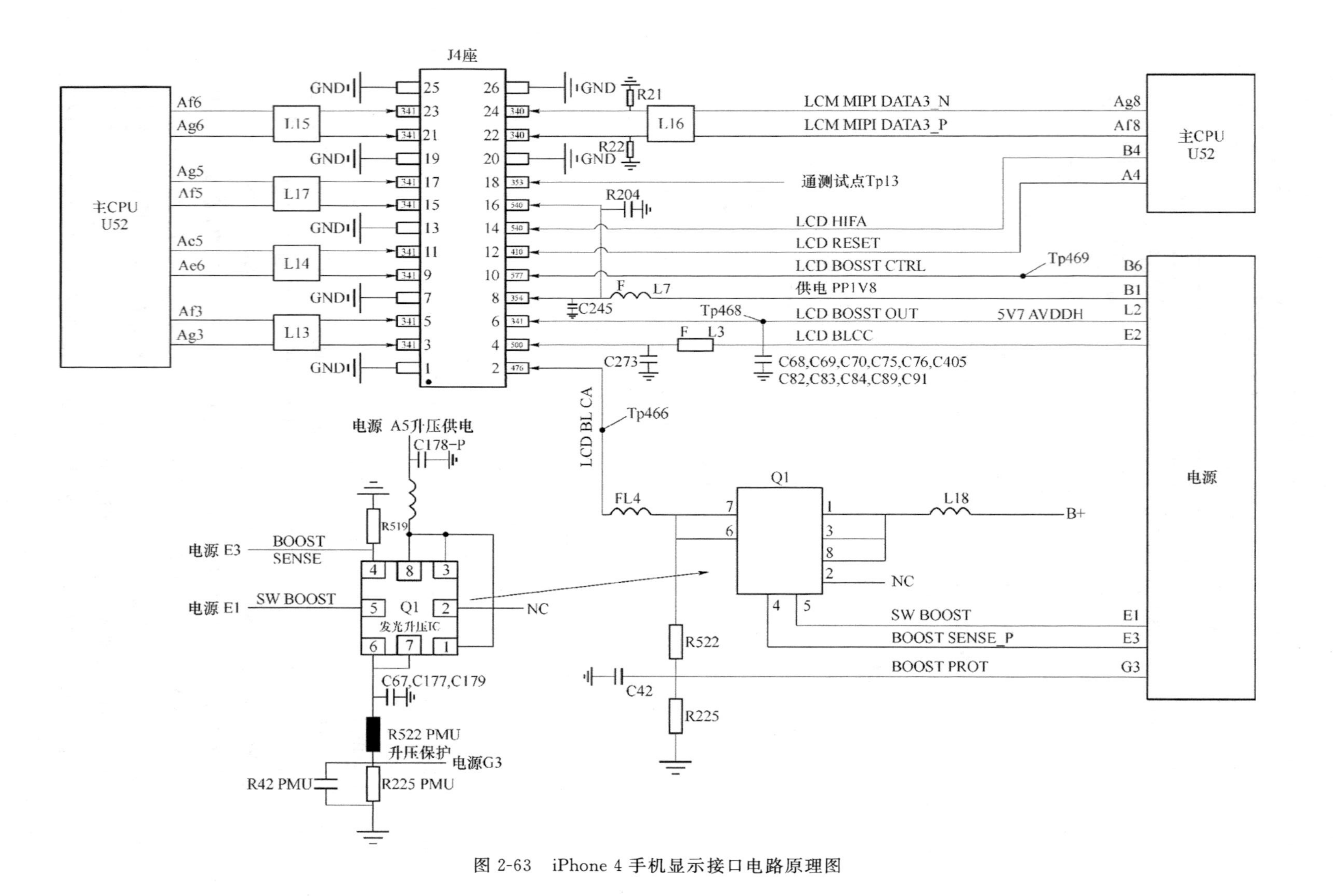

图 2-63 iPhone 4 手机显示接口电路原理图

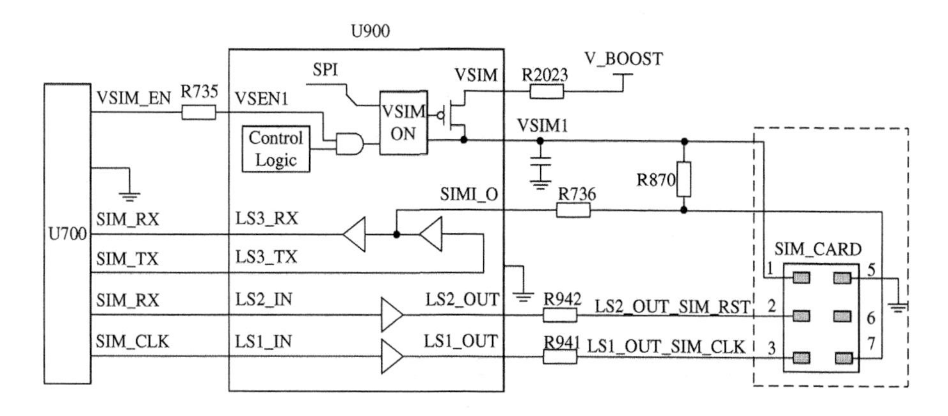

图 2-64　摩托罗拉 V60 型手机 SIM 卡电路原理图

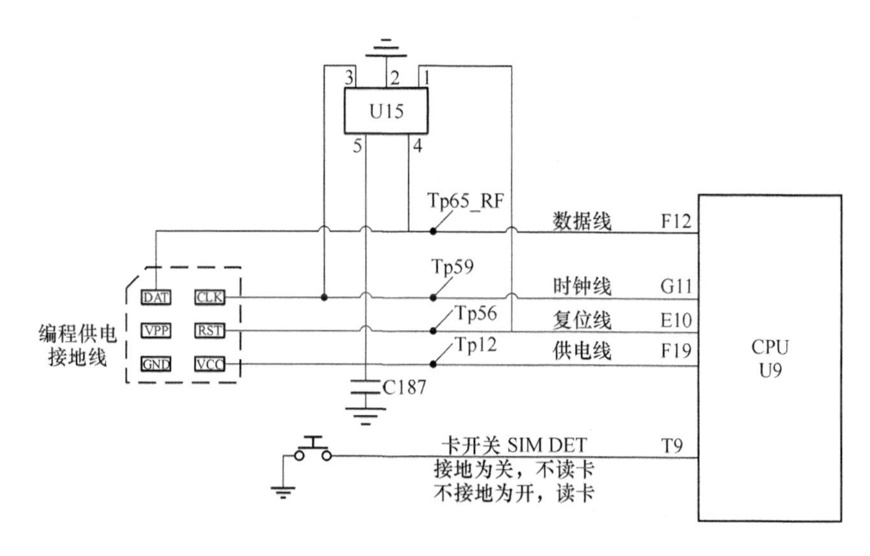

图 2-65　iPhone 4 手机 SIM 卡接口电路原理图

3. 键盘灯电路

U900 中有一个 NMOS 管用以控制手机的键盘灯，ALRT_VCC 作为键盘灯的电源，提供键盘灯正极，并通过电阻 R939、R938 与 U900 内的 NMOS 管连接。NMOS 的栅极通过 SPI 线由软件控制其导通与否。其电路原理如图 2-66 所示。

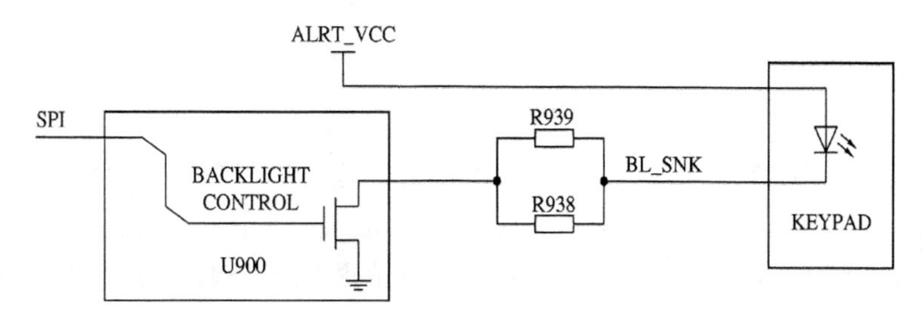

图 2-66　摩托罗拉 V60 型手机键盘灯电路原理图

4. 键盘接口电路

J800 负责连接键盘与主板，共有 14 脚，如图 2-67 所示。

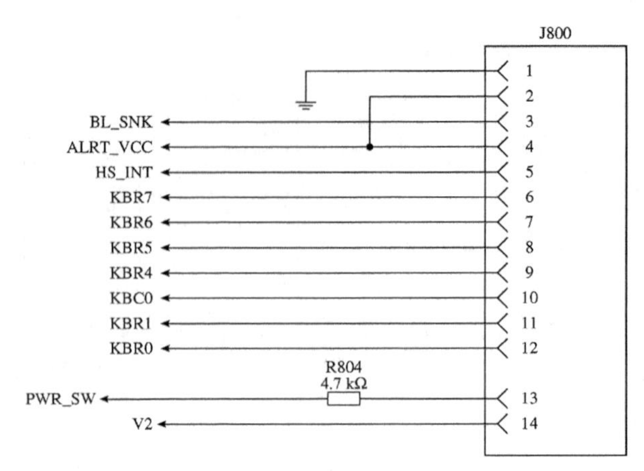

图 2-67 摩托罗拉 V60 型手机键盘接口电路原理图

各引脚的功能如下：

第 1 脚接地；

第 2、4 脚为振铃供电；

第 3 脚为背景灯控制；

第 5 脚为磁控管信号；

第 6～10、12 脚为键盘线；

第 11 脚接开/关机按键；

第 13 脚为开机线；

第 14 脚为 V2 电源。

2.6 项目六：手机电源电路

手机电源电路是向手机提供能量的电路。供电电路必须按照各部分电路的要求，给各部分电路提供正常的、工作所需要的不同电压和电流，而被供电的电路则称为电源的负载。电源电路也是故障率较高的电路，在修理手机时，常常是先查电源，后查负载。

2.6.1 手机电源的基本电路

1. 电池供电电路

手机电池的类型多种多样，其连接电路也多种多样，但它们的表示方法都有一个共同的特点：电池电源通常用 VBATT、BATT、BATT＋表示，也有用 VB、B＋来表示的；外接电源用 EXT-B＋表示。经过外接电源和电池供电转换后的电压一般用 B＋表示。手机电池电路中还有一个比较重要的部分——电池识别电路。电池通过 4 条线与手机相连，即电池正极（BATT 等）、电池类别（BSI、BATD、BATT_SER_DATA 等）、电池温度（BTEMP）、电池地（GND）。此识别电路通常是手机厂家为防止手机用户使用非原厂配件而设置的，它也用于手机对电池类型的检测，以确定合适的充电模式。也有电池通过 3 条线与手机相连，即电池正极（BATT 等）、电池类别（BSI、BATD、BATT_SER_DATA 等）、电池地（GND）。其中，电池信息和电池温度与手机的开机也有一定的关系，若接触不良，手机也可能不开机。

2. 开机信号电路

手机的开机方式有两种，一种是高电平开机，也就是当开关键被按下时，开机触发端接到电池电源，是一个高电平启动电源电路开机；另一种是低电平开机，也就是当开关键被按下时，开机触发线路接地，是一个低电平启动电源电路开机。

多数手机都是低电平触发开机。如果电路图中开关键的一端接地，则该手机是低电平触发开机；如果电路图中开关键的一端接电池正极，则它是高电平触发开机。开机信号常用ON/OFF或PWR_SW、PWRON、POWKEY等表示。另外，在开机信号电路中，会看到开机维持信号(看门狗信号)，这个信号来自于CPU，以维持手机的正常开机，开机维持信号常用WDOG、DCON、CCONTCSX等表示。

3. 直流稳压电源

手机采用电池供电，电池电压是手机供电的总输入端，通常称为B+或BATT。B+是一个不稳定电压，需将它转化为稳定的电压输出，而且要输出多路(组)不同的电压，为整机各个电路(负载)供电，包括射频部分和逻辑部分，各自独立，这个供电电路称为直流稳压电源，简称电源。手机各部分电路对电压的要求是不相同的，例如，旧款手机的功放模块需要的电压比较高，有的机型还需要负压；而新款手机的功放模块常采用电池电压直接供给，或通过电子开关管供给；SIM卡一般需要1.8～5.0V电压。而对于射频部分的电源要求是噪声小、电压值并不一定很高，所以，在给射频电路供电时，电压一般需要进行多次滤波，分路供应，以降低彼此间的噪声干扰。

因手机机型不同，手机电源设计也不相同。有些机型把电源分解成若干个小电源块，大多数手机的电源采用集成电路实现，称为电源IC，其基本模型如图2-68所示。

无论是分立的电源，还是集成的电源，都有如下共同的特点：都有电源切换控制电路，既可使用主电池，也可使用外接电源；都能待机充电；都能提供各种供逻辑、射频、屏显和开机维持信号(WDOG)的电压；有的电源IC还能检测电池电量，在欠压的情况下自动关机等。

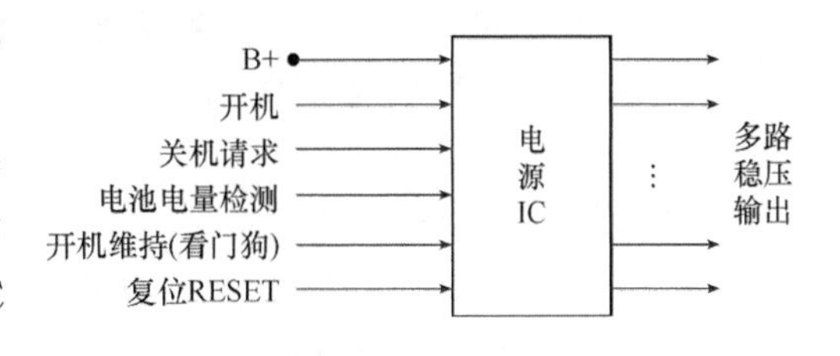

图2-68 电源IC的基本模型

4. 升压电路

手机中经常用到升压电路和负压发生器。目前，手机机型更新换代很快，一个明显的趋势是降低供电电压，例如，B+采用3.6V。但手机中有时需要4.8V的电压为SIM卡供电，需要为显示屏、CPU等提供较高电压，这就要用升压电路来产生超出B+的电压。负压也是由升压电路产生的，只是极性为负而已。升压电路属于DC—DC变换器(即直流—直流变换)。常见的升压方式有以下两种。

(1) 电感升压

电感升压是利用电感可以产生感应电动势这一特点实现的。电感是一个储存磁场能的元器件，电感中的感应电动势总是反抗流过电感中电流的变化，并且与电流变化的快慢成正比。电感与电源IC、放电电容、续流二极管等配合起来工作才能稳压供电。电感升压的基本原理如图2-69所示。

当开关 K 闭合时，有一电流流过电感 L，这时电感中便储存了磁场能，但并没有产生感应电动势，当开关突然断开时，由于电流从某一值突然跳变为零，电流的变化率很大，电感中便产生一个较强的感应电动势，虽然持续时间较短，但电压峰值很大，可以是直流电源的几十倍、几百倍，也称为脉冲电压。若开关 K 是电子开关，用一个方波信号来控制开关不断动作，产生的感应电动势便是一个连续的脉冲电压，再经整流滤波电路即可实现升压。

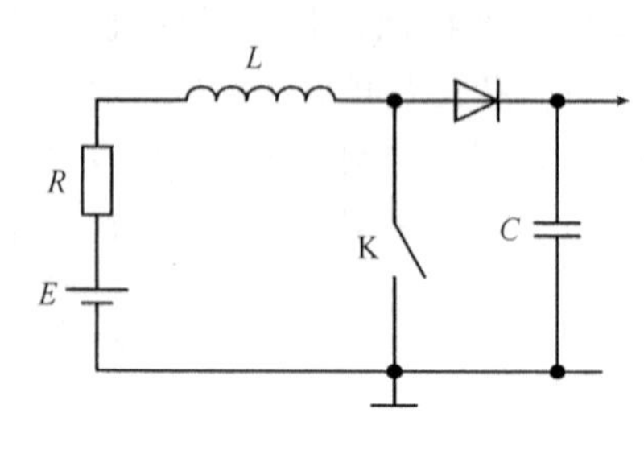

图 2-69　电感升压基本原理

(2) 振荡升压

振荡升压是利用一个振荡集成块外配振荡阻容元件实现的。振荡集成块又称为升压 IC，一般有 8 个引脚。内部可以是间歇振荡器，外配振荡电容产生振荡；也可以是两级门电路，外配阻容元件构成正反馈而产生振荡。阻容元件能改变振荡频率，所以又称为定时元件，振荡电路一般产生方波电压，此电压再经整流滤波器形成直流电压。

5. 机内充电电路

机内充电电路又称为待机充电电路。手机内的充电电路是用外部 B+（EXT_B+）为内部 B+充电，同时为整机供电。其基本组成如图 2-70 所示。

充电电路可以是集成电路，也可以是分立元件电路。其中，充电数据是 CPU 发出的，可以由用户事先设定（用户不作设定时默认厂商设定）。充电检测是检测内部 B+是否充满，可以检测充电电流，也可检测充电电压；二极管用来隔离内部 B+与充电电路的联系，防止内部 B+向充电电路倒灌电流。

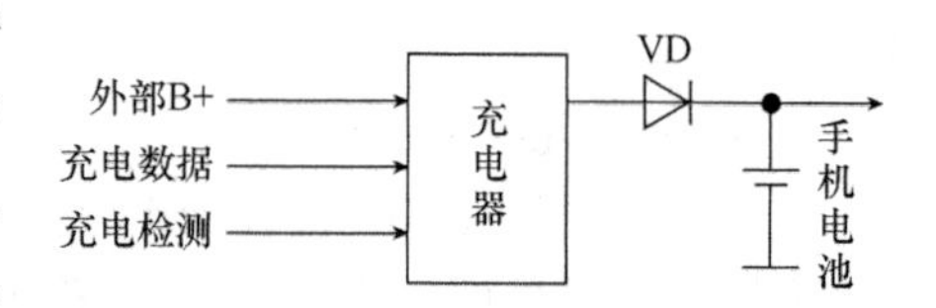

图 2-70　机内充电电路基本组成

6. 非受控电源输出电路

手机中的很多电压是不受控的，即只要按下开机键就有输出，这部分电压大部分供给逻辑电路、基准时钟电路，以使逻辑电路具备工作条件（即供电、复位、时钟），维持手机的开机状态。

7. 受控电源输出电路

手机中除去非受控电压外，还输出受控电压，也就是说，电源输出的电压是受控的，这部分电压大部分供给手机射频电路中的压控振荡器、功放、发射 VCO 等电路。手机为什么要输出受控电压呢？主要有两个原因：一是这个电压不能在不需要的时候出现，否则手机工作就乱套了。二是为了省电，使这部分电压不需要时不输出。

受控电压一般受 CPU 输出的 RXON、TXON 等信号控制，是由控制电平实现，即 RXON、TXON 信号为脉冲信号。因此，输出的电压也为脉冲电压，需用示波器测量，用万用表测量要小于标称值。

2.6.2　手机电源电路原理图识图

1. 直流稳压供电电路

直流稳压供电电路主要由 U900 电源 IC 等外围电路构成，由 B+送入的电池电压在

U900 内经变换产生多组不同要求的稳定电压，分别供不同的部分使用。其电路原理如图 2-71所示。

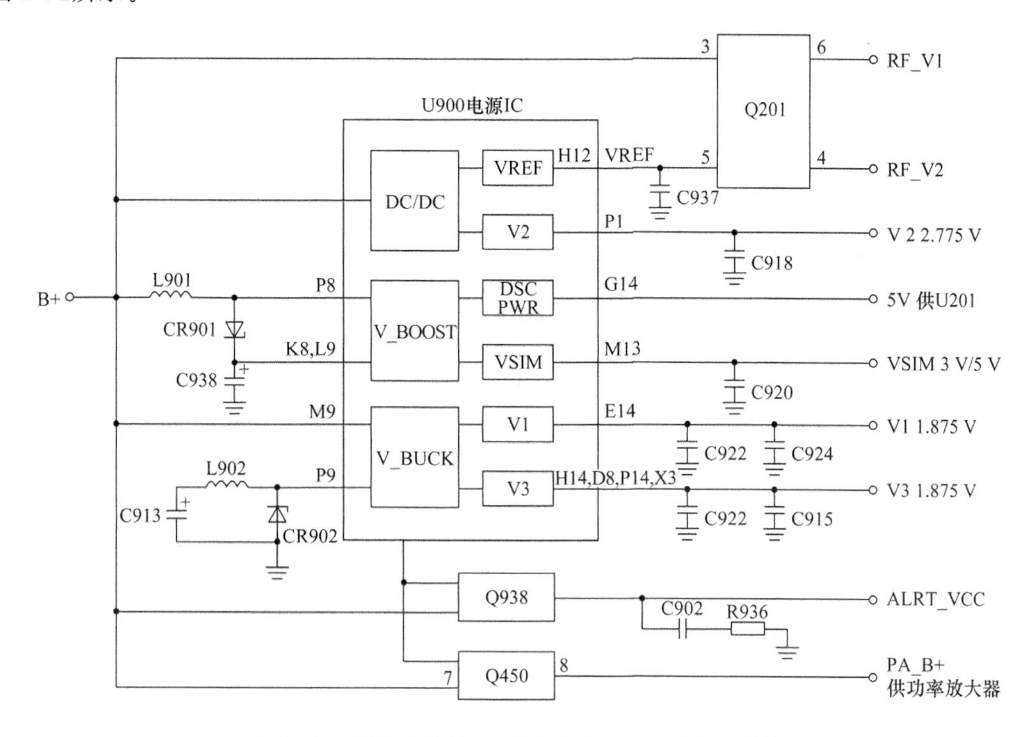

图 2-71　摩托罗拉 V60 型手机直流稳压供电电路图

其中：

· RF_V1、RF_V2 和 VREF 主要供中频 IC 及前端混频放大器使用；

· Vl(1. 875 V)由 V_BUCK 提供电源，主要供 Flash U701；

· V2(2. 775 V)由 DC/DC 提供电源，主要供 U700、音频电路、显示、键盘及红绿指示灯等电路；

· V3(1. 875 V)由 V_BUCK 提供电源，主要供 U700、Flash U701 及两个 SRAM (U702、D3)等；

· VSIM(3 V/5 V)由 V_BOOST 为其提供电源，作为 SIM 卡的电源；

· 5 V 由 V_BOOST 提供电源，由 DSC_PWR 输出，主要供 13 MHz、800 MHz二本振和 VCO 电路；

· PA_B+(3. 6 V)供功放电路；

· ALRT_VCC 为背景灯、彩灯、键盘灯及振铃、振子供电。

iPhone 4 手机直流稳压供电电路原理图如图 2-72 所示，供进行直流稳压供电电路原理图识图练习。

2. 电源转换及 B+产生电路

电源转换电路主要由 Q945 和 Q942 组成，作用是设置机内电池和话机底部接口的外接电源 EXT_BATT 的使用状态，由电源转换电路确定供电的路径，当机内电池和外接电源同时存在时，外接电源供电路径优先，其电路原理如图 2-73 所示。

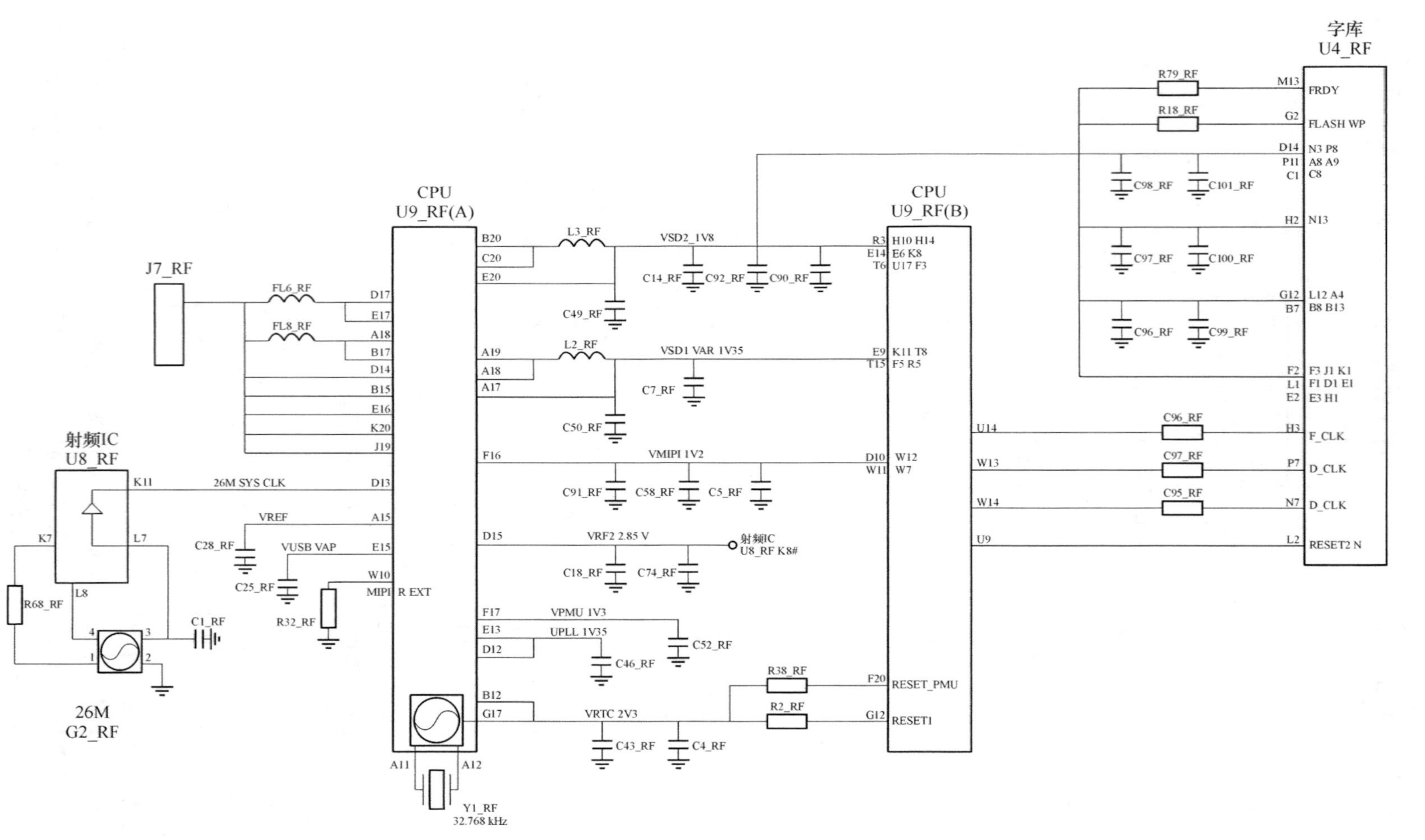

图 2-72　iPhone 4 手机直流稳压供电电路原理图

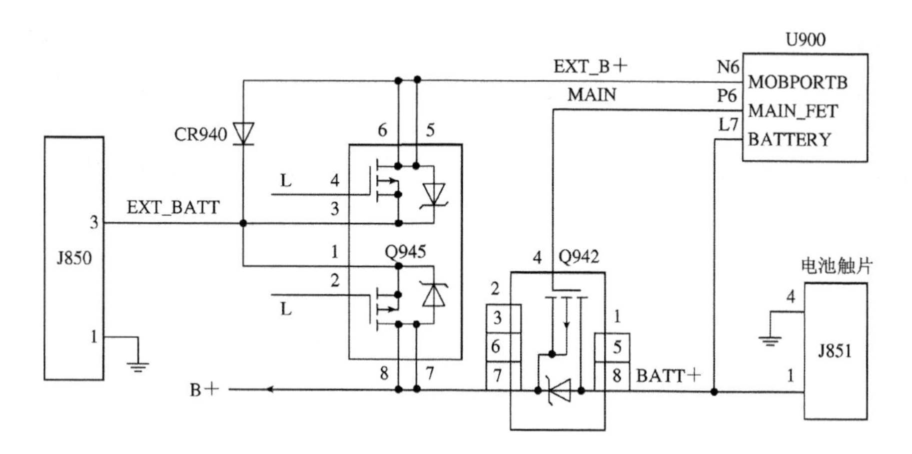

图 2-73　摩托罗拉 V60 型手机电源转换及 B+产生电路原理图

摩托罗拉 V60 型手机由主电池 VBATT 或外接电源 EXT_B+提供电源。

当话机使用机内电池供电而没有加上外接电源时，机内电池由 J851(电池触片)的第 1 脚送入 Q942 的第 1、5、8 脚。由于 Q942 是一个 P 沟道场效应管，第 4 脚为低电平时 Q942 导通，此时主电池给 Q942 的第 2、3、6、7 脚提供 B+电压。当话机接上外接电源时由底部接口 J850 的第 3 脚送入 EXT_BATT(最大为 6.5 V)，输入到 Q945 的第 3 脚。Q945 是由两个 P 沟道的场效应管组成的，正常工作时，Q945 的第 4 脚为低电平，Q945 的第 3 脚即与第 5、6 脚导通产生 EXT_B+，并经过 CR940 送回 Q945 的第 1 脚。由于第 2 脚为低电平，所以 Q945 的第 1 脚便通过第 7、8 脚向话机供出 B+，同时，EXT_B+也供到 U900 电源 IC，并通过 U900 置 Q942 的第 4 脚为高电平，使 Q942 截止，从而切断主电池向话机供电的路径。

3. 充电电路

摩托罗拉 V60 型手机的充电电路主要由 Q932、U900 和 Q945 等组成。其电路原理如图 2-74 所示。

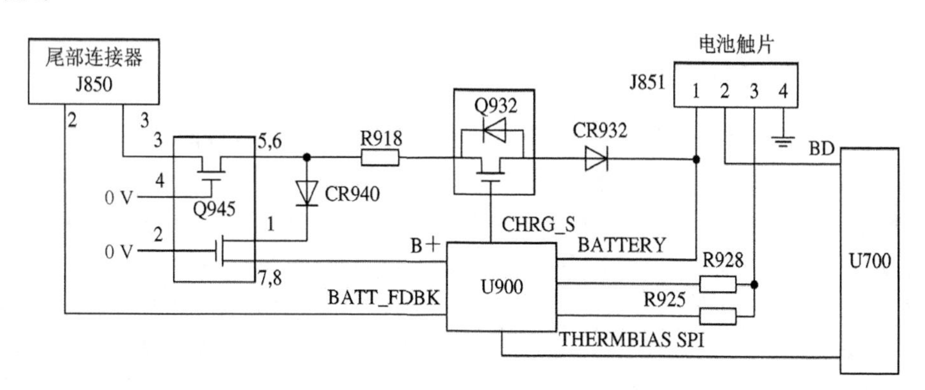

图 2-74　摩托罗拉 V60 型手机充电电路原理图

当插入充电器后，尾部连接器 J850 由第 3 脚将 EXT_BATT 送到 Q945，从 Q945 经过充电限流电阻 R918 送到充电电子开关管 Q932，当手机判别为是充电器后，U700 通过 SPI 总线向 U900 发出充电指令，使 Q932 导通，并通过 CR932 向电池充电。此充电电压经 BATTERY 被采样回 U900 内部，由 U900 判别充电电压后从 BATT_FDBK 脚向充电器发出指令，使充电器 EXT_B+的电压始终高于 BATTERY 的电压 1.4 V。

电池第 2 脚接 U700,用来识别电池的类型。

电池第 3 脚通过 R925 和热敏电阻 R928 分压后,提供给 U900,并通过 SPI 总线由 CPU 完成对电池温度的检测。

iPhone 4 手机充电电路原理图如图 2-75 所示,供进行充电电路原理图识图练习。

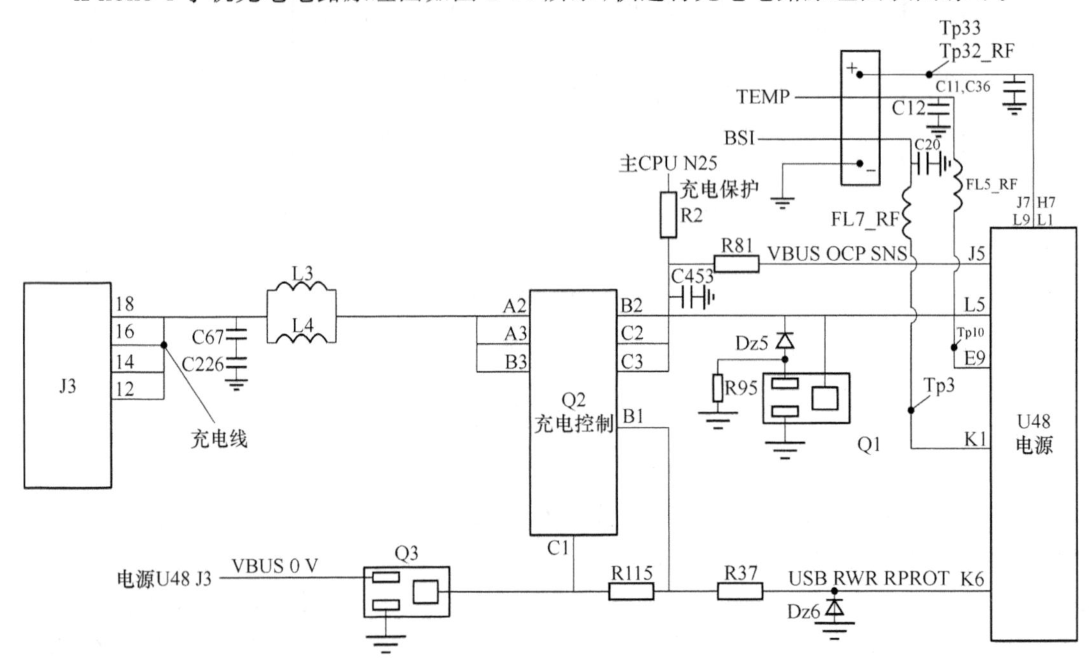

图 2-75　iPhone 4 手机充电电路原理图

2.7　项目七:手机开机的基本工作过程

2.7.1　手机开机的基本工作过程

手机内部的正常电压产生与否,是由手机键盘的开/关机键控制的。

手机开机的基本工作过程如下。

当开机键按下后,电源模块输出非受控电压供给 CPU,输出复位信号使 CPU 复位,同时,电源模块还输出非受控电压,为系统时钟(如 13 MHz)振荡电路供电,使系统时钟振荡电路工作,产生的系统时钟信号送到 CPU;CPU 在具备供电、时钟和复位的情况下,从存储器内调出初始化程序,对整机的工作进行自检,这样的自检包括:首先对硬件的检测,通过后再对软件进行检测,如逻辑部分自检、显示屏开机画面显示、振铃器或振荡器自检、背景灯自检等。如果自检正常,CPU 将会输出开机维持信号,送给电源模块,以代替开机键,维持手机的正常开机状态。整个过程的示意图如图 2-76 所示。

在不同的机型中,这个维持信号的实现是不同的。例如,在爱立信机型中,CPU 的某引脚从低电压跳变为高电压以维持整机的供电;而在摩托罗拉机型中,CPU 将看门狗信号置为高电压,供应给电源模块,使电源模块维持整机供电。

另外,不同机型的开机流程也不尽相同。

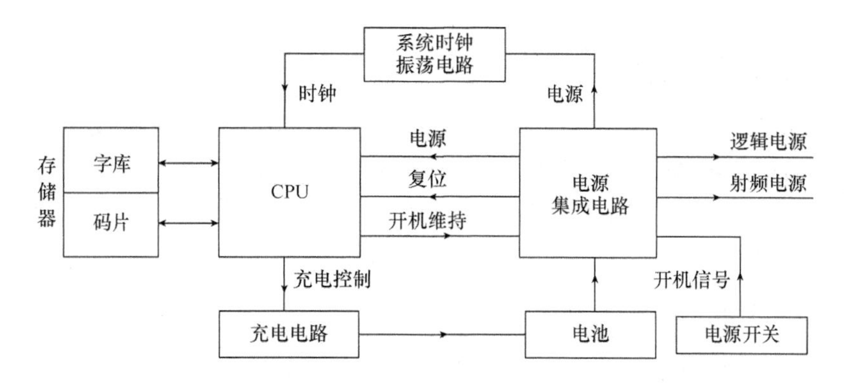

图 2-76 手机开机基本工作过程示意图

2.7.2 GSM 手机开机过程

摩托罗拉 V60 型手机开机过程原理如图 2-77 所示。

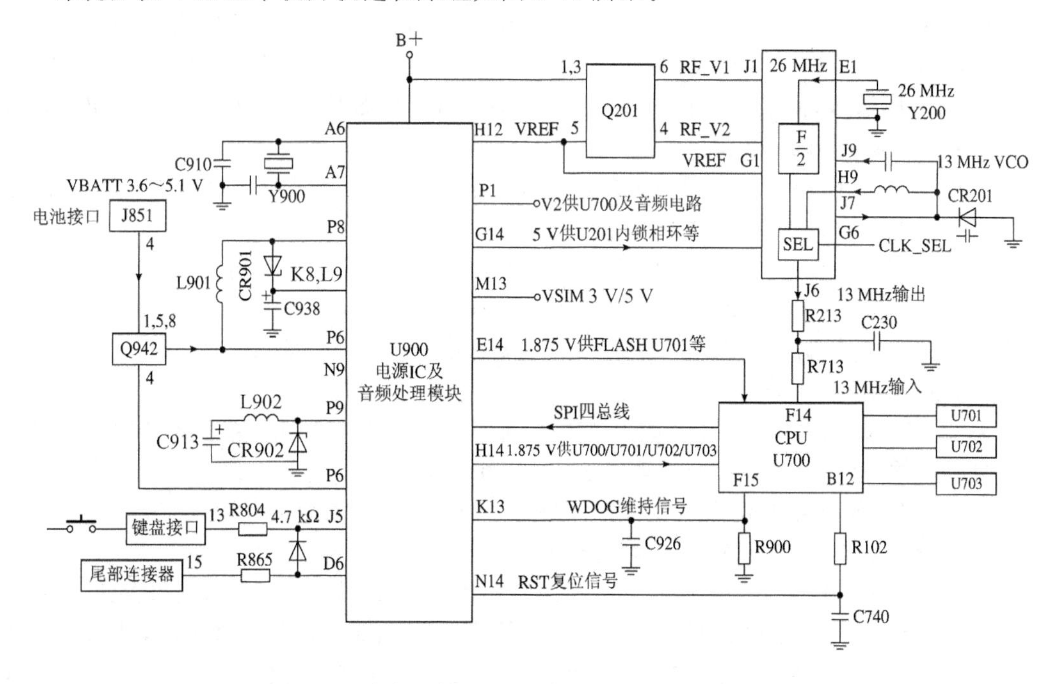

图 2-77 摩托罗拉 V60 型手机开机过程电路原理图

(1) 手机加上电源后，由 Q942 送 B+电压给 U900，并供给 J5、D6 脚，准备触发高电平。此触发高电平变低时，U900 被触发工作，供出各路供电电压。

(2) 当手机按下开机键或尾部连接器接地后，U900 的 J5、D6 脚的高电平被拉低，相当于触发 U900 工作，供出各路射频电源、逻辑电源及 RST 信号。

(3) 首先由 U900 内部的 V_BOOST 开关调节器通过其外部连接的 L901、CR901、C938 共同产生 V_BOOST5.6 V 电压，此电压再送回 U900 的 K8，L9 脚。V_BUCK 也是开关调节器，与 CR902、L902、C913 共同组成电压变换电路。在 V_BOOST 和 V_BUCK 两个开关调节器的作用下，U900 内部稳压电路分别产生多路供电，其中 V3(1.8 V)供 CPU(U700)、闪存(U701)、暂存(U703)，同时 V1(5 V)也向 U701 供电，VREF(2.75 V)向 U201 供电。

在 VREF 和 B+的作用下,U201 内部调节电路控制 Q201,产生 RF_V1、RF_V2 供 U201 本身使用,也向射频电路供电。

(4) 当射频部分获得供电时,由 U201 中频 IC 和 Y200 晶振(26 MHz)组成的 26 MHz 振荡器工作产生 26 MHz 频率,经过分频产生 13 MHz 后,经 R213、R713 送 CPU(U700)作为主时钟。

(5) 当逻辑部分获得供电、时钟信号、复位信号后,开始运行软件,软件运行通过后送维持信号给 U900 维持整机供电,使手机维持开机。

2.7.3 CDMA 手机开机过程

下面以三星 CDMA A399 手机为例,分析 CDMA 手机的开关机电路原理。

主电池供电 V_BAT(3.6 V)送给开关管 Q407 的 4 脚输入,做好开机准备。当按下开关机键 ON/OFF 时,V_BAT(3.6 V)经 ON/OFF 后,分 3 路输出:第一路经 U406 的 4 脚输入,2 脚输出供给控制管 Q409 的 B 极,使 Q409 导通,将开关管 Q407 的 3 脚拉低,Q407 导通,于是 V_BAT 由 Q407 的 4 脚输入,Q407 的 1、2、5、6 脚输出,获得 V_RING 3.6 V 供电;第二路经 R414 后供给 Q406 的 2 脚输入,使 Q406 导通,Q406 的 3 脚输出的 TCXO_ON 为低电平,送给控制管 Q301 的 5 脚输入,使 Q301 导通,获得主时钟供电;第三路经 R417 供给 Q408 的 2 脚输入,使 Q408 导通,Q408 的 3 脚输出 ON_SW_SENSE 低电平开机请求信号,供给 CPU(U100)的 H2 脚。

三星 CDMA A399 手机电源电路采用分立供电方式。在得到 V_RING 3.6 V 电压后,V_RING 分别供给几个 5 引脚稳压供电块,获得逻辑供电输出:

(1) V_RING 供给 U408 的 1 脚输入,U408 工作,U408 的 5 脚输出 V_MSMP 3 V 逻辑供电,分别供给 CPU(U100 即 MSM3100 芯片)、FLASH(U110)、码片(U131)等。

(2) V_RING 供给 U412 的 1 脚输入,U412 工作,U412 的 5 脚输出 V_MSMA 3 V 逻辑供电,分别供给 CPU 等。

(3) V_RING 供电供给 U413 的 1 脚输入,U413 工作,U413 的 5 脚输出 V_IF 3 V 中频供电,分别供给主时钟电路、接收中频模块 U429(IFR3000 芯片)等。

V_MSMP 3 V 送给复位 IC U409 的 3 脚输入,U409 的 2 脚输出 PON_RESET_N 复位信号供给 CPU 的 N17 脚输入,以控制逻辑电路复位。

V_IF 3 V 供电由 Q301 的 3 脚输入,经内部晶体管 Q301 的 4 脚输出,获得 VTCXO 3 V 主时钟供电,供给主时钟模块 OSC300 的 4 脚输入。当 OSC300 获得供电后,开始产生振荡,OSC300 的 3 脚输出 19.68 MHz 的主时钟信号,经 C354、C160 送给放大管 U140 的 2 脚输入进行主时钟放大,放大后,U140 的 4 脚输出主时钟信号供给 CPU 的 A17 脚输入,逻辑电路获得主时钟信号。

当供电、时钟、复位都获得后,CPU 控制逻辑电路启动工作,输出 ROM 芯片启动信号,RAM 启动信号供给 FLASH,手机开始软件自检。当自检正常后,CPU 运行开机程序,CPU 的 M2 脚输出 PS_HOLD,高电平维持信号供给 U406 的 3 脚,使 U406 的 2 脚维持输出高电平,控制开关管 Q407 维持导通,维持了输出供电,使手机开机。

当关机时,再按一次 ON/OFF,V_BAT 供电再次经 ON/OFF 键,送给 Q408 的 B 极,Q408 导通,输出低电平供给 CPU 的 H2 脚,CPU 运行关机程序,撤销维持信号,手机撤销供电,手机关机。

三星 CDMA A399 手机的开关机原理如图 2-78 所示。

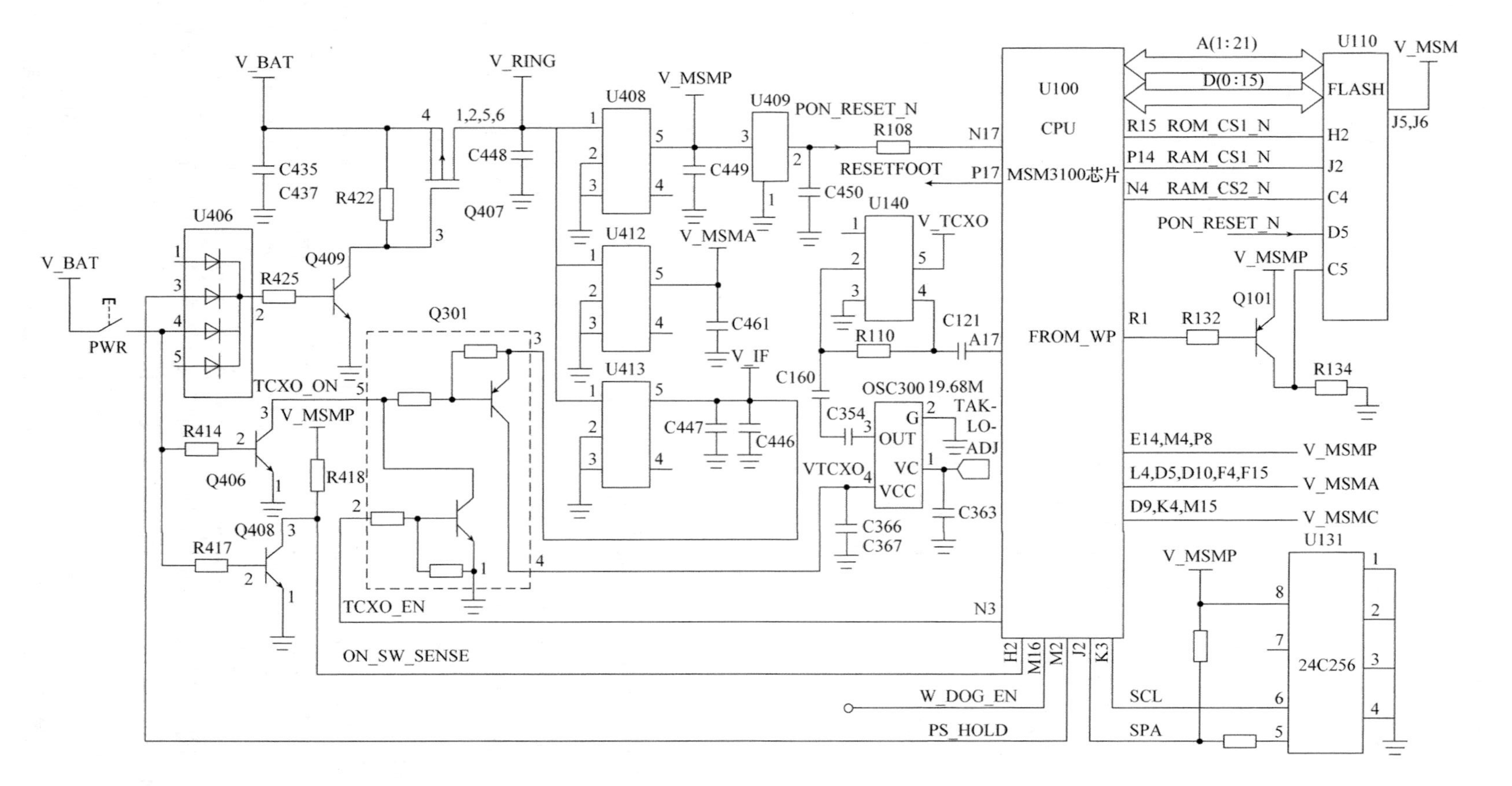

图 2-78 三星 CDMA A399 手机的开关机原理电路图

iPhone 4 手机开机电路原理图如图 2-79 所示，供进行开机电路原理图识图练习。

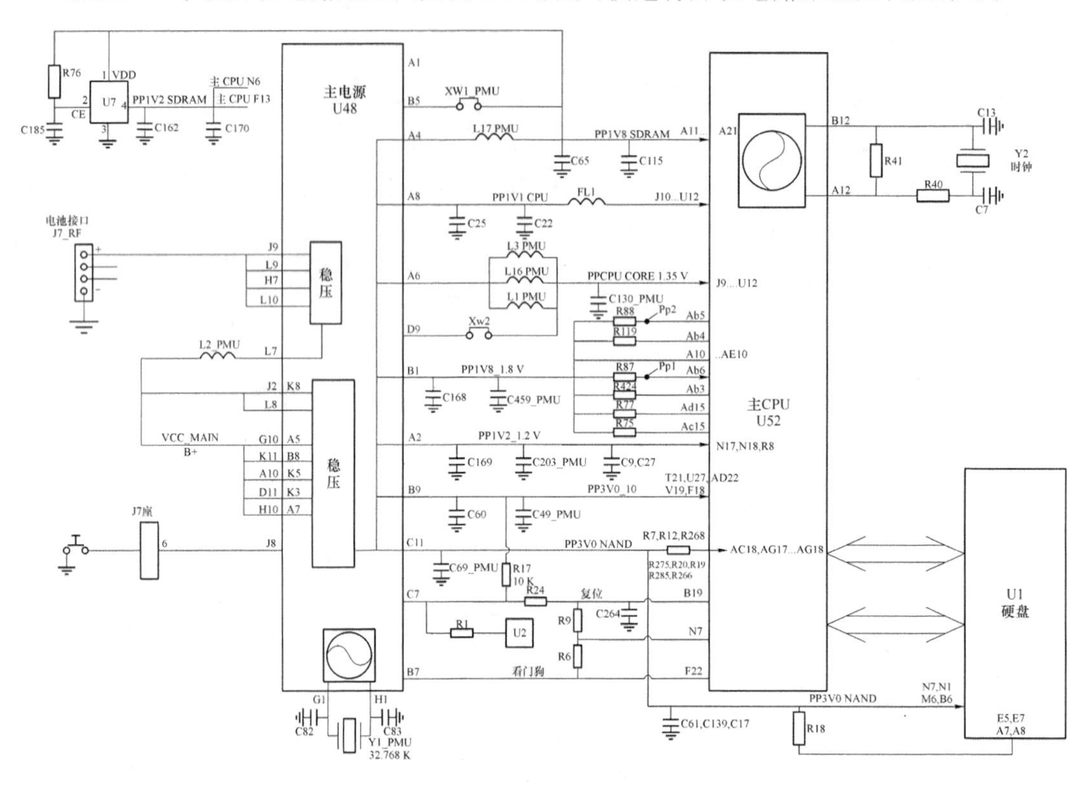

图 2-79　iPhone 4 手机开机电路原理图

2.8　项目八：手机的特别电路

随着手机技术的飞速发展，手机的功能越来越全，样式越来越多，诸如具有收音、照相、蓝牙、GPS 等功能的智能型触屏手机备受大家喜爱。本项目将针对智能手机的特别电路进行介绍。

2.8.1　触摸屏电路

近几年来手机技术的发展可谓是日新月异，我们这个时代的人都见证了手机发展的历史。手机与人之间的交互离不开手机的屏幕，作为手机的主要构成部分之一，屏幕也随着手机经历了一系列的发展，随着技术的成熟，触摸屏越来越多地被用在手机上，其身份也从高高在上的高级货变成了普及百姓的基本技术。触摸屏技术是指尖上的科技，目前触摸屏手机越来越多，其屏幕越做越大，可以实现高清晰度观看播放 MP3 音乐和 MP4 动画的视频文件，还可以进行手写输入，实现了智能化的功能。下面分别介绍触摸屏的分类、结构特点和电路工作原理。

触摸屏是一个以屏幕中心为原点的绝对坐标系，手指摸到哪里就定位哪里，不需要第二个动作。按照触摸屏的工作原理和传输信息的介质，触摸屏分为四种类型：电阻式、电容感应式、红外线式和表面声波式等。手机采用最多的是前两种类型，下面分别介绍电阻式、电容感应式触摸屏的结构特点和电路工作原理。

1. 电阻式触摸屏

电阻式触摸屏的历史最早，使用最多，而且其结构原理也极其简单：屏体部分是一块与液晶显示器表面相匹配的多层复合薄膜，由一层玻璃或有机玻璃作为基板，表面涂有一层透明的导电层 ITO(氧化铟，弱导电体)；上面再盖有一层外表面硬化处理、光滑防刮的塑料柔性透明层，它的内表面也涂有一层透明导电层 ITO。这两层透明导电层分别对应 X、Y 轴，并且在它们之间用细微透明的绝缘颗粒(小于千分之一英寸)隔开绝缘，其结构如图 2-80 所示。

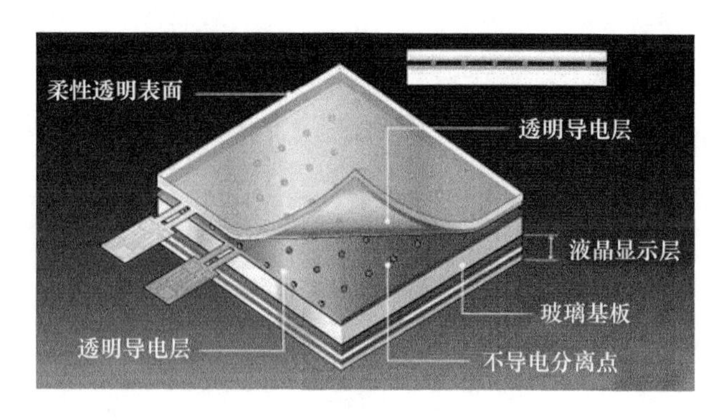

图 2-80　电阻式触摸屏的结构

其工作原理是当手指触摸屏幕时，平常相互绝缘的两层导电层就在触摸点位置有了一个接触，即触摸产生的压力会使两导电层接通，该点到输出端的电阻值也不同，因其中一面导电层接通 Y 轴方向的 5 V 均匀电压场，使得侦测层的电压由零变为非零，这种接通状态被控制器侦测到后，输出与该点位置相对应的电压信号(模拟量)，进行 A/D 转换，并将得到的电压值与 5 V 相比较即可得到触摸点的 Y 轴坐标，同理得出 X 轴的坐标，手机 CPU 同时检测电压及电流，计算出触摸的位置，反应速度为 10～20 ms，这就是所有电阻技术触摸屏共同的最基本的工作原理。电阻类触摸屏的关键在于材料科技，根据其引出线数的多少，可分为四线、五线、六线等多线电阻式触摸屏。电阻类触摸屏的优缺点是：对屏幕上的水珠和其他残留物具有免疫能力，阻性触摸屏通常是成本最低的解决方案。由于是对压力起反应，可以用手指，戴手套的手，触摸笔，或者像信用卡这类的其他的物体进行触摸。电阻触摸屏的定位准确，但易刮伤损坏。

下面以诺基亚 6108 型手机为例，介绍触摸屏电路的工作原理。如图 2-81 所示就是触摸屏电路的方框图。在诺基亚 6108 型手机中，触摸屏本身是一个组件，其电路高度集成，该部分电路仅有少许的外围元件。触摸屏经电感 L320～L323 连接到触摸屏驱动电路模块 N306，N306 又直接连接到中央处理器 D400 模块。R330 是 4 个双向二极管集成芯片(BGA 封装)。其中 4 个双向二极管的一端连接在一起并且接地。

2. 电容感应式触摸屏

电容式触摸屏的构造主要是在玻璃屏幕上镀一层透明的薄膜体层，再在导体层外加上一块保护玻璃，双玻璃设计能彻底保护导体层及感应器。电容式触摸屏由电极、驱动器、控制器三部分组成。其结构图如图 2-82 所示。

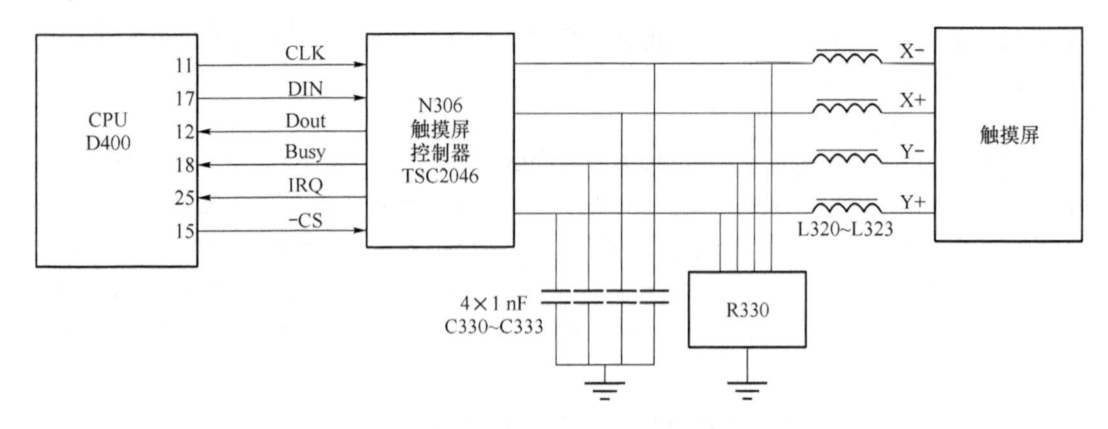

图 2-81　诺基亚 6108 型手机触摸屏电路方框图

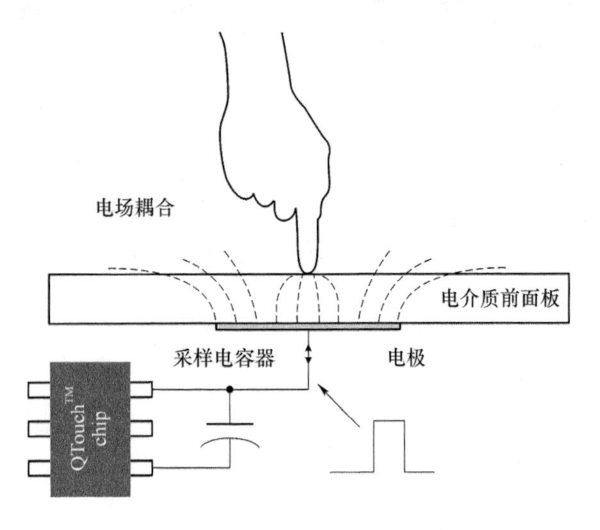

图 2-82　电容式触摸屏结构图

电容式触摸屏在触摸屏四边均镀上狭长的电极，在导电体内形成一个低电压交流电场。在触摸屏幕时，由于人体电场，手指与导体层间会形成一个耦合电容，四边电极发出的电流会流向触点，而电流强弱与手指到电极的距离成正比，位于触摸屏幕后的控制器便会计算电流的比例及强弱，准确算出触摸点的位置。

电容式触摸技术提供的显示清晰度比电阻式触摸中通常所用的塑料膜要清晰得多，在电容式的显示中，位于触摸屏四个角落的传感器检测由于触摸引起的电容变化，这类触摸屏可以用手指或其他容性物体实现触摸激励。

造成电容式触摸屏（又称电容触屏）故障的主要原因有以下几点。

（1）静电：由于电容触屏依赖电场进行定位，所以非常轻微的静电就会导致“漂移”现象的发生。如果发生静电放电，甚至可能永久损坏电容触屏。所以，当贴完膜后看见手机上有黑点或者局部区域感应不良，可能静电已将电容触屏击穿，所以贴膜要用带有“防静电”“ESD”字样的膜。

（2）磁场：磁场会产生电场，因此电容触屏处于较强的磁场中时会产生“漂移”现象。磁场过强或长时间处于较强的磁场中，甚至可能永久损坏电容屏。所以，应避免将手机放在机箱、CRT、电冰箱上，以防电容触屏内的导电材料被磁化，导致触控不灵敏或损坏。

（3）导电物质：附着在屏幕上的导电物质，如油污、汗渍、水汽等，会导致“漂移”现象的发生，如果不慎流入电容触屏内部，甚至可能永久损坏电容触屏及其他部件。

（4）环境温度和湿度：电容触屏的最佳工作温度是 5～35 ℃，工作湿度 30%～90%无凝结，不满足工作环境时就有可能会出现“漂移”现象。电容触屏比较怕高温，在太阳光下长时间暴晒或长时间置于高温环境中，有可能永久损坏电容屏。另外，尽量不要将手机暴露在 −10 ℃的地方，容易在用手挤压屏幕的时候造成手机内部破损。

（5）电压：电池电压偏低或电压不稳时，可能会导致电容触屏发生“漂移”现象。使用优质电池并及时给手机充电可以避免电压问题导致的漂移。

（6）物理损害：电容触屏最外面的保护玻璃防刮擦性很好，但是怕硬物的敲击，敲出一个小洞就会伤及夹层，电容屏则不能正常工作，造成永久性损伤。所以，在维修手机时尽量不要碰触屏幕四角，因为四角有电极感应 IC，属于硬区域，经常挤压会造成感应线路破损。

电容触屏的另一个缺点是，用戴手套的手或手持不导电的物体触摸时没有反应，这是因为增加了更为绝缘的介质。

下面以 iPhone 4 为例对电容触屏接口电路进行介绍。

iPhone 4 电容触屏接口电路原理图如图 2-83 所示。其由 U52 主 CPU，U19 触摸驱动芯片，U48 电源，J5 触屏接口组成。其中，U19 触摸驱动芯片用于为触摸屏行列线提供电压，将触摸屏反馈过来的触摸脉冲转换成数据提供给 U52 主 CPU；U52 主 CPU 芯片用于启动 U19 开始工作，为 U19 提供时钟信号和复位信号，为 U19 处理触屏脉冲提供驱动，将 U19 加过来的数据译码为指令，从而指挥手机按用户要求开始工作；J5 接口用于将主板 U19 驱动芯片产生的驱动电压加到触摸屏，将触摸屏所产生的触摸脉冲反馈信号加到 U19；U48 主电源 IC 用于为 U19 触摸驱动芯片提供直流工作电压 1.8 V。

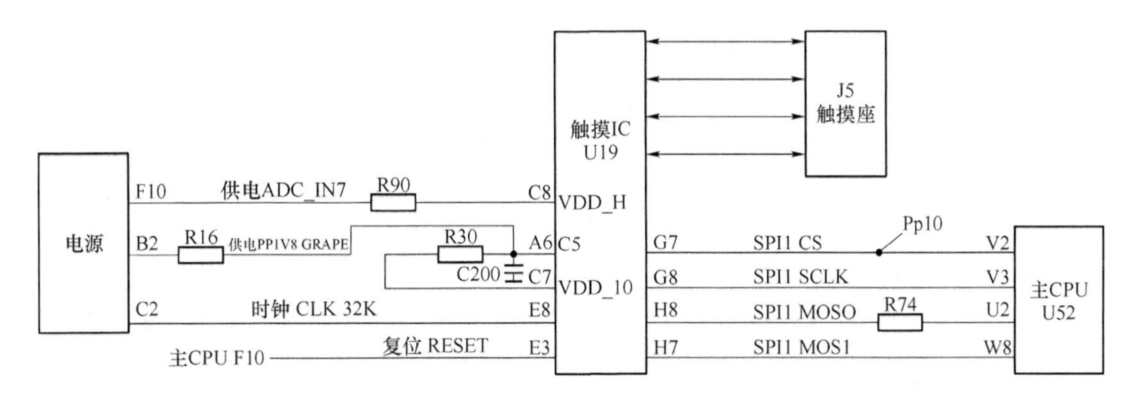

图 2-83　iPhone 4 电容触屏接口电路原理图

触摸动作过程如下：当手机开机屏显时，U52 在 U1 触摸驱动数据的指挥作用下，启动 U48 为 U19 提供 1.8 V 电压，同时 U52 内部触摸驱动接口电路也开始工作，为 U19 提供时钟、复位、反选、收数据等信号给 U19，U19 开始工作产生触摸驱动电压，送到触摸座 J5 后，加到触摸屏，这时在用户的触摸作用下，触摸屏将脉冲反馈到 J5 加到 U19，经过 U19 处理后加到 U52，这时 U52 在该指令作用下指挥手机按用户指挥开始工作。

2.8.2 调频收音机电路

调频收音机电路的组成方框图如图 2-84 所示。

调频广播的高频信号输入回路直接经电容 C、L 组成的 LC 振荡回路，实际上构成一带通滤波器。其通频带为 88～108 MHz。在集成块内部接收的调频信号经过高频放大，谐振放大。被放大的信号与本地振荡器产生的本振信号在内部进行 FM 混频，混频后输出。调频收音机电路用耳机作天线，电磁波通过导体时会产生微弱电流通过耳机流入，经手机内的高放、混频、中放、鉴频和功放，通过扬声器，发出声音。

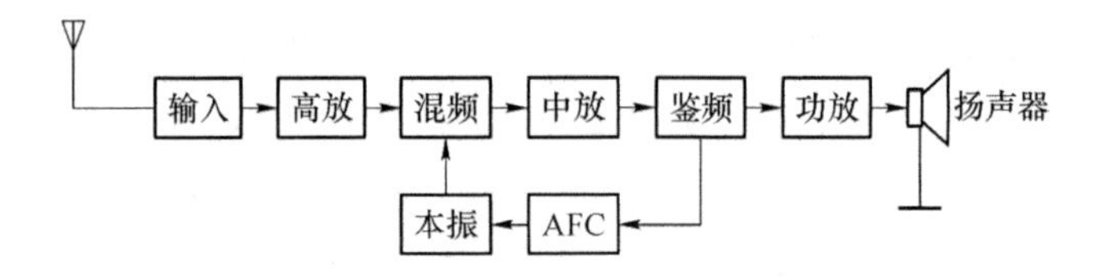

图 2-84 调频收音机电路组成方框图

手机中的调频收音机电路常常采用一个专门的手机调频芯片 TEA5767。TEA5767 是 PHILIPS 公司生产的芯片，该电路高度集成化，只需 18 个外围元件就可组成一个调频收音机电路，如诺基亚 6610 型手机、3300 型手机、7250 型手机等。

在诺基亚 6610 手机中，该电路受中央处理器的控制。图 2-85 所示为其控制方框图，图 2-86所示为诺基亚 6610 手机的调频收音机电路。

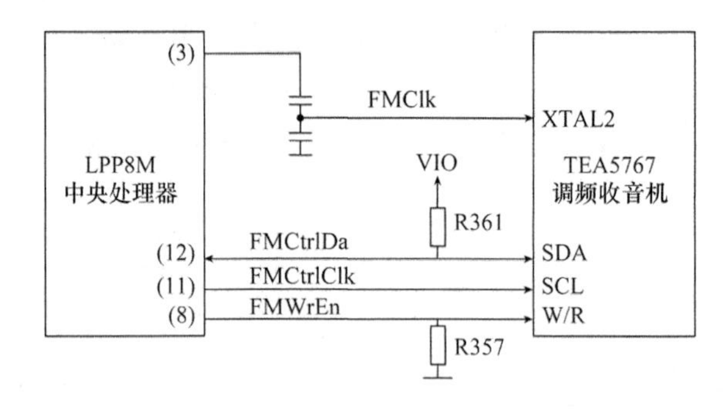

图 2-85 调频收音机控制方框图

在图 2-86 中，调频收音机的射频信号经电容 C367 进入 N356 电路(即 TEA5767 芯片)，TEA5767 所用的时钟信号由中央处理器提供。N356 外接的变容二极管 V356、V357 与 N356 内的部分电路产生本机振荡信号。N356 解调得到的调频收音机的音频信号从 N356 的 22、23 脚输出。

2.8.3 音频播放器电路

目前，许多厂商推出的音乐手机都具有强大的音频播放功能。以诺基亚 3300 型手机为例，图 2-87 所示为诺基亚 3300 型手机的音频播放器的构成方框图。

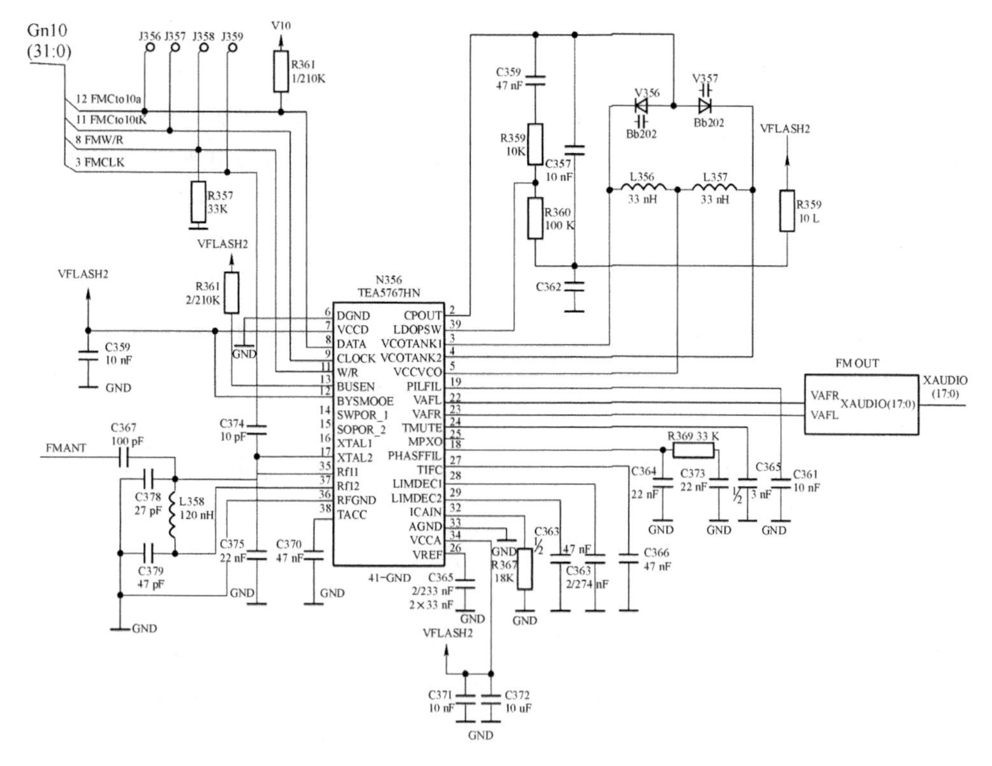

图 2-86　诺基亚 6610 型手机调频收音机电路

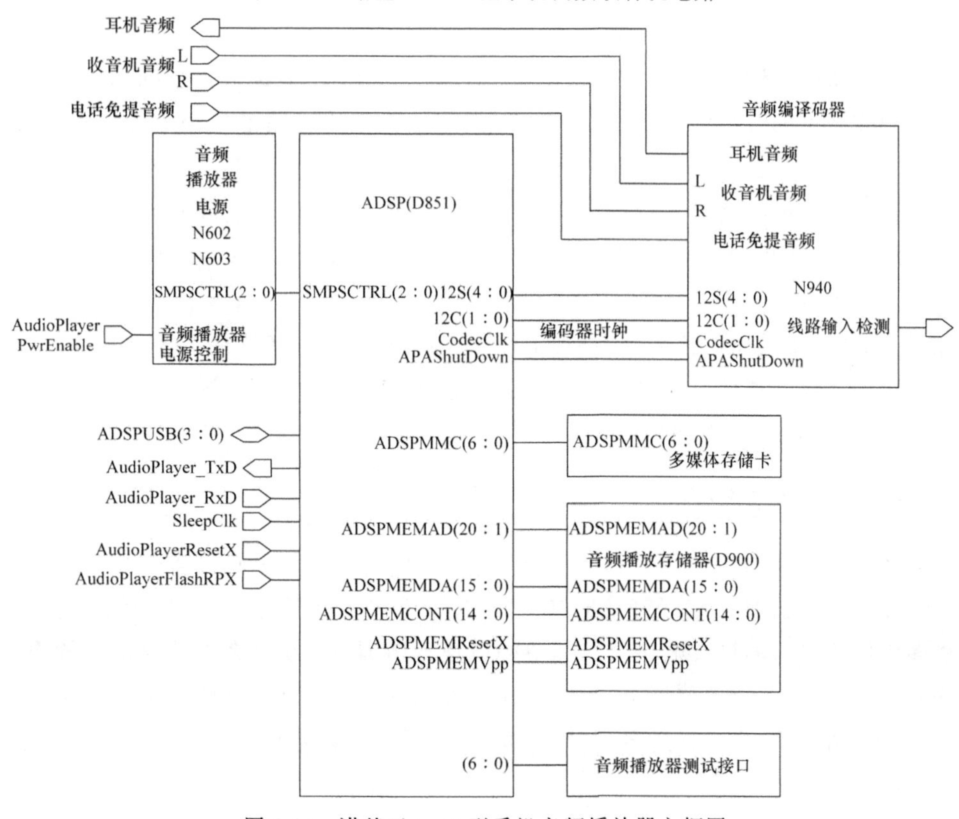

图 2-87　诺基亚 3300 型手机音频播放器方框图

诺基亚 3300 型手机的音频播放器电路主要由音频播放器 ADSP(D851)和音频播放器的编译码器(N940)两大芯片构成。在音频播放器电路中,有 3 个信号用于对音频播放器进行控制,它们是 AudioPlayerPwrEnable、AudioPlayerResetX 和 AudioPlayerFlashRPX。

AudioPlayerPwrEnable 控制音频播放器的电源,当该信号为高电平时,音频播放器开始工作。AudioPlayerResetX 信号对 D851 电路进行复位,该信号由电源及音频处理模块(D200)的 F3 端口输出。AudioPlayerFlashRPX 信号控制音频播放器的 FLASH 复位,控制 FLASH 进入睡眠模式,该控制信号由 D200 的 F1 端口输出。

在音频播放器中,数字信号处理功能由 D851 完成。D851 主要负责 MP3/AAC 的解码、AAC 的编码以及播放或记录、均衡音频数据流等。该部分电路产生振铃声音,并控制铃声放大器的功率。

D851 电路使用 12 MHz 的时钟信号,N602、N603 为其提供工作电源。在整体功能上,D851 受控于中央处理器 D400。

音频播放器 ADSP(D851)的代码及数据存放在一个容量为 16 MB、字长为 16 bit 的 FLASH 存储器(D900)中。

音频编译码功能主要由 N940 模块完成,所使用的时钟由 D851 模块提供。

音频播放器可运用于电话专有模式、经耳机的电话模式、通过耳机来播放 MP3 及 AAC 音乐、通过耳机收听调频广播、通过线路输入来录制收音机的模拟声音(其录音格式为 AAC 文件格式)、通过 USB 来下载 MP3 音乐以及播放 MP3/AAC 铃声等。

在播放收音机音频时,N940 提供 A/D 及 D/A 转换功能,D851 提供增益控制及均衡功能。调频收音机的音频经 C944、C947、R946～R949 所组成的 *RC* 电路送到 N940 的 B9、C9 端口。调频收音机的音频信号经 N940 处理后,可输出两路音频信号经电容 C959、C960 到耳机。

在进行收音机或线路输入录音时,D851 负责对数字音频信号进行编码。

在播放 MP3 音乐时,D851 负责对存储在多媒体存储卡(MMC)上的数字音频进行解码。

如果 MP3 音乐被当作铃声使用,其工作模式跟使用 MP3 音乐差不多。

如果音频播放器被用作 GSM 的免提时,仅使用 N940 内的功率放大器。电话的免提音频经 C950、R971 送到 N940 的 A8 端口。

2.8.4 多媒体存储卡电路

具有多媒体存储功能的手机可以通过配置多媒体存储卡存储更多的媒体信息,诸如 MP3 音乐、电话录音、收音机录音及通过 USB 接口下载的数据,图 2-88 所示是诺基亚 3300 型手机多媒体存储卡的接口电路图。其中的电压调节器 N920 向多媒体存储卡输出 3.3 V 的工作电源。N920 的控制信号由 D851 的 B3 端口输出。需要保存的数据也是由 D851 输出,经 ADSPMMC 数据线送到多媒体存储卡。多媒体存储卡通过接口座 X920 连接到 D851 电路。

还有一些手机电路配有一个多媒体存储卡专用接口芯片 LP3928,如诺基亚 6600 型手机、3650 型手机等。LP3928 芯片是 National Semiconductor 公司生产的高速二进制电平转移电路，专用于移动电话的多媒体存储卡、SD 卡接口电路。图 2-89 所示为 LP3928 芯片的一个典型运用的电路，图 2-90 所示为诺基亚 6600 型手机的多媒体存储卡接口电路。图 2-90 中的 X472 是多媒体存储卡接口座，接口电路由 N470(LP3928 芯片)构成，N470 的工作直接受 CPU(D100)控制。

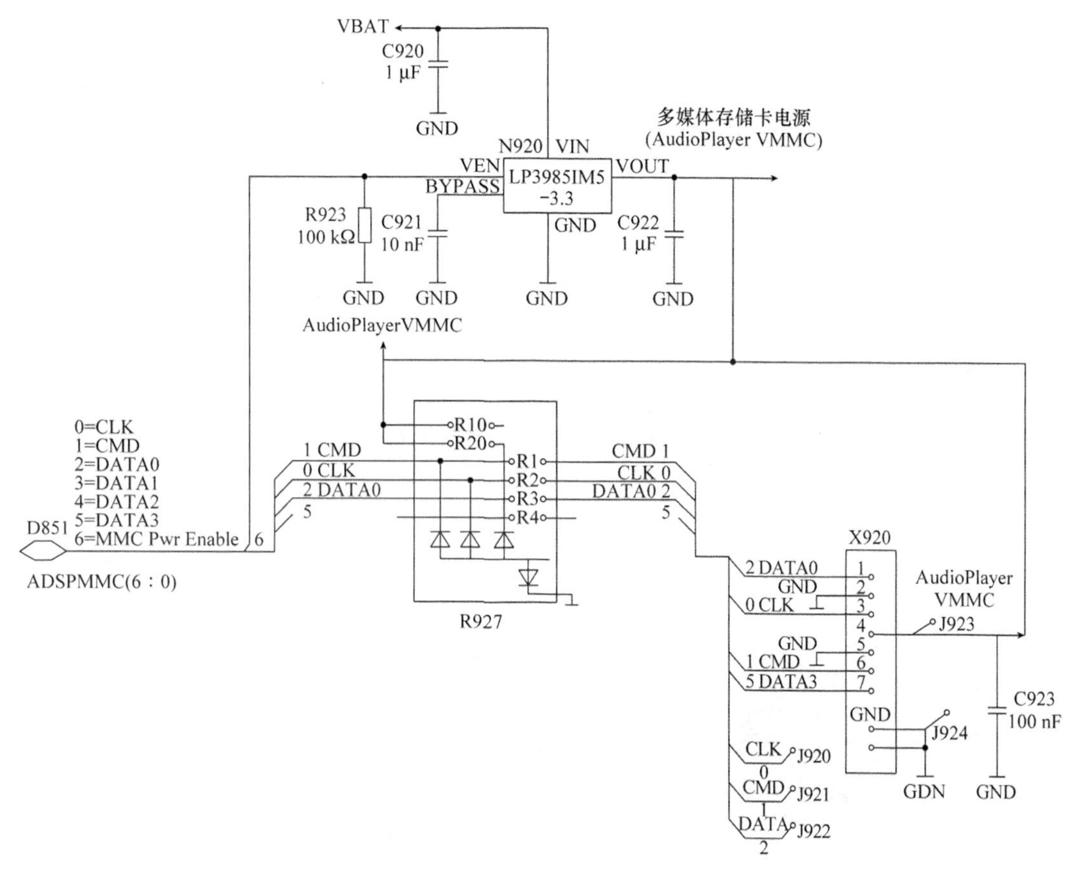

图 2-88　诺基亚 3300 型手机多媒体存储卡接口电路图

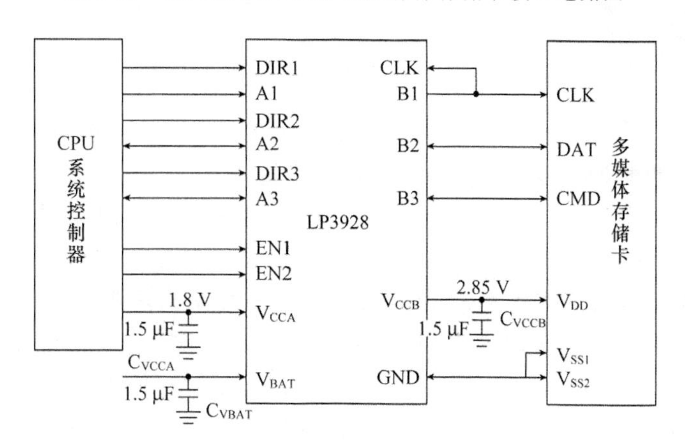

图 2-89　LP3928 芯片典型运用电路

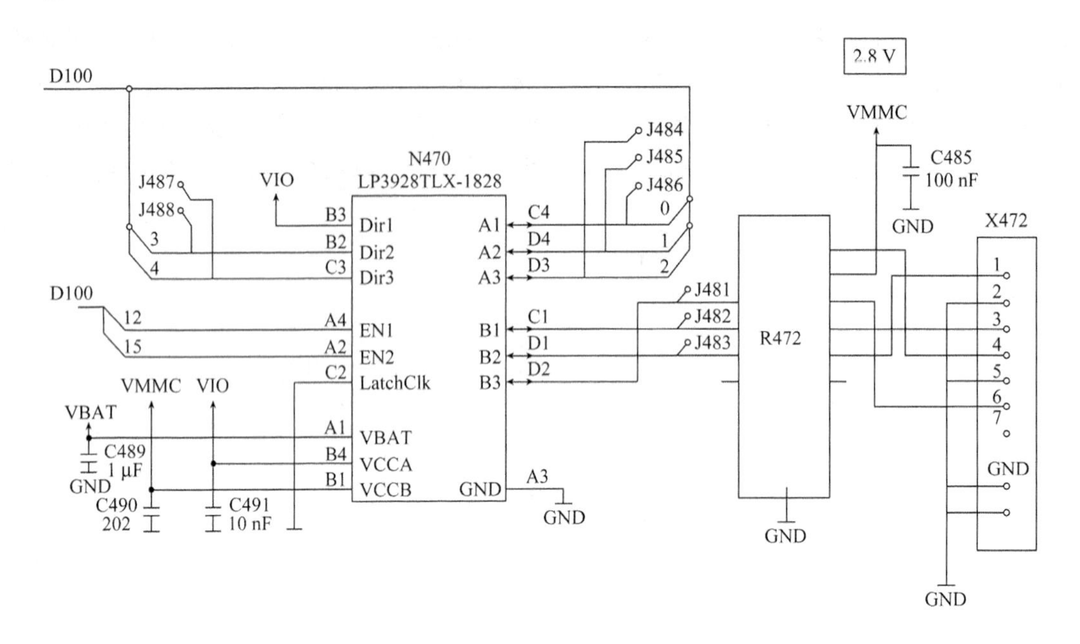

图 2-90　诺基亚 6600 型手机多媒体存储卡接口电路

2.8.5　照相机电路

手机中内置的照相机本身是一个完整的模组，内部包括镜头、图像采集、模/数转换、图像信号数字处理、图像格式转换等功能，一般采用柔性连接线或弹簧连接器，通过照相机接口与手机主板相连。照相机接口上的接插件容易出现变形问题，一旦变形，会造成接触不良。在使用时，注意不能让接插件受热变形或受力损坏。

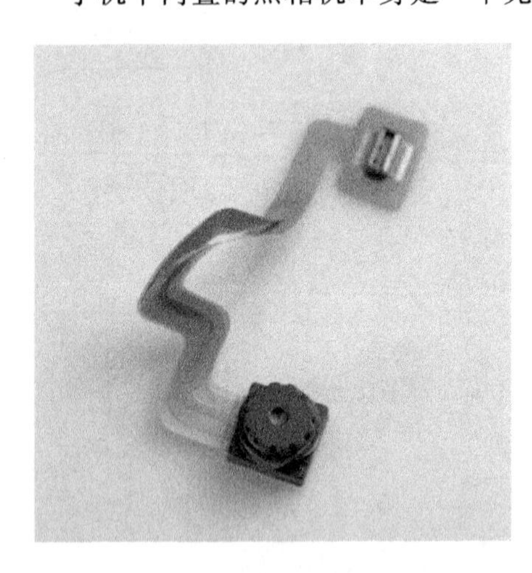

图 2-91　照相机模组实物图

如图 2-91 所示是照相机模组实物图，图 2-92 所示是 iPhone 4 前置相机接口电路图，图 2-93所示是 iPhone 4 主相机接口电路图。

2.8.6　蓝牙通信电路

手机内的蓝牙技术功能可提供全球通用的、免付费、免申请的 2.4 GHz 开放频段内的短距离无线通信，并与其他提供蓝牙通信的设备兼容。

所有的蓝牙功能电路被集成在一个芯片中，整个蓝牙通信电路仅仅需要有限的几个射频滤波电路及电源滤波电路的元件配合。如图 2-94 所示是诺基亚 8910 型手机的蓝牙通信电路。蓝牙通信电路与中央处理器之间的通信使用 CBUS 总线，音频连接则通过 FBUS 总线连接。工作电源来自 GSM 系统中的电源管理模块（UEM）输出的 VFLASH1 电源与电池电源 VBAT。图中的 LPRFCLK 就是来自射频电路的 26 MHz 时钟信号。蓝牙天线实际上是由 PCB 板上特殊尺寸的铜皮构成的。

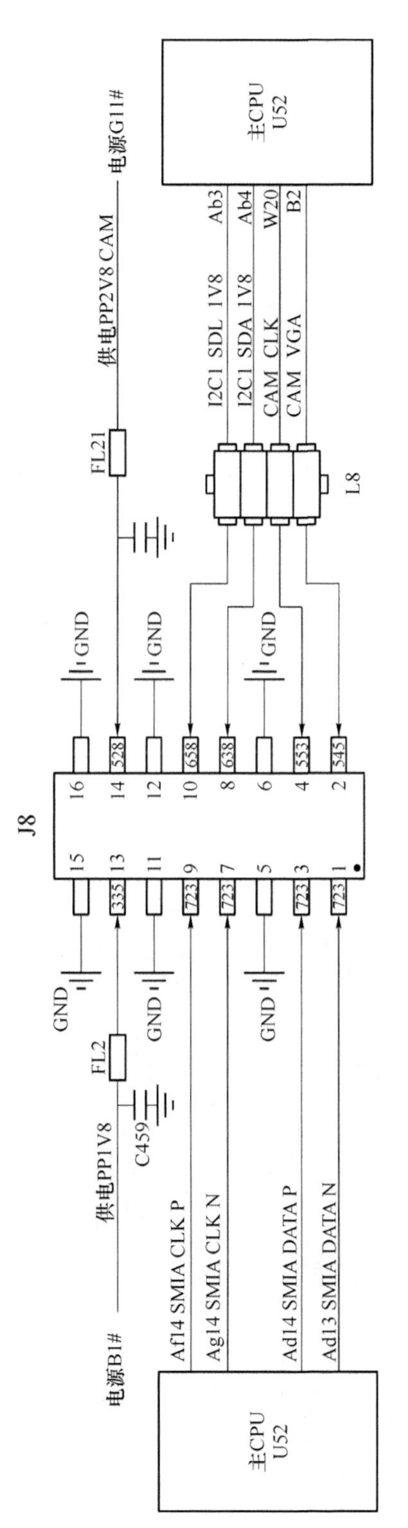

图 2-92　iPhone 4 前置相机接口电路图

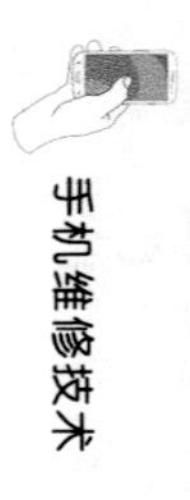

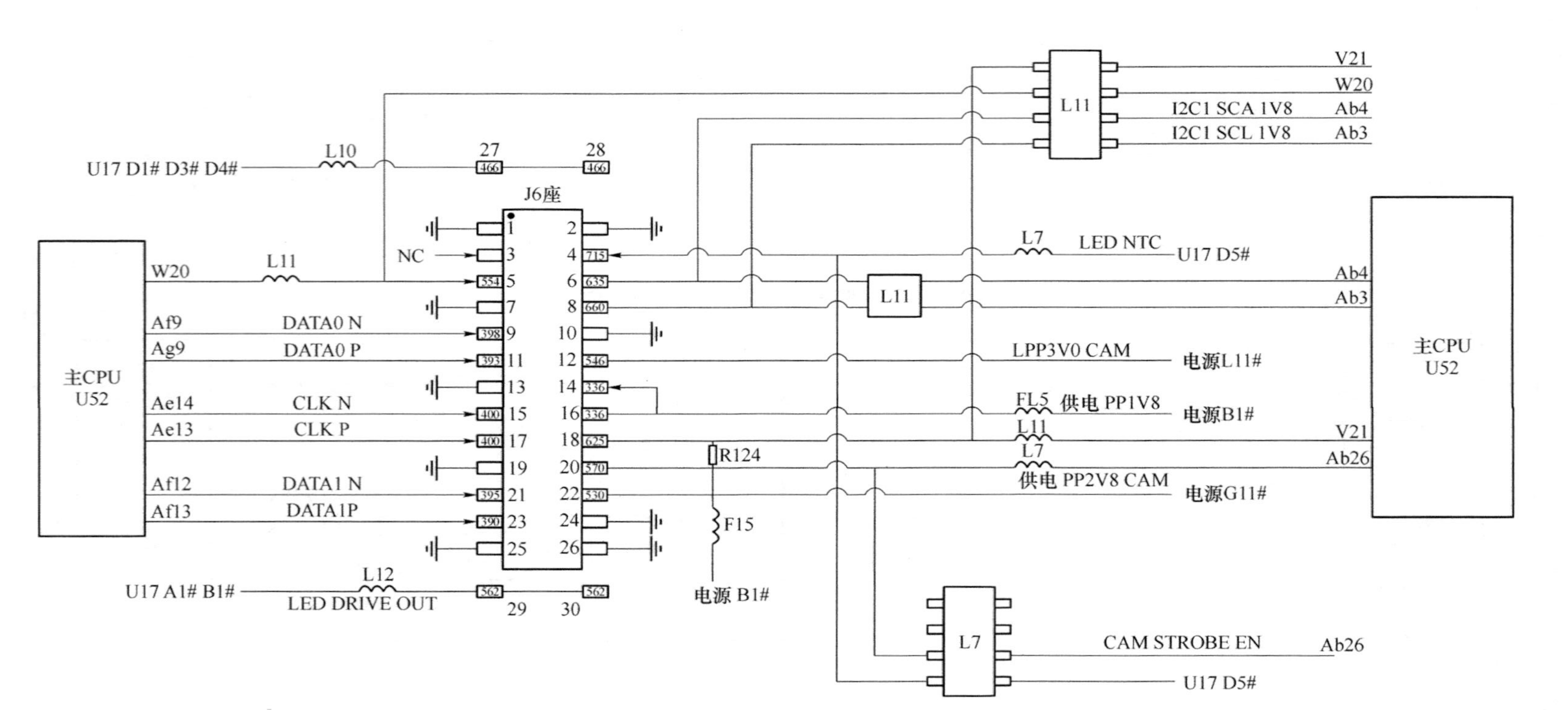

图 2-93 iPhone 4 主相机接口电路图

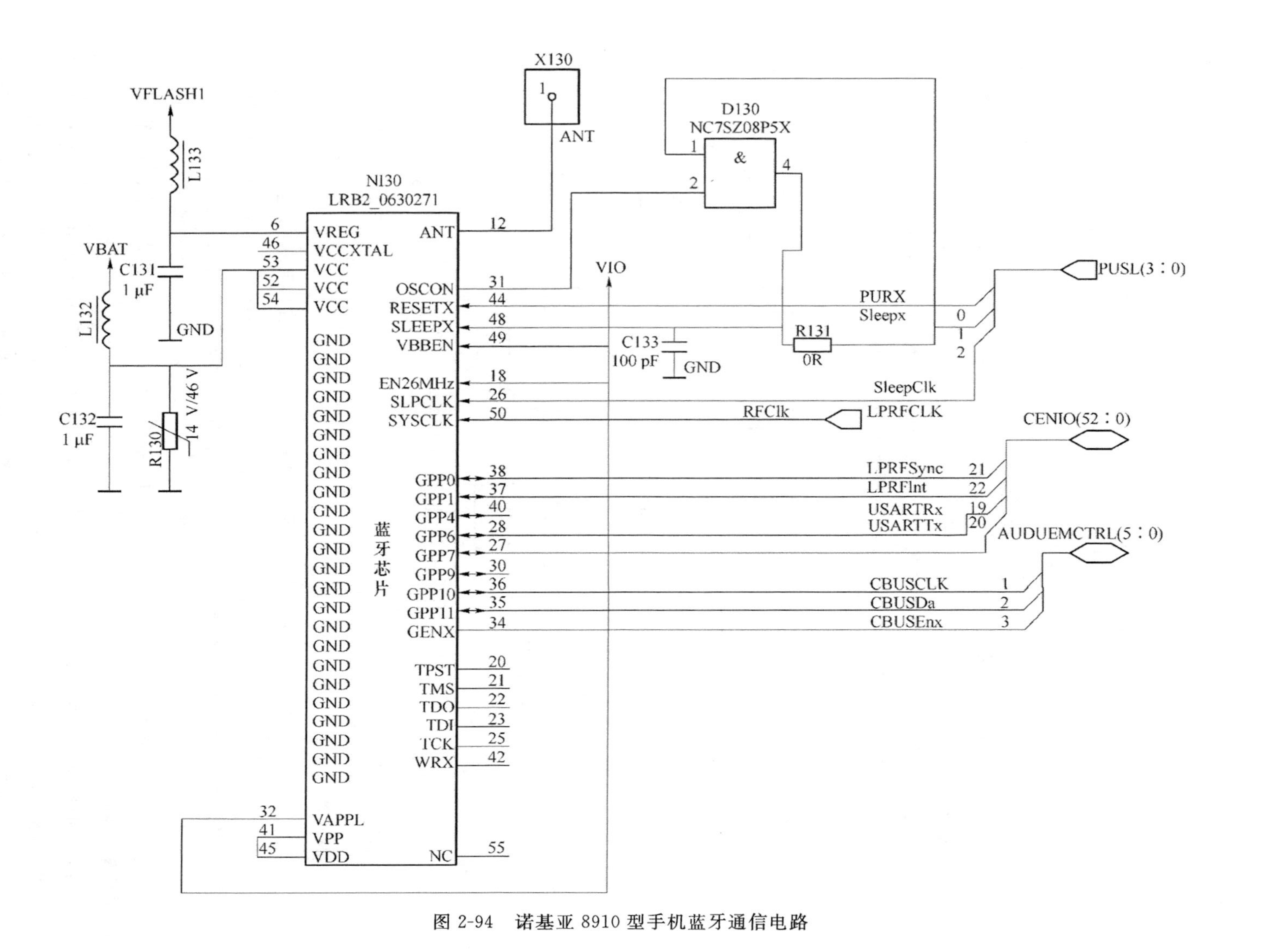

图 2-94　诺基亚 8910 型手机蓝牙通信电路

当电路启动并没有连接时，电路在中央处理器的控制下每 1.25 s 扫描一次。蓝牙电路使用与 GSM 系统一样的时钟信号。只有在基带系统处于正常的工作状态下时，蓝牙通信电路才处于可用状态。

2.8.7 WiFi 电路

WiFi 的全称是 Wireless Fidelity，又叫 802.11b 标准，就是一种无线联网的技术，主要通过无线电波来连接网络，其无线保真技术与蓝牙技术一样，同属于在办公室和家庭中使用的短距离无线技术。该技术使用的是 2.4 GHz 附近的频段。

WiFi 在掌上设备上应用越来越广泛，而智能手机就是其中一分子。与早前应用于手机上的蓝牙技术不同，WiFi 具有更大的覆盖范围和更高的传输速率，因此 WiFi 手机成为目前移动通信业界的时尚潮流。有了 WiFi 功能我们打长途电话(包括国际长途)、浏览网页、收发电子邮件、音乐下载、数码照片传递等，再无须担心速度慢和花费高的问题。手机 WiFi 电路组成如图 2-95 所示，iPhone 4 WiFi 电路原理图如图 2-96 所示。

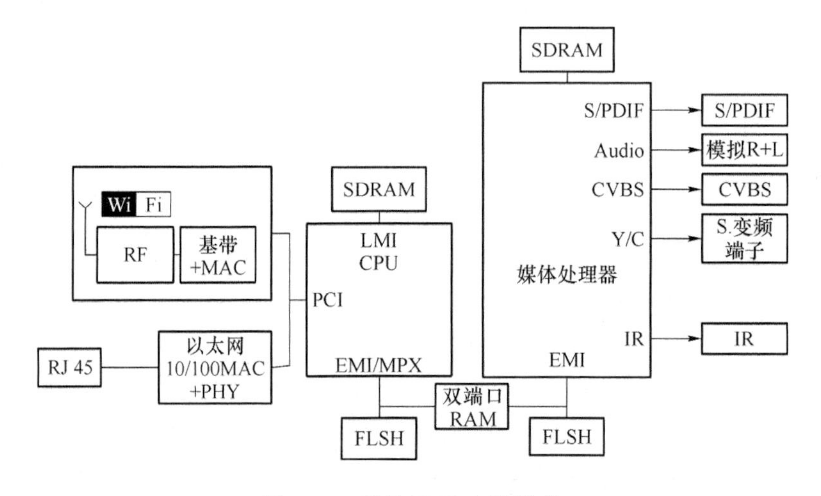

图 2-95 手机 WiFi 电路组成

2.8.8 GPS 电路

1. GPS 系统简介

GPS(Global Positioning System)，就是“全球定位系统”，GPS 系统包括三大部分：空间部分——GPS 卫星；地面控制部分——地面监控系统；用户设备部分——GPS 信号接收机。

(1) GPS 的空间部分由 24 颗工作卫星组成，它位于距地表 20 200 km 的上空，均匀分布在 6 个轨道面上(每个轨道面 4 颗)，轨道倾角为 55°。此外，还有 3 颗有源备份卫星在轨运行。卫星的分布使得在全球任何地方、任何时间都可观测到 4 颗以上的卫星，并能保持良好的定位解析精度。

(2) 地面控制系统由监测站(Monitor Station)、主控制站(Master Monitor Station)、地面天线(Ground Antenna)所组成，主控制站位于美国科罗拉多州斯普林斯市(Colorado Springs)。地面控制站负责收集由卫星传回的信息，并计算卫星星历、相对距离，大气校正等数据。

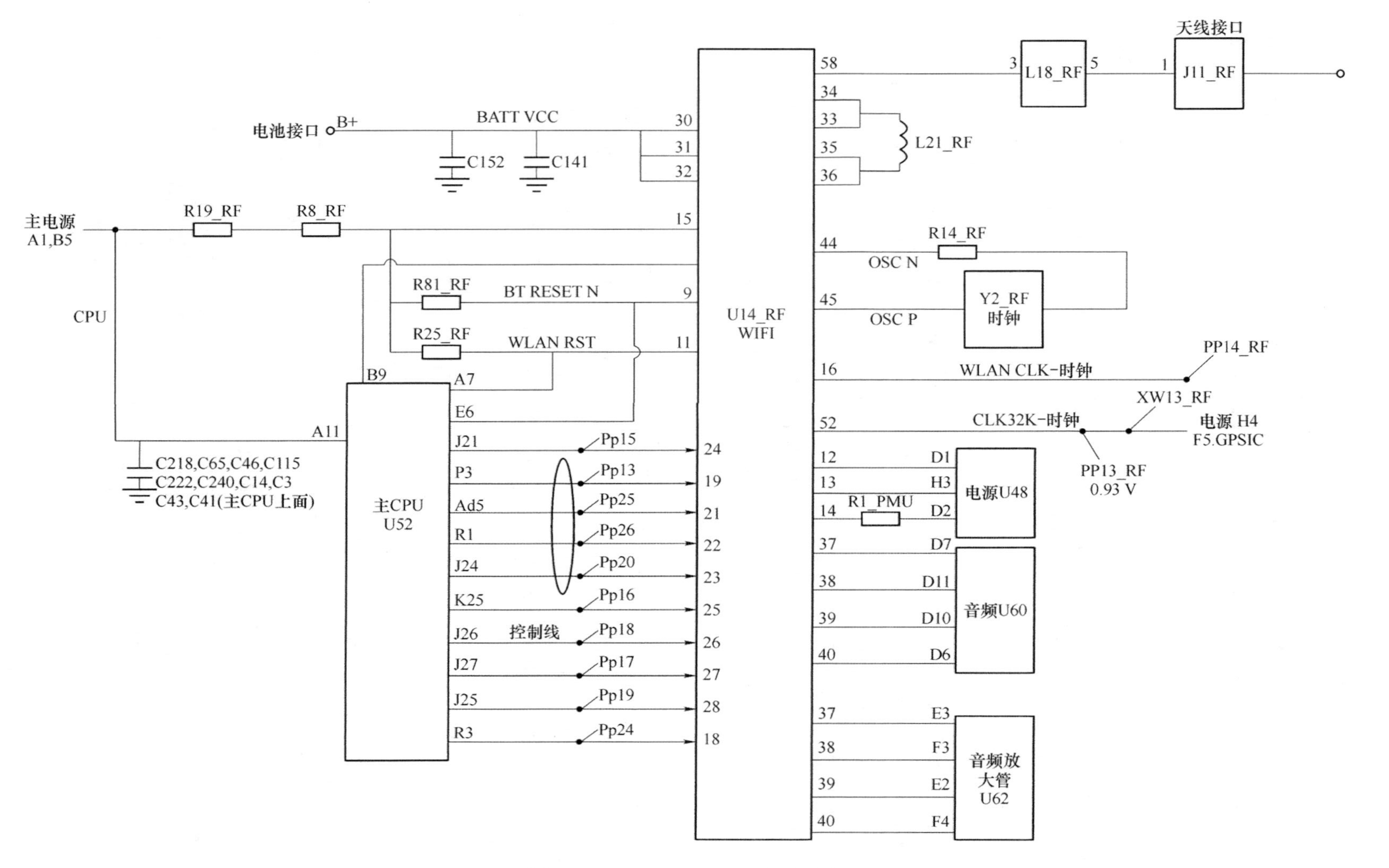

图 2-96　iPhone 4 WiFi 电路原理图

(3) 用户设备部分即 GPS 信号接收机。其主要功能是能够捕获到按一定卫星截止角所选择的待测卫星，并跟踪这些卫星的运行。当接收机捕获到跟踪的卫星信号后，就可测量出接收天线至卫星的伪距离和距离的变化率，解调出卫星轨道参数等数据。根据这些数据，接收机中的微处理计算机就可按定位解算方法进行定位计算，计算出用户所在地理位置的经纬度、高度、速度、时间等信息。

2. GPS 基本工作过程、特点及作用

GPS 基本工作过程是，测量出已知位置的卫星到用户接收机之间的距离，然后综合多颗卫星的数据就可知道接收机的具体位置。GPS 系统之所以可以导航，是因为由你主导你的 GPS 设备，发出请求到你最近的接收站，它可以在 1 575.42 MHz 这个频段上接收来自太空中导航卫星的信号。卫星会根据你的 GPS 接收机找到一个三维坐标，即经度纬度和高度，根据这些数据计算出你的位置。

GPS 系统的特点：高精度、全天候、高效率、多功能、操作简便、应用广泛等。

GPS 的主要作用有：车载导航；GPS 固定预警＋蓝牙 GPS 导航连接＋反测速雷达功能；手持导航；分享航迹、记录人生轨迹；GPS 寻宝等。

3. GPS 在手机上的应用

过去几年中，GPS 在车载导航和行业应用中热火朝天。随着政府法规、3G 增值应用、运营商急于提高收入、位置服务（LBS）需求和单芯片 GPS 方案出现等一系列因素，使得手机对 GPS 技术的应用愈加广泛。GPS 最初主要用于高端智能手机、多媒体和 3G 手机，随后大量向中低端渗透。

例如当诺基亚 N70 手机需要进行导航的时候，只需要把手机的地图软件打开，启动 LD3W 蓝牙 GPS 模块，两者进行匹配，搜索卫星信号，卫星会测定出你的位置以后，输入你想去的地方就可以导航了。

如图 2-97 所示是含有 GPS 功能的手机结构图，图 2-98 所示是 iPhone 4 GPS 电路原理图。

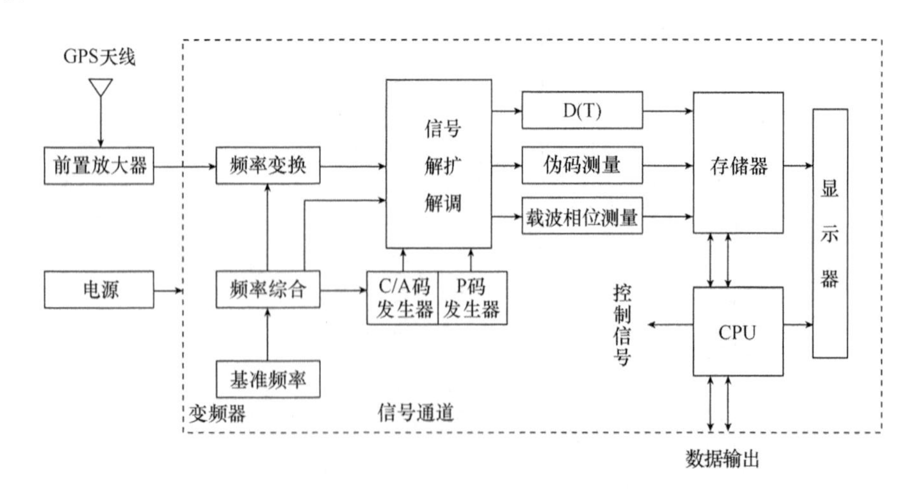

图 2-97　含有 GPS 功能的手机结构图

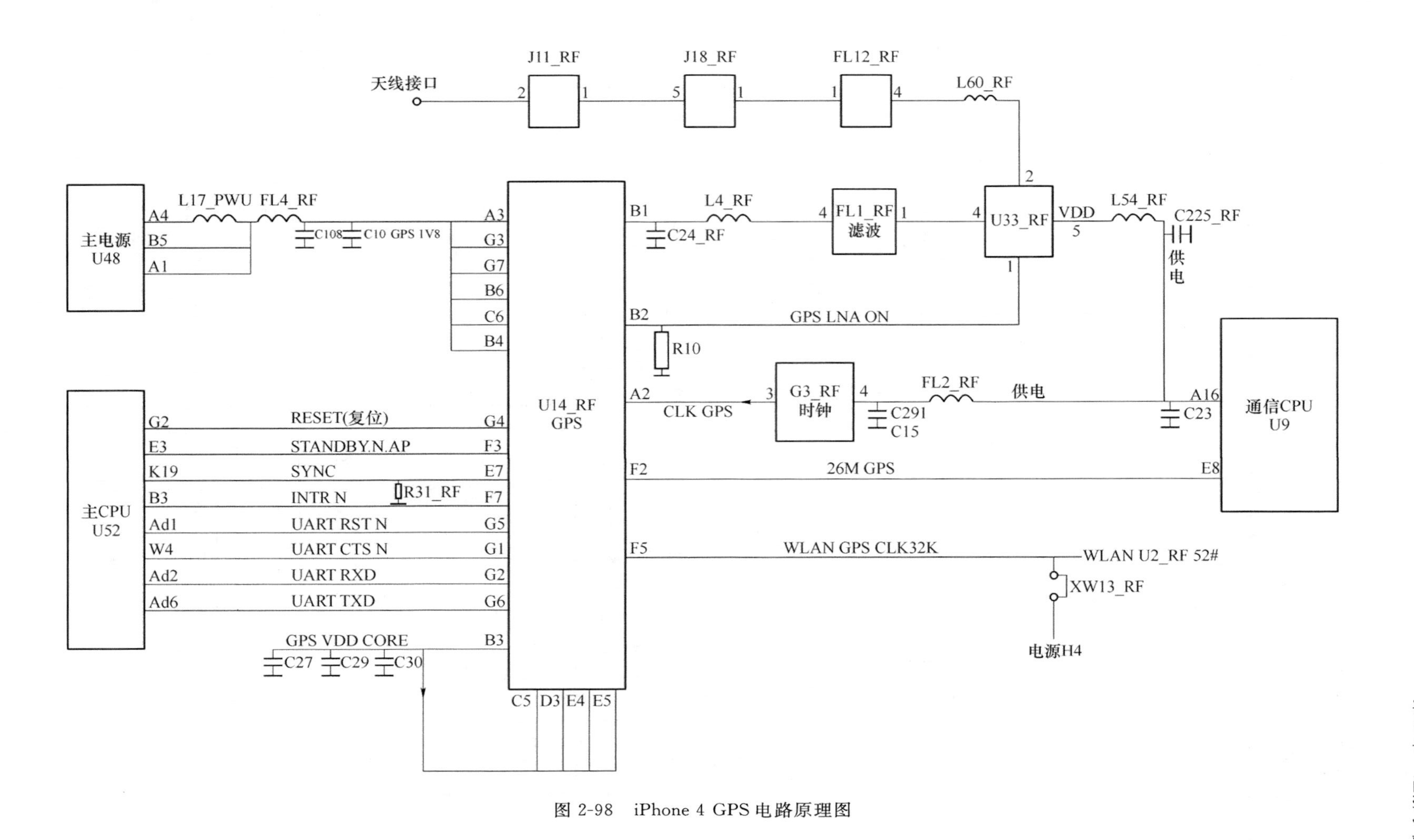

图 2-98　iPhone 4 GPS 电路原理图

2.8.9 加速传感器电路

加速传感器是一种能够测量加速力的电子设备。加速力就是当物体在加速过程中作用在物体上的力，如地球引力。加速传感器用在手机上可以实现一些特殊的功能，如在玩游戏或者操作手机时，你不用按键，而是通过手机的倾斜或者前后左右移动来完成很多高难度的动作。

诺基亚 C6-00 手机的加速传感器电路如图 2-99 所示。

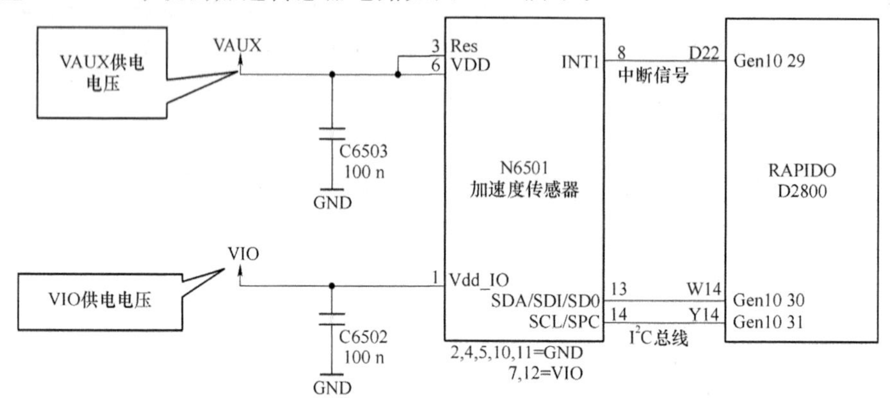

图 2-99 诺基亚 C6-00 手机加速传感器电路图

VAUX 供电电压送到 N6501 的 3、6 脚，VIO 供电电压送到 N6501 的 1 脚，基带处理器 D2800 输出中断信号送到 N6501 的 8 脚，N6501 通过 I²C 总线与基带处理器 D2800 进行通信，将加速度传感器感知手机变化的物理量传送给基带处理器 D2800 处理。

加速传感器电路故障表现为加速传感器的功能失效，凡是和加速传感器有关的游戏、菜单都无法使用。可以使用万用表测量 C6503 上是否有 VAUX 电压，测量 C6502 上是否有 VIO 电压，如果没有或者不正常，检查供电电路，如果电压正常的话，检查或更换 N6501。

图 2-100 所示为 iPhone 4 加速传感器电路图，供识图练习用。

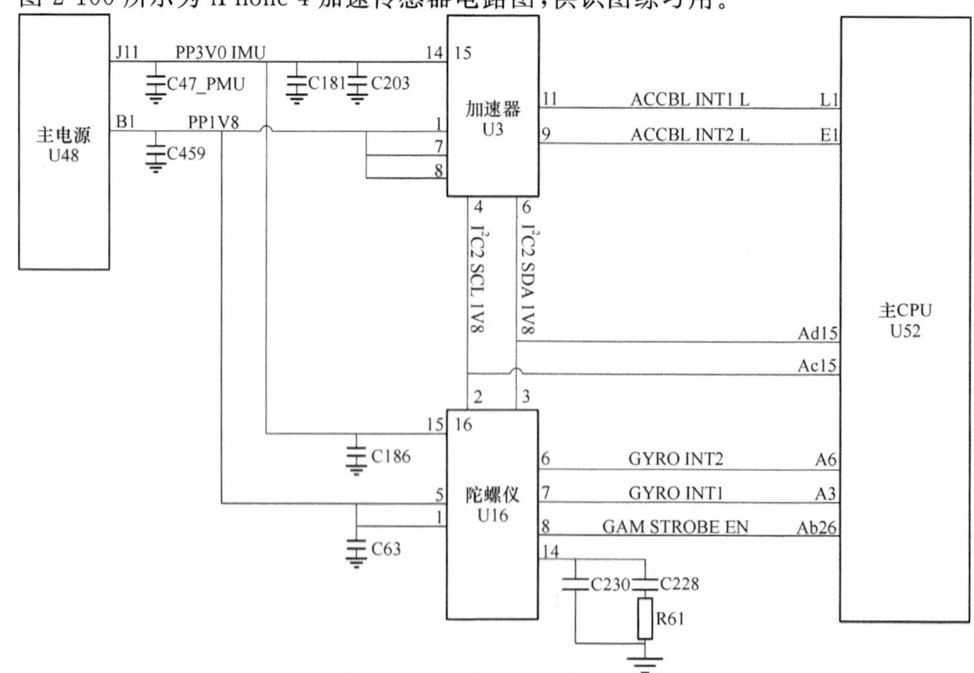

图 2-100 iPhone 4 加速传感器电路图

2.8.10 光线传感器电路

光线传感器是能够根据周围光线强弱、明暗程度来调节屏幕明暗的一种传感器。在光线强的环境里手机会自动关掉键盘灯，并且稍微加强屏幕亮度，达到节电并更好观看屏幕的效果，在光线暗的地方手机会自动打开键盘灯，以起到节省手机电量的作用。

光敏器件和控制电路都集成在N8104内部，VAUX供电电压加到N8104的1脚，N8104的2、3脚接地，N8104的4、5脚通过I^2C总线将数据传输到基带处理器D2800进行处理，由基带处理器D2800输出控制信号控制显示背光灯电路或键盘背景灯电路等。

诺基亚C6-00手机光线传感器电路原理图如图2-101所示。

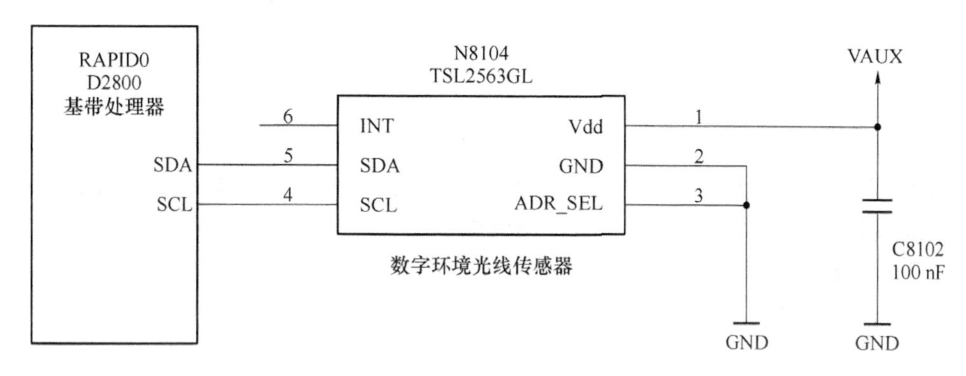

图2-101 诺基亚C6-00手机光线传感器电路原理图

2.8.11 近距传感器电路

近距传感器一般安装在手机上部靠近显示屏的位置，当接听电话的时候，用户的耳朵或者面颊就会靠近显示屏，近距传感器会射出一束红外线照射到人耳或者面部后会折回，当人的耳朵和面颊与显示屏的距离小于20 mm的时候，近距传感器输出中断信号，关闭触摸功能，以防止误操作。

图2-102所示是近距传感器的电路原理图。N8105的5脚是VAUX供电电压输入端，2脚接地，6脚外接1 kΩ电阻，外围电路比较简单。3脚是传感信号输出端，将传感信号送到基带处理器进行处理，然后基带处理器输出相应指令，关闭触摸屏电路的工作。

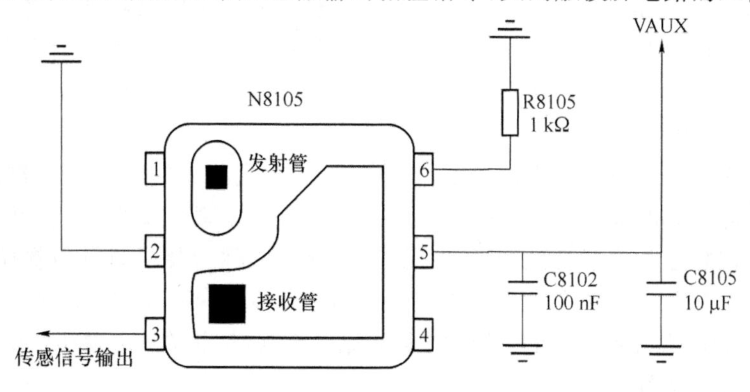

图2-102 诺基亚C6-00手机近距传感器的电路原理图

2.9 项目九:手机电路图的识图训练

识读手机电路图是有很强的规律可循的,无论多复杂的电路,都是由许多简单的单元电路组成,只要遵循电路分析的规律,就不难读懂电路图。

识读电路图是指识读各页整机电路图,并且对每一个板块(模块)电路图分别对应、联系整机图即可迎刃而解。识读电路图时,应以集成电路为核心,一般来说,一个集成电路往往代表了一个单元或多个单元电路。所以识读电路图时,首先应抓住集成电路。

2.9.1 识读手机电路图的方法与技巧

看图、识图,迅速识别手机电路是一个维修人员必备的基本功。

手机电路基本包括 4 大组成部分,即射频部分、逻辑/音频部分、输入/输出接口部分和电源部分。但不同厂家生产的手机电路总是有很大的区别,除了掌握手机电路的基本结构外,还要能读懂手机的各种图纸。手机电路图虽然复杂多样,但还是有规律可循的。

1. 常见手机图样

手机图样一般分为 4 种类型,即原理方框图、电路原理图、元件分布图和手机电路板实物图。因此,读图原则是首先读懂原理方框图,在此基础上再去读电路原理图,最后认识元件分布图和手机电路板实物图。这样才能由简到繁、由浅入深地学习。

(1) 原理方框图

原理方框图是指按照信号流程勾画的总体结构框架图,从方框图中可以了解整机的电路组成和各部分单元电路之间的相互关系,通过图中箭头还可以了解到信号的传输途径。总之,原理方框图具有简单、直观、物理概念清晰的特点,是进一步读懂具体原理电路图的重要基础。

(2) 电路原理图

电路原理图是指用理想的电路元件符号来系统地表示出每种手机的具体电路,通过识别图纸上所标注的各种电路元件符号及其连接方式,就可以了解手机电路的实际工作情况。读图时,将整机的电路原理图分解成若干个基本部分,弄清各部分的主要功能以及每部分由哪些基本单元电路组成,结合方框图来认识每一部分的作用以及各部分之间的相互关系。读图过程中,如有个别元件或某些细节一时不能理解,可以留在后面仔细研究。在这一步,只要求弄清楚整机的电路原理图大致包括哪些主要的模块及信号流程即可。

(3) 元件分布图

电路原理图涉及的电路元件比较多,如电阻、电容、电感、二极管、晶体管、滤波器等,特别是主要集成电路,如 CPU、EEPROM、FLASH、RAM、音频处理模块、电源 IC 等,如果想明确它们在电路板上的位置,就需要借助元件分布图(又称为装配图或印制板电路图)和手机电路板实物图来识别,它们与原理电路图上的标称元件是一一对应的。维修人员使用最多的往往就是这几张图,需要把它们与原理电路图结合起来看,并熟练掌握其相互对应的关系。

(4) 电路板实物图

手机电路板实物图,目前也常以"手机元件分布与常见故障彩图"的形式出现,这种图标明了手机电路板的重要测试点的位置、波形、电压和主要元件故障现象，使维修变得更方便。

注意，手机电路板是多层线路板，几乎所有的元器件都是表面贴装的。

2. 读图方法

手机线路密集复杂，如果不掌握读图方法，读懂电路就很困难。这里介绍快捷的读图方法。

(1) 抓住手机电路原理图中的“3 种线”

第 1 种线为信号通道线，即收发信号通道。在接收过程中，射频信号不断地被“降频”，直到解调出接收基带信号，接收基带信号在音频电路中进行数字信号处理(包括 GMSK 解码、去交织、解密、语音解码及 PCM 解码等)得到模拟音频信号；在发射过程中，模拟音频信号在音频电路中进行数字处理(包括 PCM 编码、语音编码、加密、交织、GMSK 调制等)得到发射基带信号，发射基带信号在射频电路中不断地被“升频”，直到天线发射出去。这种射频→音频→射频的信号传递通道称为信号通道线。把电路的输入端和输出端联系起来，观察信号在电路中如何逐级传递，从而对原理图有一个完整的认识。

第 2 种线为控制线，主要完成收发频段切换、信道锁定、频率合成、功放发射等级控制和开关机操作等，由手机的逻辑部分发出指令对整机的运行实行有效的控制。在分析电路原理图时，控制线的作用非常重要，控制线包括时钟信号、复位信号、开机信号。在分析电路的控制过程中，需要查时钟信号(CLK)的提供具体连接到集成电路的哪个引脚；查复位信号(RESET)的提供具体连接到集成电路的哪些引脚；查开机信号流程等。

第 3 种线是电源线，每种电路都需要有供电。查电源连接线，看电源是如何供给各个射频和逻辑的芯片、模块、晶体管、场效应管、SIM 卡、键盘及显示屏的。“电源线”往往是指静态供电电压。

(2) 抓住手机电路原理图中的核心芯片

以主要的集成电路芯片为核心，在原理图、元件分布图上就容易查找到射频、逻辑/音频、输入/输出接口和电源 4 大组成部分，同时还要记住主要元件的英文缩写和一些习惯表示法。

3. 电路识别

(1) 射频电路识别

射频电路包括 3 个部分，即接收机电路、发射机电路和频率合成电路。射频部分电路的主要特点是以集成电路射频 IC 为核心(有时此 IC 又分为前端混频 IC 和中频 IC 两个模块)，同时收发电路有接收一本振(RXVCO1)、二本振(RXVCO2)和发射压控振荡器(TXVCO)进行频率合成有效地配合。发射电路末级是以典型功放电路为标志；收/发合路器、ANT 天线、滤波器等是射频电路接收前级独有的显著标志。射频电路信号的特点是串行通信方式，这种信号在收发过程中不断地被“降频”和“升频”，直到解调/调制出收发基带信号(RXI/RXQ 和 TXI/TXQ)，这个收/发基带信号是射频和逻辑电路的分界线。

1) 收、发电路识别

ANT(天线)信号频率标注在 935～960 MHz(或 1 805～1 880 MHz)之间，则判定它所在的电路是接收机电路射频部分，且接收机信号一般从左向右传输；相反，若信号频率标注在 890～915 MHz(1 710～1 785 MHz)之间，可判定它所在的电路为发射机电路，信号一般从右向左传输。接收机电路中常用的英文标注有：RX、RXEN、RXON、LNA、MIX、

DEMOD 和 RXI/RXQ 等；发射机电路中常用的英文标注有：TX、PA、PAC、AOC、TX_VCO、TXEN 和 TXI/TXQ 等。

2）频率合成电路识别

频率合成包括基准振荡器、鉴相器、低通滤波器、分频器和压控振荡器 5 个基本电路。基准振荡器可通过 13 MHz（或 26 MHz、19.68 MHz 等）的频率进行查找，基准频率时钟电路受逻辑电路控制，查找频率控制信号（AFC）所控制的晶体电路或变容二极管电路，所以 AFC 控制信号也可作为基准振荡器的一种标识。

例如，爱立信手机电路的 AFC 标注为“VCXOCONT”；诺基亚手机电路通过该电路的电源来标注，如“VXO”“VCX”等。鉴相器与分频器常被集成在“PLL”锁相环电路或中频 IC 中，“PD”表示鉴相器；低通滤波器用 LPF 表示；压控振荡器用 VCO 表示，在电路中通常还有 RXVCO、TXVCO、RFVCO、VHFVCO 及 IFVCO 等。相关的含义请参阅本书附录 A 的英文缩写解释。

（2）逻辑/音频电路（包括输入/输出接口）识别

逻辑/音频电路部分的主要特点是采用大规模集成电路，并且多数是采用引脚在芯片下面的 BGA 元件，因此这部分原理图常用 UXXX 表示集成电路，其引脚标注为 A0、A1、E12 等。

集成度高的机型中，逻辑/音频电路部分只有微处理器和字库等几个芯片。有时根据手机的功能，音频 IC 和语音编码器集成在 CPU 内，保留 FLASH 便于手机升级。集成度相对低的机型中除 CPU 和 FLASH 外，还有多模转换器（主要功能是调制/解调和音频 IC）或射频接口模块（主要功能是调制/解调和音频 IC 及控制），如诺基亚 8850/8250 手机、爱立信 T28 手机等的音频 IC 均集成在多模转换器中，而三星 A188 手机的音频 IC 却集成在射频接口模块中。

1）音频电路识别

音频电路识别可通过送话器和耳机图形来查找，有的通过英文缩写来确定是否是接收音频电路，如 SPK、EAR、EARPHONE 和 SPEAKER 等。音频电路以专用模块或复合模块为核心，例如，诺基亚通常用“NXXX”表示专用模块；而摩托罗拉系列手机音频部分常与电源集成在一起，模块代码为“UXXX”；爱立信系列手机音频部分在被称为“多模”的集成电路中，该模块的代码通常为“NXXX”。

2）逻辑电路识别

逻辑电路工作的特点是通过总线连接、并行的通信方式。逻辑电路常见的总线包括：AX～AXX（地址）、DX～DXX（数据）、KEYBOARD_ROW（0～4）和 KEYBOARD_COL（0～4）（键盘扫描线）、I（Q）_OUT_P（N）和 I（Q）_IN_P（N）（信号线）、SIMDATA（SIM 卡数据）、SIMCLK（SIM 卡时钟）等。常见的控制线包括：LIGHT（发光控制）、CHARGE（充电控制）、RX（TX）_EN（收/发使能）、SYNDAT（频率合成信道数据）、SYNEN（频率合成使能）、SYNCLK（频率合成时钟）、VCXOCONT（基准振荡器频率控制）、VPP FLASH（编程控制）、WATCHDOG（看门狗信号）、WR（写）等。

逻辑电路识别主要是查找集成模块的代码和英文标注，有的直接给出了中文标注。例如，微处理器、字库、暂存、码片等，其英文标注为 CPU、FLASH、SRAM、EEPROM 等。手机逻辑电路集成模块多数用代码表示，例如，诺基亚8850/8210手机的CPU用D200表示，三星600手机的CPU用U600表示。在维修中要善于总结规律。

（3）输入/输出接口（I/O）电路识别

输入/输出接口（I/O）电路常用JXXX或JXXXX表示，包括底部连接器、SIM卡座、键盘接口、键盘背景灯接口、送话器触点、振铃器触点和LCD屏显接口等。有时还用CNXXX或Xxxx等来表示。SIM卡电路用英文缩写来标识，如"SIMVCC""SIMDATA""SIMRST""SIMCLK"等。无论哪一种手机电路，只要看到这样的标识，就可断定为SIM卡电路。

（4）电源电路识别

电源电路用"VBATI"或"VBAT"表示电池主电，也有用"VB"或"B+"表示的。集成的电源IC或者分立式稳压供电管提供VCC、VDD、VRF、VVCO、AVCC、V1、V2和V3等各路电压。BOOOST_VDD、VBOOST为升压标称；V_EXIT或EXTB+为外电源，CHARGE为充电控制标称。

摩托罗拉系列手机电源IC如"U900"通常用英文缩写"CAP"或"GCAP"来表示，用"PWR_SN"来表示开机线，用R275表示射频供电2.75 V，用L275表示逻辑供电电压2.75 V，用RX275、TX275分别表示接收电源和发射电源为2.75 V；V1、V2和V3等通常出现在V998以后的摩托罗拉手机电源电路中。

诺基亚系列手机的电源用"VBB""VRX""VSYN"或"VXO"等表示，电源模块用"N100"来表示，英文缩写为"CCONT"，开机线标识用"PWRON"表示。

爱立信系列手机的电源用"VDIG""VRAD""VVCO""VANA"分别表示供逻辑电源、供射频电源、供频率合成电源、供多模电源。爱立信手机只是在T28手机之后才使用电源集成块，此前的机型通常是由若干稳压块输出不同的电压。三星系列手机的部分机型也如此。爱立信的开机线标注为"ON/OFF"。

松下系列手机常用"VSRF""VS_VCO""VS_VCXO"分别表示射频电源、频率合成电源、基准频率时钟电路电源，用"D18""D28""D33"等表示逻辑电源。

手机电路图中所涉及的英文缩写很多，用户可以按照前面介绍的"3种线"来记它的英文缩写、英文字母和数字的一般规律，要善于总结规律。

例如，摩托罗拉系列手机原理电路图中字母表示的器件含义：U—集成块，Q—晶体管、场效应管，Y—晶振，FL—滤波器。

爱立信和诺基亚系列手机用字母表示器件：N—模拟电路，D—数字电路，V—晶体管，Z—滤波器，N或A—功放，G—振荡器。例如，D200—CPU，N500—前端IC，N250—音频模块。

有些数字表示不同的电路含义，例如，1—负压发生器，2—中频处理，3—发射电路，4—收信前端电路，5—调制解调，6—充电器，7—CPU，8—语音编解码，9—电源。

2.9.2　手机元件分布图及实物图识图

1. 手机元件分布图识图过程

我们已学习手机整机电路原理图的识图过程，下面将以附录B中的N1116手机维修资料为例，说明手机元件分布识图的识图过程。

如图 2-103 所示，图(a)为元件编码图，包含了元器件名称及其所在的位置坐标。图(b)为具体的元件分布图。两者是一一对应的。

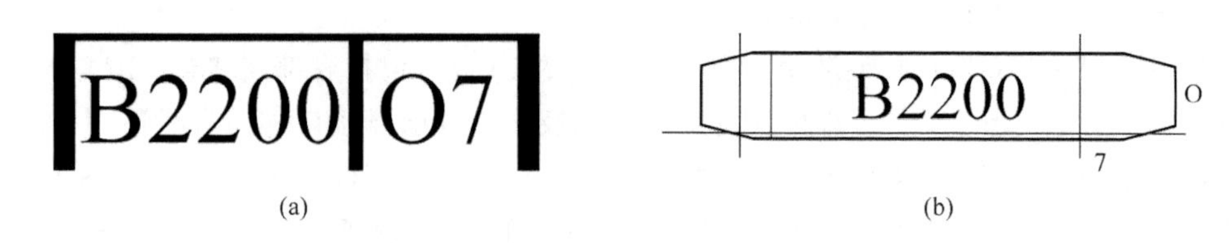

(a)　　(b)

图 2-103　附录 B 的部分截图

当要找到元件在电路板上的具体位置时，必须先通过元件的名称在元件编码图上找到其对应的坐标。如想找到 B2200 这个元件在手机电路板上的具体位置，根据编码图可以查到该元件所在的位置是 O7(字母“O”是横坐标，数字“7”是纵坐标)，然后再在元件分布图上找到 O7 坐标的位置。通过两个步骤就可以准确定位元件位置，在手机电路板上找到该元器件。

其他元件的识别方法同上，具体的元件编码图、元件分布图见附录 B。

2. 手机电路板实物图识图

识读手机电路板实物图是维修手机最直接的方法，也是最有效的方法。识读手机电路板实物图时，首先应掌握手机常用元器件的外形，如手机天线转换开关、CPU、本振、电源模块等；再熟悉手机常用元器件的位置，一般手机元器件的位置与其外形框架有必然的联系，也有一定的固定性，一般接口电路在手机板图的两端，扬声器、振铃器和天线开关在手机板图的上方，传声器、充电电路等在手机板图的下方，射频电路、收发电路、CPU、存储器在手机板图的中部位置。在掌握主要元器件的位置后，重点要记住常用元器件损坏后与其所产生的故障现象的对应关系，这些对应关系依靠读者平时实习和维修中不断的积累和记忆。例如，天线开关损坏后容易出现无网络故障，功放块损坏后容易出现无发射故障，电源模块损坏后会出现不开机故障等。手机电路板实物图详情见附录 B。

下面以 N1116 手机为例对手机整机电路原理图进行识图技能介绍。详细的 N1116 手机整机电路图见附录 B。

2.10　实训项目十：手机开机电路识图

1. 诺基亚 N1116 开机电路分析

当接上电池后，UEM 为 32.768 kHz 电路供电，产生 32.768 kHz 时钟信号，为开机做好准备，当按下开机键，UEM 输出各路供电，输出 VCORE(1.36 V)、VIO(1.8 V)到 CPU，作为 CPU 的核心供电，同时 UEM 也供电到中频 IC，产生 13 MHz 时钟送到 CPU 的 T6 脚，作为 CPU 的运行时钟。UEM 还送出 PURX 复信号为 CPU 复位。当 CPU 得到三个条件后，开始运行储存在存储器的开机运行程序，一旦通过，手机就运行开机，如图 2-104 所示。

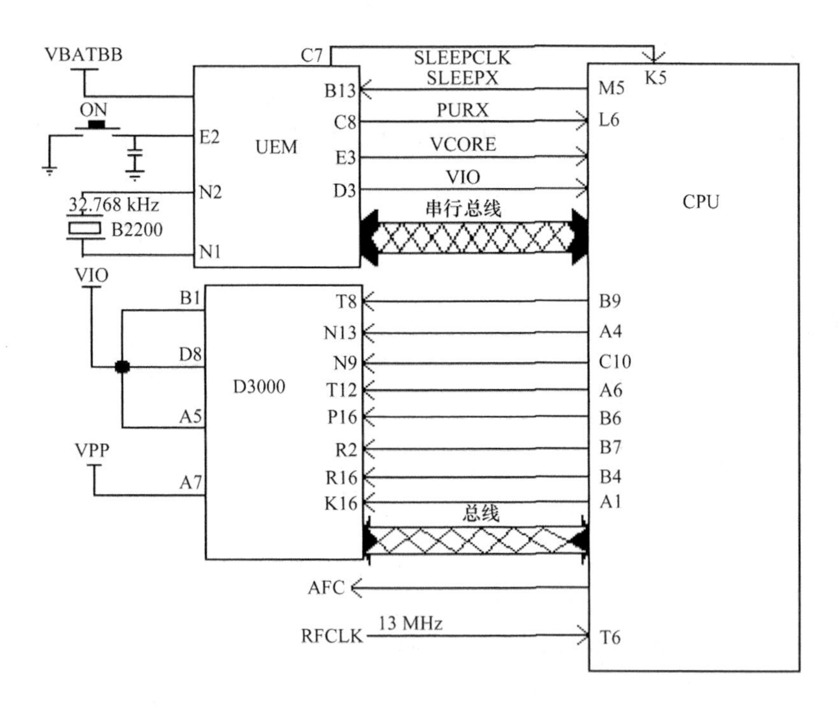

图 2-104　诺基亚 N1116 开机原理电路

2. 睡眠时钟电路分析

32.768 kHz 睡眠时钟电路由 UEM 和 B2200(32.768 kHz)时钟晶体组成。装上电池，睡眠时钟电路开始工作，产生 32.768 kHz 信号，为开机做好准备，当手机开机后，在系统规定的时间内不对手机进行操作时，CPU 的 M5 脚送出 SLEEPX(低电平)睡眠模式感应端，UEM 检测到 B13 脚由高电平转为低电平时，从 C7 脚送出 SLEEPCLK 时钟，让手机进入睡眠状态。如图 2-105 所示。

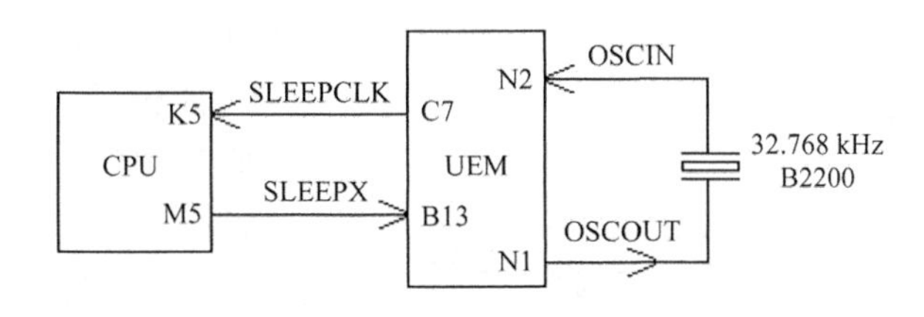

图 2-105　睡眠时钟电路

3. 主时钟电路分析

N1116 的主时钟电路主要由 N7600 射频 IC、B7600(26 MHz 时钟晶体)、CPU、电源 IC(UEM)等组成。按下开机键，电源 IC 送出中频的供电，和 26 MHz 时钟电路供电后，26 MHz 时钟电路起振工作后，产生 26 MHz 时钟信号。经 R7632 进入 N7600 的 7 脚，在 N7600 内部分频放大后，从 N7600 的 10 脚输出 13 MHz 主时钟信号，主时钟信号经 R2900、C2900 送到 CPU 的 T6 脚，供 CPU 作为运行时钟。同时，电源 IC 也送出 AFC(自动频率微调控制信号)，让 26 MHz 时钟电路产生准确稳定的 26 MHz 时钟信号。如图 2-106所示。

4. 电源供电电路分析

N1116 的供电主要由电源 IC 产生，如图 2-107 所示，电源 IC 主要产生以下几组供电：

(1) VCORE 为逻辑供电、CPU 供电，电压为 1.36 V；

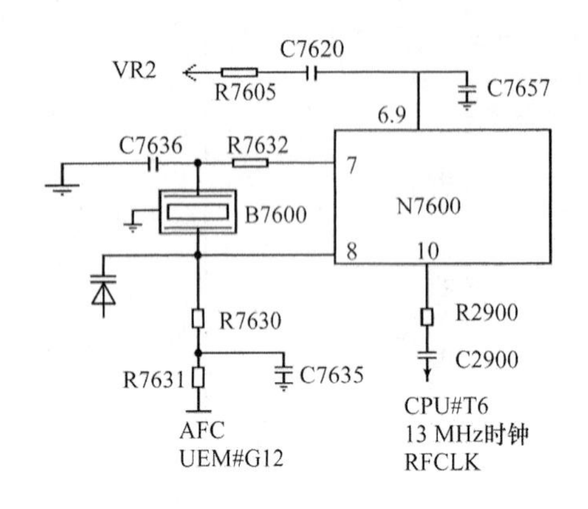

图 2-106　主时钟电路

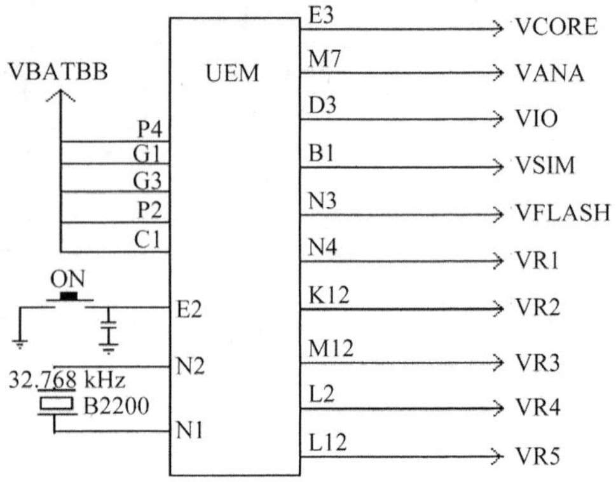

图 2-107　电源供电电路

(2) VANA 为音频基带处理供电，电压为 2.8 V；

(3) VIO 为逻辑供电，电压为 1.8 V；

(4) VSIM 为 SIM 卡供电，电压为 1.8/3 V；

(5) VFLASH1 为接口电路供电，电压为 2.8 V；

(6) VR1 为发射供电，电压为 2.8 V；

(7) VR2 为主时钟电路供电，电压为 2.8 V；

(8) VR3 为发射控制电压，电压为 2.8 V；

(9) VR4 为中频供电电压，电压为 2.8 V；

(10) VR5 为本振供电，电压为 2.8 V；

5. 电池供电分析

接上电池，X2005 的 1 脚为 VBATBB，送到电源 IC 的 P4、G1、G3、P2、C1 脚，作为电源 IC 的供电，VBATBB 还送到 P7 脚作为电压检测和充电电压检测信号；VBATBB 还送到 J1 脚作为充电接口电路驱动。X2005 的 2 脚是 BSI 电池信号脚，接到 UEM 的 K13 脚；3 脚为接地脚。VANA 与 R2203、温控电阻 R2001 组成温度检测接到 UEM 的 L14 脚，作为电池的温度检测。如图 2-108 所示。

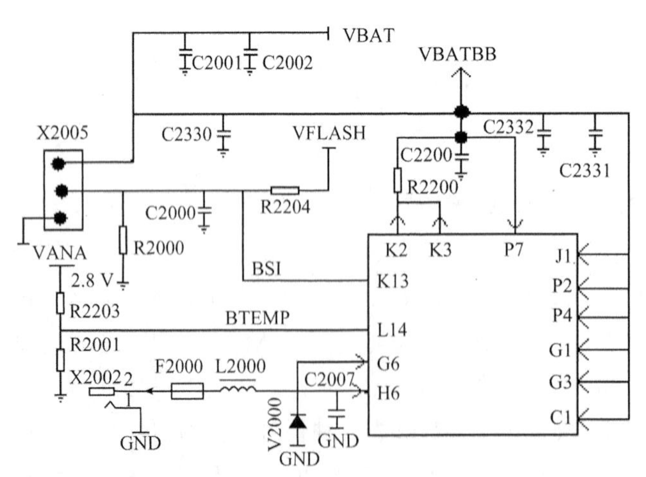

图 2-108　电池供电/充电电路

6. 充电电路分析

当 UEM 的 P7 脚的电压低于其限定值时，UEM 就产生中断，提示充电，当用户插入充电器时，充电电压就加到 X2002，经 F2000、L2000、V2000、C2007 组成的滤波稳压电路后，送到 UEM 的 G6H6 脚，从 K2、K3 脚输出充电电压给电池正极，P7 脚随时检测电池电压的高低，当电池电压达到规定值时，UEM 就停止输出充电电压，手机就停止充电。电路原理如图 2-108 所示。

7. 手机开机电路原理图识图实训

（1）实训目的

1）掌握手机开机电路工作原理的分析方法。

2）熟悉常见手机电路图的英文缩写。

3）掌握手机开机电路原理图的识图技巧，能查阅相关资料辨别各 IC 功能。

（2）实训器材与工作环境

1）手机电路原理图，具体识图内容由指导教师根据实际情况确定。

2）建立一个良好的工作环境。

（3）实训内容

1）准备手机电源电路原理图。

2）根据识图方法和电路识别方法，分析手机开机电路原理。

3）运用常见手机电路图的英文缩写知识，读懂手机电源电路原理，画出相关电路图。

（4）实训报告

根据实训内容，完成手机开机电路原理图识图实训报告。

实训报告十　手机开机电路识图实训报告

<table>
<tr><td colspan="2">实训地点</td><td colspan="2"></td><td>时间</td><td></td><td>实训成绩</td><td></td></tr>
<tr><td>姓名</td><td></td><td>班级</td><td></td><td>学号</td><td></td><td>同组姓名</td><td></td></tr>
<tr><td colspan="2">实训目的</td><td colspan="6"></td></tr>
<tr><td colspan="2">实训器材与工作环境</td><td colspan="6"></td></tr>
<tr><td colspan="2">内容</td><td colspan="2">组成</td><td colspan="3">识别关键点(位置、功能)</td><td>用时</td></tr>
<tr><td colspan="2" rowspan="3">睡眠时钟电路</td><td colspan="2"></td><td colspan="3"></td><td rowspan="3"></td></tr>
<tr><td colspan="2"></td><td colspan="3"></td></tr>
<tr><td colspan="2"></td><td colspan="3"></td></tr>
<tr><td colspan="2" rowspan="3">主时钟电路</td><td colspan="2"></td><td colspan="3"></td><td rowspan="3"></td></tr>
<tr><td colspan="2"></td><td colspan="3"></td></tr>
<tr><td colspan="2"></td><td colspan="3"></td></tr>
<tr><td colspan="2" rowspan="2">电源供电电路</td><td colspan="2"></td><td colspan="3"></td><td rowspan="2"></td></tr>
<tr><td colspan="2"></td><td colspan="3"></td></tr>
<tr><td colspan="2" rowspan="2">电池供电电路</td><td colspan="2"></td><td colspan="3"></td><td rowspan="2"></td></tr>
<tr><td colspan="2"></td><td colspan="3"></td></tr>
</table>

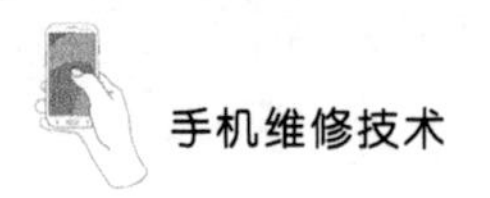

续表

内容	组成	识别关键点(位置、功能)	用时
充电电路			
根据以上识图过程,描述各电路在手机整机上的分布情况			
写出此次实训过程中的体会及感想,提出实训中存在的问题			
指导教师评语			

2.11 实训项目十一:手机射频电路识图

1. 接收电路分析

手机接收时,信号从天线接收下来,送到N7700的15脚,从N7700的12、10脚输出,经外围器件滤波后送到N7600的30、29脚(GSM)、34、35脚(DCS),经N7600内部解调后从N7600的45、46、47、48脚输出接收IQ信号。电路图见附录B。

2. 发射电路分析

发射时,TXIQ信号从N7600的45、46、47、48脚输入,经N7600调制后,从N7600的40、41脚输出GSM TX;42、43脚输出DCS TX,再送到N7700进行功率放大后从N7700的15脚输出送到天线。电路图见附录B。

3. 手机射频接收电路原理图识图实训

(1) 实训目的

1) 掌握手机射频电路工作原理的分析方法。

2) 熟悉常见手机电路图的英文缩写。

3) 掌握手机射频电路原理图的识图技巧,能查阅相关资料辨别各IC功能。

(2) 实训器材与工作环境

1) 手机射频电路原理图,具体识图内容由指导教师根据实际情况确定。

2) 建立一个良好的工作环境。

(3) 实训内容

1) 准备手机射频电路原理图。

2) 根据识图方法和电路识别方法,分析手机射频电路原理。

3) 运用常见手机电路图的英文缩写知识,读懂手机的电路原理,画出相关电路图。

(4) 实训报告

根据实训内容,完成手机射频电路原理图识图实训报告。

实训报告十一 手机射频电路识图实训报告

<table>
<tr><td colspan="2">实训地点</td><td colspan="2"></td><td>时间</td><td></td><td>实训成绩</td><td></td></tr>
<tr><td>姓名</td><td></td><td>班级</td><td></td><td>学号</td><td></td><td>同组姓名</td><td></td></tr>
<tr><td colspan="2">实训目的</td><td colspan="6"></td></tr>
<tr><td colspan="2">实训器材与工作环境</td><td colspan="6"></td></tr>
<tr><td colspan="2">内容</td><td colspan="2">组成</td><td colspan="3">识别关键点(位置、功能)</td><td>用时</td></tr>
<tr><td colspan="2" rowspan="5">接收电路</td><td colspan="2"></td><td colspan="3"></td><td rowspan="5"></td></tr>
<tr><td colspan="2"></td><td colspan="3"></td></tr>
<tr><td colspan="2"></td><td colspan="3"></td></tr>
<tr><td colspan="2"></td><td colspan="3"></td></tr>
<tr><td colspan="2"></td><td colspan="3"></td></tr>
<tr><td colspan="2" rowspan="7">发射电路</td><td colspan="2"></td><td colspan="3"></td><td rowspan="7"></td></tr>
<tr><td colspan="2"></td><td colspan="3"></td></tr>
<tr><td colspan="2"></td><td colspan="3"></td></tr>
<tr><td colspan="2"></td><td colspan="3"></td></tr>
<tr><td colspan="2"></td><td colspan="3"></td></tr>
<tr><td colspan="2"></td><td colspan="3"></td></tr>
<tr><td colspan="2"></td><td colspan="3"></td></tr>
<tr><td colspan="2">根据以上识图过程，描述射频电路在手机整机上的分布情况，分别画出接收电路和发射电路的流程图</td><td colspan="6"></td></tr>
<tr><td colspan="2">写出此次实训过程中的体会及感想，提出实训中存在的问题</td><td colspan="6"></td></tr>
<tr><td colspan="2">指导教师评语</td><td colspan="6"></td></tr>
</table>

2.12 实训项目十二：手机接口电路识图

1. SIM 卡电路分析

N1116 的 SIM 卡电路主要由 UPP、UEM、R2700、X2700 组成，其原理如下：UEM 通过 G5、D3、G6 脚和 UPP 进行数据传送。SIM 时钟及 SIM 卡输入输出控制，UPP 得到控制后，从 B1、B3、B2、A2 分别输出 SIM 卡供电、SIM 卡时钟、SIM 卡的复位信号，这几个信号

在开机瞬间可测，如图 2-109 所示。

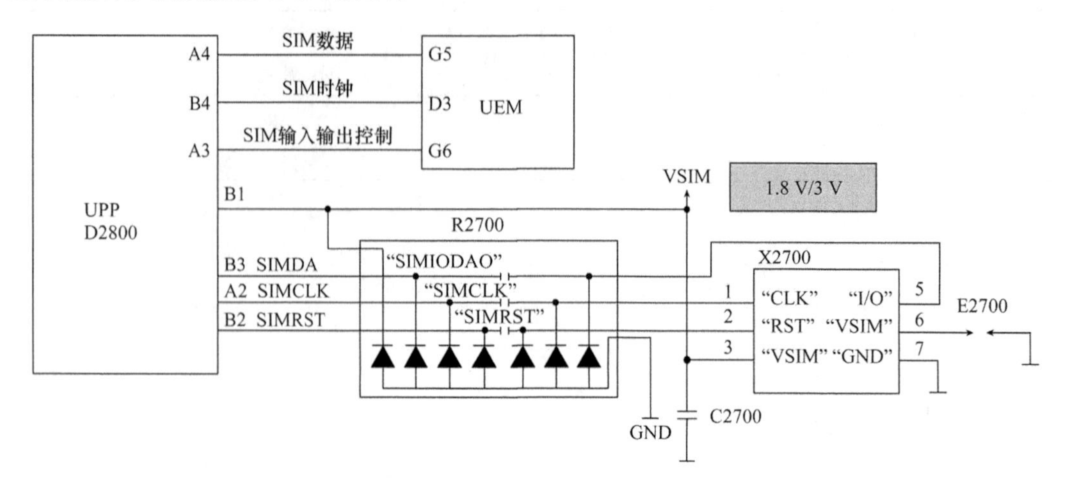

图 2-109　SIM 卡电路

2. 耳机接口电路分析

当手机插入耳机时，耳机接口 X2002 的 6 脚和 7 脚由原来的短路状态变成开路状态，UEM 的 M13 脚检测到耳机插进后，停止手机的内部送话和受话电路。耳机接口的 3 脚和 5 脚为外部送话，接到耳机的送话器；4 脚和 6 脚为外部听筒，接耳机的受话器，如图 2-110 所示。

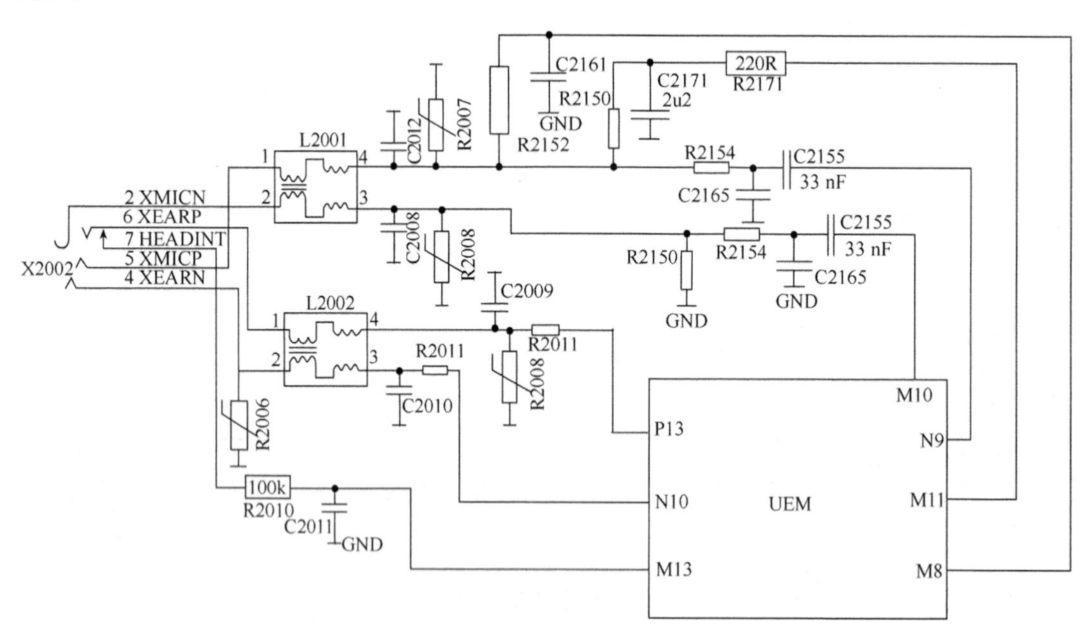

图 2-110　耳机接口电路

3. 音频接口电路分析

当手机通话时，送话器通过把声音信号转为模拟的电流信号，进入 UEM 的 N8、P9 脚，在 UEM 内部进行音频解调。接收时，UEM 的 P12、P11 脚输出音频信号，经音频开关(N2160、N2161)送到 B2101 将模拟的电流信号转变为声音信号。

当需要启动扬声电路时，CPU 的 R4 脚输出高电平，让 N2160、N2161 处于截止状态，同时 CPU 的 R3 脚也输出扬声器的启动控制电压，启动 N2150，UEM 从 P13、N10 脚输出音频信号，经 N2150 放大后输出，送到扬声器把模拟的电流信号转化为声音信号，如图 2-111 所示。

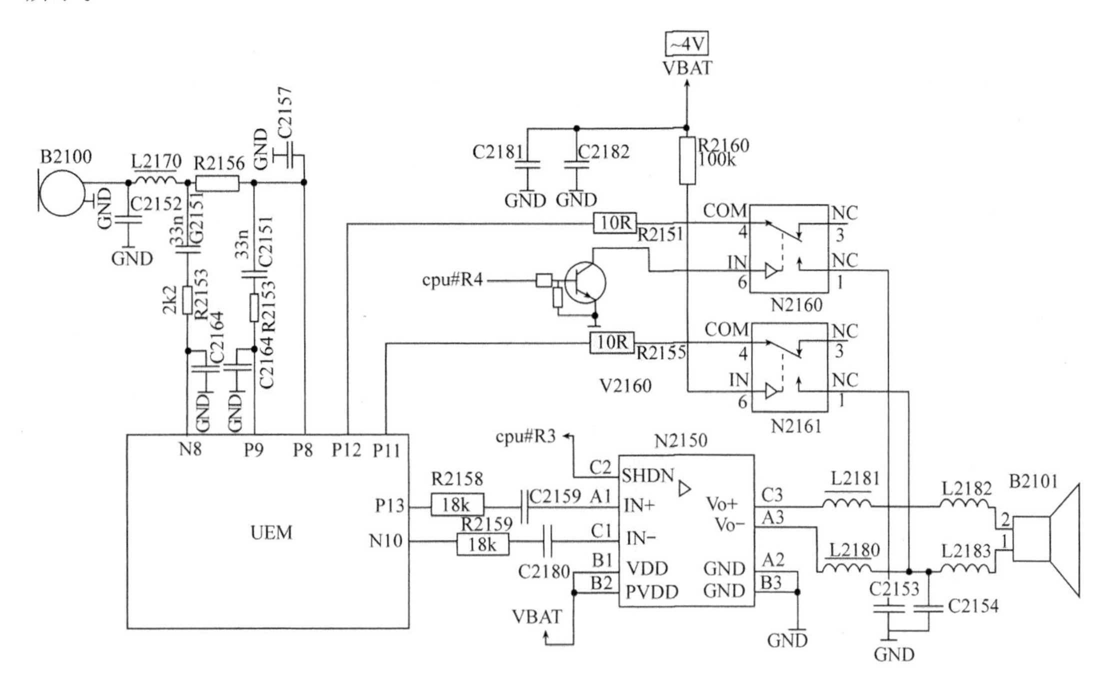

图 2-111 音频接口电路

4. 按键电路分析

N1116 的按键电路主要由键盘、保护器件 Z2400 和 CPU 组成的，当手机按键失灵时，重点检查 Z2400 是否正常、键盘到 Z2400 之间是否连通。电路图见附录 B。

5. LCD 显示接口电路分析

显示接口 H2400，其 1 脚为 LCDCLK，显示时钟信号，由 CPU＃B7 提供；2 脚为显示数据信号，与 CPU＃E8 脚相连；3 脚接地；4 脚为 LCD 片选信号，由 CPU 提供；5 脚为 LCD 复位信号，由 CPU＃C9 脚提供；6 脚为显示背景灯供电正极，7 脚为负极，主要由 N2400、L2400、V2401 组成的升压电路产生的；8 脚为空脚；9、10 脚为显示供电。维修时测量以上信号是否正常。电路图见附录 B。

6. 手机接口电路原理图识图实训

(1) 实训目的

1) 掌握手机接口电路工作原理的分析方法。

2) 掌握手机接口电路原理图的识图技巧，能查阅相关资料辨别各 IC 功能。

(2) 实训器材与工作环境

手机电路原理图，具体识图内容由指导教师根据实际情况确定。

(3) 实训内容

1) 准备手机接口电路原理图。

2）根据识图方法和电路识别方法，分析手机接口电路原理。

3）运用常见手机电路图的英文缩写知识，读懂手机接口电路原理，画出相关电路图。

（4）实训报告

根据实训内容，完成手机接口电路原理图识图实训报告。

实训报告十二　手机接口电路识图实训报告

实训地点				时间		实训成绩	
姓名		班级		学号		同组姓名	
实训目的							
实训器材与工作环境							
内容		组成		识别关键点（位置、功能）			用时
SIM 卡电路							
耳机接口电路							
音频接口电路							
按键电路							
LCD 显示接口电路							
根据以上识图过程，描述各电路在手机整机上的分布情况							
写出此次实训过程中的体会及感想，提出实训中存在的问题							
指导教师评语							

2.13　习题二

一、填空题

1. 在通信系统中，常用的多址方式有________、________、________。

2. 在数字信号的调制中，常见的调制方式有改变无线电载波信号振幅的叫________，改变频率的叫________，改变相位的叫________，也可以同时改变振幅和相位的叫________。

3. 语音编码技术通常分为三类：________、________、________。

4. 手机 CPU 工作的三要素是________、________、________。

5. 手机电路基本包括 4 大组成部分，分别是________、________、________、________。

6. 手机电路原理图中的“3 种线”是________、________、________。

二、判断题

1. 蓝牙通信电路是工作在 2.4 GHz 开放频段内的短距离无线通信电路。（　　）

2. 手机图样分为原理方框图、电路原理图和元件分布图三种。（　　）

3. 手机电路中常用的英文标注 AUDIO 表示视频电路。（　　）

4. 手机电路板实物图的特点是：这种图标明了手机电路板的重要测试点的位置、波形、电压和主要元件故障现象，使维修变得更方便。（　　）

5. 手机升压电路通常用来驱动手机喇叭音量。（　　）

三、选择题

1. GSM 手机的系统时钟频率一般为（　　）MHz。

A. 13　　B. 130　　C. 1 300　　D. 13 000

2. GSM 手机的实时时钟频率一般为（　　）kHz。

A. 32.768　　B. 327.68　　C. 3 276.8　　D. 32 768

3. 手机输入，输出（I/O）接口部分不包括以下（　　）部分。

A. 模拟接口　　B. 数字接口　　C. 人机接口　　D. 空中接口

4. 信号频率标注在 935～960 MHz（或 1 805～1 880 MHz）之间，则判定它所在的电路是接收机电路（　　）部分。

A. 射频　　B. 中频　　C. 音频　　D. 低频

5. 信号频率标注在 890～915 MHz（1 710～1 785 MHz）之间，可判定它所在的电路为（　　）电路。

A. 发射机　　B. 接收机　　C. I/O　　D. CPU

6. 手机电路中常用的英文标注 RX 表示（　　）电路。

A. 发射机　　B. 接收机　　C. 射频功放　　D. CPU

7. 手机电路中常用的英文标注 TX 表示（　　）电路。

A. 发射机　　B. 接收机　　C. 射频功放　　D. CPU

8.（　　）电路识别可通过送话器和耳机图形来查找。

A. 音频　　B. 逻辑　　C. I/O　　D. 电源

9. 手机电路中有英文缩写 SPK，说明电路是(　　)。

A. 接收音频电路　　B. 频率合成电路　　C. I/O 电路　　D. 发射机电路

10. 如手机电路用英文缩写来标识，如“SIMVCC”“SIMDATA”“SIMRST”“SIMCLK”等，无论哪一种手机电路，只要看到这样的标识，就可断定为(　　)电路。

A. SIM 卡　　B. 键盘接口　　C. LCD 屏显　　D. 振铃器

11. 手机电路中用英文缩写“VB”或“B+”表示的是(　　)电路。

A. 射频　　B. 逻辑/音频　　C. 输入/输出接口　　D. 电源

四、简答题

1. 简述三种基本多址技术的原理，通过比较说明各自的优缺点。
2. 简述什么叫调制技术，在通信系统中要进行调制的原因。
3. 通过比较三种编码方式，简述三种编码方式各自的优缺点。
4. 简述 GSM 手机开机初始工作流程。
5. 画出 GSM 手机接收电路方框图。
6. 简述 CDMA 手机开机初始工作流程。
7. 简述手机频率合成器的作用及组成。
8. 简述手机系统逻辑控制部分的作用及组成。
9. 手机中 Flash ROM(版本)的主要功能是什么？
10. 简述摩托罗拉 V60 型手机的接收机的工作流程。
11. 简述摩托罗拉 V60 型手机三频切换的思路。
12. MSM3100 芯片组是如何构成 CDMA 型手机整机电路的。
13. 请简述 CDMA 型手机发射功率控制的原理，并具体分析三星 A399 型手机发射功率放大器 U301 的第 3 脚电压不正常故障产生的原因。
14. 手机图纸通常有哪些种类？它们之间的关系是什么？有什么区别？

第3章 测试手机

工作项目

实训项目十三：手机常见的电源电压测试

实训项目十四：手机电路关键点的信号测试

实训项目十五：手机软件测试及软件故障维修

实训项目十六：利用手机指令秘技维修手机故障

实训项目十七：手机免拆机软件维修仪的操作与使用

3.1 实训项目十三：手机常见的电源电压测试

“工欲善其事，必先利其器”，手机处处充满着高频信号和数字信号，其检测的方法不同于传统的模拟信号，各项检测指标对检测工具要求高，因此，维修手机硬件故障，需要较多精密的维修仪器，作为一名专业的维修人员，要熟练掌握这些维修仪器的正确使用方法。

1. 数字万用表的操作与使用

数字万用电表是一种最常用的电气测量仪表，具有携带方便、测量范围广、精度较高的特点，因此必须熟练掌握万用电表的使用方法。

下面以图3-1所示的常用的890D型数字万用表介绍其操作与使用。数字万用表可用来测量直流和交流电压、电阻、电容、二极管、三极管及连续性测量，具有读数和单位符号同时显示的功能，并配以全功能过载保护电路，使之成为一台性能优越的工具仪表，是手机维修的理想工具。

图3-1 890D型数字万用表外形

(1) 特点

1) 直流精度±0.5%。

2) 全量程，全功能自动调零，自动极性指示，过量程指示，电池欠压指示。

3) 单位符号显示功能。

4) 按键式电源开关。

5) 通断测试均有蜂鸣音响。

6）电容测试：1 pF～20 μF 自动调零。

7）电阻挡量程：0.1 Ω～200 MΩ。

8）二极管、三极管测试。

（2）电气特性

准确度：±（a%读数＋字数）。

环境温度：23±5 ℃。

相对湿度：<75%。

1）直流电压挡

输入阻抗：所有量程 10 MΩ。

过载保护：1 000 V DC 或 AC 峰值，对于 200 mV 量程为 250 V DC 或 AC 峰值。

2）交流电压挡

输入阻抗：所有量程 10 MΩ。

频率响应：200 V 以下量程为 40～400 Hz。

700 V 量程为 40～200 Hz。

过载保护：对于 200 mV 量程为 250 Vrms AC，其余量程为 750 Vrms 或 100 V 峰值（rms 为均方根值；Vrms 为均方根电压，即交流有效值）。

显示：正弦波有效值。

3）直流电流挡

过载保护：0.2 A/250 V 保险丝。

最大输入电流：20 A（无保护，最多 15 s）。

4）交流电流挡

过载保护：0.2 A/250 V 保险丝。

频率范围：40～400 Hz。

显示：正弦波有效值。

注意：电流测量是采用保险丝保护，如误插入交流市电，保险丝会熔断而保护了内部电路，只要更换保险丝即可，必须留意的是 20 A 挡是不设保险丝保护的，测量时不得超过15 s，否则读数会因分流电阻发热而变化。

5）电阻挡

开路电压：低于 700 mV（对于 200 MΩ 量程开路电压为 3 V）。

过载保护：所有量程 250 V DC 或 AC 有效值。

6）二极管及电路连通测试

⊣▶⊢：显示器显示二极管正向压降的近似值，测试条件为正向电流约 1 mA，反向电压约 2.8 V。

·))）：测试电路连通性，当被测电路电阻低于约 30 Ω 时，蜂鸣器发声。

过载保护：250 V DC 或 AC 有效值，过载时间不大于 15 s。

7）三极管 h_{FE}测试

测量范围：0～1 000。

基极电流约 10 μA，V_{CE}约 2.8 V。

（3）使用方法

1）直流电压与交流电压测量

① 将黑表笔插入COM插孔，红表笔插入V/Ω插孔。

② 将功能开关置于DCV或ACV量程范围，将测试笔跨接到待测电源或负载上。

注意：

① 未知被测电压范围时，应将功能开关置于最大量程并逐渐下降。

② 如果只显示"1"，表示被测电压过量程，需将功能开关置于更高的量程。

③ ⚠表示不要输入高于1 000 V DC与700 V AC的高压，有损坏内部线路的危险。

2）直流电流与交流电流测量

① 将黑表笔插入COM插孔，当测量最大值为200 mA电流时，红表笔插入mA插孔；当测量200 mA～20 A的电流时，红表笔插入20 A插孔。

② 将功能开关置于DCA或ACA量程，并将测试表笔串联接入到待测电路上。

进行直流电流与交流电流测量应注意以下几点。

第一，如果使用前不知道被测电流范围，将功能开关置于最大量程并逐渐下降。

第二，如果显示"1"表示被测电流过量程，功能开关需置于更高量程。

第三，⚠ 表示最大输入电流为200 mA，过载将烧坏保险丝；需予以更换，20 A量程无保险丝保护。

第四，最大测试压降为200 mV。

3）电阻测量

电阻测量连线图如图3-2所示。①将黑表笔插入COM插孔，红表笔插入V/Ω插孔。（注意：红表笔内接电池极性为"+"，与指针式万用表相反）。

② 将功能开关置于Ω量程，将测试表笔跨接到待测电阻上。

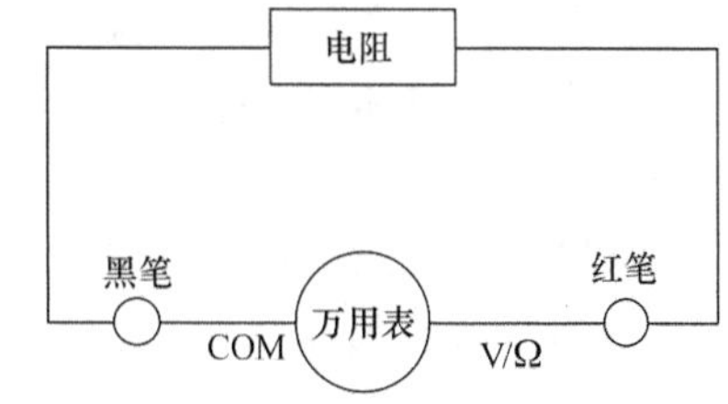

图3-2　电阻测量连线图

进行电阻测量时应注意以下几点。

第一，如果被测电阻值超出所选择量程的最大值，将显示过量程"1"，需选择更高的量程，对于大于1 MΩ或更高的电阻，要几秒钟后读数才能稳定，对于高阻值测量这是正常的。

第二，当无输入时，即开路时，显示为"1"。

第三，检测在线电阻时，须确认被测电路已关闭电源，同时电容已放完电，方能进行测量。

第四，200 MΩ挡短路时会显示1.0 MΩ，测量时应从读数中减去，如测100 MΩ电阻时，显示为"101.0 M"，应减去1.0 MΩ才是最终的读数。

4）电容测试（自动调零）

连接待测电容器之前，注意每次转换量程时复零需要时间；有漂移读数存在不会影响测试精度。

进行电容测试时应注意以下几点。

第一，仪表本身已对电容挡设置了保护，故在电容测试过程中不用考虑电容极性及电容充放电等情况。

第二，测量电容时，将电容器插入电容测试座中（不用测试表笔）。

第三，测量大电容时，稳定读数需要一定时间。

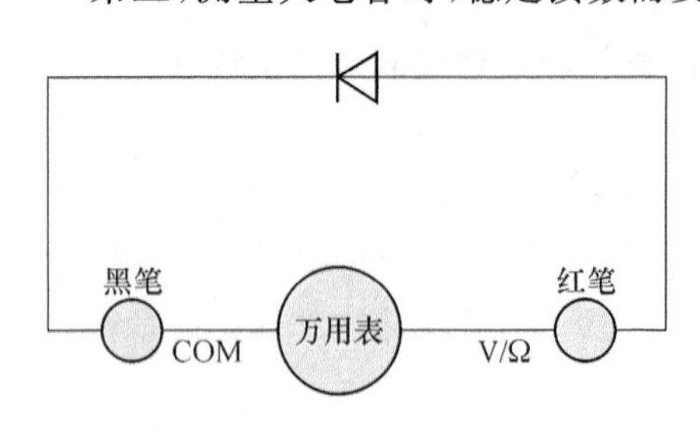

图 3-3　二极管测量连线图

5）二极管及电路连通测试

二极管测量连线图如图 3-3 所示。

① 将黑表笔插入 COM 插孔，红表笔插入 V/Ω 插孔（注意：红表笔内电源极性为“+”）。

② 将功能开关置于 ⊣▶⊢ ·))) 挡，并将表笔跨接到待测二极管上。读数为二极管正向压降的近似值。

③ 表笔跨接到待测线路的两端，如果两点之间电阻值低于约 30 Ω 时，内置蜂鸣器发声。

6）晶体管 h_{FE} 测试

① 将功能开关置 h_{FE} 量程。

② 确定晶体管是 NPN 或 PNP 型，将基极、发射极和集电极分别插入面板上相应的插孔。

③ 显示器上将显示 h_{FE} 的近似值。测试条件：I_b 约 10 μA，V_{CE} 约 2.8 V。

（4）仪表保养

该数字万用表是一台精密电子仪器，不要随意更改其内部线路，使用时应注意以下几点。

1）不要接高于 1 000 V 直流电压或 700 V 交流有效值电压。

2）不要在功能开关处于 Ω 或 ⊣▶⊢ 位置时，将电压源接入。

3）在电池没有装好或后盖没有上紧时，请不要使用此表。

4）拔去表笔和切断电源后，才能更换电池或保险丝。

（5）电源自动关断使用说明

1）仪表停止使用或停留在一个挡位超过约 15 分钟时，电源将自动切断，仪表进入睡眠状态，这时仪表约损耗几个 μA 的电流。

2）当仪表电源自动切断后，若要重新开启电源应重复按动电源开关两次。

2. 用万用表测量手机电源电压信号

（1）实训目的

1）掌握万用表的使用方法，能够熟练地使用万用表进行手机信号的测量。

2）熟悉手机的电源电压。

（2）实训器材及工作环境

1）试验用手机若干，具体种类、数量由指导教师根据实际情况确定。

2）指针式万用表或数字万用表 1 台，稳压电源 1 台。

3）建立一个良好的工作环境。

（3）实训内容

请指导老师选择一款机型，让学生用指针式万用表或数字万用表测量手机的各电源电压。下面以诺基亚 N1116 为例，对其关键电压进行测量，诺基亚 N1116 的电源部分关键点局部放大图如图 3-4 所示。诺基亚 N1116 全局图见附录 B。

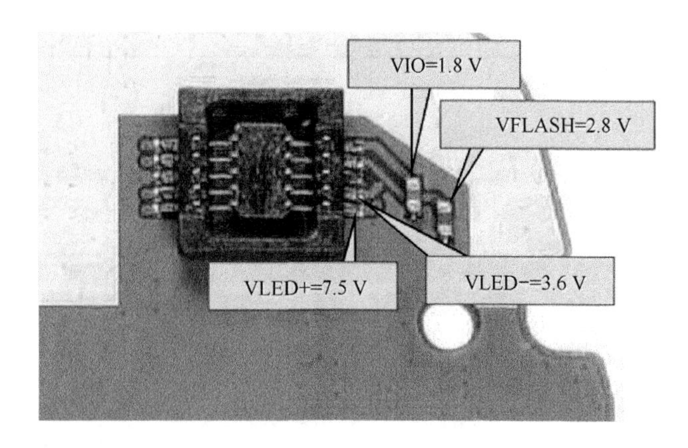

图 3-4　诺基亚 N1116 手机的电源部分关键点局部放大图

（4）注意事项

1）注意万用表量程的合理选择。

2）注意每种类型手机电源电压的异同。

（5）根据实训内容，记录并填写实训报告，指导老师对学生的操作给出评语和评分。

实训报告十三　手机常见的电源电压信号测试实训报告

实训地点			时间		实训成绩	
姓名		班级		学号		同组姓名	
实训目的						
实训器材与工作环境						
测试信号	功用		测试结果	数值分析	用时	
VR1						
VR2						
VR3						
VR4						
VR5						
VCORE						
VIO						
VSIM						
VFLASH1						
VFLASH						
VLED＋						
VLED－						

续表

详细写出利用万用表测试某一款手机电源的过程，并指出实训过程中遇到的问题及解决方法	
写出此次实训的体会及感想，提出实训中存在的问题	
指导老师评语	

3.2　实训项目十四：手机电路关键点的信号测试

手机电路关键点的信号包括信号的频率、时域波形和频域波形，其中，信号频率的测试需要用到数字频率计，时域波形测量需要数字式示波器，频域波形则需要用频谱分析仪进行测量，本实训通过对这三种通用测量仪器的操作与使用的介绍，将手机电路关键点的信号测试方法融入其中。

3.2.1　数字频率计的操作与使用

手机维修测试中，频率是一个重要参量。由于数字集成电路技术的飞速发展，应用计数法原理制成的数字式频率测量仪器具有精确度高，测频范围宽，便于实现测量过程自动化等一系列的突出特点，所以数字式频率测量计（简称数字式频率计）已成为目前测量频率的主要仪器。数字频率计主要用于测量手机射频频率信号，如 13 MHz、26 MHz 和 19.5 MHz 等频率。其测频范围应达到 1 000 MHz，若考虑测量双频手机的需要，测频范围应为2 GHz。下面以 DF3380 频率计为例，介绍数字频率计的使用方法。

1. DF3380 频率计面板介绍

DF3380 频率计面板如图 3-5 所示。

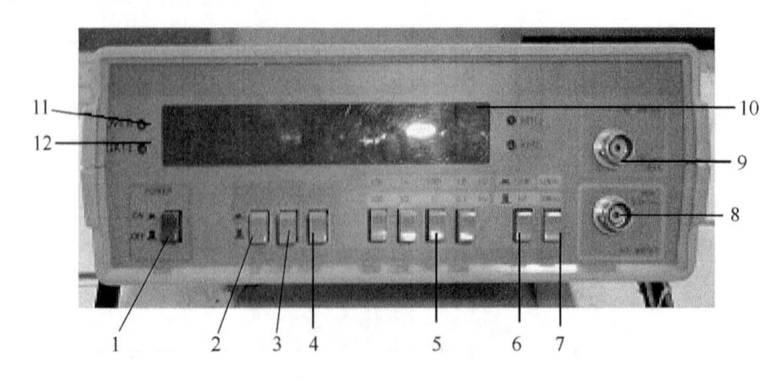

图 3-5　DF3380 频率计

(1) 电源开关(POWER):按下锁住时电源接通,弹起时电源断开。

(2) 复位键(RESET):按一下“RESET”键,所有显示数据清除、复零。

(3) 保持键(HOLD):按下锁住时能记忆所显示数据。

(4) 显示器测试键(DISPLAY TEST):按下该键检查显示器是否完好,正常时8位七段LED和所有小数点及溢出指示OVER灯全亮(除最高位小数点外)。

(5) 分辨力选择键(RESOLUTION):根据测量需要选择合适的分辨力。

(6) 高频通道和超高频通道测量选择键(HF/UHF):当测量频率在10 Hz～60 MHz范围时选择HF键,测量频率超过60 MHz时应选择UHF键。

(7) 测量范围选择键(0 MHz/60 MHz):当测量频率在10 Hz～10 MHz时选择10 MHz,当测量频率在10～60 MHz时选择60 MHz。

(8) HF通道输入端口。

(9) UHF通道输入端口。

(10) 八位LED显示窗。

(11) 溢出指示灯(OVER):当计数器溢出时“OVER”灯亮。

(12) 闸门指示灯(GATE):当计数器处于测量状态时“GATE”灯亮,在数据切换时该灯熄灭。

2. 主要技术性能

(1) 频率测量

① HF:10 Hz～10 MHz,10～60 MHz;

② UHF:50～1 200 MHz。

(2) 输入阻抗

HF:不小于1 MΩ/50 pF;UHF:50 Ω。

(3) 触发灵敏度

① HF:10 Hz～10 MHz,不大于30 mV;

② 10～60 MHz,不大于100 mV;

③ UHF:50～700 MHz,不大于50 mV;

④ 700 MHz～1 GHz,不大于100 mV。

(4) 分辨力

① HF: 10 Hz～10 MHz :100 Hz、10 Hz、1 Hz、0.1 Hz;10～60 MHz :1 kHz、100 Hz、10 Hz、1 Hz;

② UHF:10 kHz、1 kHz、100 Hz、10 Hz。

3. 数字频率计的基本操作

(1) 后面板输入220×(1±10%) V 50 Hz电源,按下“POWER”键通电预热15分钟,可稳定工作。

(2) 将保持键“HOLD”处于释放状态,分辨力选择键“RESOLUTION”选择HF 10 Hz(UHF 1 kHz)挡。

(3) 测量信号在10 Hz～10 MHz频段内时信号输入“HF”端,按下测量选择“HF”键及“10 MHz”键,这时候“GATE”灯熄灭,测量即告完毕,可从显示窗读出测量值。

(4) 测量信号在10～60 MHz频段内时信号输入“HF”端,按下测量选择“HF”键及“60 MHz”键,这时“GATE”灯熄灭,测量即告完毕,可从显示窗读出测量值。

(5) 测量信号在60～1 200 MHz频段内时信号输入“UHF”端,测量选择“UHF”键,这样便可完成 UHF 频率测量。

（6）在测量速度要求较高的情况下分辨力选择键可选择 HF 100 Hz(UHF 10 kHz)，反之，在测量较低频率时为得到足够的测量精度可选择 HF 1 Hz(UHF 100 Hz)或更大。

（7）当不需要前次测量所显示数据时，可按一次“RESET”予以复位。

（8）若对显示数据需要记忆时，可按下“HOLD”键锁住，需要新测量时要释放该键。

3.2.2 数字示波器的操作与使用

示波器是一种能观察各种电信号波形并可测量其电压、频率等的电子测量仪器。示波器还能对一些能转化成电信号的非电量进行观测，因而它还是一种应用非常广泛的、通用的电子显示器。下面以台湾固伟公司生产的数字存储示波器 GDS-1000-U 系列为例，介绍数字示波器的操作。

1. 数字示波器的基本参数

GDS-1000-U 系列性价比较高，是一款通用双通道示波器，提供 50～100 MHz 带宽，满足多样化教学要求和基本工业需要。直观的仪器接口设计和 5.7 英寸彩色 TFT LCD 显示器，采用双采样模式，250 M 样本点/s 实时采样率和 25 G 样本点/s 等效采样率，用户可以灵活选择。该示波器具有快速波形处理能力、先进的触发功能、2.5 kg 轻量设计。GDS-1000-U 的USB Host和 USB Device 接口操作简单，用户可以通过 USB Device 远程控制仪器，通过 USB Host 直接存储数据，还能启用数据记录功能监控指定时间序列内的波形数据。GDS-1000-U系列示波器规格参数如表 3-1 所示。

表 3-1 GDS-1000-U 系列示波器规格参数表

		型号		
		GDS-1052-U	GDS-1072-U	GDS-1102-U
垂直	通道	2	2	2
	带宽	DC～50 MHz(－3 dB)	DC～70 MHz(－3 dB)	DC～100 MHz(－3 dB)
	上升时间	约<7 ns	约<5 ns	约<3.5 ns
	灵敏度	2 mV/格～10 V/格(1—2—5 步进)		
	精确度	±(3%×|读值|＋0.1 格＋1 mV)		
	输入耦合	AC,DC,GND		
	输入阻抗	1×(1±2%) MΩ，约 15 pF		
	极性	正常，反相		
	最大输入	300 V(DC＋AC 峰值)，CAT II		
	波形信号处理	＋，－，FFT		
	偏移范围	2～50 mV/格：±0.4 V；100～500 mV/格：±4 V；1～5 V/格：±40 V；10 V/格：±300 V		
	带宽限制	20 MHz(－3 dB)		
触发	触发源	CH1、CH2、Line、外部		
	模式	自动、正常、单次、TV、边沿、脉冲宽度		
	耦合	AC、DC、低频抑制、高频抑制、噪声抑制		
	灵敏度	DC～25 MHz：约 0.5 格或 5 mV；25 MHz～50/70/100 MHz：约 1.5 格或 15 mV		

续表

		型号		
		GDS-1052-U	GDS-1072-U	GDS-1102-U
外部触发	范围	±15 V		
	灵敏度	DC～25 MHz：约 50 mV；25 MHz～50/70/100 MHz：约 100 mV		
	输入阻抗	1×(1±2%) MΩ，约 16 pF		
	最大输入	300 V(DC+AC 峰值)，CAT II		
水平	范围	1 ns/格～50 s/格(1—2.5—5 步进)；ROLL：50 ms/格～50 s/格		
	模式	主时基，窗口，放大窗口，滚动，X－Y		
	精确度	±0.01%		
	前置触发	最大 10 格		
	后置触发	1 000 格		
X-Y 模式	X-轴输入	通道 1		
	Y-轴输入	通道 2		
	相位移	±3°在 100 kHz		
信号获取	实时采样率	最大 250 M 样本点/s		
	等效采样率	最大 25 G 样本点/s		
	垂直分辨率	8 bit		
	记录长度	最大 4 000 点		
	获取模式	正常、峰值侦测、平均		
	峰值侦测	10 ns(500 ns/格～50 s/格)		
	平均次数	2，4，8，16，32，64，128，256		
光标和测量	电压测量	V_{pp}，V_{amp}，V_{avg}，V_{rms}，V_{hi}，V_{lo}，V_{max}，V_{min}，上升前激电压/过激电压，下降前激电压/过激电压		
	时间测量	频率、周期、上升时间、下降时间、正脉宽、负脉宽、占空比		
	光标测量	光标之间的电压差(ΔV)，光标之间的时间差(ΔT)		
	自动计数	6 位分辨率；精确度：±2%；信号源：除视频触发模式外，所有可用的触发模式		
调整探棒补偿信号	频率范围	1～100 kHz，1 kHz/步		
	占空比范围	5%～95%；5%/步		
控制面板功能	自动设置	自动调整垂直 VOLT/DIV、水平 TIME/DIV 和触发准位		
	保存设置	多达 15 组测量条件		
	保存波形	15 组波形		
显示	TFT LCD 类型	5.7 英寸		
	显示分辨率	234(垂直)×320(水平)点		
	显示格线	8×10 格		
	显示亮度	可调		
接口	USB Device	USB1.1&2.0 全速兼容		
	USB Host	图像(BMP)波形数据(CSV)和设置(SET)		

2. 数字示波器面板

GDS-1000-U 系列示波器面板功能示意图如图 3-6 所示。

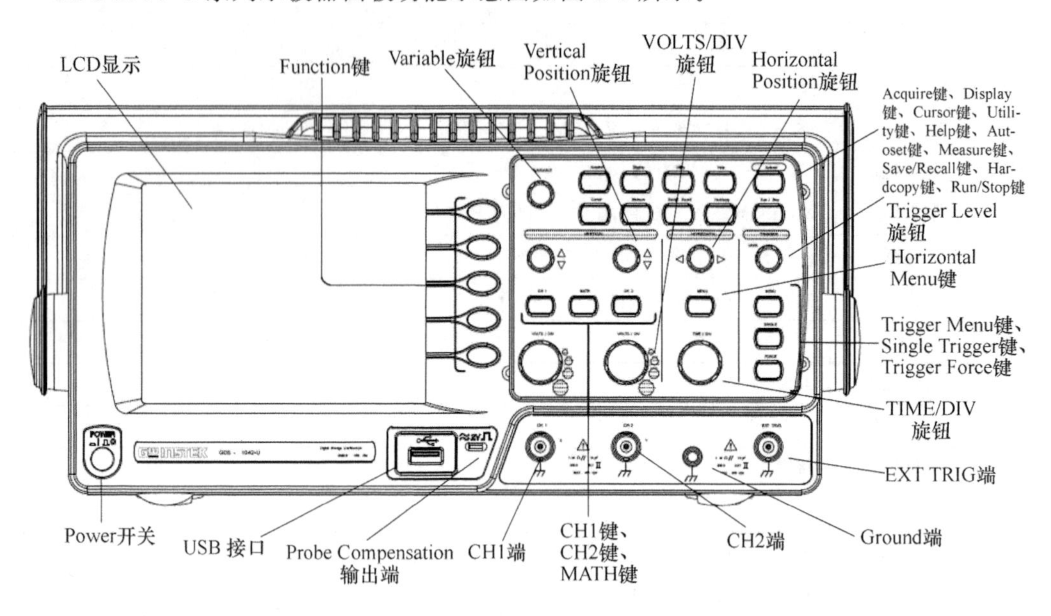

图 3-6　固伟 GDS-1000-U 系列示波器面板功能示意图

各按键功能如下。

LCD 显示：TFT 彩色，320×234 分辨率，宽视角 LCD 显示。

Function 键，F1(顶)～F5（底）：启动 LCD 屏幕左侧的功能。

Variable 旋钮：增大或减小数值，移至下一个或上一个参数。

Acquire 键：设置获取模式。

Display 键：设置屏幕设置。

Cursor 键：运行光标测量。

Utility 键：设置 Hardcopy 功能，显示系统状态，选择菜单语言，运行自我校准，设置探棒补偿信号，选择 USB host 类型。

Help 键：显示帮助内容。

Autoset 键：根据输入信号自动进行水平、垂直以及触发设置。

Measure 键：设置和运行自动测量。

Save/Recall 键：存储和调取图像、波形或面板设置。

Hardcopy 键：将图像、波形或面板设置存储至 USB。

Run/Stop 键：运行或停止触发。

Trigger Level 旋钮：设置触发准位。

Trigger Menu 键：触发设置。

Single Trigger 键：选择单次触发模式。

Trigger Force 键：无论触发条件如何，获取一次输入信号。

Horizontal Menu 键：设置水平视图。

Horizontal Position 旋钮：水平移动波形。

TIME/DIV 旋钮:选择水平挡位。

Vertical Position 旋钮:垂直移动波形。

CH1/CH2 键:设置垂直挡位和耦合模式。

VOLTS/DIV 旋钮:选择垂直挡位。

CH1、CH2 端:接收输入信号,1×(1±2%) MΩ 输入阻抗,BNC 端子。

Ground 端:连接 DUT 接地导线,常见接地。

MATH 键:完成数学运算。

USB 接口:用于传输波形数据、屏幕图像和面板设置。

Probe Compensation 输出端:输出 2 V_{p-p}方波信号,用于补偿探棒或演示。

EXT TRIG 端:接收外部触发信号。

Power 开关:启动或关闭示波器。

3. 数字示波器的显示

GDS-1000-U 系列数字示波器显示状态如图 3-7 所示。

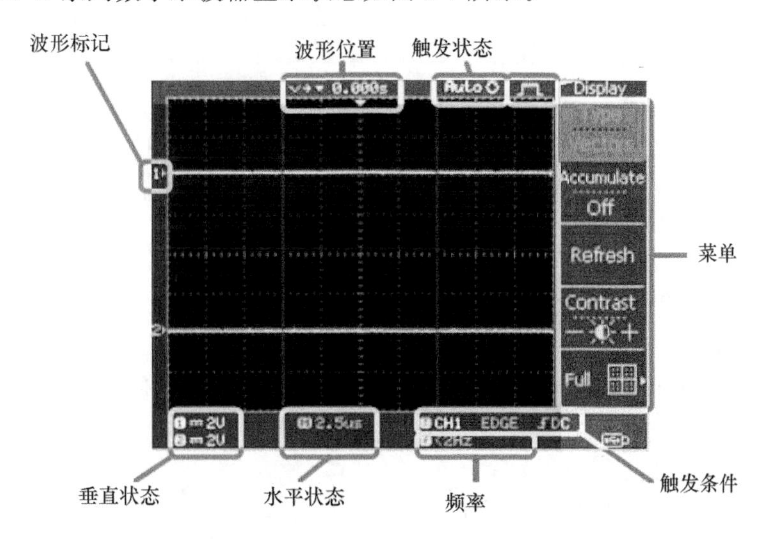

图 3-7　GDS-1000-U 系列数字示波器显示状态

波形:1)Channel 1: 黄色;2)Channel 2: 蓝色

触发状态: 1)Trig'd:正在触发信号;2)Trig?;等待触发条件;3)Auto:无论触发条件如何,更新输入信号;4)STOP:停止触发。

输入信号频率:实时更新输入信号频率(触发源信号) ,"< 2 Hz"说明信号频率小于低频限制(2 Hz),不准确。

触发设置:显示触发源、类型和斜率。如果为视频触发,显示触发源和极性。

水平状态、垂直状态:显示通道设置的耦合模式、垂直挡位和水平挡位。

4. 数字示波器的常用测量操作

(1) 激活、关闭通道

激活通道:按 CH1 或 CH2 激活输入通道。通道指示灯显示在屏幕左侧,通道指示符也相应改变。

关闭通道:按两次 Channel 键(如果通道处于激活状态,仅按一次)关闭通道。

(2) 使用自动设置

Autoset 功能将输入信号自动调整到面板最佳视野处,包括自动选择水平挡位并水平定位波形,自动选择垂直挡位并垂直定位波形,自动选择触发源通道并激活通道。步骤如下。

① 将输入信号连入示波器,按 Autoset 键。

② 波形显示在屏幕中心位置,如图 3-8 所示。

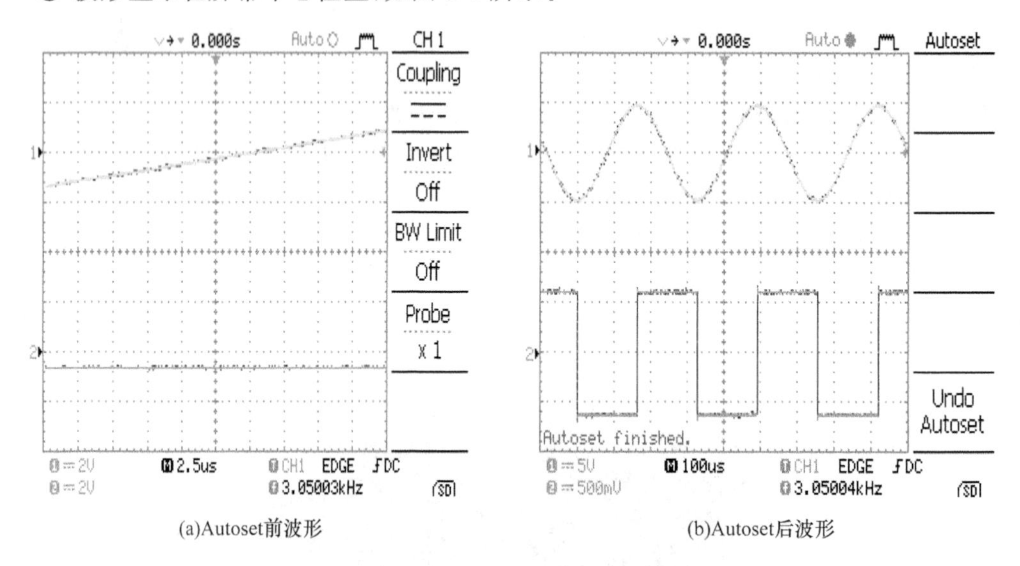

(a)Autoset前波形

(b)Autoset后波形

图 3-8 Autoset 前后波形对照图

取消自动设置:按 Undo 键(需等待几秒)取消自动设置。

调整触发准位:如果波形仍不稳定,使用 Trigger Level 旋钮上/下调节触发准位。

自动设置(Autoset)功能不适用的情况:输入信号频率小于 20 Hz;输入信号幅值小于 30 mV。

(3) 运行和停止触发

按触发 Run/Stop 键切换运行/停止模式。在触发运行模式下,示波器持续搜索触发条件,一旦条件满足,屏幕更新波形信号。在触发停止模式下,示波器停止触发,屏幕保持最后一次获取的波形。屏幕上方的触发指示符显示停止模式,如图 3-9 所示。

(4) 改变水平位置和挡位

设置水平位置:Horizontal Position 旋钮 向左或向右移动波形。位置指示符随波形移动,距中心点的偏移距离显示在屏幕上方,如图 3-10 所示。

选择水平挡位:旋转 TIME/DIV 旋钮改变时基(挡位);左(慢)或右(快)。范围为 1 ns/格~10 s/格,1—2.5—5 步进,如图 3-11 所示。

(5) 改变垂直位置和挡位

设置垂直位置:旋转各通道的 Vertical Position 旋钮向上或向下移动波形。波形移动时,光标的垂直位置显示在屏幕左下角。Run/Stop 模式下均可以垂直移动波形。

选择垂直挡位:旋转 VOLTS/DIV 旋钮改变垂直挡位;左(下)或右(上)。范围为 2 mV/格~10 V/格,1—2—5 步进。

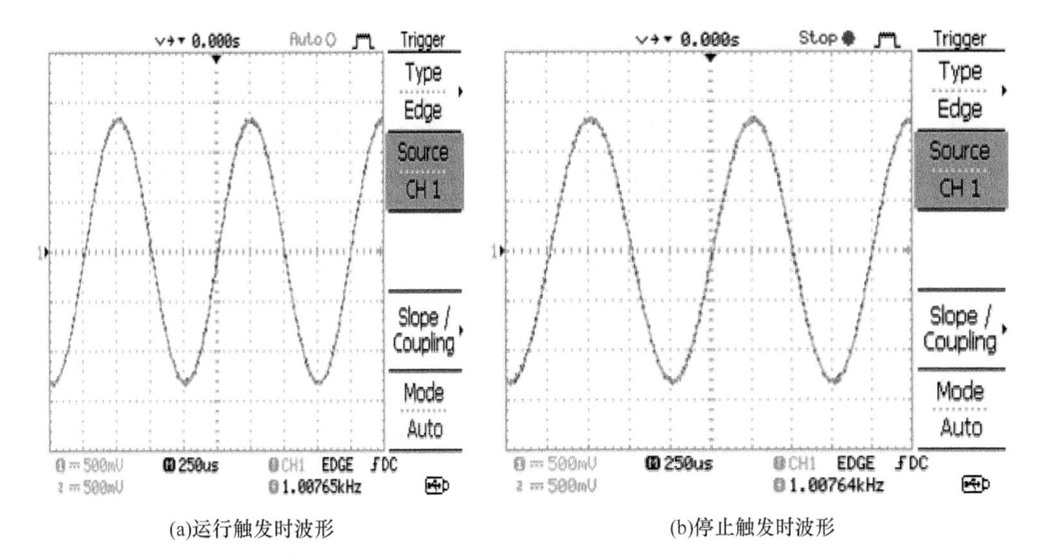

图 3-9　运行/停止触发波形对照图

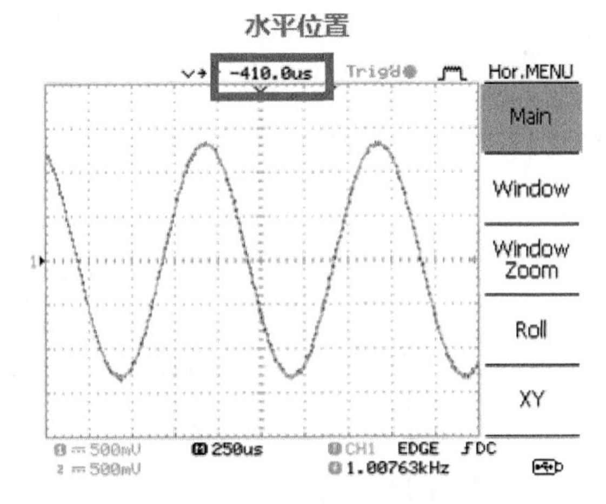

图 3-10　位置指示符指示

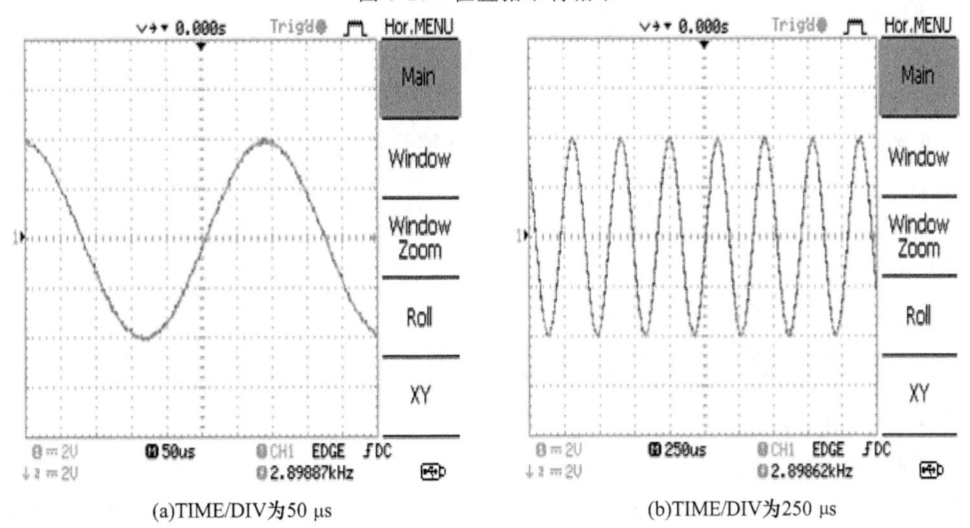

图 3-11　水平挡位不同时波形对照图

（6）自动测量

自动测量功能测量输入信号的属性，并将结果显示在屏幕上。最多同时更新 5 组自动测量项目。如有必要，所有自动测量类型都可以显示在屏幕上。测量项目有：电压类型包括电压峰-峰值 V_{pp}、电压最大值 V_{max}、电压最小值 V_{min}、整体最高电压减整体最低电压差 V_{amp}、整体最高电压 V_{hi}、整理最低电压 V_{lo}、第一个周期平均电压 V_{avg}、均方根电压 V_{rms} 等；电流类型包括频率 Frequency、周期 Period、上升时间 Rise Time、下降时间 Fall Time、正向脉冲周期＋Width、负向脉中周期－Width、占空比 Dutycycle 等。

自动测量的步骤如下。

① 按 Measure 键 。

② 右侧菜单栏显示并持续更新测量结果。通过按键 F1～F5 共可以指定 5 组测量项。如图 3-12 所示。

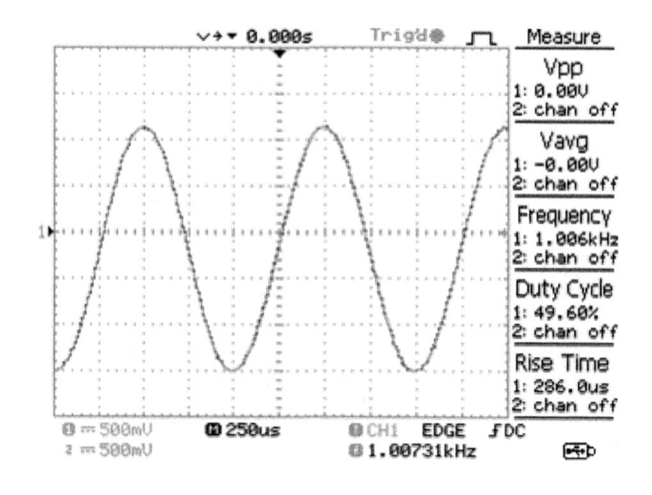

图 3-12　自动测量波形图

③ 重复按 F3 选择测量类型：电压或时间。

④ 使用 Variable 旋钮 选择测量项。

⑤ 按 Previous Menu 确认选项，并返回测量结果页面。

（7）光标测量

水平或垂直光标线显示输入波形或数学运算结果的精确位置。水平光标显示时间、电压和频率，垂直光标显示电压。

① 使用水平光标

步骤：

按 Cursor 键，屏幕显示光标线。

按 X↔Y 键 X↔Y 选择水平(X1&X2)光标。

重复按 Source 键 Source CH1 选择信号源通道。

光标测量结果显示在菜单上。

参数：X1 为左光标的时间位置（相对于零）；X2 为右光标的时间位置（相对于零）；X1X2 为 X1 与 X2 的差值；-uS 为 X1 与 X2 的时间差；-Hz 为将时差转化为频率；-V 为电压

差(X1－X2)。

② 移动水平光标

按 X1 键,使用 Variable 旋钮移动左光标。按 X2 键,使用 Variable 旋钮移动右光标。按 X1X2 键,使用 Variable 旋钮同时移动左右光标。

③ 使用垂直光标

步骤:

按 Cursor 键,屏幕显示光标线。

按 X↔Y 键 X↔Y 选择垂直(Y1&Y2)光标。

重复按 Source 键 Source CH1 选择信号源通道。

光标测量结果显示在菜单上。

参数:Y1 为上光标的电压准位;Y2 为下光标的电压准位;Y1Y2 为上下光标之差。

④ 移动垂直光标

按 Y1 键,使用 Variable 旋钮移动上光标。按 Y2 键,使用 Variable 旋钮移动下光标。按 Y1Y2 键,使用 Variable 旋钮同时移动上下光标。

⑤ 消除光标

按 Cursor 键消除屏幕上的光标。

5. 用示波器测量手机信号波形实训

(1) 实训目的

1) 掌握示波器的使用方法,能够熟练地使用示波器进行手机关键信号波形的测量。

2) 熟悉手机的关键信号波形。

(2) 实训器材及工作环境

1) 试验用手机若干,具体种类、数量由指导教师根据实际情况确定。

2) 示波器 1 台,稳压电源 1 台。

3) 建立一个良好的工作环境。

(3) 实训内容

1) 请指导教师选择一款机型,让学生用示波器对手机关键测试点进行测量。

2) 采用数字示波器观察两个不同频率的信号。

步骤为如下。

① 将探头和示波器通道的探头衰减系数设置为相同;

② 将示波器通道 CH1、CH2 分别与两信号相连;

③ 按下 AUTO 按钮;

④ 调整水平、垂直挡位直至波形显示满足测试要求;

⑤ 按 CH1 按钮,选通道 1,旋转垂直(VERTICAL)区域的垂直 POSITION 旋钮,调整通道 1 波形的垂直位置。

⑥ 按 CH2 按钮,选通道 2 ,调整通道 2 波形的垂直位置,使通道 1、2 的波形既不重叠在一起,又利于观察比较。

提示:双踪显示时,可采用单次触发,得到稳定的波形,触发源选择长周期信号,或是幅度稍大、信号稳定的那一路。

3）学习、掌握用光标测量信号垂直方向参数的方法。

步骤如下。

① 接入被测信号，并稳定显示；

② 按 CURSOR 键，选光标模式为手动；

③ 根据被测信号接入的通道选择相应的信源；

④ 选择光标类型为电压；

⑤ 移动光标可以调整光标间的增量；

⑥ 屏幕显示光标 A、B 的电位值及光标 A、B 间的电压值。

提示：电压光标是指定位在待测电压参数波形某一位置的两条水平光线，用来测量垂直方向上的参数，示波器显示每一光标相对于接地的数据，以及两光标间的电压值。旋转垂直 POSITION 钮，使光标 A 上下移动；旋转水平 POSITION 钮，使光标 B 上下移动。

4）学习、掌握用光标手动测量信号的时间参数。

步骤如下。

① 接入被测信号并稳定显示；

② 按 CURSOR 键选光标模式为手动；

③ 根据被测信号接入的通道选择相应的信源；

④ 选择光标类型为时间；

⑤ 移动光标可以改变光标间的增量；

⑥ 屏幕显示一组光标 A、B 的时间值及光标 A、B 间的时间值。

（4）注意事项

1）对一些测试点进行测量时，需启动相应的电路。

2）测试仪器的地线要连接在一起。

（5）实训报告

根据实训内容，记录并填写实训报告，指导老师对学生的操作给出评语和评分。

实训报告十四　手机常见的信号和波形测试实训报告

<table>
<tr><td colspan="2">实训地点</td><td colspan="2"></td><td>时间</td><td></td><td>实训成绩</td><td></td></tr>
<tr><td>姓名</td><td></td><td>班级</td><td></td><td>学号</td><td></td><td>同组姓名</td><td></td></tr>
<tr><td colspan="2">实训目的</td><td colspan="6"></td></tr>
<tr><td colspan="2">实训器材与工作环境</td><td colspan="6"></td></tr>
<tr><td colspan="2">测试信号</td><td colspan="2">测试点</td><td colspan="2">测试波形图</td><td>波形分析</td><td>用时</td></tr>
<tr><td colspan="2">26 MHz 信号</td><td colspan="2"></td><td colspan="2"></td><td></td><td></td></tr>
<tr><td colspan="2">32.768 kHz 信号</td><td colspan="2"></td><td colspan="2"></td><td></td><td></td></tr>
<tr><td colspan="2">休眠时钟信号</td><td colspan="2"></td><td colspan="2"></td><td></td><td></td></tr>
<tr><td colspan="2">RXI/RXQ 信号</td><td colspan="2"></td><td colspan="2"></td><td></td><td></td></tr>
</table>

续表

测试信号	测试点	测试波形图	波形分析	用时
TXI/TXQ 信号				
TXP 前端控制信号				
TXC 前端控制信号				
VSIM 信号				
RFBUSCLK 射频总线时钟信号				
CBUSCLK 总线时钟信号				
DBUSCLK 总线时钟信号				
详细写出利用示波器测量某一款手机的过程，并指出实训过程中遇到的问题及解决方法				
写出此次实训过程的体会及感想，提出实训中存在的问题				
指导老师评语				

3.2.3　频谱仪的操作与使用

1. 分贝的计算方法

在使用各测试仪器仪表之前，有必要了解一下分贝（dB）和分贝毫瓦（dBm）的基本概念，下面作简要介绍。

（1）分贝

分贝（dB）是计量声音强度或电功率相对大小的单位，常用来表示放大器的放大能力、衰减量等，表示的是一个相对量。分贝对功率、电压、电流的定义如下：

功率分贝数：　　　　　　　　　10lg dB

电压、电流分贝数：　　　　　　20lg dB

例如，A 功率比 B 功率大一倍，那么，$10\lg(A/B)=10\lg 2=3$ dB，也就是说，A 功率比 B 功率大 3 dB。

（2）分贝毫瓦

分贝毫瓦（dBm）是一个表示功率绝对值的单位，计算方法为相对于 1 mW 功率的分贝数：

$$分贝毫瓦=10\lg(P/1\ \text{mW})\ \text{dBm}$$

对于确定的负载阻抗情况下，分贝毫瓦与电压可以相互转化。信号分贝值、功率、电压的关系为：

$$dB=10\lg P_2/P_1=20\lg U_2/U_1$$

$$P=U^2/R$$

其中：P_2、U_2为被测功率和电压；P_1为在负荷阻抗上 0 dB 的标称功率＝1 mW；U_1为在负荷阻抗上消耗功率为 1 mW 时的相应电压。

例 3-1 如果发射功率为 1 mW，则按 dBm 进行折算后应为：

$$10\lg(1\,\text{mW}/1\,\text{mW})=0\,\text{dBm}$$

如果发射功率为 40 W，则按 dBm 进行折算后应为：

$$10\lg(40\,\text{W}/1\,\text{mW})=46\,\text{dBm}$$

例 3-2 一般地，频谱分析仪的输入输出阻抗为 50 Ω，固伟频谱分析仪 GSP-830 的最小输入测量信号幅度为－117dBm，试求其对应的电压值。

解：

$$-117=10\lg\frac{P}{1\,\text{mW}}\Rightarrow P=10^{\frac{-117}{10}}\,\text{mW}=10^{-11.7}\,\text{W}$$

$$U=\sqrt{PR}=\sqrt{10^{-11.7}\times 50}=9.98\times 10^{-6}\,\text{V}=9.98\,\mu\text{V}$$

即固伟频谱分析仪 GSP-830 的最小输入测量信号幅度为 0.316 μV。

2. 频谱分析仪的作用

在手机测试过程中，一般情况下，可以用示波器判断 13 MHz 电路信号的存在与否，以及信号的幅度是否正常，却无法利用示波器确定 13 MHz 电路信号的频率是否正常，用频率计可以确定 13 MHz 电路信号的有无，以及信号的频率是否准确，但却无法用频率计判断信号的幅度是否正常。使用频谱分析仪可迎刃而解，因为频谱分析仪既可检查信号的有无，又可判断信号的频率是否准确，还可以判断信号的幅度是否正常。同时它还可以判断信号，特别是 VCO 信号是否纯净。可见，频谱分析仪在手机维修过程中是十分重要的。另外，数字手机的接收机、发射机电路在待机状态下是间隙工作的，所以在待机状态下，频率计很难测到射频电路中的信号，对于这一点，频谱分析仪不难做到。

从事通信工程的技术人员，在很多时候需要对信号进行分析，针对不同观察域，分别用示波器、频谱分析仪和矢量分析仪观察信号。示波器只能观察信号的幅度、周期和频率；但频谱分析仪还可以分析信号的频率分布信息、频率、功率、谐波、杂波、噪声、干扰和失真，而矢量分析仪可以在频谱分析仪基础上分析数字调制信号的调制质量。

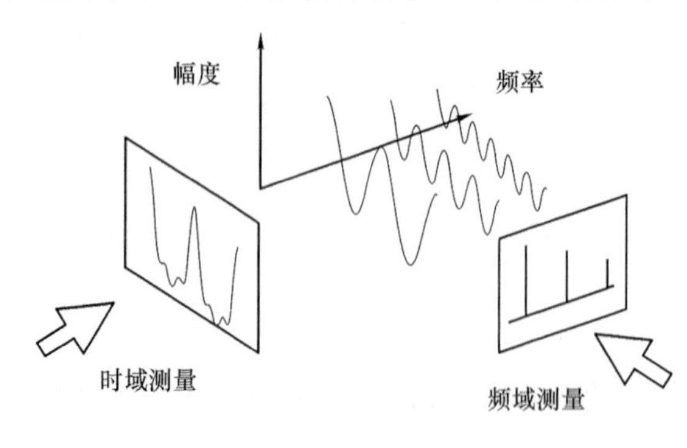

图 3-13　时域和频域内观察结果对比

早期的信号观察，主要依赖示波器在时域内观察信号；傅里叶变换告诉我们，任何时域内电信号都是由一个或多个不同频率、不同幅度和不同相位的正弦波组成的，但应用示波器无法观察到频域内信息，只能在时域内观察；应用频域测量，就能以频谱的形式显示出每个正弦波的幅度随频率变化的情况。图 3-13所示是信号在时域和频域内观察的结果，由此可以清楚地看出信号在频域观察的必要性：时域得到的是信号的波形信息，不能测量混合信号，如果存在干扰或失真信号，在时域上无法区分有用信号和无用信号。在频域上可以准确地测量有用信号和无用信号的各种参数。

3. 频谱分析仪的工作过程

频谱分析仪主要有傅里叶频谱分析仪和超外差式频谱分析仪。快速傅里叶变换(FFT)频谱分析仪将被分析的信号通过 A/D 转换器采样,变成离散信号,采样值被保存在一个存储器中,经过离散 FFT 变换计算,计算出信号的频谱。FFT 分析仪不适合脉冲信号的分析,而且由于 A/D 转换器速度的限制,FFT 分析仪仅适合测量低频信号。超外差频谱分析仪对输入信号的分析,并不是从时间特性计算得来的,而是由频域分析直接决定的。对于这样的分析,必须把输入频谱分成各个独立的部分。可调带通滤波器就是为此目的而使用的。超外差频谱分析仪内部结构如图 3-14 所示。

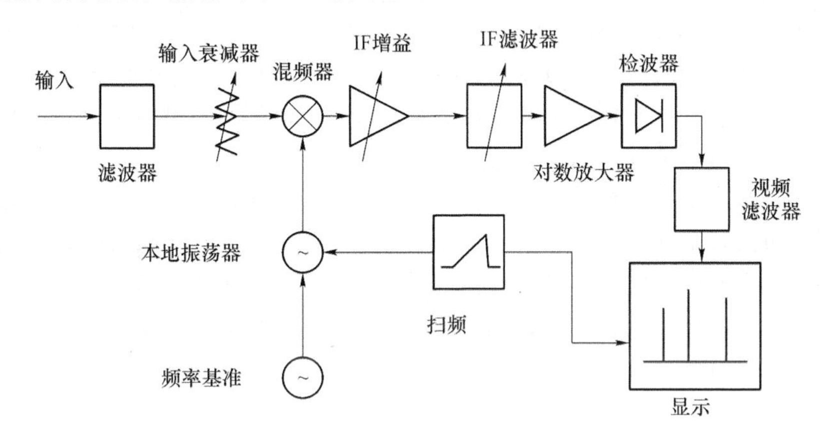

图 3-14　超外差频谱分析仪的内部结构

信号分析过程如下:被测信号经过滤波和衰减后,和本地振荡器 LO 信号进入混频器混频转换成中频信号,因为 LO 频率可变,所以输入信号都可以被转换成固定中频,经放大后进入中频滤波器(中心频率固定),然后进入一个对数放大器,对中频信号进行压缩,然后进行包络检波,所得信号即视频信号,为了平滑显示,在包络检波之前通过可调低通滤波器,即视频滤波;视频信号在阴极射线管内垂直偏转,即显示出信号的幅度,同时,由于显示的频率值是扫频发生器电压值的函数,所以对应被测信号的频率值,于是,被测信号的信息显示在 LCD 上。

生产频谱分析仪的厂家不多。我们通常所知的频谱分析仪有惠普(现在惠普的测试设备分离出来,成为安捷伦)、马可尼、惠美以及国产的安泰、固伟等。相比之下,惠普的频谱分析仪性能最好,但其价格也相当可观。早期惠美的 5010/5011 频谱分析仪比较便宜,国产的安泰 5010/5011 频谱分析仪的功能与惠美的 5010/5011 差不多,其价格却便宜得多。固伟 GSP-系列性价比较高,下面以固伟 GSP-830 频谱分析仪为例进行介绍。

(1) 特点

在不使用前置放大器时,GSP-830 最低能测到 0.316 μV 的电压,即 −117 dBm。一般示波器要在 1 mV,频率计要在 20 mV 以上,跟频谱仪比差距较大。如用频率计测频率时,有的频率点测量很难,有的频率点测不准,频率数字显示不稳定,甚至测不出来。这主要是频率计灵敏度问题,即信号低于 20 mV 频率计就无能为力了,如用示波器测量时,信号 5%失真示波器看不出来,在频谱仪上万分之一的失真都能看出来。

但需注意的是，频谱仪测量的是高频信号，其高灵敏度也就决定了要注意被测信号的幅度范围，以免损坏高频头，GSP-830 的合理幅度范围为 0.316 μV～2.24 V，超过其范围应另加相应的衰减器。

固伟电子生产的 3 GHz 频谱分析仪 GSP-830 是扫描式频谱分析仪，具有高性能、低准位、易于操作和便于携带等多项优点，能够在高频与通信应用上，提供学术研究、教育训练、电子组件设计与生产系统，以及自动化测试中最专业的有效解决方案。固伟电子的GSP-830能使原有的低噪声准位－117 dBm/Hz 在搭配 20 dB 增益的前置放大器 GAP-802后，能够进一步再降到－137 dBm/Hz，以提供极高的灵敏度来捕捉微弱的信号。同时透过自动程序编辑模式，让使用者可以编辑 10 组测量步骤以进行自动化执行序列的程序设定，而其中可加入暂停、重复和单次模式以配合不同的选用场合。此外，GSP-830 尚有更多优异且独特的功能，包括自动设定、窗口分割、功率测量、信号通过/失败测试等项目，皆能在频谱分析的专业工作上满足所有使用者的应用需求。GSP-830 还有各式各样数据与信号的传输界面设计，如 USB Host/Device，RS-232C，VGA 和 GPIB(选配)。

GSP-830 具有自动测量功能，在不使用外部电脑控制的情况下也能成为一部自动测量仪器。使用者可透过前面板的按键定义自己所需要的执行程序并且储存到 10 组程序设置里。除了面板上所有的功能外，程序设置还可包含暂停指令，所以需要观测面板的信息时可先暂停运行的程序去观察测量结果，然后接着执行。且程序控制功能可根据应用需要选择重复执行和单次执行两种模式。

(2) 性能指标

① 频率

频率范围：9 kHz～3 GHz

频宽范围：2 kHz～3 GHz 在 1—2—5 顺序步进，全展频，零展频

相位噪声：－80 dBc/Hz @1 GHz 20 kHz 偏移典型值

扫频时间范围：50 ms～25.6 s

② 解析度带宽

解析度带宽范围：3 kHz，30 kHz，300 kHz，4 MHz

解析频宽精确度：15%

视频频宽范围：10 Hz～1 MHz 1—3 步进

③ 幅度

测量范围：－103～＋20 dBm：1～15 MHz，Ref. Level @ －30 dBm
　　－117～＋20 dBm：15 MHz～1 GHz，Ref. Level ≥－110 dBm
　　－114～＋20 dBm：1～3 GHz，Ref. Level ≥－110 dBm
　　(Span＝50 kHz，RBW＝3 kHz)

参考电平范围：－110～＋20 dBm

精确度：±1 dB @ 100 MHz

频率平坦度：±1 dB

幅度线性度：±1 dB @ 70 dB

④ 连接器

射频输入:N 型母头,50 Ω 标准,射频输入电压驻波比<2∶1 @0 dBm 参考电平

外部参考:BNC 母头

时钟输入:1 MHz,1.544 MHz,2.048 MHz,5 MHz,10 MHz,10.24 MHz,13 MHz,15.36 MHz,15.4 MHz,19.2 MHz

参考时钟输入:BNC 母头,10 MHz

⑤ 接口

RS-232C、USB、VGA 输出、GPIB 接口(选配)

(3) GSP-830 频谱分析仪功能

GSP-830 频谱分析仪面板功能示意图如图 3-15 所示。

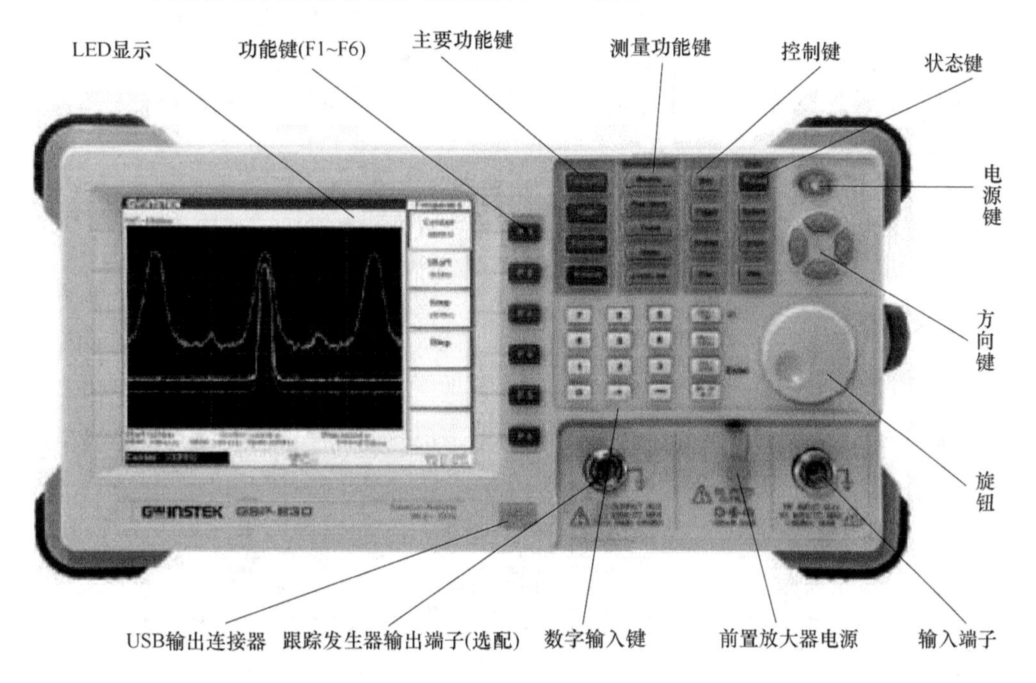

图 3-15 GSP-830 频谱分析仪面板功能示意图

① LED 显示:TFT 彩色显示器,640×480 分辨率。

② 功能键(F1~F6):软键用于执行出现在显示器右边的菜单指令。

③ 主要功能键:

Frequency 键、Span 键用来设定水平(频率)刻度。

Amplitude 键用来设定垂直(振幅)刻度和输入阻抗。

Autoset 键用来自动设定输入信号最适当的水平和垂直刻度。

④ 测量功能键:

Marker 键用来启动光标并用在指定的区域。

Peak Search 键用来搜寻峰值信号并设定峰值范围和次序。

Trace 键用来开启并设定轨迹信号,执行轨迹数学运算。

Measurement 键用来设定及执行 4 种类型的功率量测:ACPR,OCBW,N-dB 和 Phase jitter。

Limit Line 键用来设定高/低限制线并执行 Pass/Fail 测试。

⑤ 控制键：

BW 键用来设定 RBW/VBW 宽度，扫描时间和波形平均数字。

Trigger 键用来选择触发类型，设定触发操作模式/延迟/频率，并启动外部触发输入信号。

Display 键用来设定 LCD 亮度，编辑并显示 LED 屏幕的线/标题，以及启动分割窗口。

File 键用来储存/调出/删除轨迹波形，限制线，振幅修正，指令集和面板设定。并且可以经由 USB 端口储存显示器的影像。

⑥ 状态键：

Preset 键用来重设 GSP-830 开机时预先设定的状态。

System 键设定日期/时间、GPIB/RS232C 接口和语言，显示系统的数据和自我测试的结果，储存/调出面板设定。

Option 键用来设定跟踪发生器、AM/FM 解调器、电池和外部参考频率。

Sequence 键用来编辑并执行指令集(使用者定义的)。

Power 键：用来选择 Standby 模式(红色 LED On) 和 Power On 模式(绿色 LED On)之间的电源状态。使用后面板的电源开关打开/关闭电源。

⑦ 方向键：用来选择不同状况的参数，上/右键为增加参数，下/左键为减少参数。

⑧ 飞梭旋钮：用来设定或选择参数，在很多情况它和方向键一起使用。

⑨ 输入端子：RF Input 端口用来接收待测输入信号，最大为＋30 dBm，DC ±25 V。输入阻抗为 50 Ω。

⑩ 前置放大器电源供应器端子：DC 9 V 端口用来提供选购的前置放大器 GAP-801/802 的 DC 9 V 电源。

⑪ 数字输入键：用来设定不同的参数，在很多情况它和方向键及飞梭旋钮一起使用，如图 3-16 所示。

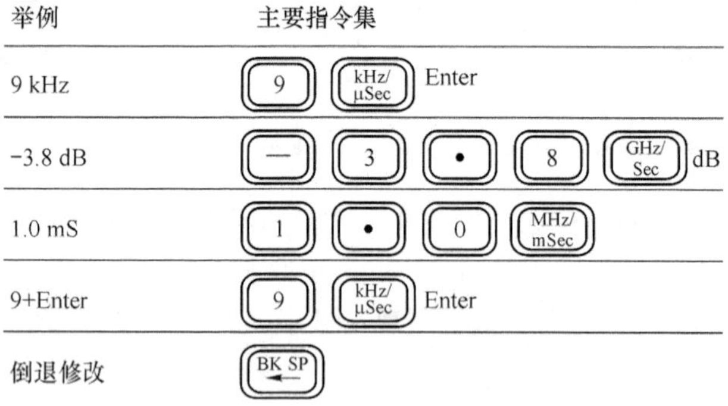

举例	主要指令集
9 kHz	[9] [kHz/μSec] Enter
-3.8 dB	[—] [3] [•] [8] [GHz/Sec] dB
1.0 mS	[1] [•] [0] [MHz/mSec]
9+Enter	[9] [kHz/μSec] Enter
倒退修改	[BK SP ←]

图 3-16　数字输入键示例

⑫ 跟踪发生器输出端子(选购配备)：TG output 端口用来输出跟踪发生器信号，其反灌的功率不能超过＋30 dBm。

⑬ USB 输出连接器：USB host，A 类型，公座连接器用来提供储存和调出数据或显示影像。

4. 频谱分析仪的操作与使用

用频谱分析仪测量手机的射频信号比较方便，下面举例说明。

例 3-3　用频谱分析仪测量某手机第二中频信号(6 MHz)。

操作步骤：

① 打开频谱分析仪，设置与测量模式有关的项目。

② 设置与频率有关的项目

按频率 Frequency 键，按 F4 设定 Step 分辨率为 100 kHz。按 F1 设定中心频率 Center 为 6 MHz。

按 Span 键，设定频率展频 Span 为 10 MHz。

③ 设置与电平有关的项目

按 Amplitude 键，按 F1(Ref. Level)设置参考准位为 10 dBm。按 F2(Scale dB/Div)设置振幅刻度为 10 dB/Div。按 F3(Units)选择振幅单位为 dBm。

④ 将频谱仪探头外壳与手机电路主板接地点相连，探针插到第二中频滤波器的输出端，在电流表指针摆动时观察频谱仪屏幕上是否有脉冲式图像，正常情况下，当电流表指针摆动时，有脉冲图像出现在 6 MHz 频标位置。

例 3-4　用频谱分析仪测量诺基亚 3310 功放输出信号的频谱，并测量信号 3 dB 的带宽。

可按以下步骤进行测量：

① 打开频谱分析仪，设置与测量模式有关的项目。

② 设置与频率有关的项目

按频率 Frequency 键，按 F4 设定 Step 分辨率为 10 MHz。按 F1 设定中心频率 Center 为 900 MHz。

按 Span 键，设定频率展频 Span 为 100 MHz。

③ 设置与电平有关的项目

按 Amplitude 键，按 F1(Ref. Level)设置参考准位为 20 dBm。按 F2(Scale dB/Div)设置振幅刻度为 10 dB/Div。按 F3(Units)选择振幅单位为 dBm。

④ 将频谱仪外壳与 3310 主板接地点相连，控针插到功放块的输出端，并拨打“112”，观察电流表摆动的同时观看频谱仪屏幕上有无脉冲图像，正常情况下，在 900 MHz 频标附近会出现脉冲图像，但幅度会超出屏幕范围，可以按衰减按键，使图像最高点在屏幕范围内。

⑤ 开启 N dB。N dB 是用来测量特定振幅(N dB) 所涵盖的信道频宽。

按 Measurement 键，按 F6(More)，按 F1(N dB BW On)，开启 N dB 带宽测量。切换显示画面到 N dB 模式，将 N dB 结果更新显示在下半部。如图 3-17 所示。

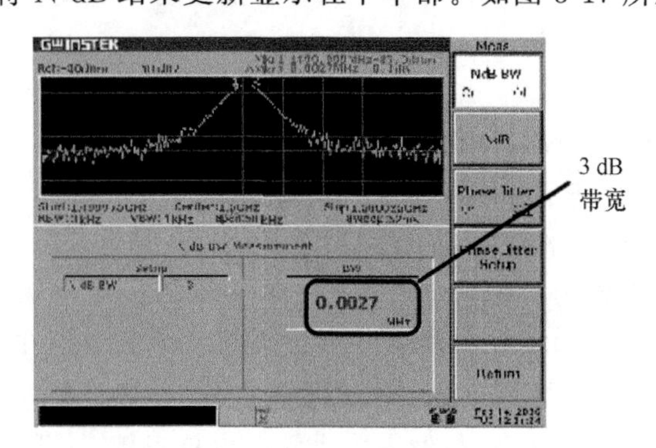

图 3-17　N dB 测量图形

⑥ 设定振幅。按 F2 (N dB)设定频宽涵盖的振幅。

3.3 实训项目十五:手机软件测试及软件故障维修

手机软件测试是手机软件开发中的一个重要环节。手机软件测试是一门非常崭新的学科,目前研究的内容还很不深入,但手机软件测试与手机检测技术及维修技能的相关性是无可置疑的。目前手机软件测试越来越受到手机生产制造商的重视,软件测试人员的作用也逐渐被人们所认可,国内一些大型公司和专业公司已经在软件测试方面走上正轨。作为软件质量保证和可靠性的关键技术手段,软件测试正日益受到重视。

手机软件测试按照自动化程度不同可分为手工测试和自动测试。手工手机软件测试主要是通过手机测试人员手动操作,并借助某些监测仪器和工具,来验证手机的各种性能。自动化手机测试则是通过手机自动化测试平台对手机软件测试,它可大大提高测试的效率。但由于软件自身的复杂性和灵活性,而高度发达的人类思维的优势决定了无论自动化测试技术多么发达,是很多高端测试工具无法替代的。因此,目前软件自动测试仅是手工测试的辅助手段,手工测试则是手机软件测试的主体。本实训项目以手机测试员工作任务对手机软件测试进行简单介绍。

1. 手机软件测试的工作任务

(1) 手机测试的目的

软件测试的核心是:一切从用户的需求出发,从用户的角度去看手机,用户会怎么去使用手机,用户在使用过程中会遇到什么样的问题。只有这些问题都解决,手机软件的质量才有保证。

1) 确认软件的质量。一方面需要确认手机软件是否做了用户期望做的事情,另一方面是确认软件是否以正确的方式来做了此事。

2) 提供反馈信息。提供给手机软件开发人员或程序工程师反馈信息,为风险评估所准备的信息。

3) 保证整个软件开发过程的高质量。软件测试不仅是在测试软件产品的本身,而且还包括软件开发的过程。如果一个软件产品开发完成之后通过测试发现很多问题,则说明此软件开发过程有缺陷。因此软件测试在整个软件开发过程中是高质量的保证。

(2) 手机软件测试的重要性

1) 发现手机软件错误;

2) 有效定义和实现手机软件成分由低层到高层的组装过程;

3) 验证手机软件是否满足系统所规定的技术要求;

4) 为手机软件质量模型的建立提供依据。

(3) 手机软件测试工作的过程

随着GSM、CDMA、WCDMA、CDMA2000及我国自主研发的TD-SCDMA等手机新技术的不断涌现,基于业务应用层面开发和测试比重的增加,复杂度的不断提高以及手机和传统上基于PC的应用服务的快速融合,使得手机软件也越来越多,手机软件测试工作任务也逐渐细化。但手机测试的过程一般分为测试计划、测试设计、测试开发、测试执行、测试评估五个过程。

1）测试计划

首先，根据用户需求报告中关于功能要求和性能指标的规格说明书，定义相应的测试需求报告，所有测试工作都将围绕着测试需求来进行，符合测试需求的应用程序即是合格的，反之即是不合格的；同时，还要适当选择测试内容，合理安排手机测试人员、测试时间及测试资源等。对要执行测试的手机/项目进行分析，确定测试策略，制订测试计划。测试工作启动前一定要确定正确的测试策略和指导方针，这些是后期开展工作的基础。

2）测试设计

设计测试用例。将测试计划阶段制订的测试需求分解、细化为若干个可执行的测试过程，并为每个测试过程选择适当的测试用例（测试用例选择的好坏将直接影响到测试结果的有效性）。设计测试用例要根据测试需求和测试策略来进行，应该设计的详细，如果进度、成本压力较大，则应该保证测试用例覆盖到关键性的测试需求。

3）测试开发

建立可重复使用的人工测试流程。

4）测试执行

执行测试主要是搭建测试环境，执行测试用例。

5）测试报告

测试结束后，提交测试报告。

6）测试总结

测试总结是测试环节中较重要的环节。测试完成后，对测试环节进行客观、有效的总结，以便对软件测试工作进行改进，是积累测试经验的很重要的一个流程。

（4）手机测试实操工作中应注意的问题

手机软件测试的过程中不免会遇到各种类型的问题。为减少问题的出现，需要测试人员注意以下几点。

1）编写测试用例应全面

测试用例应覆盖面全、条目清晰、策划合理、面面俱到。通过把策划案中的功能点不断地划分，直至精确到某个输入和输出结果。这是一个非常需要脑力劳动的过程，一方面要肯定策划案中的正确的内容，另一方面要考虑这些正确的内容是否存在何种异常的操作，而任何一个异常的内容都是不允许没有输出结果的。

2）执行测试工作应稳、准、快

测试执行的速度反映了手机测试人员基本功的扎实程度。执行同样一个功能的手机测试人员，熟悉手机系统的比不熟悉系统的测试人员快。这就要求手机测试人员遇到问题要有耐心、测试要细心、工作要有责任心。

3）发现手机程序缺陷应及时上报

及时把程序缺陷的出现方法和具体出现导致的问题写入测试报告中。报告内容要步骤分明，应在执行测试过程中不断尝试，直至把程序缺陷的重现过程缩短到最短。

2. 手机软件测试的内容

在手机软件测试中，测试是一个软件质量保证的过程，它需要手机测试员严格按照测试流程走，认认真真地执行每一步，是一项大量重复的工作。随着手机的功能不断更新，手机测试工作内容也变得越来越复杂。下面介绍几种通用性较强的手机测试内容。

(1) 下载手机版本

将新的软件版本下载到手机FLASH上，测试手机能否正常运行。

(2) 测试手机菜单

按照手机提供的菜单进行测试，如某个(子)菜单的功能实现不了，或是出现异常现象，则定为手机该菜单软件部分有缺陷。

(3) 手机待机电流测试

将手机接在手机专用直流电源上，让手机停在某个界面，等屏幕黑下来，在规定的一段时间(3分钟)后，测其电流。则通过电池容量可计算出手机的待机时间。同时待机电流的状态也能体现出内部软件的稳定性。

(4) 手机探索性测试

几部手机在一个封闭的空间里同时模拟用户使用手机。在这期间会进行固定时间的打断，如每隔10分钟，会有信息、电话或闹钟事件发生。主要测试手机软件在多用户使用环境下的可靠性。

(5) 手机时间相关测试

长时间保持测试主要是测试手机长时间稳定进行某项功能的能力。主要包括以下几方面。

1) 手机长时间待机能力测试

手机的长时间待机测试，就是根据手机电池的能力连续不间断待机一定时间(如4天)，之后验证手机是否还能够发起主叫和被叫业务，能够发起主叫，表示手机在长时间待机后自身还处于正常状态；能够发起被叫，说明手机在睡眠模式下可以正常接收寻呼。

2) 手机长时间CS域业务保持能力测试

手机的长时间CS域业务保持测试，就是根据手机电池的能力连续不间断进行语音通话或者视频通话一定时间(如2小时)，测试通话期间图像(3G手机的图像)和声音是否连续、清晰，是否有单通现象出现，是否会有手机过热现象。

3) 手机长时间PS域业务保持能力测试

手机长时间PS域业务保持测试，主要是通过持续进行WWW业务、FTP业务或者流媒体业务一定时间(如2小时)，测试进行数据业务期间上下行数据传输率是否稳定，网页显示是否流畅，流媒体播放是否连续等。

4) 手机长时间组合业务保持能力测试

长时间组合业务保持测试，就是同时保持CS和PS域业务一段时间，以验证手机长时间进行组合业务的能力。

5) 手机限定时间反应测试

手机的限定时间反应测试主要是测试手机在规定时间内对用户的操作做出反应，给出操作结果的能力测试。主要包括以下测试内容。

① 手机开机驻留时延测试

手机开机驻留时延，是指从用户按下开机键(手机上电、系统引导、启动任务、搜索网络、完成位置更新)到手机进入待机界面，提示用户可以进行正常服务的总时间。

② 手机关机时延测试

手机关机时延，是指从用户按下手机关机键(手机完成网络分离、将RAM中修改过的数据写回 FLASH)到手机完全下电所需的总时间。

③ 手机 CS 域业务接入时延测试

手机 CS 域业务接入时延，是指用手机在进行语音或视频电话时从按下拨号键到听到对方回铃声所需总时间，由于该过程需要移动通信网络分配资源，所以测试结果可能会受到当前网络资源可用程度的影响。

④ 手机 PS 域业务接入时延测试

手机 PS 域业务接入时延，是指在进行数据业务时从开始连接到能正常进行数据业务所需总时间。

⑤ 手机本地应用的操作时延测试

本地应用的操作时延，是指完成某些本地操作维护功能所需的时间，主要包括：

打开电话簿时延测试；

在电话簿里查找联系人时延测试；

存储新建的联系人时延测试；

存储短信时延测试；

存储多媒体文件时延测试；

打开浏览器时延测试；

播放多媒体文件时延测试；

打开 GPS 定位时延测试。

(6) 次数相关测试

次数相关的性能测试是测试手机重复稳定地进行某项功能的能力测试。这种重复操作包括很多对象被多次创建和释放，因此可能会发现潜在的内存泄漏等问题。其包括以下内容。

1) 开关机成功率测试

开关机成功率测试主要是检验多次开机是否会有物理层不能正确收到初搜命令的情况，关机不完全也可能会导致下一次开机失败，以及在某些情况下系统死机后只能通过插拔电池板来重新开机。

2) CS 域业务成功率测试

CS 域业务成功率的测试，是指通过进行一定次数的主叫或者被叫，统计失败的次数，对失败原因进行归类，分析是否能够找到和手机相关的失败原因。

3) 本地应用的成功率测试

本地应用的成功率包括：

① 多次存储再删除文件成功率测试；

② 多次存储再删除联系人成功率测试；

③ 多次存储再删除短信成功率测试；

④ 多次打开某个应用或执行某类操作成功率测试。

另外还有 PS 域业务成功率测试、组合业务成功率测试、切换成功率测试、小区初搜成功率测试、小区重选成功率测试等。其中，PS 域业务成功率、组合业务成功率、切换成功率的测试方法与 CS 域业务成功率测试类似。

(7) 并发业务测试

并发测试主要是测试手机同时进行多项业务时表现出的处理能力。例如同时进行 CS

域语音业务和PS域下载业务，或者在MP3播放的同时进行WWW上网业务，以测试协议栈、操作系统和处理器对并发业务的支持能力。

(8) 手机负载测试

负载测试主要是验证系统的负载工作能力。系统配置不变的条件下，在一定时间内，手机在高负载情况下的性能行为表现。例如，同时进行多个FTP下载，使下行传输率接近极限值，观察手机是否可以正常工作。

除以上介绍的测试内容以外，还有手机容错性测试(输入手机允许范围之外的数据进行测试，检测反应状况)，边界测试(输入手机允许条件的边界进行测试，检测是否有异常现象出现)，异常中断测试(在进行相关操作的同时，有其他事件发生，查看手机有什么现象产生)，通话测试(强信号、弱信号以及强信号和弱信号之间切换测试)等。

通过手机软件测试，可以发现手机软件隐藏的各种程序缺陷，如死机、断言、花屏、乱码等。

3. 手机软件测试实训

(1) 实训目的

1) 掌握手机软件测试技能，能对手机的通用功能进行测试。

2) 提高对手机软件测试的认识。

(2) 实训器材及工作环境

1) 试验用手机若干，具体种类、数量由指导教师根据实际情况确定。

2) 相应手机软件测试主要内容。

3) 建立一个良好的工作环境。

(3) 实训内容

1) 请指导教师选择几款机型，指导学生对手机进行基本测试操作。

2) 指导教师对学生测试操作的每一款机型给出成绩。

(4) 注意事项

1) 注意测试内容的选取。

2) 注意每种类型手机的软件测试方法。

(5) 实训报告

根据实训内容，完成手机软件测试实训报告。

实训报告十五　手机软件测试实训报告

<table>
<tr><td colspan="2">实训地点</td><td colspan="2"></td><td>时间</td><td></td><td>实训成绩</td><td></td></tr>
<tr><td>姓名</td><td></td><td>班级</td><td></td><td>学号</td><td></td><td>同组姓名</td><td></td></tr>
<tr><td colspan="2">实训目的</td><td colspan="6"></td></tr>
<tr><td colspan="2">实训器材与
工作环境</td><td colspan="6"></td></tr>
<tr><td colspan="2">实训内容</td><td colspan="2">第1款手机</td><td colspan="2">第2款手机</td><td>第3款手机</td><td>第4款手机</td></tr>
<tr><td colspan="2">手机型号</td><td colspan="2"></td><td colspan="2"></td><td></td><td></td></tr>
</table>

续表

实训内容	第 1 款手机	第 2 款手机	第 3 款手机	第 4 款手机
开机驻留时延测试				
关机时延测试				
CS 域业务接入时延				
PS 域业务接入时延测试				
打开电话簿时延				
存储新建的联系人时延				
存储短信时延				
存储多媒体文件时延				
打开浏览器时延				
播放多媒体文件时延				
打开 GPS 定位时延				
CS 域语音业务和 PS 域下载业务并发				
MP3 播放的同时进行上网业务并发				
多个 FTP 下载用时				
详细写出手机开机驻留时延测试的分析方法，并指出实训过程中遇到的问题及解决方法				
写出此次实训过程中的体会及感想，提出实训中存在的问题				
指导教师评语				

3.4　实训项目十六：利用手机指令秘技维修手机故障

经常使用电脑的人可能都遇到过电脑出现“蓝屏”的情况，遇到电脑出现“蓝屏”时，可以通过重新启动电脑来使其恢复到正常的工作状态。假若电脑出现系统不能启动的故障，若电脑硬件本身正常，一般情况下可通过重新安装 Windows 系统来解决问题，这属于“软件”故障。若内存等损坏导致电脑不能启动，则属于硬件故障。

手机也有软件故障。“锁机”“输入保密码”，摩托罗拉手机的“话机坏，请送修”，诺基亚手机的“联系供应商(Contact Service)”等许多情况都是由于移动电话本身的软件运行出现问题所致。随着数字移动电话的不断推陈出新，越来越多的移动电话故障都是由于移动电话的软件所致。对于所有品牌的数字手机来说，几乎 50%的不开机故障都是由软件所引起。软件资料要么在存储器中莫名其妙地丢失，要么是发生错码。除了不开机故障外，常见的软件故障有：手机显示的字符错乱；SIM 卡未被接受；摩托罗拉手机的“请输入八位特别号码”；三星手机的开机画面定屏；“请稍等”，等等。

对于这些纯粹由于手机软件所引起的故障，可用一些维修软件来进行处理，重新对手机资料的某些参数进行修复。

在早期的软件故障处理中，维修人员基本都要将手机中相应的存储器取下来，然后借助编程器来将手机资料写入到手机的存储器中。对于这种仪器，可称为拆机软件维修仪，应用较广的有 TMC 系列和 LABTOOL 系列等。

所谓手机指令秘技，是指利用手机的键盘，输入操作指令，不需任何检修仪，对手机功能进行测试和程序设定。通过手机指令秘技操作，可以既简单又方便地解决手机软件故障及软件设置错误引起的故障，所以此法可称为维修软件故障的“秘诀”。因手机型号不同，其操作方法也有所不同。当然，使用这种方法的前提是手机必须能开机。

在此列出两款手机的指令秘技（如表 3-2 所示），同时，对实际维修中常见的故障实例进行分析，从中体会指令秘技使用的方法。

表 3-2　两款手机的指令秘技

三星 A288 手机指令秘技		诺基亚 8210 手机指令秘技	
指令	功能	指令	功能
*#8999*0523#	显示屏对比度调试	*#0000#	显示软件版本
*#8999*947#	错误复位	*#746025625#	关闭 SIM 卡时钟
*#8999*268#	更改开机显示	*#3370#	激活 EFR，关闭 EFR
*#8999*842#	振动测试	*#06#	查询 IMEI 码
*#06#	查询 IMEI 码	按住“#”	900 M，1 800 M 网络切换
*#9999#	手机版本查看	#DW+1234567890+1#	查询是否锁国家码
#8999*0636#	存储器容量显示	#DW+1234567890+2#	查询是否锁网络码
#8999*0228#	电池信息	#DW+1234567890+3#	查询是否锁提供者锁定码
#8999*0837#	看手机版本号	#DW+1234567890+4#	查询是否锁 SIM 卡
#8999*786#	开机与关机时间读取	*#92702689#	查询更多的手机信息输入
#8999*746#	SIM 卡文件规格测试		
#8999*377#	EEPROM 错误指示		
#8999*246#	程序参数显示		
#8999*427#	看门狗信号路径设置		
#8999*0638#	SIM 卡网络标识号		
#8999*9266#	工程模式网络测试		
#8999*627837793#	解 SIM 卡锁		

1. 三星手机常见的软件故障

三星手机常见的软件故障有联网失败、没有信号、请稍等、限制服务、系统初始化失败和联系经销商等。出现软件故障有两种原因：一种是字库数据出错，另一种是码片资料出错。解决的方法如下：常用的复位指令“＊2767＊3855＃”或“＊2767＊2878＃”，这两条指令可以对EEPROM进行复位，对于新版的EEPROM，也可以用“＊2767＊7377＃”指令复位。下面是维修实例。

例3-5　三星系列手机出现“系统初始化失败、无发射、信号不稳、不能开机或不能关机、乱码”等故障现象。

处理方法：根据三星系列手机软件故障的特点，手机出现“系统初始化失败、无发射、信号不稳、不能开机或不能关机、乱码”等现象，很大程度上是码片（EEPROM）出错造成的，因此首选指令秘技法来解决（除不能开机的手机外），用手机的键盘直接输入“＊2767＊3855＃”或“＊2767＊2878＃”，有时在重大错误下，用“＊＃8999＊947＃”复位设置指令。一般情况下，纯软件故障都可以用指令秘技解除故障。如果手机不开机或码片本身存在硬件电路的故障，那就要拆下码片，用软件维修仪与电脑联机重写码片或更换码片，重新试机，排除故障。

例3-6　三星系列手机更换显示屏后无显示。

处理方法：三星系列手机显示屏不显示，首先要利用指令秘技调对比度，用手机的键盘输入“＊＃023＃”调高对比度；其次，再考虑显示屏的问题。经过对比度的调整，显示一般能正常。

例3-7　三星A188、A388、A288手机SIM卡锁。

处理方法：手机在使用过程中常常因错误地调整菜单中的PUK码而使SIM卡锁，当输入10次以上错误的密码会使SIM卡永久性地损坏。当使用的是三星A188、A388、A288手机，用“＊＃9998＊627837793＃”或“＊＃9998＊737＃”指令，向上查找PUK，九位数中取后八位××××××××，再用“＃0149＊××××××××＃”即可解除SIM卡锁。

例3-8　三星CDMA手机N299、A399、A599、A539手动解锁。

处理方法：首先输入“＊759＃13580＃”，进入工程模式后按29，经过约3分钟，锁自动解除。如果不能解除，就要用三星解锁软件读出密码。

例3-9　三星CDMA手机A599、A399、A539、N299出现软件故障。

处理方法：用主清除指令，按“M＋＊＋123580＋0”，选择“是”即可。

例3-10　三星CDMA手机X199手动解锁。

处理方法：拆下手机的UIM卡，输入“＊759＃813580”，进入测试模式，输入73后，再输入“＃02”启动，锁机密码会全部清空，锁解开。也可以用主清除指令，输入“M＋8＋＊＋123580＋0”即可解锁。

2. 摩托罗拉手机常见的软件故障

摩托罗拉系列手机常见的软件故障有无发射、无接收、无振铃、Phone failed see service（电话坏联系服务商、话机坏请送修）、Phone locked（手机被锁）等。摩托罗拉系列手机常用的维修方法有主清除与主复位指令。

按MENU键→设置→其他设置→初始化设置→主清除或主复位。若选择“主清除”，将会执行以下操作：从话机中清除电话本项目；清除最后呼出号码或最后呼入号码；可清零计时表。注意：不能清除的有固定号码表、本机号码表、计费表、收到或传出的短消息。若选择“主复位”，将执行以下操作：返回到最初的语言选择；铃音恢复标准音量为中；网络查找为中;取消自动应答;声音提示计时;通话中显示计费;节电模式;自动免提;自动加锁;小区广播及通话传真方式。下面是维修实例。

例 3-11 摩托罗拉手机出现功能错乱,不能正常拨入/拨出或者来电显示乱码。

处理方法:选择指令秘技方法,也可以用“MENU 键+5+1”的操作,这时屏幕出现“主清除或主复位”,可以对这两个选项进行设置,排除故障。

例 3-12 摩托罗拉 V998+无接收。

处理方法:首先对手机进行简要的测试,能打出电话,而不能打入电话,很有可能是手机的呼叫转移选择“开”,或者关闭了音频,这时可以选择摩托罗拉手机常用的主清除与主复位指令。具体操作是按 MENU 键→设置→其他设置→初始化设置→主复位、主清除→输入密码××××××,其中,××××××原始值为 000000,故障排除。

例 3-13 摩托罗拉 CDMA V680 手机解锁。

处理方法:输入“25 * #”,按录音键两次,输入“071082”进入“Test mode”,进入 COMMON项,向下选 Initialize carrier,再找编辑提示,找到复位项后选择“是”,重新开机,锁就解开。

例 3-14 摩托罗拉 CDMA V730 手机解锁。

处理方法:输入“25#”,按录音键三次,输入“071082”,出现菜单,选择第三项(Dataport),进入子菜单,选择第二项(Vodiagusbds)后自动复位,密码变为原始密码,故障排除。

例 3-15 摩托罗拉手机出现“请输入 PIN 码”。

处理方法:PIN 码即个人身份识别码,如果设置的 PIN 码被遗忘,这时必须输入 PUK 码来解锁,PUK 码为 8 位数字码,一般在 SIM 卡的卡背后。如果找不到,需与当地的移动运营商联系,切忌乱输,因为输入 PUK 码只有十次机会,输错则 SIM 卡不能再使用。摩托罗拉手机一般在输入 PUK 码之前都必须先输入“* *05 *”,再输入 PUK 号码,格式为“* *05 *PUK”,故障排除。

3. 利用手机指令秘技维修手机故障实训

(1) 实训目的

1) 掌握利用手机指令秘技维修手机故障的技能,能对常见手机的软件故障进行简单维修。

2) 提高对手机软件故障的认识。

(2) 实训器材及工作环境

1) 试验用手机若干,具体种类、数量由指导教师根据实际情况确定。

2) 相应手机指令秘技资料。

3) 建立一个良好的工作环境。

(3) 实训内容

1) 请指导教师选择几款机型,指导学生使用手机指令秘技对手机进行操作,并记忆常用指令秘技。

2) 指导教师对学生操作的每一款机型给出成绩。

(4) 注意事项

1) 注意指令秘技应用的范围。

2) 注意每种类型手机的软件故障特点。

(5) 实训报告

根据实训内容,完成利用手机指令秘技维修手机故障实训报告。

实训报告十六　利用手机指令秘技维修手机故障实训报告

<table>
<tr><td colspan="2">实训地点</td><td colspan="2"></td><td>时间</td><td></td><td>实训成绩</td><td></td></tr>
<tr><td>姓名</td><td></td><td>班级</td><td></td><td>学号</td><td></td><td>同组姓名</td><td></td></tr>
<tr><td colspan="2">实训目的</td><td colspan="6"></td></tr>
<tr><td colspan="2">实训器材与工作环境</td><td colspan="6"></td></tr>
<tr><td colspan="2">实训内容</td><td colspan="2">第 1 款手机</td><td colspan="2">第 2 款手机</td><td>第 3 款手机</td><td>第 4 款手机</td></tr>
<tr><td colspan="2">手机型号</td><td colspan="2"></td><td colspan="2"></td><td></td><td></td></tr>
<tr><td rowspan="2">使用秘技 1</td><td>功能</td><td colspan="2"></td><td colspan="2"></td><td></td><td></td></tr>
<tr><td>屏幕内容</td><td colspan="2"></td><td colspan="2"></td><td></td><td></td></tr>
<tr><td rowspan="2">使用秘技 2</td><td>功能</td><td colspan="2"></td><td colspan="2"></td><td></td><td></td></tr>
<tr><td>屏幕内容</td><td colspan="2"></td><td colspan="2"></td><td></td><td></td></tr>
<tr><td rowspan="2">使用秘技 3</td><td>功能</td><td colspan="2"></td><td colspan="2"></td><td></td><td></td></tr>
<tr><td>屏幕内容</td><td colspan="2"></td><td colspan="2"></td><td></td><td></td></tr>
<tr><td rowspan="2">使用秘技 4</td><td>功能</td><td colspan="2"></td><td colspan="2"></td><td></td><td></td></tr>
<tr><td>屏幕内容</td><td colspan="2"></td><td colspan="2"></td><td></td><td></td></tr>
<tr><td rowspan="2">使用秘技 5</td><td>功能</td><td colspan="2"></td><td colspan="2"></td><td></td><td></td></tr>
<tr><td>屏幕内容</td><td colspan="2"></td><td colspan="2"></td><td></td><td></td></tr>
<tr><td colspan="2">用时</td><td colspan="2"></td><td colspan="2"></td><td></td><td></td></tr>
<tr><td colspan="2">详细写出利用手机指令秘技维修某一款手机的分析方法和维修方法,并指出实训过程中遇到的问题及解决方法</td><td colspan="6"></td></tr>
<tr><td colspan="2">写出此次实训过程中的体会及感想,提出实训中存在的问题</td><td colspan="6"></td></tr>
<tr><td colspan="2">指导教师评语</td><td colspan="6"></td></tr>
</table>

3.5　实训项目十七:手机免拆机软件维修仪的操作与使用

假若电脑出现系统不能启动的故障,若电脑硬件本身正常,一般情况下可通过重新安装 Windows 系统来解决问题,这属于“软件”故障。手机也有软件故障,随着数字手机不断地推陈出新，越来越多的手机故障都是由于手机的软件造成的，如不开机、不入网、不显示、不识卡、锁机、联系服务商、软件出错、输入特别码等。对于这些由于手机软件所引起的故障，一些厂家推出了功能齐全的免拆机带电脑的软件维修仪，借助电脑和软件的强大功能，通过手机的外部数据接口来对手机软件进行修复。这种软件维修方法在近期的手机维修当中用得较多，它可用一些维修软件来处理手机的软件故障，主要是重新向手机输入相应机型的资料或者对手机资料的某些参数进行修复，此过程也可通俗地称为“刷机”。这类设备统称为手机免拆机软件维修仪。

免拆机带电脑的软件故障维修仪很多，但大多数是将手机数据软件存放于电脑，然后通过电脑串口输出，经过 RS232 接口与手机进行通信。常用的仪器有超能一通、钻石神手、新一线通、一线添机、超能一通、凯智王、智能一号等。下面以天目钻石神手手机智能维修仪为例进行介绍。

1. 认识天目钻石神手功能特点

(1) 硬件特点

钻石神手实物图如图 3-18 所示。

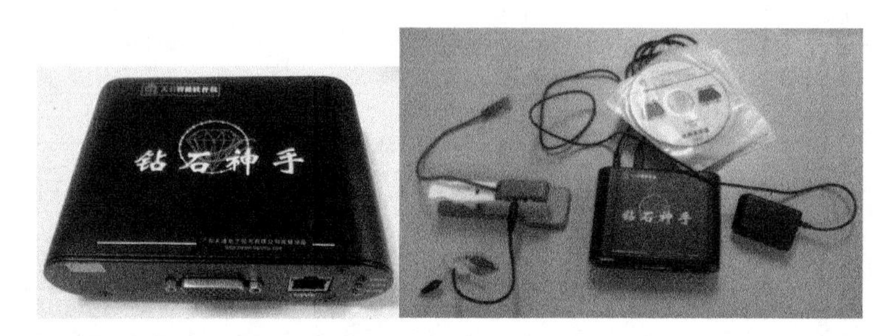

图 3-18 钻石神手实物图

钻石神手具有以下功能：

1) 支持 26 路任意定义，超强扫描芯片，能插就能用；

2) 首创“MTK 聪明快速写入法”；

3) 内置可升级 HWK，配套万能夹具，轻松搞定诺基亚等品牌机；

4) 双机同刷，省时省力；

5) 内置 USB 侦测专用芯片，USB 侦测更快更准确；

6) 主控平台操作简单，自动转换正负极更方便；

7) 自主开发平台，全面支持 MTK、展讯等十大芯片解密、读写；

8) 支持杂牌机、品牌机、诺基亚、三星、LG、多普达、酷派等 3G 手机；

9) 全面的保护功能，让你的仪器和手机更安全。

(2) 钻石神手套机配置

一套完整的天目钻石神手配置如表 3-3 和表 3-4 所示。

表 3-3 天目钻石神手主要配置

序号	物料名	规格	数量	备注
1	主机	钻石神手	1 台	
2	9 V 电源		1 只	钻石神手仪器供电

续表

序号	物料名	规格	数量	备注
3	软件	钻石神手 1 张主控＋2 张平台光盘＋HWK 光盘	12 张	
4	说明书	安装说明＋HWK 使用说明	1 份	附总配置清单
5	保修卡	一年保修	1 张	
6	诺基亚万能夹具	一盒 10 件套＋一盒 3 件套	1 套	诺基亚系列

表 3-4　天目钻石神手配线清单(共 44 条)

序号	线名	规格	数量	备注
1	SUPER-3A	2.5 三极头	1 条	
2	SUPER-3B	3.5 三极头	1 条	
3	SUPER-4A	2.5 四极头	1 条	
4	SUPER-4B	飞利浦 4 Pin	1 条	
5	SUPER-4C	NK 1110(小 4 Pin)	1 条	
6	SUPER-5C	MOT V8(迷你 5 Pin)	1 条	
7	SUPER-5T	MOT V3(迷你 5 Pin)	1 条	
8	SUPER-8B	迷你 8 Pin(414)	1 条	
9	SUPER-10D	SAM 双排 10 Pin(1.0)	1 条	
10	SUPER-10F	迷你 10 Pin	1 条	
11	SUPER-10T	十芯多功能线	1 条	
12	SUPER-12H	SAM 双排 12 Pin(1.0)	1 条	
13	SUPER-12J	LG 单排 12 Pin(0.8)	1 条	
14	SUPER-14F	NK 7210(13 Pin)	1 条	
15	SUPER-14G	SAM 双排 14 Pin(1.0)	1 条	
16	SUPER-14H	SAM 双排 14 Pin(0.8)	1 条	
17	SUPER-16F	单排 16 Pin(0.8)	1 条	
18	SUPER-16G	泛泰 双排 16 Pin	1 条	
19	SUPER-18AC	SAM A288 加长 9.3	1 条	
20	SUPER-18AY	SAM A288 原装	1 条	
21	SUPER-18H	LG KG800	1 条	
22	SUPER-20B	SAM D800	1 条	
23	SUPER-20C	SAM E210	1 条	
24	SUPER-20D	双排 20 Pin	1 条	
25	SUPER-20E	单排 20 Pin	1 条	
26	SUPER-22T	SAM 22 Pin 通用	1 条	
27	SUPER-24T	SAM 24 Pin 通用	1 条	

续表

序号	线名	规格	数量	备注
28	TMC SAM-A300	A300/E708	1 条	三星
29	TMC SAM-C180	C180	1 条	
30	TMC SAM-D500	D500	1 条	
31	TMC SAM-D800	D800	1 条	
32	TMC SAM-E210	E210	1 条	
33	TMC SAM-E530	E530	1 条	
34	TMC SAM-E810	E810	1 条	
35	TMC SAM-E860	E860	1 条	
36	TMC SAM-R2XX		1 条	
37	TMC SAM-S100	S100/S105/S108	1 条	
38	TMC LG-18P		1 条	杂线
39	TMC LG-81XX		1 条	
40	TMC SE-K750		1 条	
41	TMC SE-T68		1 条	
42	TMC 夏普 902		1 条	
43	USB 线	A 头转 B 头	1 条	用于钻石神手 BOX 与电脑连接
44	26 针转换线	26 公转 26 母	1 条	用于钻石神手 BOX 与数据线转接

2. 软件安装

在使用天目钻石神手仪器进行操作之前。需要在电脑上安装相应的主控程序和 HWK 平台，下面以天目 HWK6.16 版本的维修平台为例，操作步骤如下。

（1）如果之前电脑上安装过 HWK 维修仪软件老版本的平台程序，请先打开控制面板/添加或删除程序，把老平台程序卸载，如图 3-19 所示。

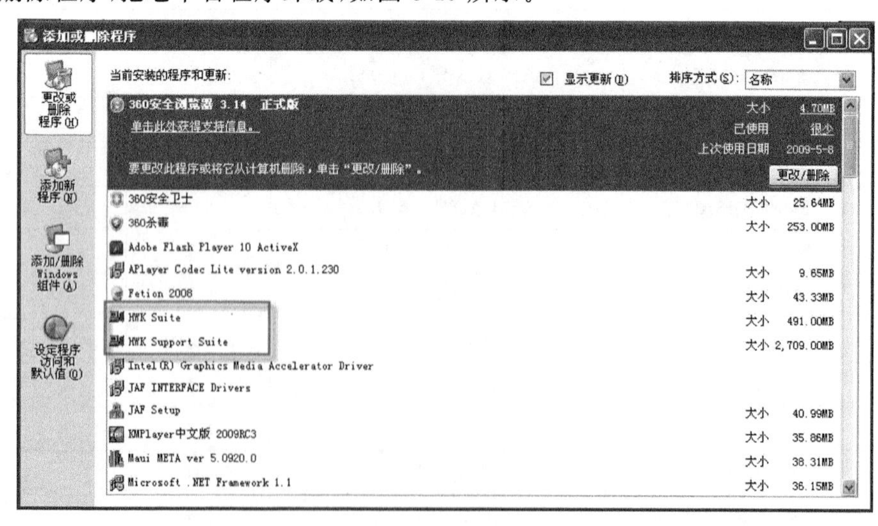

图 3-19　打开控制面板/添加或删除程序

（2）把下图 HWK 平台程序卸载。如图 3-20 所示。

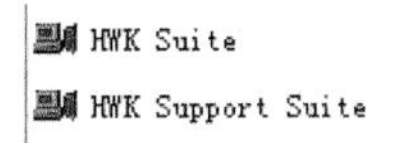

图 3-20　老平台程序卸载

（3）卸载完 HWK 平台程序后，运行 会出现如图 3-21 所示软件安装界面。

图 3-21　软件安装界面

（4）单击 主控程序安装 ，再单击“下一步”进行安装，如图 3-22 所示。

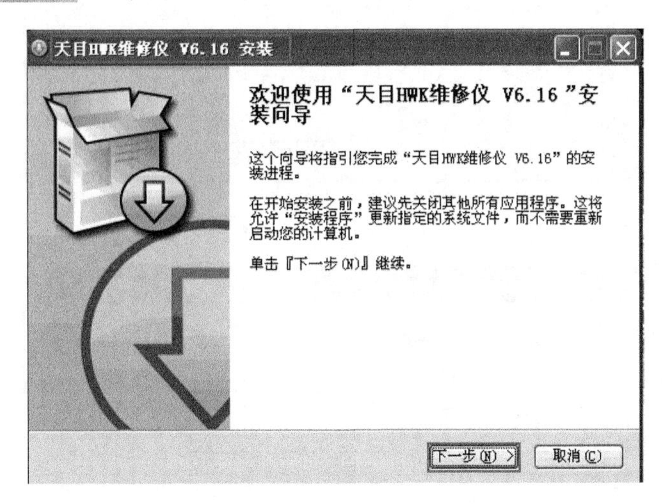

图 3-22　单击“下一步”

（5）单击“我接受”安装，如图 3-23 所示。

（6）在目标文件夹下指定安装路径后，单击“安装”，如图 3-24 所示。

（7）安装中，如图 3-25 所示。

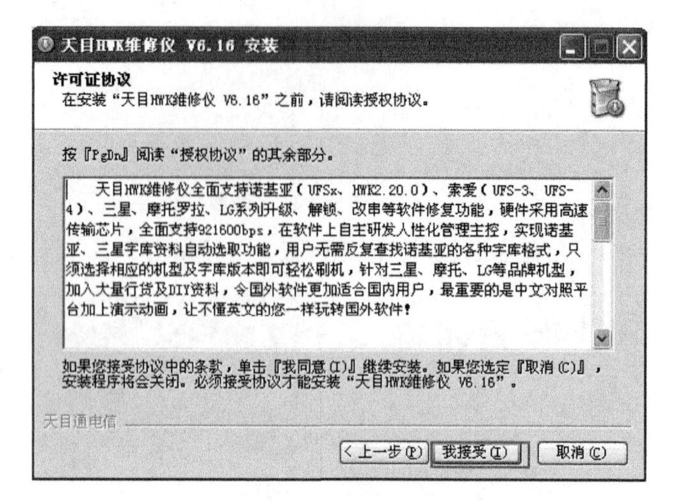

图 3-23　单击"我接受"

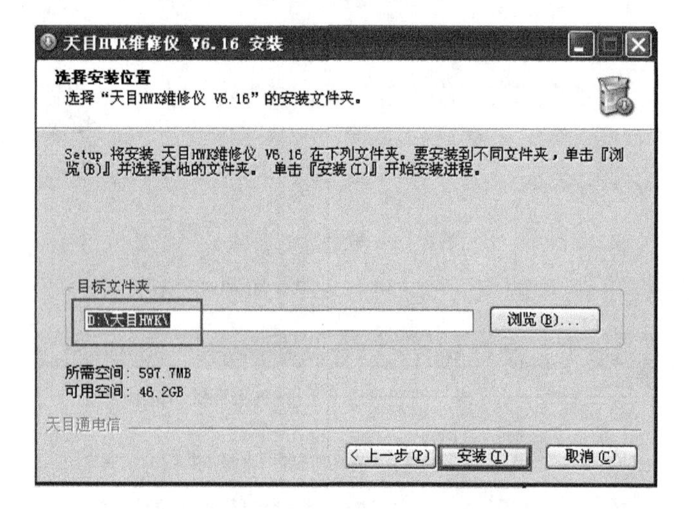

图 3-24　单击"安装"

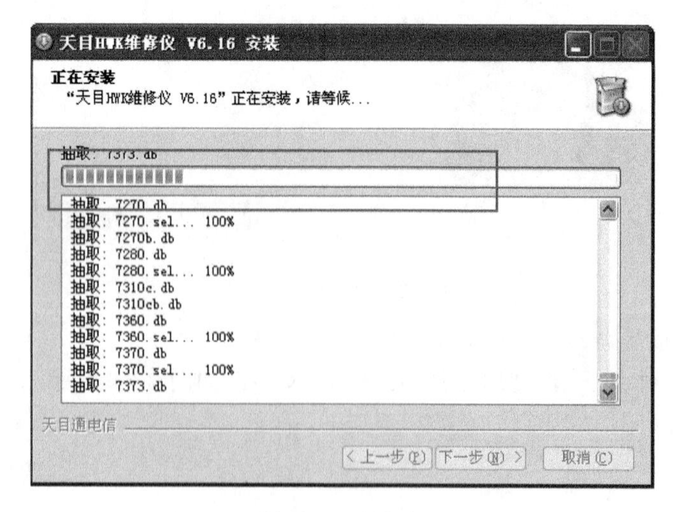

图 3-25　安装中

(8) 主控软件安装完成，如图 3-26 所示。

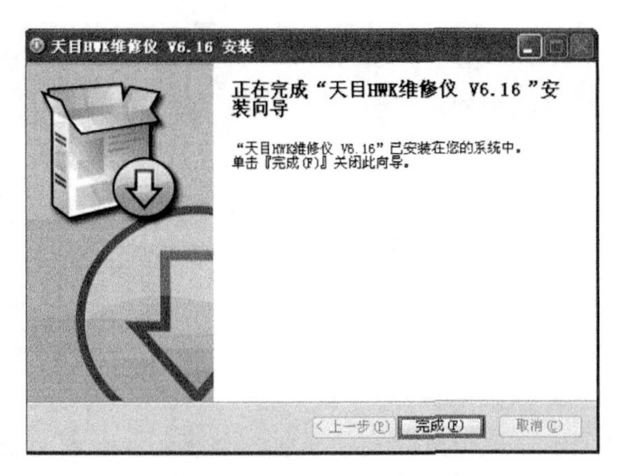

图 3-26 主控软件安装完成

(9) 主控软件安装完，单击 HWK平台安装 安装 HWK 平台，单击“Next”，再单击“Install”安装，如图 3-27 所示。

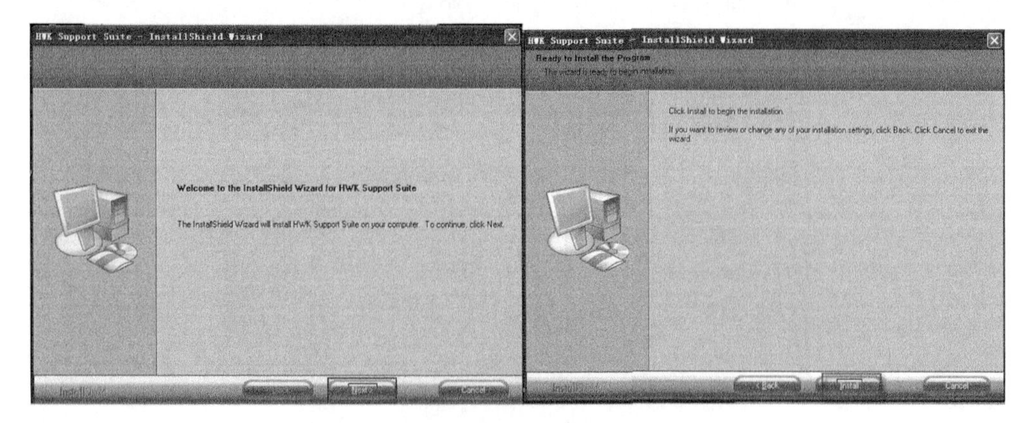

图 3-27 单击“Next”，再单击“Install”安装

(10) 出现如图 3-28 所示的提示，单击“否”。

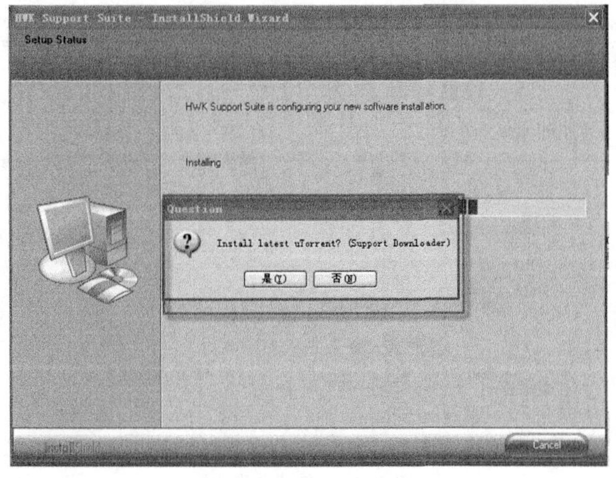

图 3-28 单击“否”

(11) 安装中,如图 3-29 所示。

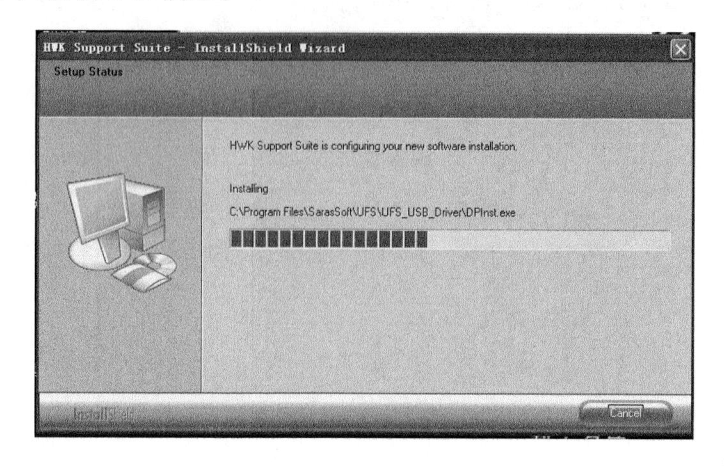

图 3-29 安装中

(12) 去掉 ☑ Launch HWK Update Client 的钩,单击"Finish"完成(这时要稍等一会,会出现硬件升级和另一个 HWK 平台安装包),如图 3-30 所示。

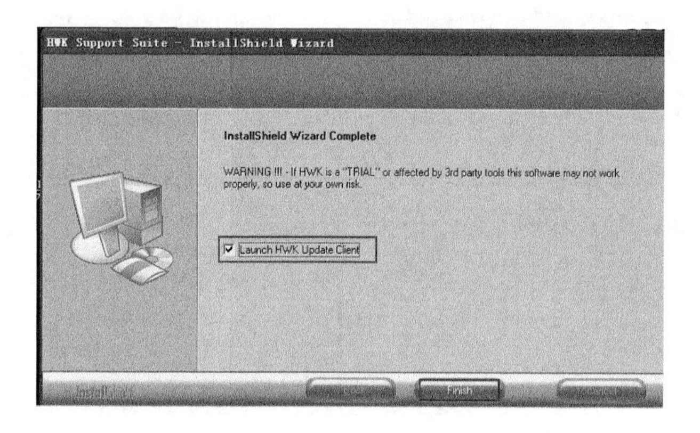

图 3-30 单击"Finish"完成

(13) 在"首先修复 USFx"打上钩,单击"继续",如图 3-31 所示。

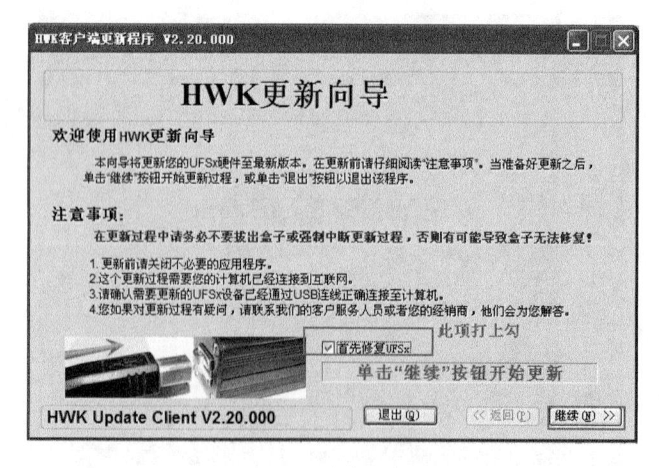

图 3-31 单击"继续"

(14) 修复中(如修复失败,多试几次。硬件升级一天只能升级五次,超过次数请第二天再更新),如图 3-32 所示。

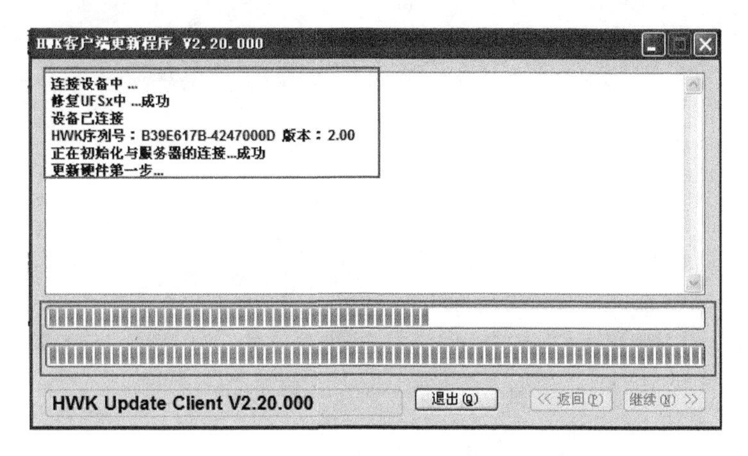

图 3-32　修复中

(15) 更新成功完成了,单击"继续"按钮,如图 3-33 所示。

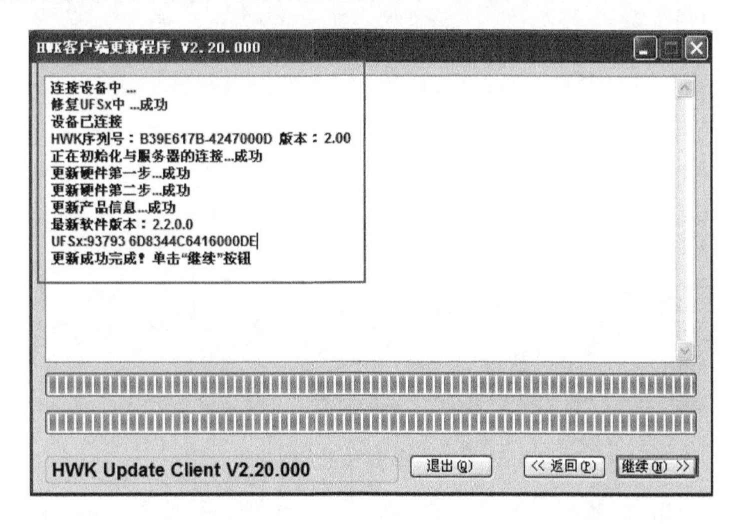

图 3-33　单击"继续"按钮

(16) 修复成功,如图 3-34 所示。

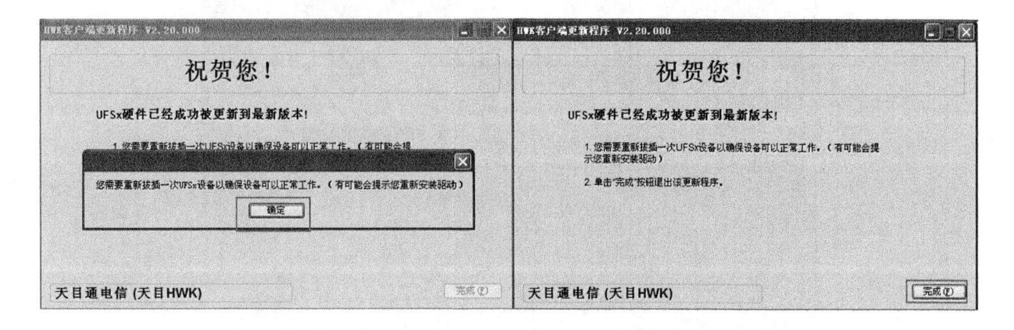

图 3-34　单击"确定"和"完成"按钮

(17) 出现另一个 HWK 平台安装包，单击“Next”进行安装，如图 3-35 所示。

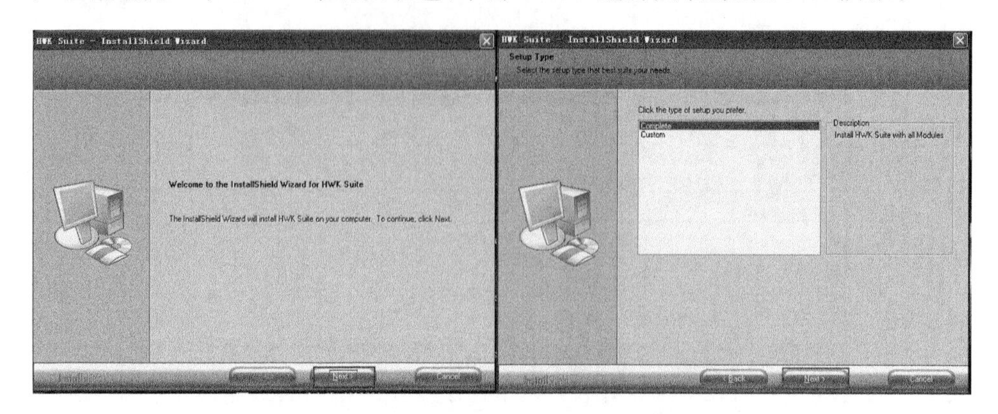

图 3-35　单击“Next”进行安装

(18) 再单击“Install”安装，如图 3-36 所示。

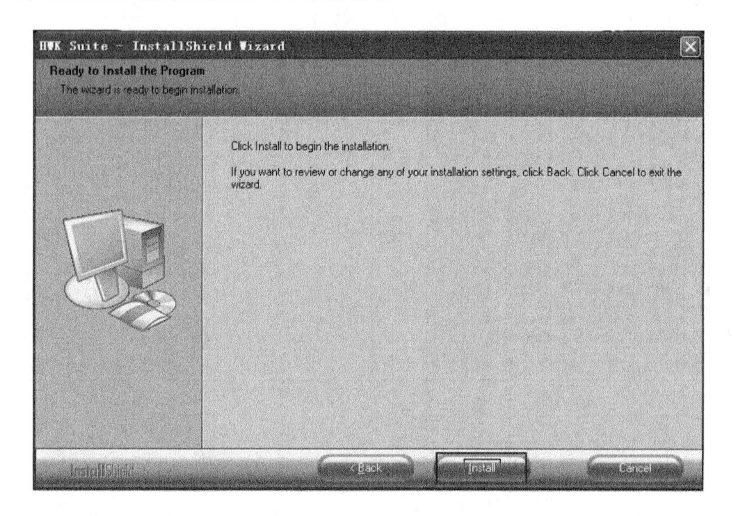

图 3-36　单击“Install”安装

(19) 安装中会出现“装三星驱动”对话框，单击“是”安装，如图 3-37 所示。

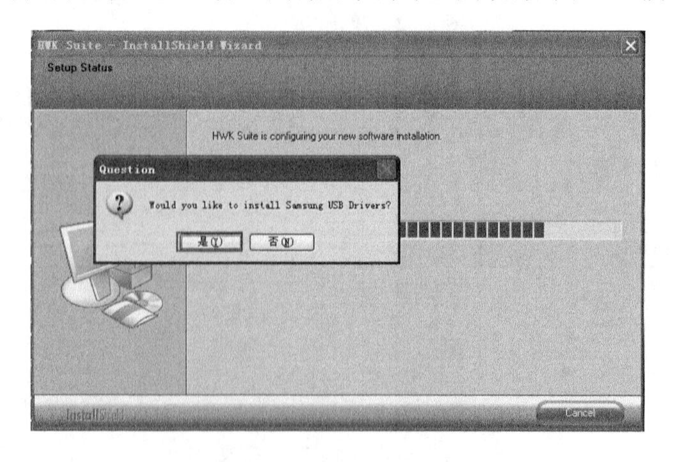

图 3-37　单击“是”安装

（20）单击“确定”安装，如图 3-38 所示。再单击“下一步”。

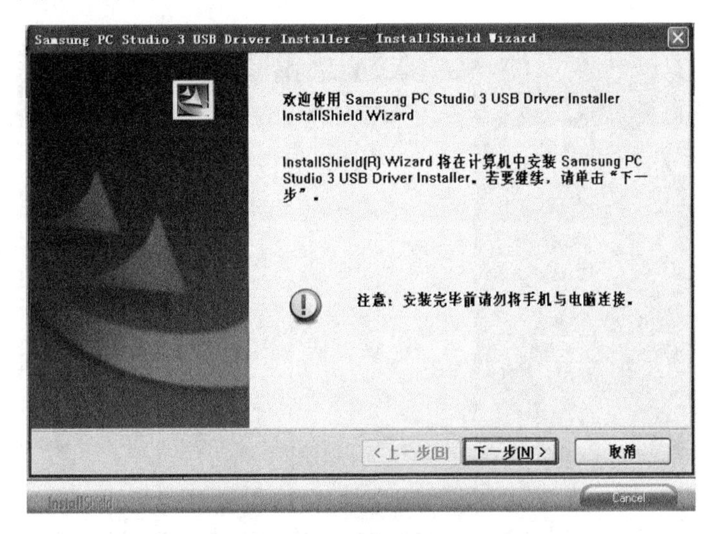

图 3-38　单击“确定”安装，再单击“下一步”

（21）单击“我接受许可证协议中的条款”，再单击“下一步”安装，如图 3-39 所示。

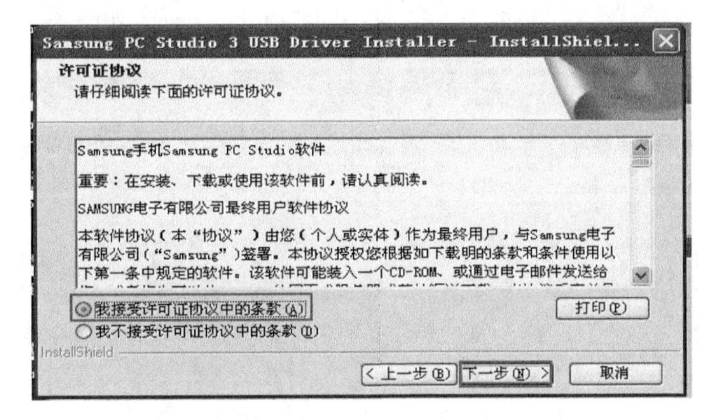

图 3-39　单击“接受”，再单击“下一步”安装

（22）单击“安装”，如图 3-40 所示。

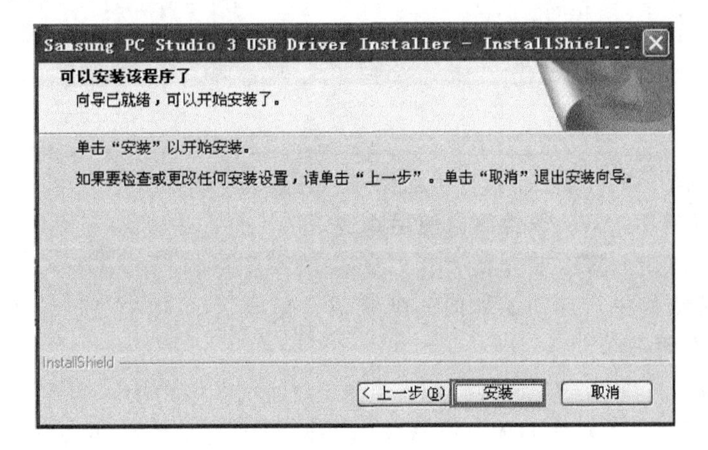

图 3-40　单击“安装”

(23) 安装完单击“完成”,如图 3 41 所示。

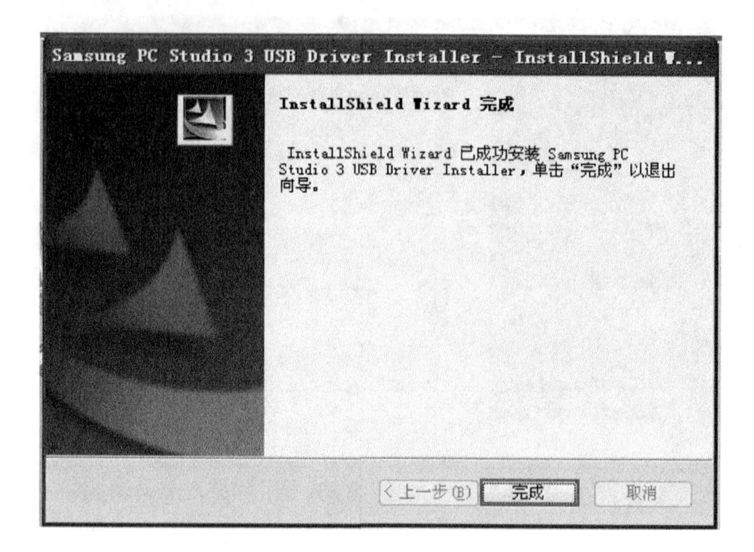

图 3-41　单击“完成”

(24) 驱动安装完,在 Enable IMEI Options 项上打钩,单击“Finish”完成,如图 3-42 所示。

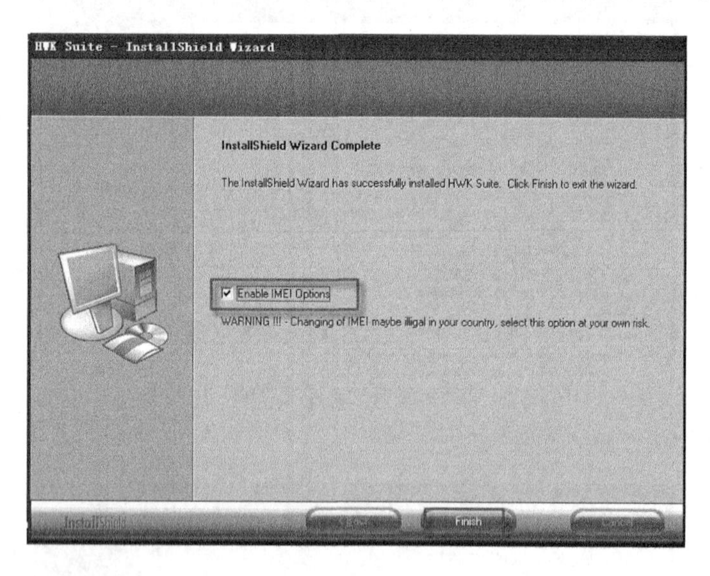

图 3-42　单击“Finish”

(25) 升级成功运行平台成功,显示如图 3-43 所示。

3. 天目钻石神手 HWK 软件平台使用举例

例 3-16　如何让 HWK 平台显示中文。

天目 HWK 维修平台的初始界面的默认语言是英文,可以通过设置更改其语言,使其显示为中文,以方便操作。

下面以 NOKIA DCTxBB5 平台为例。

(1) 打开钻石神手“天目 HWK 维修仪”,并选择诺基亚系列,单击运行“DCTxBB5 平台”,如图 3-44 所示。

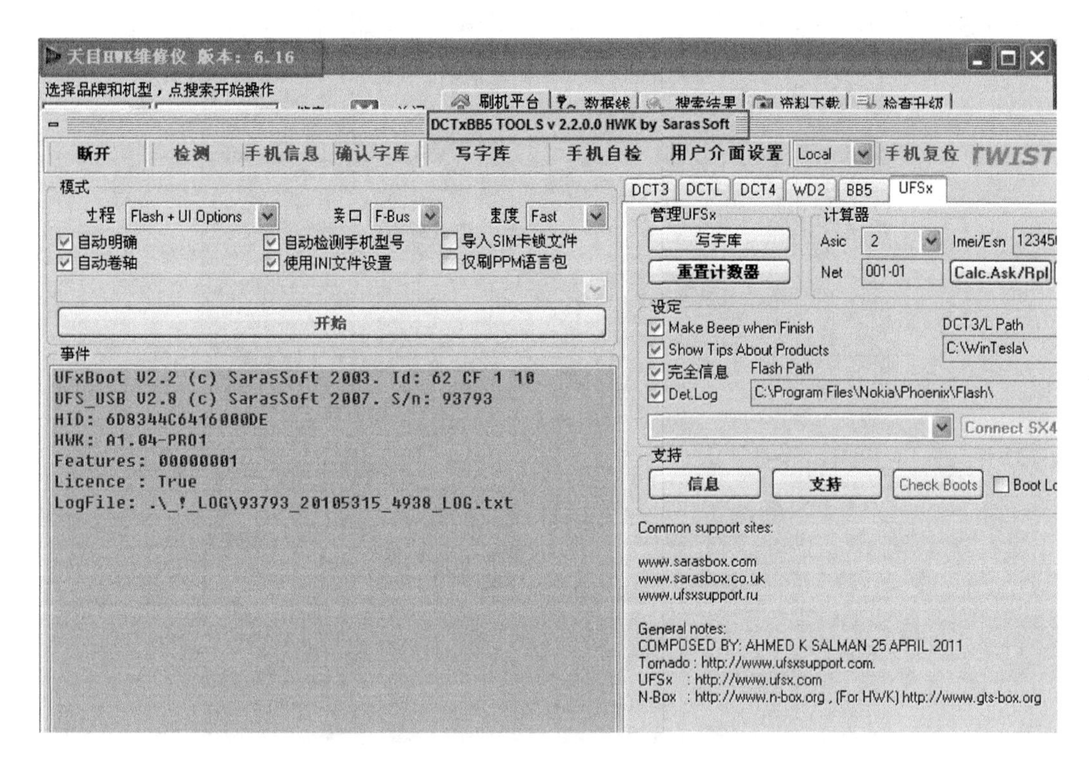

图 3-43　升级成功运行平台成功

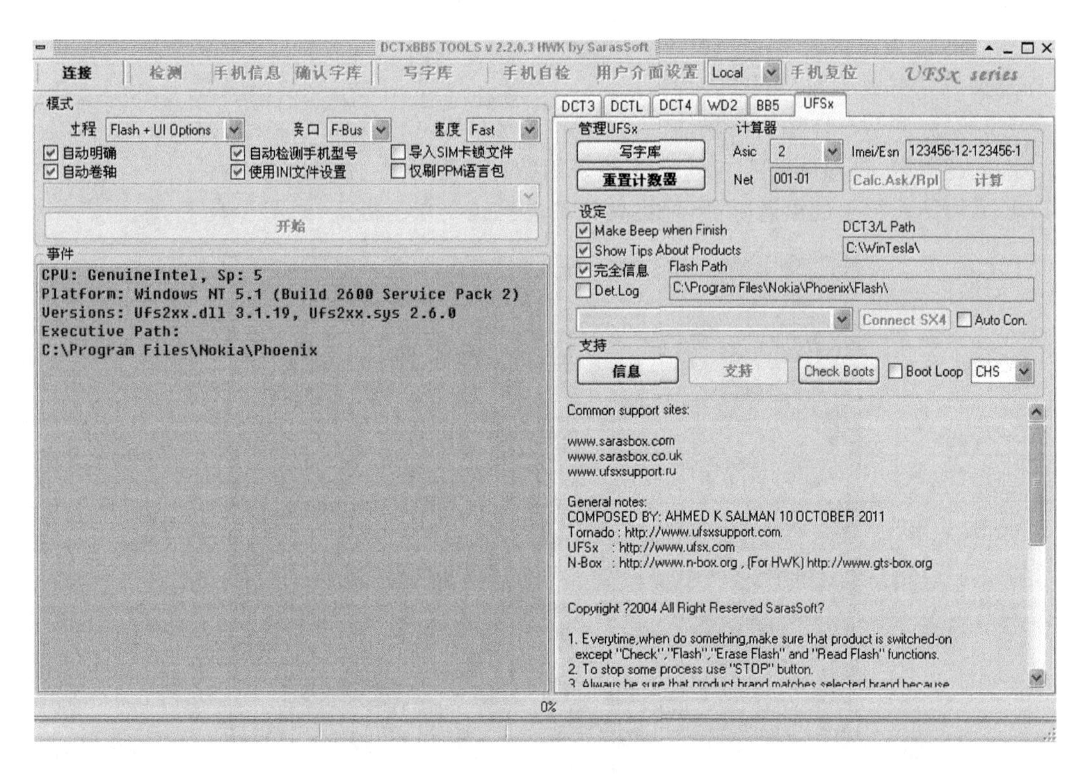

图 3-44　选择手机系列

(2) 单击右边的“UFSx”按扭,在下方空格处找到“CHS”选项,如图 3-45 所示。

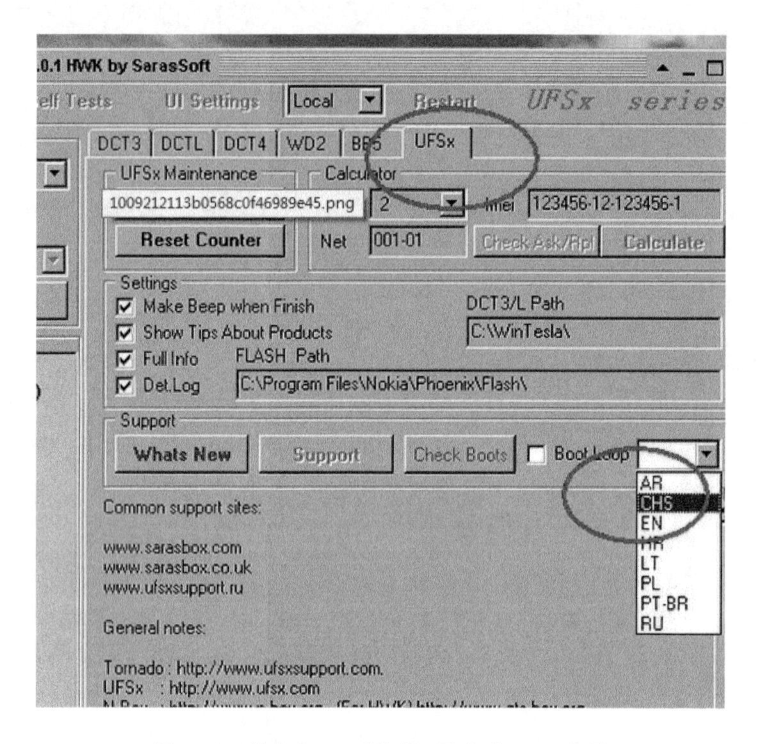

图 3-45 单击“UFSx”按扭,再选 “CHS”选项

例 3-17 如何刷机。

下面以诺基亚 N1116 手机为例。

(1) 安装好钻石神手刷机软件;

(2) 查资料,得知诺基亚 N1116 手机采用的夹具型号是 DCT4-C;

(3) 将钻石神手的电源打开,并将夹具和电源线夹在手机上,如图 3-46 所示。

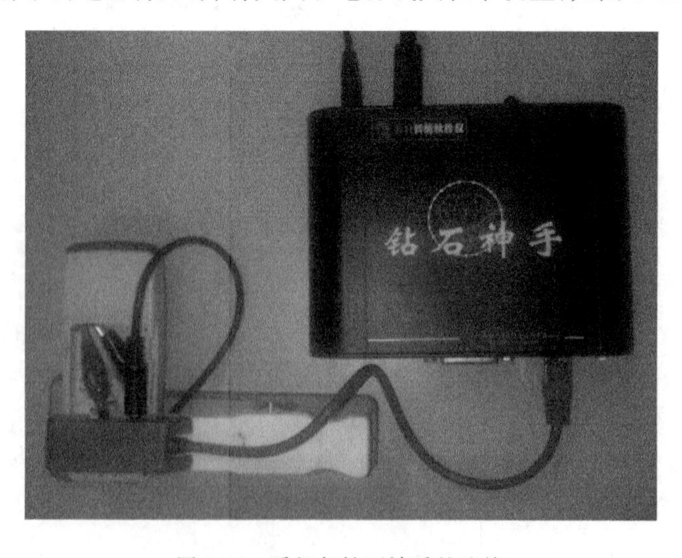

图 3-46 手机与钻石神手的连接

（4）打开钻石神手“天目 HWK 维修仪”，并选择诺基亚系列，机型选择 1110，如图 3-47所示。

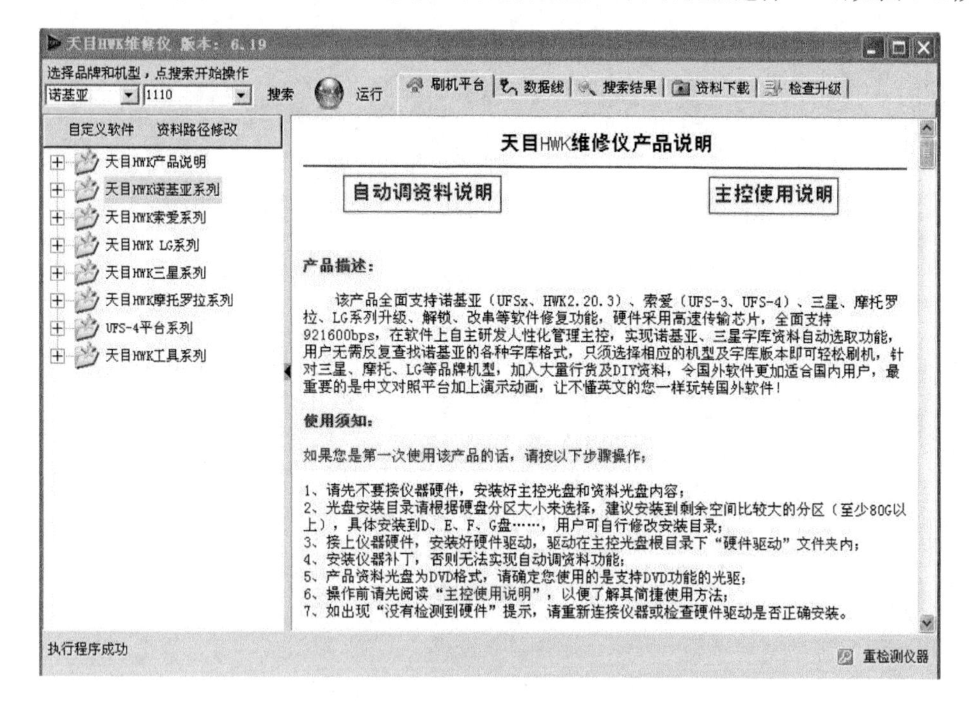

图 3-47　机型选择

（5）单击图 3-47 中的“运行”，则运行“DCTxBB5 平台”，如图 3-48、图 3-49 所示。

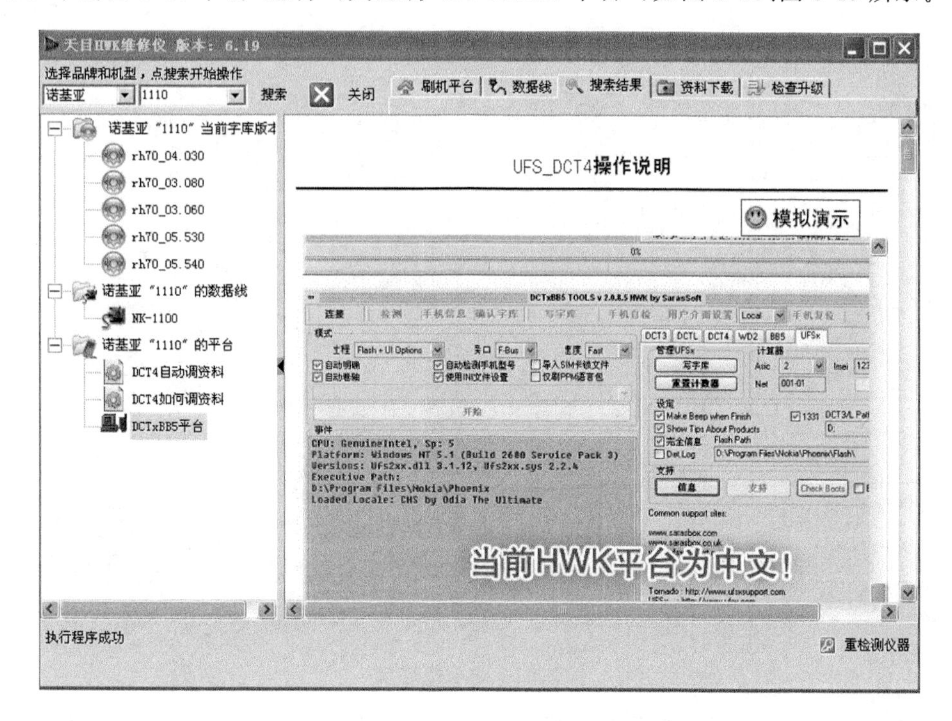

图 3-48　DCTxBB5 平台全局图

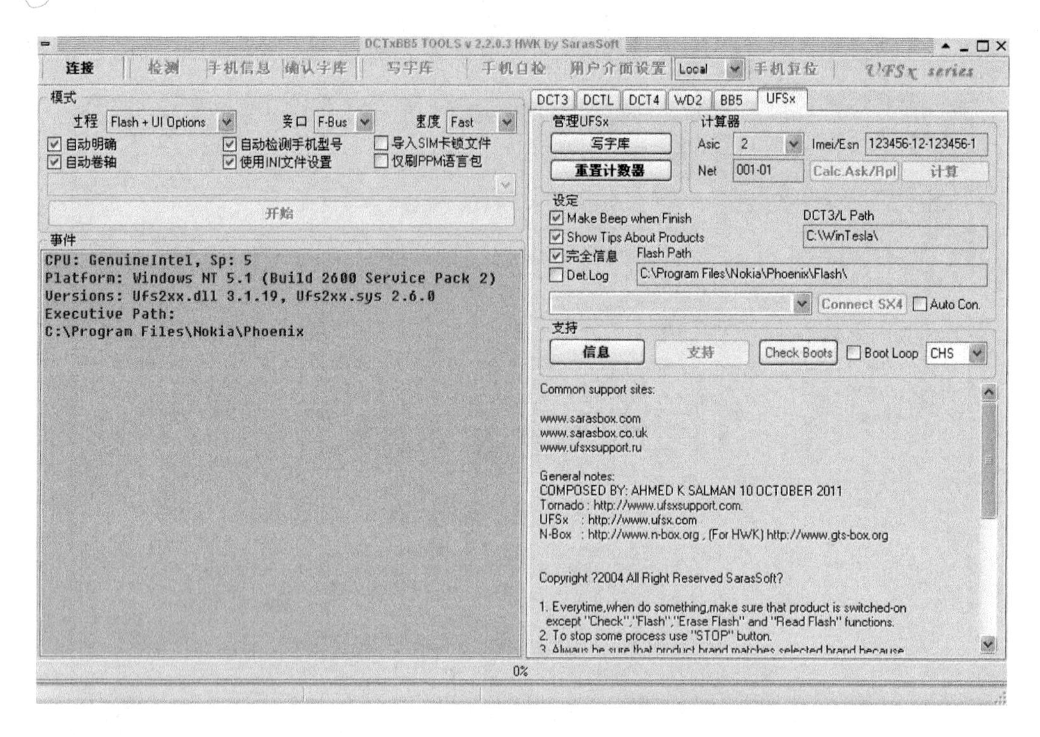

图 3-49　DCTxBB5 平台操作区放大图

（6）单击“连接”键，将钻石神手与手机连接起来，如图 3-50 所示。

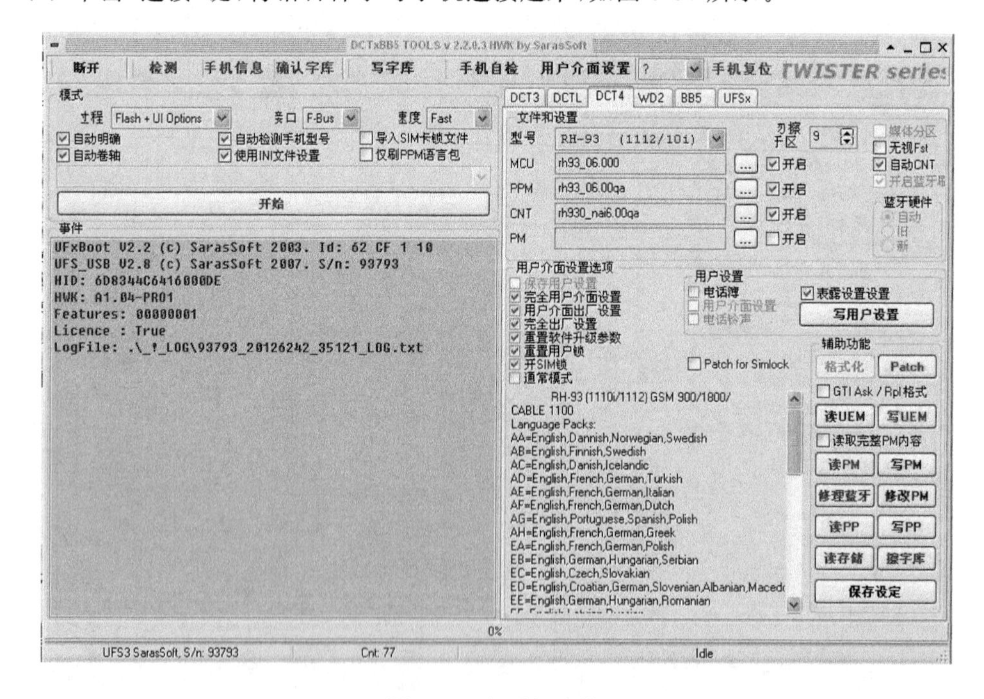

图 3-50　与手机连接

（7）调用 MCU/PPM/CNT 的相应资料，如诺基亚 N1116 手机的 Type 是 rh-93，如图 3-51所示。

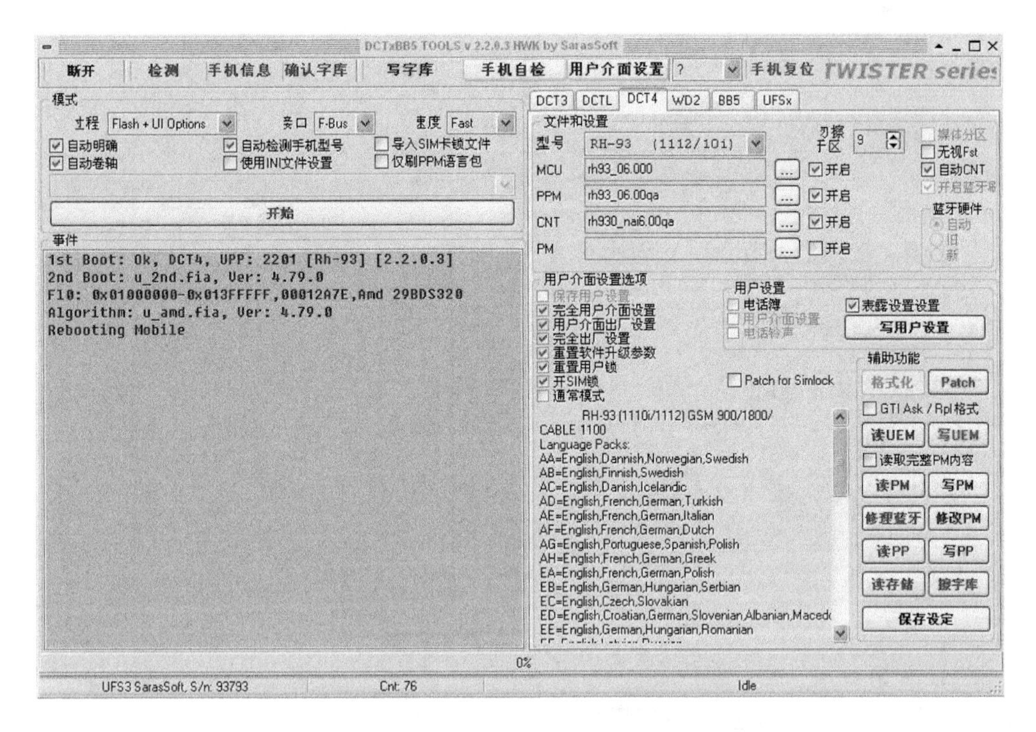

图 3-51　调用 MCU/PPM/CNT 的相应资料

（8）最后，直接单击图 3-52 中的“写字库”标签，系统显示如图 3-53 所示，“刷机”完成。

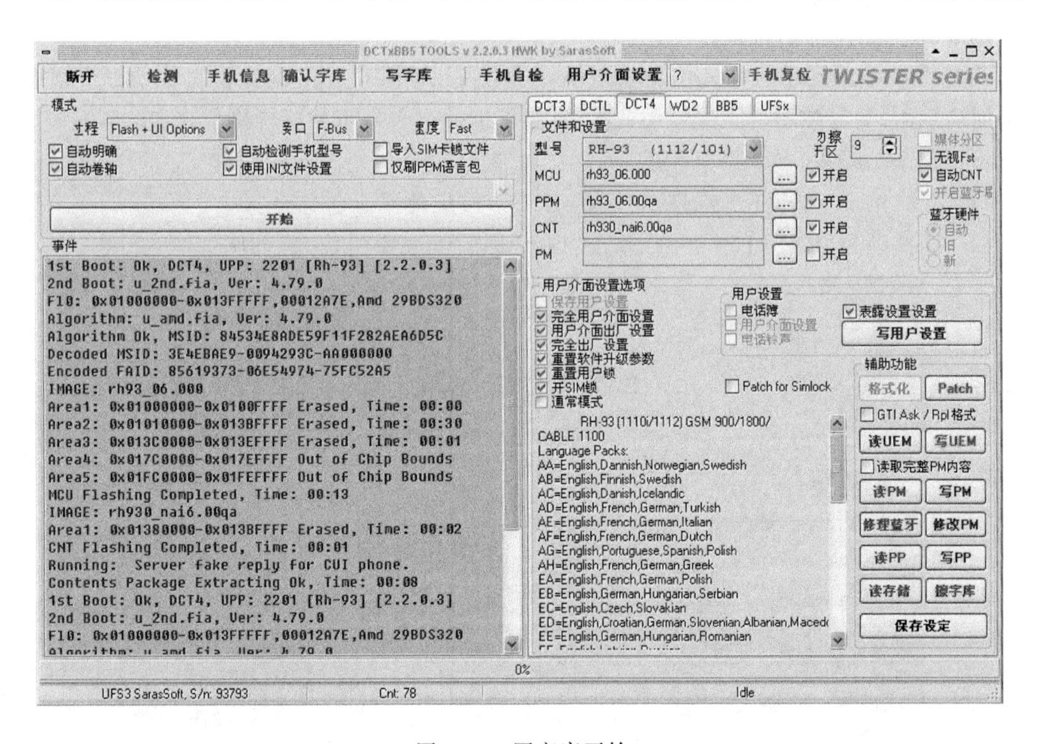

图 3-52　写字库开始

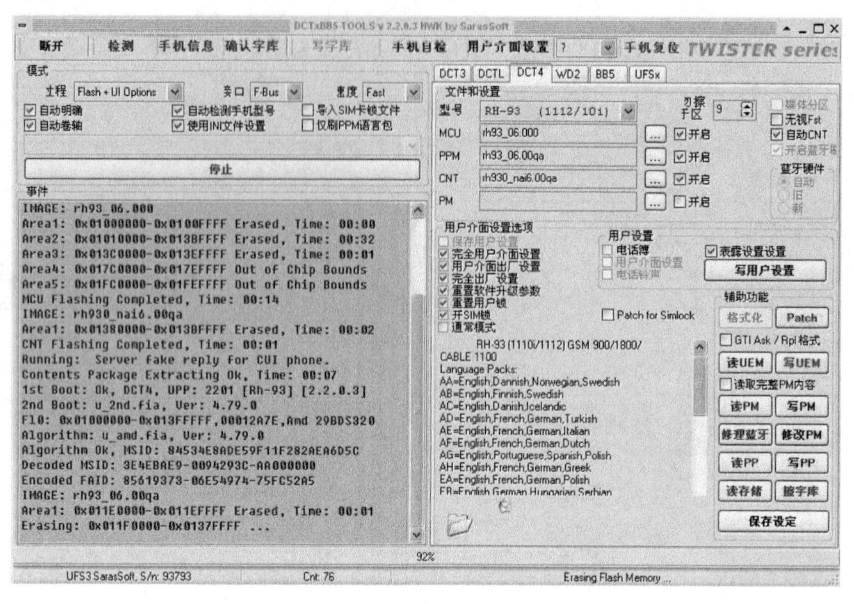

图 3-53　正在进行写字库

（9）注意事项

1）刷机前要找准相对应的夹具型号；

2）连接手机的电源线不要接反；

3）手机字库的资料要准确，不要刷不同型号的资料。

例 3-18　如何解话机锁。

某些用户考虑到手机个人信息安全问题会设置话机锁密码，但经常会因为疏忽或其他因素而遗忘密码，导致手机无法使用，这个时候可以通过天目 HWK 维修仪来清除话机锁。

下面以 NOKIA 6300 手机为例。

（1）参照例 3-17 前 4 步操作，将手机与 HWK 维修平台连接起来。

（2）选择型号(RM-217-6300)，单击“Info”标签读取手机信息，如图 3-54 所示。

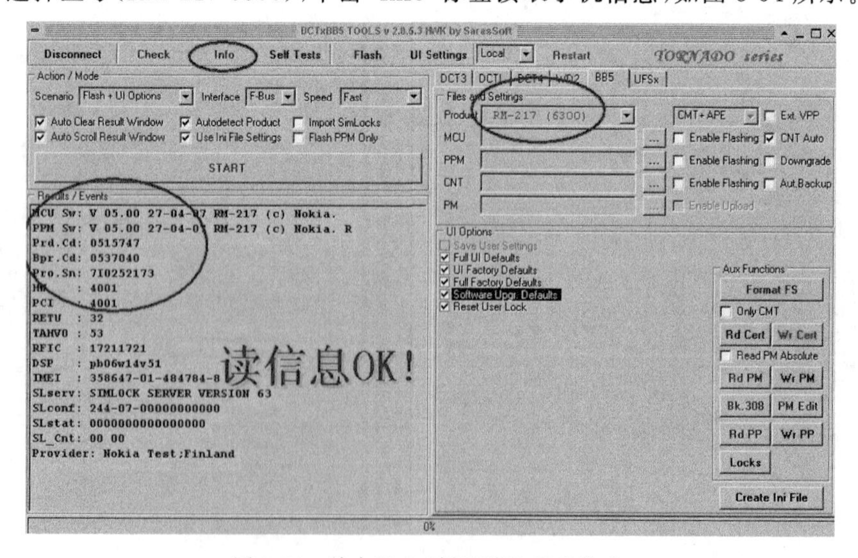

图 3-54　单击“Info”标签读取手机信息

(3) 然后选中“UI Options”下面的所有复选框，再单击“UI Settings”，就可以解锁，如图 3-55所示。

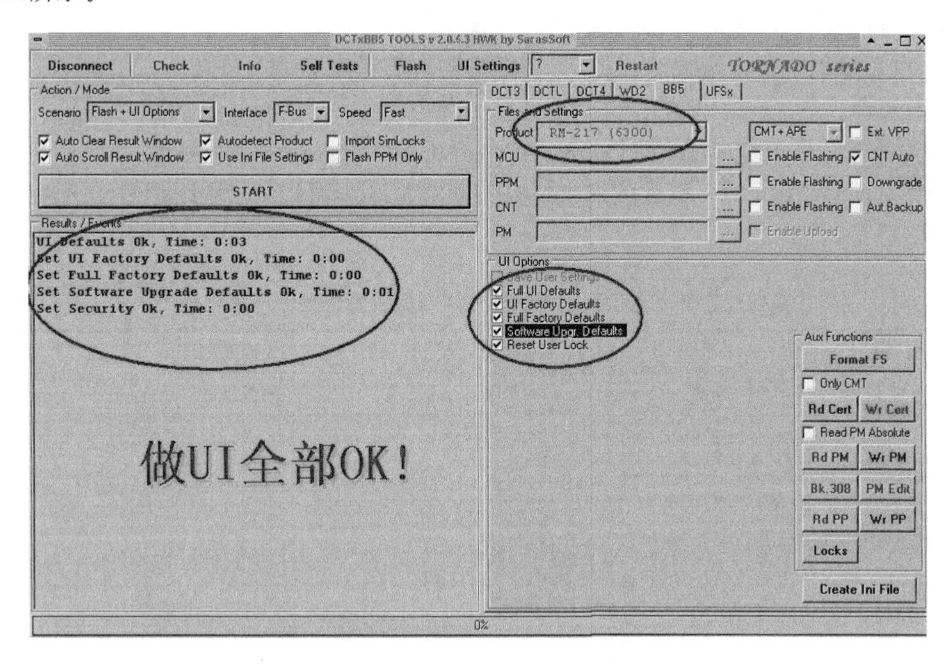

图 3-55　选中“UI Options”下面的所有复选框再单击“UI Settings”

4. 手机免拆机故障维修仪的操作实训

(1) 实训目的

1) 掌握免拆机手机维修仪的使用方法，能够熟练地采用免拆机维修仪进行手机的维修。

2) 提高对手机软件故障的认识。

(2) 实训器材及工作环境

1) 试验用手机若干，具体种类、数量由指导教师根据实际情况确定。

2) 安装 XP 系统的电脑一台，免拆机维修仪钻石神手或者其他型号免拆机故障维修仪一台。

3) 建立一个良好的工作环境。

(3) 实训内容

1) 手机刷机工具的认识。

2) 手机刷机的步骤。

3) 解网络锁、读出锁机码、调出手机数据、手机软件升级、将资料写入手机(重写码片资料、重写版本资料)、将正常的手机软件资料收集到电脑中、修改手机开机画面、解除 8 位特别号码(Special Code)、修复 IMEI(机身号)、进行铃声编辑等。

(4) 注意事项

1) 刷机前要找准相对应的夹具型号。

2) 连接手机的电源线不要接反。

3) 手机字库的资料要准确，不要刷不同型号的资料。

4）注意不同型号的手机，其资料在电脑中存放的位置和名称等的区别。

5）注意同一型号的手机资料版本号的区别。

6）重写字库和码片时，注意版本号的一致性。

7）注意手机数据传输线的使用，每种机型采用数据传输线不相同。

（5）实训报告

请指导老师根据实际情况，选择合适的免拆机软件维修仪和手机机型，指导学生进行具体的操作，并填写免拆机手机故障维修仪的操作实训报告，指导老师对学生的每个操作给出评语和评分。

实训报告十七　手机免拆机软件维修仪的操作与使用实训报告

实训地点				时间		实训成绩	
姓名		班级		学号		同组姓名	
实训目的							
实训器材与工作环境							
实训内容		第 1 款手机				第 2 款手机	
手机型号							
字库型号							
夹具型号							
IMEI 码							
用时							
详细写出某一款手机的刷机步骤，并指出实训过程中遇到的问题及解决方法							
写出此次实训过程中的体会及感想，提出实训中存在的问题							
指导教师评语							

3.6　习题三

一、填空题

1. GDS-1000-U 系列数字示波器自动设置（Autoset）功能不适用的情况：____________和____________________________。

2. 编程器的基本功能是读、写 IC。主要操作包括____________、____________、打开

(调出字库或码片资料)、__________、读出(把IC上的原资料读出)和保存(把从IC中读出的资料保存到电脑硬盘)。

3. 频谱分析仪的输入阻抗为50 Ω,该频谱分析仪的输入最小电平为－100 dBm,这相当于电压为__________mV。

4. 频谱分析仪主要有傅里叶频谱分析仪和__________。

5. 手机软件测试按照自动化程度不同可分为________测试和________测试。

二、判断题

1. 采用万用表测量手机某电路的电流时,应该将万用表与被测电路并联。（　　）

2. 测量电路中的电阻阻值时,应将被测电路的电源切断,如果电路中有电容器,应先将其放电后才能测量。切勿在电路带电情况下测量电阻。（　　）

3. 无论是指针式万用表还是数字式万用表,红表笔都是接万用表内部正极。（　　）

4. 通过手机软件测试,可以发现手机软件隐藏的各种程序缺陷,如死机、断言、花屏、乱码等。（　　）

5. 按照手机提供的菜单进行测试,如某个(子)菜单的功能实现不了,或是出现异常现象,则定为手机该菜单软件部分有缺陷。（　　）

三、选择题

1. 利用DF3380频率计测量GSM手机935 MHz频段内信号时,应选择(　　)频段通道。

A. HF　　B. UHF

C. HF、UHF两者皆可　　D. HF、UHF两者皆不可

2. 采用示波器测量手机某交流信号时,将探头衰减比置于×10的位置,垂直偏转因数(V/格)置“50 mV/格”位置,所测得波形峰-峰值为4格,则有效值电压为(　　)V。

A. 2　　B. 0.2　　C. 1　　D. 4

3. 若信号A功率是信号B功率的2倍,那么信号A功率比B功率大(　　)dB。

A. 2　　B. 3　　C. 6　　D. 1

4. 若信号A的电压是信号B电压的2倍,那么信号A电压比B电压大(　　)dB。

A. 2　　B. 3　　C. 6　　D. 1

5. 如果某手机发射功率为0.1 W,这相当于(　　)dBm。

A. －10　　B. 10　　C. 20　　D. 30

6. 一般地,CDMA手机的最大发射功率限制为23 dBm,这约相当于(　　)mW。

A. 100　　B. 200　　C. 300　　D. 1 000

7. 采用频谱分析仪测量某信号频谱的时候,已知采用高阻抗探头,该探头本身有20 dB(典型值)的衰减,如果读数为10 dB,则准确的最终数值应为(　　)dB。

A. －10　　B. 10　　C. 20　　D. 30

8. 诺基亚N1116手机属于(　　)系列。

A. DCT3　　B. DCT4　　C. WD2　　D. BB5

9. 手机开机驻留时延测试属于(　　)。

A. 负载测试　　B. 次数相关测试　　C. 时间相关测试　　D. 探索性测试

10. 在一定时间内,测试手机在高负载情况下的性能行为表现属于(　　)。

A. 负载测试　　B. 并发业务测试　　C. 待机电流测试　　D. 菜单测试

四、简答题

1. 万用表有哪些基本操作?

2. 频率计有哪些基本操作?

3. 示波器有哪些基本操作?

4. 在示波器测试过程中,如果屏幕上显示的信号幅度过小,调节哪个旋钮才能扩大波形?

5. 如何采用数字示波器观察两个不同频率的信号?步骤是怎样的?

6. 如何利用频谱分析仪测量手机(如 iPhone 4)功放输出信号的频谱?

7. 如何利用频谱分析仪测量手机(iPhone 4)功放输出信号的 10 dB 带宽?

8. 什么是软件故障?你了解的软件故障维修仪有哪些?各有什么特点?

9. 拆机手机软件故障维修仪有哪些基本操作?

10. 免拆机手机软件故障维修仪有哪些基本操作?

11. 如何采用钻石神手维修仪向手机(如诺基亚 N1116)写入版本?

12. 手机软件测试的目的是什么?其重要性体现在哪几个方面?

13. 简述手机软件测试工作的过程。

14. 手机测试实操工作中应注意的问题是什么。

第4章 维修手机

📖 工作项目

4.1 项目十：手机故障维修的基本原则

手机是高科技精密电子产品。技术含量、制造工艺、软件和硬件、测试、技术标准在所有的电器设备中是最复杂的。由于体积小携带方便，经常移动和按压，加上使用频繁和环境以及元器件的老化等原因，发生故障在所难免。一个合格的维修人员除必须具备一定的理论基础外，还必须具备一定的维修技巧、方法和经验，并按照一定的维修程序进行检修，才能较快的排除故障。本项目要求学生能熟练掌握手机故障维修的基本原则；熟悉手机故障分类；熟悉手机维修的常用术语。

4.1.1 手机维修的基本概念

1. 手机状态

手机状态可分为开/关状态、工作状态、待机状态 3 种。

(1) 开/关机状态

1) 开机状态

开机是指手机加上电源后，先必须有正常供电，然后 CPU 调用字库、存储器、码片内程序检测开机，所有内容正确时，手机正常开机。引起不开机的原因既有硬件电路故障，也有软件故障。

2）关机状态

关机是指开机的逆过程，按开/关键 2 秒左右后手机进入关机程序，最后手机屏幕上无任何显示信息，手机指示灯及背景灯全部熄灭。CPU 将根据按键时间长短来进行区分，短时间为挂机，长时间(2 秒)为关机。

不同的工作状态的工作电流不同，可根据这些电流值的大小来判断手机故障。例如，摩托罗拉 V60 手机正常的开机电流为 50～150 mA(稳压电源表头指示，以下均同)，待机电流为 15～30 mA，发射状态电流为 200～350 mA。

（2）工作状态

工作状态是指手机处于接收或发射状态，还可以是既接收又发射的双工方式，也就是说手机既可以“说”又可以“听”。手机在呼出状态时，整机工作动态电流最大可达到 300 mA，正常的工作状态下，手机耗电量是比较大的。

（3）待机状态

待机状态指手机无呼出或呼入信号时的一种等待状态，手机在待机状态中整机电流最小，只有 20 mA 左右，手机处于省电方式。

2. 漏电

给手机加上直流稳压电源电压，在不按开机键时电流表就有电流指示，这种现象称为漏电。漏电现象在手机中经常出现，而且不易查找，大多数是由于滤波电容漏电引起的，也有部分是由于进水后电路板被腐蚀或元器件短路引起的。

3. 不入网

不入网是指手机不能进入通信网络。手机开机后首先查找网络，显示屏上应显示网络名称“中国移动”或“中国联通”，若是英文机则显示对应的英文。接收和发射通道都正常，手机才能入网。例如，摩托罗拉和诺基亚手机在插入 SIM 卡后才会出现场强指示，爱立信手机不插 SIM 卡屏幕上直接能看到场强指示。在无网络服务时，应首先调用手机功能选项，选择“查找网络”，进入手动寻网。如果能搜索到“中国移动”或“中国联通”，则说明接收部分正常，而发射电路有故障；若显示“无网络服务”，则说明接收部分有故障。

4. 掉电

手机开机后，没有按关机键就自动关机称为掉电。自动关机的主要原因是电池电量不够或者电池触点接触不良，还有可能是发射电路有故障，造成手机保护性关机。

5. 虚焊

虚焊是指手机元器件引脚与印制电路板接触不良。

6. 补焊

补焊是指对元器件虚焊的引脚重新加锡焊上的过程。手机上元器件补焊要用专用工具，如前面介绍的热风枪和防静电烙铁等。

7. 不识卡

不识卡是指手机不能正常读取 SIM 卡上的信息。在手机的屏幕上显示“插 SIM 卡”“检查 SIM 卡”或“SIM 卡有误”“SIM 卡已锁”等均属于不识卡。

8. 软件故障

软件故障是指由于手机内部程序紊乱或数据丢失引起的一系列故障。例如，手机屏幕上显示“联系服务商”或“返厂维修”“锁机”等典型的软件故障；同时设置信息无记忆、显示黑屏、背景灯和指示灯不熄灭、电池电量正常却出现低电告警等均属于软件故障。

9. 字库或版本(Flash ROM,闪速快速擦写只读存储器)

字库在硬件上讲是手机逻辑单元中的ROM集成块,如常用的28F800、28F160、28F320等;从软件上讲,则统称字库内各种功能程序和文字点阵数据为字库或版本。存放于计算机中用于手机软件维修的文字文件和数据文件,也称为字库文件或版本文件。

10. 码片(EEPROM,可擦写只读存储器)

码片从硬件上讲是存放手机各种设置如串号、用户设定、部分电话簿等信息的载体,如常用的28C64、24C12S、24C64等,从软件上则称码片内部存放的数据为码片资料或码片文件。同时,码片资料或码片文件也存放于电脑中。

11. 串号(IMEI)

串号即国际移动设备识别码,俗称机身号,用于识别手机的唯一号码,它是15位十进制代码,由6位TAC(型号批准码)、2位FAC(工厂装配码)和6位SNR(序号码)和1位备用码组成。许多软件维修仪都可以读出手机串号并恢复和修改。

12. 锁机码(SPLOCK)

锁机码又称安全锁、手机锁、电话锁,为4～6位数,手机出厂设置一般为“1234”或“0000”,用于防止手机的非授权使用或被窃后的使用。加锁后,手机不能工作,某些维修软件可以读出并恢复锁机码。

13. 手机密码

手机密码又称个人密码、保密码、个人识别码(PIN码),为4～8位数,用于防止非授权使用或被窃后使用SIM卡,控制进入菜单中的保密项及其他选项。

14. 软件升级(Upgrade)

软件升级是指某些手机如三星A100和A188在硬件上并无差异,但软件上却有差异,在更新其字库后,手机从操作界面和使用功能上有所改进。

15. 工程模式(Working Mode)

工程模式是指手机内部的一项硬件功能,即手机在联络其基站时打开工程模式,可根据接收和发射距离自动调整其强度。

4.1.2 手机故障检修的基本原则

1. 先调查情况,再动手修理

手机产生故障的原因很多,包括进水受潮、摔坏或挤压、元器件变质失效、线路开路或短路、印制电路板损坏、天线或电池接触不良、焊点虚焊、机械零件或机壳损坏、使用操作不正确、环境条件显著变化、软件故障等。要想尽快找出故障点,首先要向用户了解手机的使用情况,使用的年限大概是多少,发生故障的过程及现象,曾经采取过什么措施。如果手机找人检修过,手机中的元器件可能被更换过,在检修时,就应该对手机焊接过的地方加以注意和恢复,使检修少走弯路。全面了解情况之后对故障机还要进行全面观察,看机壳是否摔坏、电池接触点有无锈蚀、接触是否良好等。当看清故障现象后,再动手修理。

2. 正确操作和拆装手机

正确操作和拆装手机是手机维修的一项基本功。初学者对手机的菜单操作很模糊,对改铃声、改振动、自动计时、最后10个来电号码显示、呼叫转移、查IMEI码、电话号码簿功

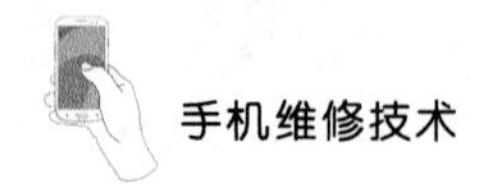

能、机内年月日的显示及修改都很陌生，甚至连菜单都不能正确地调整出来，是不可能修好手机的。

由于手机的外壳一般采用薄壁PC-ABS工程塑料，它的强度有限，再加上手机外壳的机械结构各不相同，常采用螺钉紧固、内卡扣、外卡扣的结构，所以对于手机的安装和拆卸，一定要心细，在弄明白机械结构的基础上，再进行拆卸。特别是一些新式手机，如果不掌握拆装的技巧，极易损坏外壳。按正确次序拆卸，拆机时认清各种螺丝，不要在最后装机时，找不到外壳的固定螺丝、话筒等。

3. 先检查机外，再检查机内

当拿到一部有故障的手机时，先观察外壳是否受损变形。要充分利用手机的各种可能利用的开关、按键等功能装置进行检测，观察现象。通过接打电话，检查听筒、振铃、送话器、按键及按键音、显示屏等是否正常，将故障尽可能压缩到最小范围。比如开机后无状态显示，则可按一下发射键看看是否有发射，初步分析可能是什么问题，然后再根据故障现象打开机壳，检查手机的内部电路，这样可以防止盲目动手而走弯路。

4. 先清洗、补焊，再维修

有些手机因保管不当或进水受潮、灰尘增多，导致机内电路发生短路或分布参数改变，引起各种各样的疑难故障。这时，应该先把电路板清洗干净，排除污物或进水引起的故障；另外，手机上元器件全部采用表面贴焊的方式，电路板线密集，电路的焊点面积很小，所以虚焊是常见的通病之一，特别是摔过的手机，应该先对相关的、可疑的焊接点均补焊一遍，排除虚焊问题；如果故障仍不能解除，再检修有关电路。

5. 先进行静态检查，再进行动态检查

当不知道产生故障的原因时，应当先进行不加电的静态检查，检查电路板外观、排线有无松脱和断裂、元器件有无虚焊和断线、各触片有无损伤和腐蚀等。对可疑的重点部位测量其电阻值，判断有无短路。在没有发现异常现象后，再进行加电的动态检查，这样既可以确保手机的安全，同时也可以预先排除一些故障。因为在加电检查时，可能会导致短路或静电感应而损坏电路元器件。加电后，通过测试关键点的电压、波形、频率，结合工作原理来进一步缩小故障范围。测量时先末级后前级。如话筒无声的故障，要从话筒、话筒插座、音频处理器这样的路径检查，而不要从中间查起；对于不开机的故障，要从电池、内部电压、时钟、复位信号这样的路径检查，这样做的目的是遵循“顺藤摸瓜”的思路，是快速而又准确的手机维修方法。

6. 先检查供电电源，再检查其他电路

供电电源正常与否是手机正常工作的基础，所以检修故障时，首先要保证供电电源的电压值在正常的范围之内。例如，拿到一部开机后无任何反应的手机时，首先要检查电池是否接通、各路供电电压是否正常。当供电电路与其他电路同时出现故障时，应先将供电电路修复后，再检查其他电路故障。

7. 先检查简单故障，再检查复杂故障

简单故障一般都是常见故障，既容易发现，也容易修理，而复杂故障恰恰相反。所以在分析判断故障时，应先从较容易的部位入手，然后将复杂或难修的故障孤立出来，使故障范围逐渐缩小，直至找到全部故障部位。

8. 拆装、焊接元器件之前必须关断电源

由于手机采用了CMOS集成电路以降低功耗，而CMOS集成电路，特别是EEPROM

存储器芯片非常容易受静电感应而损坏，所以在插拔手机内部的接插件或焊接元器件以前，一定要关掉供电电源。测量用的仪器、仪表、电烙铁的外壳都要可靠接地，否则会由于静电或大电流的冲击而损坏集成电路芯片。

9. 故障检修前必须接上天线或假负载

在测试或故障检查以前要接上天线或接上一个假负载。如果不接天线或假负载而使手机处于发射状态，则有可能损坏末级功率放大管或功率放大集成电路。此外，在故障检修时，应将稳压电源调整到手机的标称电源电压上，并按规定的测试条件进行测试，这样测出的数值或波形才能符合要求，否则有可能因测量误差而导致误判。

10. 维修后测试

故障排除后，不要马上装入机壳，应先对单板进行各项性能测试，包括对单板开机观察，检查接收中频，基准频率、本振频率、发射中频、主要供电指标参数的准确性。装入机壳后，可通过拨打和接听电话证实通话功能与话音质量，对手机的各项功能进行测试，使之完全符合要求。对于一些软故障，修复后，应作较长时间的通电试机观察，以彻底排除故障。

11. 记录维修日志

记录维修日志就像医生记录病历一样，每修一台手机，都要作好如下记录：是什么手机，故障是什么，手机使用了多长时间，怎么修的，走了哪些弯路等。这些维修日志，看似增加了工作量，实际上是一种自我学习和提高的好办法，也为以后修理类似手机或类似故障提供了可靠的依据。有效的总结常能事半功倍。

上述所介绍的故障检修原则、维修流程彼此有紧密的联系，在实际故障检修过程中，应根据理论分析和自己的维修经验灵活应用。

4.2　项目十一：手机故障维修的基本方法

本项目主要介绍一些维修手机时检修故障的基本方法、判断故障的大致范围及手机维修的一般技巧，使手机维修人员能快速查询到故障的部位、快速排除故障。

4.2.1　直接观察法与元器件代替法

1. 直接观察法

首先利用手机面板上的开关键或其他按键接打电话，观察现象，将故障缩小到某一范围，例如，按键失灵、发射关机、发射无信号（不入网）、不送话（受话器无音）等故障都能直接检查到。根据故障现象，有可能判断出故障的大体部位，然后观察主板是否有变形，看主板屏蔽罩是否有凸凹变形或严重受损，从而确定里面的元器件是否受损。再用带灯放大镜仔细观察各个元器件是否有鼓包、变形、裂纹、断裂、短路、脱焊、掉件，阻容元器件是否有变色、过孔烂线等现象。通过与无故障的同型号手机相比较，就可以简单地判断出其内部是否有短路或其他异常现象。

2. 元器件替换法

在替换元器件以前，要确认被替换的元器件已损坏，并且必须查明损坏原因，防止将新替换的元器件再次损坏。在替换集成块之前，应认真检查外围电路及焊接点，在没有充分理由证实集成电路发生故障之前，最好不要盲目拆焊、替换集成电路。尽量减少不必要的拆焊，多次拆焊会损坏其他相邻元器件或印制电路板本身。在缺少专用测试仪器或维修资料的情况下，可用相同机型的元器件进行比较，尽可能确诊故障点。直接替换时，要使用完全相同的型号，如果用其他型号代替，一定要确认替换元器件的技术参数满足要求。部分不同类型手机的元器件可以相互替代。这就需要在实践中不断总结摸索，也需要常向有经验的手机维修技术人员请教。替换法简单、迅速，特别适合于初学者确诊故障部位。

4.2.2　清洁法与补焊法

1. 清洁法

手机的移动性是造成手机易进水受潮的主要原因。有些手机因保管不当或被雨淋湿、进水受潮、灰尘增多，导致机内电路发生短路或形成一定阻值的导体，破坏电路的正常工作，引起各种各样的疑难故障。对于进液体的手机，应立即清洗，否则由于液体的酸碱浓度不一样会使手机电路板腐蚀、过孔烂线或因脏而引起引脚粘连等。对受潮或进水的手机，应先拆卸机壳和接插板，一般将整个主板(将显示屏送话器、受话器等元器件拆下)放入超声波清洗器内，用无水酒精或天那水进行清洗。清洗后，用电吹风吹干，彻底干燥后，方可通电试机。这样处理后，多数能够恢复正常工作。正因为如此，在手机的维修过程中，清洁法显得尤为重要。

2. 补焊法

手机中的元器件绝大部分采用表面贴焊的方式，元件小，电路板中的线路密集，电路的焊点面积很小。因此，手机能够承受的机械压力很小，在受力或振动时极容易出现虚焊的故障，所以用热风枪吹一吹或用烙铁焊一焊就能解决故障。所谓补焊法，就是通过对电路工作原理的分析，判断故障可能在哪一单元，然后在该单元采用“大面积”补焊。即对相关的、可疑的焊接点均补焊一遍，但不能一味地不管什么元器件都吹。用风枪吹焊时，温度应尽量低一些，否则不仅不能解决问题，还会吹坏元器件。诺基亚 3210 手机的 CPU 是灌胶的，用风枪一吹就容易出现软件故障，因此，用风枪吹焊逻辑部分集成块时应特别小心。补焊的工具可用热风枪和尖头防静电调温电烙铁。

4.2.3　电压测量法

电压测量法是用万用表测量直流电压。加电后，通过将故障机的一些关键点电压(如逻辑、射频、屏显的供电电压等)用万用表直接测得，测出的电压值可以与参考值作比较。可以从三个方面取得参考值：一是图样中标出的；二是有经验的维修人员积累的；三是从正常手机上测得的。在测量过程中应注意待机状态和发射状态的控制电压是有区别的，故障机与正常机进行比较时，要在相同的状态下测量。

电压测试包括如下 4 个方面。

(1) 整机供电是否正常

手机常常采用专用电源芯片产生整机的供电电压，包括射频部分和逻辑/音频部分。如摩托罗拉 V60、V66 手机的电源芯片(U900)开机后产生多组不同要求的稳定电压，分别供不同的部分使用。如 V1(1.875 V)主要供 Flash 芯片；V2(2.775 V)主要供 CPU、音频电路、显示、键盘及红绿指示灯等其他电路；V3(1.875 V)主要供 CPU、Flash 及两个 SRAM 芯片等；VSIM(3 V/5 V)作为SIM卡的电源；ALRT VCC为背景彩灯供电及振铃振子供电。若电压不正常，会使相应的电路工作不正常，严重的还会引起不能开机的故障。

(2) 接收电路供电是否正常

如低噪声射频放大管、混频管、中频放大管的偏置电压是否正常，接收本振电路的供电是否正常等。

(3) 发射电路供电是否正常

如发射本振电路(TXVCO)、激励放大管、预放、功放的供电是否正常。

(4) 集成电路的供电是否正常

手机中采用的集成电路功能多已模块化，不同的模块完成不同的功能，且不同模块需要外部提供不同的工作电压，所以检查芯片的供电要全面。如摩托罗拉CD928的中频IC(U201)的供电有2.75 V和4.75 V两组。

另外，通过手机专用维修电源检测手机在开机、待机以及发射状态时，整机工作电流并不相同，通过观察不同工作状态下的工作电流，即可判断出故障的大致部位。此法又称电流测量法，因前面有过介绍，这里不再重述。

4.2.4 其他方法

1. 电阻测量法

电阻测量法在手机维修中较为常用，其特点是安全、可靠。当用电流法判断出手机存在短路故障后，此时用电阻测量法查找故障部分十分有效。另外，用电阻测量法来测量电阻、晶体管、受话器、振铃、送话器等是否正常，电路之间是否存在断路和短路故障也十分方便。电阻测量法主要是利用万用表的电阻挡对地测电阻，一般采取“黑测”的方法，即用万用表的红表笔接地，用黑表笔去测量某一点的直流电阻，然后与该点的正常电阻值进行比较。由于电路中有时有二极管存在，所以在测量时最好正反向交换测试一次进行比较，这种方法在维修开机不正常的手机时最有效。

2. 触摸法

触摸法简单、直观，它需要拆开整机并外加电源来操作。通过手指触摸贴片元器件，感觉是否有温度很高、发热发烫的元器件，从而粗略地判断故障所在。通常用触摸法来判断好坏的元器件有CPU、电源IC、功放、电子开关、晶体管、二极管、升压电容和电感等。也可以使手机处在发射状态下，更容易感知元器件的温度。例如，手机大电流不开机，整机拆机后加电，电流表上的电流在500 mA以上，用手触摸电源块，发热烫手，这证明电源块已损坏，更换电源块，故障排除。利用触摸法时，注意防止静电损坏元器件。

3. 对比法

对比法是指用相同型号的、拨打和接听都正常的手机作为参照来维修故障机的方法。通过对比，可判断故障机是否有虚焊、掉件、断线，各关键点电压是否正常等。用此法维修故障机省时省事、快捷方便。

4. 飞线法

有些手机因进液而出现电路板过孔腐蚀烂线、电路断路的情况，可通过飞线法，参照相同型号的手机进行测试，断线的地方要用一条导线将其连接。例如，爱立信788/768型手机关机就要用飞线法来解决。再如摩托罗拉V998加主电不开机，而从尾插加电就能开机，这时往往采用飞线法，把主电拉到底电(尾插相应位置)上是最简单、方便的维修方式。在采用飞线法时，用的导线是外层绝缘的漆包线，用时要把两端漆刮掉，焊接时才安全可靠。飞线法在实际维修中应用得非常广泛。但要特别注意，在射频接收与发射电路上不要用飞线法，否则会影响电路的分布参数。

5. 短接法

短接法在手机维修中经常用来检查功放、天线开关、滤波器等。方法是，取下可疑元器件，将信号的输入端和输出端直接用导线短接，观察是否有信号，这样可以粗略地判断被短接元器件的好坏。

6. 按压法

按压法是检修摔过的手机或受严重挤压的手机的一种方法。手机中贴片IC，如CPU、字库、存储器和电源模块等受振动或挤压时易虚焊，用手按压重点怀疑的IC，给手机加电，观察手机是否正常。若正常，可确定此IC虚焊。用此方法时，同样要注意静电防护。

7. 跨接电容法

手机中的滤波器很多，如高频滤波、中频滤波等大多采用陶瓷滤波器、声表面滤波器等，常因受力挤压而出现裂纹和虚焊的滤波器好坏无法用万用表测试，所以在维修时采用电容作应急维修和判断，即在滤波器的输入和输出端之间跨接滤波电容。采用电容跨接时，高频滤波器用33 pF左右的电容替代，中频滤波器用200 pF左右的电容替代，二中频滤波器用0.01 μF左右的电容替代。需要注意的是，跨接电路时绝不能用漆包线跨接于微带线的两端，否则，会引起电路分布参数的改变。

8. 信号追踪法

信号追踪法主要用于查找模拟电路故障，即射频电路的故障和音频电路故障。使用此法一般需要射频信号发生器(1～2 GHz)、频谱仪(1 GHz以上)、示波器(21 MHz以上)等仪器。

(1) 接收电路的检修

对手机电路出现故障，如信号弱或根本无信号，可按如下步骤进行测试。

1) 信号发生器产生某一个信道的射频信号(如62信道的收信频率为947.4 MHz)，电平值一般设定在－50 dBm。

2) 使手机进入测试状态并锁定在与信号发生器设定的相同信道上(摩托罗拉的手机使用测试卡就可以进入测试状态并锁定信道；诺基亚的手机要用原厂提供的专用电脑软件才能进入测试状态并锁定信道)。

3) 将信号发生器的射频信号注入手机的天线口，然后用频谱仪观测手机整个射频部分的收信流程，观察频谱波形与电平值(低频部分用示波器观察)，并与标准值比较，从而找出故障点。以摩托罗拉328手机为例，观测内容包括：射频放大管输入/输出信号的频谱(947.4 MHz)及放大量、RXVCO的频谱(794.4 MHz)、中频频谱(153 MHz)、306 MHz接收第二本振、接收I/Q波形(RXI/RXQ)、接收通路滤波器的输入/输出信号电平值和衰减是否正常等。

(2) 发射电路的检修

手机发射方面出现故障，如无发射、发射关机等，可按如下步骤进行测试。

1) 使手机处于测试状态并锁定在某一个发射信道(如62信道的发射频率为902.4 MHz)。

2) 用频谱仪观察手机发射通路的频谱及电平值，并与标准值比较，从而找出故障点。

以摩托罗拉328手机为例，测试内容包括：本地振荡、TXVCO(902.4 MHz)、激励放大管以及功放的频谱。

(3) 音频电路的检修

音频电路的故障包括振铃器、送话器、受话器无声等故障。此类故障用示波器查找十分方便和直观，由于目前手机的音频电路集成化程度很高，使音频电路越来越简单，从维修角度来看，只需检测几个相关的元器件的波形就可查出故障所在。

9. 信号注入法

信号注入法是简易的信号追踪法，注入的信号可以是信号源的输出信号，也可以是人体感应信号。例如，检查音频IC时，用打电话的方式在输入端注入信号，如拨打“112”，在输出端观察是否有输出。在手机无信号或信号弱的情况下，若无频谱分析仪，可以使用8～10 cm长的导线(有时也可以用镊子替代)分别在天线接口、天线开关、接收滤波器等部位，将信号强行注入其中，逐级检查，从而判断故障点。

10. 人工干预法

在手机的维修过程中，当判断某一元器件损坏时，除了直接更换损坏元器件可以排除故障外，还可采用改变某一部分电路的方法来修复手机。

另外，手机中的许多供电电压和电路都是受控的，维修时若不采取人工干预的方法，检修将十分麻烦。比如，在维修爱立信788手机不入网故障时，大多是先测RXON、TXON的跳变信号，以及功放A400的第10脚有无负脉冲，这种方法比较复杂。而采用直接给TXON信号加高电平的方法就可使功放电路、TXVCO供电处于连续工作状态，虽然不能让整个发射系统完全工作，却可以测TXVCO、A400功放的好坏以及A400前端供电的控制晶体管，还有产生负压的电容是否损坏等。采用给TXON信号加高电平的方法，结合测量脉冲电平信号即可全面判断收发电路故障。人工干预法是手机维修过程中的一种十分重要的方法，维修时应灵活使用。

11. 波形和频率测量法

在手机的维修过程中，一般把示波器的输出端同时接到频率计的输入端，这样可以同时测量到电路各关键点的波形和频率，如13 MHz(或26 MHz)时钟信号、实时时钟信号、本振信号、一中频信号、二中频信号、解调信号、PLL锁相环信号、调制载波信号等，如第3章中所示的部分波形。根据信号波形的有无、是否失真变形、信号实际频率的数值等，通过与无故障同型号手机相比较，就可以直观简单地判断出故障区域。另外，对信号幅度进行测量，了解信号强度，以便判断该部分电路是否正常工作。

12. 重新加载软件法

在手机故障中，有相当大的一部分是软件故障。由于字库、码片内部数据丢失或出错，或者由于人为误操作锁定了程序，会出现“Phone failed see service”(话机坏联系服务商)、“Enter security code”(输入保密码)、“Wrong Software”(软件出错)、“Phone locked”(话机锁)等典型的故障，还有一些不开机、无网络信号、无场强指示、信号指示灯常亮不闪烁、自动关机等也与软件故障有关。

处理软件故障一般采用4种方法：一是利用手机指令的使用技巧；二是利用维修卡(含测试卡、转移卡等)进行一些软件故障的维修；三是利用电脑和免拆机软件维修仪通过手机的传输线将程序写入手机中，这种方法是免拆机进行的，操作方便，但必须懂得微机的操作

方法;四是利用编程器配合电脑重新编写码片和字库资料来修复,此法需拆机取下码片和字库,比较麻烦但十分有效。

对存储器芯片重新写入正确的资料,不管手机出现什么样的软件故障,一般都能全面修复。特别注意,由于许多手机的码片资料、字库资料有版本号的区别,应配合使用。

在实际故障检修时,除了上述介绍的基本方法外,也常常使用几种方法进行综合检测。其中电压测量法、电流测量法、电阻测量法、波形和频率测量法、清洗法、补焊法、对比法、重新加载软件法使用的最普遍。对任何型号的手机,只要掌握其基本工作过程,能分析其组成结构,根据不同的故障现象,按照上述方法就能找出其故障原因。

手机故障有共同的特点,在维修手机时应该注意:手机能否正常开/关机;是否有场强指示;屏显是否正常;信号灯有无指示;能否正常接打电话;同时用外加手机专用维修电源观察手机的开机电流、发射电流和待机电流是否正常,手机不同的故障特点都体现在工作电流上,这是手机维修的技巧所在。根据开机电流、发射电流、显示特性等故障特征,判断故障范围,再进一步进行测试,对测试参数进行分析,就能找出故障所在。虽然不同的机型由于其结构不同,器件功能不一样,测试的具体指标也有所不同,但判断故障的方法则有其共性。因此,对于维修人员来说,掌握维修的方法比掌握某一机型的单一故障维修更重要。

4.2.5 手机维修电源的供电方法

手机在维修过程中,一般都要拆下电池,此时给手机机板供电就需要采用外接稳压电源的方法。在实际维修中不难发现,有的手机不是简单地接上正、负极就能开机的。如多数诺基亚手机供电时,一般都要用电池模拟器才能开机(注:3210型手机可直接加电开机),造成这种现象的原因就是这些手机在开机控制模式中,首先要对电池类型、温度数据进行检测,若正常,手机才会发出指令让手机开机。这种控制开机模式实际上是通过软件程序设置来保护手机的,手机生产厂商通过电池类型来防止使用非厂家认可的电池。通过温度检测,可以避免手机在充电或发生短路时,电流过大、温度过高对手机造成危害。

1. 几种类型手机电源的供电方法

由于各种手机对电源的要求以及接口的不同,因此在维修手机时,有时采用手机专用维修电源接口给手机进行供电。

(1) 摩托罗拉系列手机

摩托罗拉系列手机一般采用尾插直接供电,在插入尾插供电时,正常情况下会自动开机,这有助于在取下按键板的情况下进行维修。另外,也可以用正、负电源端分别接到手机机板的电池正、负极触片上开机。

(2) 爱立信系列手机

爱立信系列手机只需要正、负电源端分别接到手机机板的电池正、负极触片上开机。

(3) 三星系列手机

三星系列手机只需在手机机板的电池正、负极触片上分别加上正、负电源,即可开机,因此电源的输入方式可以采用与爱立信相同的方法,即由电池触片输入。也可以采用与摩托罗拉系列手机相同的方法,由尾插输入。

(4) 诺基亚系列手机

诺基亚系列手机的供电比较特殊,一般要求四根线输入,即电源正极、电源负极、电池温度和电池类型，否则，在只加入正、负电源的情况下，不会开机。在维修操作时，只需三根线输入即电源正极、电源负极和电池温度，也可开机。但诺基亚 3210 手机是特例，在只加入正、负电源时即可开机(但显示屏不显示)。

(5) 松下、飞利浦系列手机

松下、飞利浦系列手机的供电也需要三根线输入，即电源正极、电源负极和电池温度。在只加入正、负电源的情况下，将电池温度接地，也可开机。但是，在只加入正、负电源的情况下，不会开机。

2. 维修手机主板的加电方法

在进行手机检修过程中常常会用到带电检测，以测量某些电路的供电情况是否正常，或者测量电路中的信号波形，如测量晶振的输出波形。但是将手机拆卸后，主电路板与电池仓分离，无法对电路进行正常供电。因此需要对手机的供电进行改造，以诺基亚手机为例，将诺基亚手机拆卸后，从主电路板上找出其电池接口。电路板上有四个接口触点，分别对应电池上的四个输出端子。为使手机电池能够给手机电路板供电，可以将它们用引线焊接方法来连接。首先准备好四根不同的引线(最好是不同颜色的)，为了使连接后的电池和主电路板的通电可以控制，可以将其中一根引线剪开，可以将剪开的两根引线分别接到电池和电路板的负极上，需要进行通电检测时，只需要将两根引线接在一起即可，若要断电，则把两根引线分开即可，这样就能简单地控制电源的通断，从而可以自由地进行断电和带电检测。在电路中，一般红色引线接正极，黑色引线接负极，这里也可以按照这种接法进行焊接，将引线分别焊接到电池输出端子上，其中一段黑色引线焊接到电池的负极的端子上。

3. 手机电池的检测方法

手机电池在手机中的作用相当于汽车中的油箱，如果油箱系统损坏或者油箱中没油，都会使汽车不能发动，同样电池损坏或者电池中没有电，手机也不能开机启动，所以检测手机电池是检修手机过程中非常重要的一环。手机如果不开机，应该首先检查电池，对手机电池性能的测量可借助专用的检测仪器和软件实现。除此之外，也可以直接通过万用表对手机电池进行测量，从而实现对手机电池性能的判别，例如诺基亚手机的电池，在电池的顶端有三个输出端子，分别为电池的正极、电池检测端、电池的负极，同时可以看到，在电池的表面，标注了该电池的容量和电压。

下面介绍手机电池的检测方法，位于两侧的端子为电池的两个输出端。检测时，可以在电池的两个输出端子上串接一个负载电阻。注意，电阻的阻值不要过大也不能过小，最好与手机的综合负载阻值类似，一般情况下，选择 82 Ω 阻值的电阻即可。如在手机的输出端子上串接一个电阻，测量电池的输出电压的具体操作为：将电阻与电池的两个输出端子相连，使用万用表的直流电压挡进行测量，将万用表的量程设置为“7.5 V”，此时测量的直流电压值为 3.6 V，与电池表面标识的电压值相同，这说明电池的输出电压是正常的。如果所测得的电压值小于 3.2 V，则说明电池的电量不足，需进一步检查充电过程是否正常。如果测得的电压正常，并不能说明电池性能良好，可以将负载接在电池两端保持 5～8 小时后，再对电池输出电压进行测量，如果电压仍能保持 3.5～3.6 V，说明电池性能基本正常，如果所测得的输出电压过低(小于 3.4 V)，则说明电池性能不良。

4.2.6 手机易损部分和薄弱点的检查

有经验的人员维修手机时，只需简单测量几个数据，很快便能找到故障部位。这说明，手机维修有捷径和规律可循，只要善于学习、实践和摸索，成为手机维修的行家并不难。下面简要介绍手机维修过程中一些规律性的知识，以提高维修效率。

1. 手机的易损部位

(1) 设计不合理的地方最易出现故障

任何一款手机在设计时都不可能做到尽善尽美，都有其自身的缺陷和不足，这在手机出厂时就隐含了使用时必然要出现的某种故障。

例如，摩托罗拉 CD928 手机常见的几个故障是发射关机、拍拍手机就关机或按键太用力就关机。对于这类故障，通常的解决方法是更换外壳。这是设计上的缺陷所致。CD928 手机外壳设计最大的缺陷是上下两头采用螺钉拧紧的方法，而中间都用很少的塑料倒勾把前后壳连接，这样的连接是最不稳定的，很容易由于摔过或拆机而导致倒勾断裂，整机则会在中间处产生裂缝，致使后壳与主板分离。我们知道，CD928 手机的电池触脚是镶在外壳上的，其与主板采用点接触式结构，结果会导致电池对主板的供电大打折扣，从而导致上述故障的产生。类似的例子还有爱立信 T28 手机，该手机最常见的故障是加电漏电甚至加电短路，或者是无发射，基本上都是功放电路的问题。爱立信 T28 手机功放的供电是由电池正极通过一个电阻而来，由于冲击电流未加限制，或功放质量不过关，经常烧坏功放使其对地短路，造成加电大电流漏电的现象。

再如，三星 600 手机，经常出现信号弱的故障，维修发现，此故障的产生主要是由在天线接口处的一些阻容元器件(特别是一个标着三个 0 的零欧电阻)虚焊造成，这是因为三星 600 手机天线螺口是直接焊在电路板上的，而手机在跌地或挤压时，易引起电路板变形，而最先受损的便是该部分电路，造成元器件引脚脱开或虚焊。

(2) 使用频繁的地方最易出现故障

例如，折叠式手机，翻盖需要折来折去，作为翻盖的连接纽带即排线就因此产生物理疲劳，进而被折断。因此，折叠式手机排线损坏或排线与排插接触不良经常引起的故障现象是不开机、合上翻盖关机、发射关机、开机低电告警、无受话器声、无显示或显示有但字是倒着的及无受话器声等。

再如，挂机键在大部分手机机型中与开关键合为一个键，因此，该按键最容易损伤。爱立信 T18 手机经常会出一个故障：加电自动开机，然后按键失灵，其他一切正常。出现此类故障用的解决方法是拆下按键导电膜，把主板上的挂机/开机键清洗一遍，再换一个新的按键电膜即可。这是因为 T18 手机的按键采用导电膜作导电层，与其他机型采用导电橡胶的结构不一样。导电膜的灵敏度虽然比较高，但导电材料易于脱落，而挂机/开关键又是使用频率最高的键，因此，它最易损坏。

(3) 负荷重的地方最易出现故障

手机的电源电路和功放电路的电流大、负载重，最易损坏。如爱立信 788 手机的功放采用的砷化镓功率放大器，电池电压为其直接供电，且工作电压较高，很容易损坏。特别是在一些基站数量较少，通信环境较差的地区，通信干扰较大，手机的场强显示(RSSI)较低，此时，基站虽然能收到手机发射的信号，但逻辑部分会要求功率控制电路对功放电路作较大的发射功率偏置，使功放电路工作在最大的功率状态下。这时，如果通话持续时间过长，将会引起功放电路的损坏。

另外，爱立信788、T18手机的多模IC出现的故障率也是比较高的。手机出现不开机、不入网、显示不正常、无送话、无受话、低电告警等故障，很多情况下都是多模IC损坏造成的，这是由于多模电路是手机的一个"多功能"模块，功能较多，负载较重，发热量大，当然容易损坏。

(4) 保护措施不全的地方最易损坏

以功放为例，诺基亚3810手机、飞利浦828手机、爱立信628手机均是采用PF01410A功放，也就是说，功放的结构是一样的。但经常见到爱立信628手机及飞利浦828手机功放损坏，却少见诺基亚3810手机功放损坏，关键在于手机的保护措施不同。由于电池电压的不稳定，以爱立信628手机为例，电池标准电压是4.8 V，但电池充电饱和后是5.5 V，手机低电报警状态时是4.5 V，上下浮动约1 V，这对手机的元器件是个很大的考验。飞利浦828手机的功放采用电池正极直接对功放供电，路径上没有保护元器件，当电流、电压忽高忽低时，必然易于使功放损坏。而爱立信628手机情况要稍好些，路径上有一个100 Ω电阻起限流的作用，而诺基亚3810手机由于有一个发射电流控制管，能有效地防止发射电流过大，使功放得到有效的保护。因此，诺基亚3810手机功放就很少损坏。

再如，诺基亚6110(5110)型手机功率放大器损坏率也是较高的，主要一点也是电池电压直接给功放供电，使其长期处于供电状态。特别是在待机充电时，由于市电电压的不稳定或使用劣质的充电器，使充电电压过高或不稳定，这种情况极易烧坏功放。故建议电池在充电时，最好把它放进充电座进行充电。

由此可见，我们在观察手机时，不仅要观察元器件的结构特点，更重要的是观察手机的电路特点，这样才能更准确地判断故障。

(5) 工作环境差的元器件易损坏

手机的受话器、送话器容易进入过多的灰尘，使用时间长了，必然会产生音小、无声故障。手机的尾插(充电插座)也是一个容易受潮、受污的地方，当充电尾插受潮或受污，很容易造成内部漏电，导致手机无送话或有交流声，此时，只要用酒精清洗干净、吹干，即可排除故障。

2. 手机结构的薄弱点

手机结构的薄弱点常有以下6个方面。

(1) 双边引脚的集成电路容易脱焊

双边引脚元器件的固定面只有两边，当着力点在中间时，两边就容易脱焊，其牢固程度比四边引脚元器件的牢固程度差很多。但双边引脚元器件中，码片又比字库牢靠，这是因为字库比码片长很多，更容易脱焊造成不开机或软件故障。

摩托罗拉328手机有一个很典型的故障，就是有时开机，有时不开机。开机后，按键时又经常关机。一般情况下，只要对位于手机主板正中央的暂存器进行补焊，便可排除故障。摩托罗拉328手机暂存器的引脚容易虚焊的原因有两个：首先它是双边引脚元器件，本身就是典型的不牢固的结构；其次，它处于主板的中间，无论上、下、左、右的力都会对其产生挤压，是整个主板最易受力的地方，比较容易出现松焊的情况。

(2) 内联座结构的排插易出现接触不良

内联座结构的排插最易出现接触不良，典型的例子有西门子S4手机，该手机由排插引起的故障约占其所有故障的50%以上，经常遇到S4手机不开机、显示黑屏、开机后死机、不认卡、按键失灵等故障，都和排插接触不良有关。解决的方法是拆下主板，清理干净排插，再重新装好，故障便可排除。因为S4手机排插又细又密又多，极易产生接触不良。另外，松下GD90手机的排插也经常出现接触不良的故障。

(3) 主机板薄的手机其反面的元器件易出现虚焊

对主机板薄的手机，若按键太用力，极易使反面的元器件虚焊。松下G500手机维修中经常遇见的一个故障就是按键关机或开机后忽然死机，这都与按键背面的元器件虚焊有关。只要将按键板背面的元器件补焊一遍，故障即可排除。

诺基亚8110手机采用柔性电路板设计，当用户按键太用力时，也会导致手机的逻辑电路(CPU、版本、暂存器、码片)间的信号高低电平错乱。也就是说，这种结构很容易出软件故障，而事实上，诺基亚8110手机的大部分问题就是软件的问题。

另外，维修爱立信T18手机按键关机的故障时，在排除电池或电池触点不良的情况下，一般是CPU虚焊或周围的元器件虚焊导致的，只要补焊CPU或吹焊其周围的元器件即可。这是由于爱立信T18手机是单板机，正面为按键，而CPU恰好安放在按键的反面，它是整个主板受力最大的地方，反复地按键必然会出现虚焊的问题。

(4) 手机的点接触式结构易出现接触不良

手机采用点接触式的结构很多，常见的有以下6种。

1) 显示屏通过导电胶与主板连接。如爱立信T28手机、诺基亚3310手机等。

2) 受话器或送话器通过导电橡胶或触片的形式与主板相连。爱立信及诺基亚手机中常见的是无受话器声、无送话故障，只需拧紧螺钉就能解决。

3) 功能板与主板通过接触弹片形式连接。如诺基亚3810、5110、6110、6150手机等，这类手机经常由于接触弹片断裂或接触不良导致不开机、按键失灵、无振铃等故障。

4) 天线与主板天线座通过接触弹片形式连接。这是大部分手机共有的结构特点，维修时，经常遇到由此引起的手机无信号或信号不好的故障，只要把手机主板上的天线座和天线用铜丝飞线焊牢接好即可。

5) 外壳上的电池触点与主板上的电池接口以弹片形式接触。如爱立信768、788、T10、T18手机，西门子35系列手机等。这类机型最多的故障是开机低电告警、拍拍手机就关机、按键关机或发射关机等，这就是电池触点经常出现接触不良而导致的。

6) 外壳上的SIM卡座和主板以弹片形式接触。如爱立信788、T10、T18手机，西门子35系列手机等，常会出现因弹片接触不良造成手机不识卡的故障。

(5) BGA封装的IC易出现松焊

这类封装方式的特点是焊点为球状点接触式，优点比一般封装方式可使手机板做得更小，缺点是易脱焊，是整机手机中最薄弱的环节之一。如摩托罗拉328、308手机信号不好，一般是接收路径上的元器件虚焊可能性较大，而摩托罗拉338手机信号不好大部分是由BGA封装元器件如CPU虚焊导致的。

再如，诺基亚8810手机最常见的问题是软件故障、无信号、无发射、不开机，大部分原因是CPU(BGA封装)虚焊导致的；摩托罗拉L2000手机不开机很多是由电源IC(BGA封装)虚焊引起的；爱立信T18手机受振后造成的不开机故障，基本上也都是由字库(BGA封装)虚焊引起的。这充分说明BGA封装的IC是比较脆弱的。

(6) 阻值小的电阻和容量大的电容易损坏

阻值小的电阻经常在供电线路中起限流作用，也就是起熔丝(俗称保险丝)的作用，若电流过大，首先会把其烧断。另外，供电线路上有许多滤波电容，体积和容量一般较大，若电压或电流不稳定，就容易击穿电容而导致漏电。

4.3　项目十二：手机故障的分类

从不同的角度看，手机故障可有多种分类方法，了解故障分类的特点后，对手机的维修工作会有很大的帮助。

4.3.1　按日常引起手机故障的原因分类

按引起手机故障的原因分类，手机故障可以分为菜单设置故障、使用故障和质量故障。

1. 菜单设置故障

严格地讲，菜单设置故障并不属于故障，由于对手机菜单进行不正确的操作使一些功能关闭，如限制服务、不在服务区内、呼叫转移功能设置为“开”、所有静音、短信中心号码设置错误等使手机不能正常使用。例如，不能呼出电话，可能是机主设置了呼出限制功能；来电无反应，可能是机主设置了呼叫转移功能；来电只振动而不响铃，可能是设置手机的菜单为来电振铃方式；打电话听不到声音，可能是机主把音量调到最小等。一般来说，初次使用手机的用户最容易遇到这样的情况，这就要求维修人员必须熟悉各种手机的具体菜单设置方法。

2. 使用故障

使用故障一般是由于用户操作不当或错误调整而造成的故障。比较常见的有以下几种。

(1) 机械性破坏。手机由于受外力过大或使用方法不正确或跌落，可导致一系列故障，如显示屏碎或不显示，机壳摔裂、变形，手机元器件的丢件、掉件、破裂、引脚脱焊、脱落、接触不良，手机翻盖脱轴，天线折断等。这常常还会引起不开机、无信号、不发射、受话器无声、送话器不送话等故障现象。

(2) 使用不当。如使用手机的键盘时用指甲尖触键，会造成键盘磨秃甚至脱落；劣质充电器和劣质电池性能差，使用这些劣质产品会损坏手机内部的充电电路，导致手机不充电，严重时将手机电源模块烧坏而不开机；多次错误地输入 PIN 码会导致 SIM 卡保护性锁卡。

(3) 环境影响。手机正常使用但受环境影响也会引起一些故障。手机是使用频率比较高、精密度也很高的电子产品，应当注意在干燥、温度适宜的环境下使用。正常使用时，如果空气干燥产生静电，或靠近电视、微型计算机等带有强磁场的地方都会受到干扰，可能击穿某些电子器件而导致故障，严重的甚至会擦除字库或码片数据。会引起不开机、无信号、不发射等故障现象。

(4) 保养不当。如果手机掉进水里或其他液体中，可引起一系列故障，使手机元器件受腐蚀，绝缘程度下降，控制电路失控，造成逻辑系统工作紊乱，软件程序工作不正常，严重的会直接造成手机无信号、不开机、不发射、发射重拨、按键失灵、送话器不送话、受话器无声、无铃音等。

3. 质量故障

某些型号的手机由于设计上的缺陷，容易引起故障，甚至有些手机是经过拼装、改装、翻新而成，质量低下，非常容易出故障。

4.3.2 按故障出现的时间划分

手机故障按出现时间的早晚可分为初期故障、中期故障和后期故障。

1. 初期故障

该故障是指仓库存放、运输途中及保修期内(一般为一年)发生的故障。在这期间，故障发生的概率较小。造成故障的原因是生产时留下的各种隐患和设计缺陷、存放地点的环境条件不良、运输不慎、元器件早期失效以及使用不当等。

2. 中期故障

该故障是指使用2～5年期间出现的故障。在这段时间内，由于元器件都经受了较长工作时间(但与其寿命相比，时间较短)的考验，隐患已充分暴露，所以其性能趋于稳定，因而故障率较低。造成中期故障的原因是少数性能较差的元器件变质、损坏或可调整器件损坏、松脱等。

3. 后期故障

该故障是指经过很长时间使用后所发生的故障，此时元器件性能逐渐衰退，寿命相继终止的现象必然随机出现，因此故障率上升，直至大面积损坏而无法修复。

4.3.3 按故障的性质划分

手机的故障按性质不同，可分为硬件故障和软件故障。

1. 硬件故障

由于手机内部元器件损坏，电路板连线断路、短路或元器件接触不良等引起的故障称为硬件故障，这种故障只要检查出故障点，修理就比较容易，更换或修复已损坏的元器件与故障点即可。

2. 软件故障

由于手机的码片、字库内的数据资料出错或丢失引起的手机故障称为软件故障。该类故障只需重写数据资料即可。也有的软件故障是由于用户在没有熟悉功能菜单的使用方法之前误操作出现的，此时应进行仔细的观察与分析，通过调整检测才能加以解决。

4.3.4 从手机的故障现象划分

在不拆开手机的情况下，仅从手机的故障现象来看其故障，可分为以下3类。

(1) 完全不能工作，不能开机。接上维修电源，按下手机电源开关无任何电流反应，或仅有微小电流变化，或有很大的电流出现。注意，这些电流大小均是指维修用稳压电源表头的指示。

(2) 能开机但不能维持开机。接上电源，按下手机电源开关后能检测到开机电流，能开机，但是出现发射关机、自动开关机、低电告警等故障。

(3) 能正常开机，但有一部分功能发生故障，如按键失灵，显示不正常(字符提示错误、字符不清楚、黑屏),受话器无声,不能送话,部分功能丧失等。

4.3.5 从手机机芯的故障划分

拆开手机,从手机机芯来看其故障,也可分为以下3类。

(1) 供电、充电及电源部分故障。

(2) 逻辑、音频电路故障(包括晶体时钟、I/O接口、手机软件等故障)。

(3) 射频电路故障。

上述三类故障之间也有千丝万缕的联系,例如,手机软件故障影响电源供电部分、射频电路、锁相环电路、发送功率等级控制、射频电路的分时同步工作等,而晶体振荡器既为射频电路提供参考频率,又为手机CPU的运行提供时钟信号。时钟信号直接影响手机逻辑部分能否正常运行。

4.4 *实训项目十八:水货手机与山寨手机的识别方法

本实训项目主要针对目前手机市场上出现的水货手机与山寨手机,通过对手机的外部检查及操作,对其进行识别。

4.4.1 水货手机的识别方法

水货手机是指由国外、中国港澳台地区没有经过正常海关渠道进入内地市场的产品,其最主要的目的是为了逃避关税,或者该种产品曾经过不正当改装(即翻新机)而不能够通过正常渠道入关。而且此产品基本没有受国内厂商保修许可,所以购买水货仍然是非常不安全的。

1995年791号邮电部文件关于发布《电信终端设备进网审批管理规定》的通知中第五条规定:凡接入国家通信使用的电信终端设备,必须符合国家规定的技术体制、标准和通信行业标准以及邮电部有关业务规定,并具有邮电部颁发的进网许可证;未获得进网许可证的电信终端设备,不得接入国家通信网使用。第十七条规定:厂家和经销单位对未经邮电部审批,无进网许可证的电信终端设备不得刊登广告和销售。对于水货手机国家有关法律法规明令禁止销售,因而水货手机属于伪劣商品。

辨别水货手机的方法有多种多样,各种手机有各种手机的鉴别方法,在这里举出一些通用的鉴别方法。

1. 检查手机串号

按手机显示串号指令 *#06#,记下手机显示的串号,一般会在手机上显示15位数字,这就是本手机的IMEI码。然后打开手机的电池盖,在手机里有一张贴纸,上面也有一个IMEI码,这个码应该同手机上显示的IMEI码完全一致。然后再检查手机的外包装盒上的贴纸,上面也应该有一个IMEI码,这个码也应该同手机上显示的IMEI码完全一致。然后接着按下手机刷机指令 *2767*3855#(注意:执行此指令会使手机电话本、手机短信清空),之后关机重启,重新输入一次 *#06#看看串号是否有变化,如有变化证明是水货手机或拼装机。

2. 检查进网许可证

水货手机大体上是没有进网证的。辨别时可以先看入网证，现在很多用水货冒充行货出售的机子上都会贴有假冒的入网证。用紫光灯照射入网证，真的入网证会有一行竖的小字和一行横的大字，仔细看就会发现是CMII字样。早期的假入网证没有这个防伪水印，现在市面上出现了一批做工很精致的假入网证，上面也是有这种防伪水印的，但是CMII字样比真的要大一点，而且字体比较粗糙。这些对于行家来说要分辨也许没问题，但是对于大多数用户来说并非易事，但入网证有一点还是假不了的，就是上面印着的序列号，每一个序列号都是跟一台机子唯一对应的，可以上网去核对，或者去就近的手机检测中心都可以免费为用户检测手机真伪。

3. 检查手机电池

一般来说在中国大陆销售的行货手机，电池上面的标贴都是印刷着简体中文的，而水货电池由于很多都是销往外国，因此标贴上面的都是英文。有的水货销售商为鱼目混珠，用假电池替代真电池，上面也是中文印刷。但假电池的做工很粗糙，而真电池外观整齐，没有多余的毛刺，灯光下能看到细密的纵向划痕。而且真电池标贴字迹清晰，有与电池类型相对应的电池标号，标注的生产厂家字体轮廓清晰，防伪标志亮度好，看上去有立体感。

4. 检查手机包装

在购买行货手机时，包装盒也是很重要的一环。很多商家用水货充当行货卖给用户，但是往往就在包装盒和三包凭证上露了马脚。一般来说在包装盒上都会贴有一张标注着产品型号、出厂日期、产地、IMEI码和条形码的标签，不管正行、水货都会有。当然，水货的是商家伪造的。正行的标签印刷精美，字体清晰，而伪造的标签印刷很粗糙，字体很模糊。正行的包装盒里除了说明书和其他配件之外，还会有手机三包凭证，这是国家对于维护消费者权益而制定的政策，水货手机是没有的。

5. 查看版本信息

根据手机机型，通过输入手机指令查看版本号、出厂日期、型号代码等，可比较精确地检查出手机的主板信息资料，并通过客服电话及上网查询确认手机的真伪。

6. 检查是否为翻新机

(1) 外壳接合是否紧凑，缝隙是否光滑。

(2) 翻新机在卸下电池后会有橡皮味，塑料味或化学剂的味道。

(3) 翻新机的充电接口有难以消除的黑色划痕。而且翻新机的键盘大都手感比较柔软，没有新机键盘的韧性。

(4) 翻新机充电时间稍长(一般10分钟以上)就会断电。这是判断翻新机一个很有效的办法。

(5) 由于SIM卡芯片触点与电池触点商家一般是没法更换的，所以翻新机就一定会有清晰的摩擦痕迹，看起来发亮，这是摩擦过多所致。

(6) 翻新机可以看螺丝和刀口接口部分有没有明显的划痕，内屏下方的两个胶垫也是如此。

(7) 翻新机的通话质量一般都不好，会有杂音、电流声，音量较小。

(8) 由于翻新机的零配件多为早期产品，质量也差，所以价格也低。若是遇到价格低得离谱而商家却称为水货的手机，基本可以断定为翻新机。

4.4.2　山寨手机的识别方法

山寨手机由生产者自己取个品牌名字，或模仿品牌手机的功能和样式。由于逃避政府管理，山寨手机厂商不缴纳增值税、销售税，不用花钱研发产品，又没有广告、促销等费用，所以其价格仅是品牌手机的1/3。以前的解释是山寨机可以叫野手机、黑手机或高仿手机，而随着手机牌照的取消，绝大部分山寨手机似乎合法化。拼装这些手机的厂商既不是地下加工厂，又算不上正规军。一些价格低廉、功能齐全的贴牌机和名称五花八门的杂牌手机也都属于“山寨手机”。山寨手机及一般国产手机使用的都是台湾联发科的MTK芯片，而山寨智能手机也有采用Windows Mobile操作系统的。下面介绍一些鉴别山寨手机的方法。

1. 检查手机品牌

区别山寨机最简单的一个办法，就是看它的品牌。通常除了一些知名品牌之外，都有山寨机的可能，而且，在看品牌时要尤其注意每个字母的拼写。比如，正版手机上的摩托罗拉标志为“MOTOROLA”，山寨版的则为“MOTOROIA”，且手机翻盖上的大写M字母被翻转180度，变成了W；诺基亚的标志是“NOKIA”，而山寨版则是“NOKLA”；三星是“S∧MSUNG”（A里面没有“－”），山寨的则是SAMSUNG（A里面有“－”）等。

2. 检查外结构

几乎所有的山寨机都可以以功能全面而著称，超大屏幕，拍照摄像头，MP3/MP4多媒体播放，GPS导航功能，内置干电池，内置蓝牙耳机，八个扬声器，手写功能等。山寨机的功能已经到了只有想不到的，没有做不到的地步。所以，屏幕大、功能多、价格低的手机多为山寨机。

3. 检查手机质量

(1) 吸费问题。山寨机的吸费伎俩主要是预装软件，如预装一个小游戏，消费者过关后在没有任何提示的情况下，自动进入收费环节。另外是在软件上留了“后门”，消费者在不知情的情况下自动定制了某项增值服务，或是拨打了某个特殊的付费号。出现这种情况一般山寨机为多。

(2) 质量问题。由于山寨机厂家极力压缩成本并采用低劣用料，粗糙做工，使得山寨手机质量根本无法保证，一旦有些磕碰则无法修复。由于山寨手机大多没有正规的入网证，所以也无法向消费者提供专业的、全面的维修。正规手机都有一年的保修期，但是很多山寨机无法享受，和正规的品牌手机相比，山寨机没有所谓的“三包”，有的甚至很难开出符合规定的发票。所以，不能出具符合规定的发票和保修卡的手机多为山寨机。

(3) 安全问题。山寨手机在影响人体健康方面的隐患更令人担忧。高端仿真手机存在质量安全隐患，对人身和财产可能造成巨大损害。山寨手机的安全隐患主要存在两个方面。其一是辐射，山寨手机未经检测，其超高功率扬声器、超大容量电池会带来高强度的辐射，容易对大脑、人体产生不良后果。其二是安全性能差，正常手机电池的容量大概在800～1 200 mA，而山寨手机则严重超标，有的电池容量标识为5 000 mA 、10 000 mA，一旦电池爆炸后果严重。所以，一般手机电池容量标识高的为山寨机。

4. 检查“进网许可”标志

先看手机上是不是有工业和信息化部“进网许可”标志，正规的入网标志一般都是用针打打印机打印的，数字清晰，颜色较浅，细看有针打的凹痕；山寨机的伪造入网标志一般是用普通喷墨打印机打印的，数字不是很清晰，颜色较深，没有凹痕。

5. 检查手机配件

看与手机相配套的说明书、电池、充电器是不是厂家原装货，机盒内有没有原厂合格证、原厂条码卡、原厂保修卡等。否则，为山寨机。

6. 查询手机的 IMEI 码

对照手机内部贴着的和外包装盒上的 IMEI 码是否完全一致。

7. 山寨手机的识别方法实训

（1）实训目的

1）通过对山寨手机的识别，掌握山寨手机的识别方法和步骤。

2）提高对山寨手机的认识。

（2）实训器材与工作环境

1）山寨手机若干。

2）手机维修专用直流稳压电源一台。

3）常用维修工具一套，手机拆装专用工具、尖嘴钳、偏口钳、剪子、刀片、镊子、带灯放大镜、电吹风、毛刷、脱脂棉等。

4）山寨手机电路原理方框图、电路原理图和手机机板实物彩图等资料。

5）建立一个良好的工作环境。

（3）实训内容

请指导教师根据实验室的条件选择合适的山寨手机机型，指导学生对手机进行外结构、质量、标志、配件的检查和手机 IMEI 码的查询。

（4）实训报告

根据实训内容，完成山寨手机的识别方法实训报告。

4.5 *实训项目十九：手机不开机的故障分析与维修

不开机故障是手机的常见故障之一。引起不开机的原因多种多样，如开机线断路，电源 IC 虚焊、损坏，无 13 MHz 时钟，逻辑电路工作不正常，软件故障等。一般有以下几种原因。

1. 开机线不正常引起的不开机

正常情况下，按开机键时，开机键的触发端电压应有明显变化，若无变化，一般是开机键接触不良或者是开机线断线、元器件虚焊、损坏。维修时，用外接电源供电，观察电流表的变化，如果电流表无反应，一般是开机线断线或开机键不良。

2. 电池供电电路不正常引起的不开机

对于大部分手机，手机加上电池或外接电源后，供电电压直接加到电源 IC 上，如果供电电压未加到电源 IC 上，手机就不可能开机。对于摩托罗拉系列的手机（摩托罗拉 T2688 除外），供电有所不同，电池供电和外接电源供电要经过电子开关转换再加到电源 IC 上。也就是说，手机的供电有两条路径，一路是电池供电；另一路是外部接口供电（带机充电座供电时）。当两路电源同时供电时，外部接口供电优先。而这两路电源的切换是由电子开关管来控制，主要达到对整机电流起到保护作用，防止因短路或者漏电对手机内部的集成电路造成损坏。但是，如果电子开关损坏，电源模块就有可能得不到电池的供电电压引起手机不开机。对于这种由电子开关供电的手机，由于既可以用外接电源接口供电，也可以通过电池触片用外电源加以供电，维修时可通过不同的供电方式进行供电，以便区分故障范围和确定电子开关是否正常。一般来说，如果供电电路不正常，按开机键电流表会无反应，这和开机线不正常十分相似。

3. 电源 IC 不正常引起的不开机

手机要正常工作，电源电路要输出正常的电压供给负载电路。在电源电路中，电源 IC 是其核心电路，不同品种及型号的手机，供电方式也有所不同，有的电源电路的供电由几块稳压管供给，如爱立信早期系列（T18 之前）手机、部分三星系列手机等。有的却由一块电源模块直接供给，如摩托罗拉系列手机、诺基亚系列手机等。但不管怎样，如果电源 IC 不能正常工作，就有可能造成手机不开机。对于电源 IC，重点是检查其输出的逻辑供电电压、13 MHz时钟供电电压，在按开机键的过程中应能测到（不一定维持住），若测不到，在开机键、电池供电正常的情况下，说明电源 IC 虚焊、损坏。目前，越来越多的电源 IC 采用了 BGA 封装，给测量和维修带来了很大的负担，测量时可对照电路原理图在电源 IC 的外围电路的测试点上进行测试。若判断电源 IC 虚焊或损坏，需重新植锡、代换，这需要较高的操作技巧，需在实践中加以磨炼。

4. 系统时钟和复位不正常引起的不开机

系统时钟是 CPU 正常工作的条件之一，手机的系统时钟一般采用 13 MHz，13 MHz 时钟不正常，逻辑电路不工作，手机不可能开机。13 MHz 时钟信号应能达到一定的幅度并稳定。用示波器测 13 MHz 时钟输出端上的波形，如果无波形，则检测 13 MHz 时钟振荡电路的电源电压（对于 13 MHz VCO，供电电压加到 13 MHz VCO 的一个脚，对于 13 MHz 晶振组成的振荡电路，这个供电电压一般供给中频 IC），若无正常电压则为 13 MHz 时钟晶体、中频 IC 或 13 MHz VCO 损坏。注意，有的示波器在晶体上测可能会使晶体停振，此时，可在探头上串接一个几十皮法以下的电容。有条件的话，最好使用代换法进行维修，以节约时间，提高效率。13 MHz 时钟电路起振后，应确保 13 MHz 时钟信号能通过电阻、电容及放大电路输入到 CPU 引脚上，测试 CPU 时钟输入脚波形，如没有，应检查线路中电阻、电容、放大电路是否虚焊或无供电及损坏。有些手机的时钟晶体或时钟 VCO 是 26 MHz（如摩托罗拉 V998、诺基亚 3310 手机）和 19.5 MHz（如三星 A188 手机），产生的振荡频率要经过中频 IC 分频为 13 MHz 后才供给 CPU。

复位信号也是 CPU 工作条件之一，符号是 RESET，简写 RST。复位一般直接由电源 IC 通往 CPU，或使用一专用复位小集成电路。复位在开机瞬间存在，开机后测量时则为高电平。如果需要测量正确的复位时间波形，应使用双踪示波器，一路测 CPU 电源，一路测复位。一般因复位电路不正常引起的手机不开机并不多见。

5. 逻辑电路不正常引起的不开机

逻辑电路重点检测 CPU 对各存储器的片选信号 CE 和许可信号 OE，这些信号很重要，但关键是必须会寻找这些信号，由于越来越多的手机逻辑电路采用了 BGA 封装的集成电路，给查找这些信号带来了很大的困难。可对照图纸来查找这些信号及其测量点。片选信号是一些上下跳变的脉冲信号,如果各存储器CE都没有这些跳变信号,说明CPU没有工作,则采用补焊、重焊、代换CPU或再仔细检查CPU工作的条件是否具备。如果某个存储器的片选信号没有,多为该存储器损坏。如果CE信号都有,说明CPU工作正常,故障可能是软件故障或总线故障以及某个存储器损坏。

手机在使用中经常会引起机板变形,如按按键、摔、碰等外力原因会引起某些芯片脱焊,一般补焊或重焊这些芯片会解决大部分问题。当重焊或代换正常的芯片还不能开机,使用免拆机维修仪读写也不能通过时,应逐个测量外围电路和代换这些芯片。

6. 软件不正常引起的不开机

手机在开机过程中,若软件自检无法通过就会不开机,软件出错主要是存储器资料不正常,当线路没有明显断线时,可以先代换正常的码片、版本或重写软件,有的芯片内电路会损坏,重写时则不能通过。重写软件时应将原来的资料保存,以备应急修复。

7. 其他原因引起的不开机

手机不开机故障的原因还有很多,如液晶显示屏不良,元器件(特别是功放)短路等都有可能引起手机不开机。还有一些机型必须用到32.768 kHz的实时时钟作为码片时钟信号和睡眠时钟信号。若32.768 kHz实时时钟不正常,也可能造成手机不开机。引起32.768 kHz时钟不正常的因素主要有时钟备用电池短路、32.768 kHz时钟坏等。

综上所述,在维修手机不开机时要结合具体电路具体分析,只要对手机的原理理解正确,思路清楚,不开机故障一般都可以排除。引起手机不开机的故障与下列电路有关:①手机的电源电路;②逻辑电路,包括微处理器(CPU)、字库(FLASH)、码片(EEPROM);③晶体振荡电路。手机不开机故障一般的维修方法是,根据外接手机专用维修电源的整机工作电流进行故障判断:用外接手机专用维修电源给手机供电,按开机键或采用单板开机法(对摩托罗拉手机可直接插上尾座供电插座即可),观察电流表的变化,由电流表指针的变化情况来确定故障范围,再结合前面介绍的维修方法进行排除。

4.5.1 不开机,无任何偏转电流故障分析与检修

按开机键电流表指针不动,手机不能开机。这种现象主要是电源IC不工作引起的。检修时重点检修以下几点:

(1) 供电电压是否正常;

(2) 供电正极到电源IC是否有断路现象;

(3) 电源IC是否虚焊或损坏;

(4) 开机线电路是否断路。

例4-1 三星T108手机不开机(无整机工作电流)。

处理方法:首先检查电源电路,给手机加3.6 V直流稳压电源电压,按开机键,观察手机的开机电流。如图4-1所示的手机元器件分布图和实物图(二者一一对应),若无整机工作电流,则可用万用表检测VBATT(主电)与电源模块U102的4脚是否有VBATT的3.6 V电压,U102的3脚和U101的2脚是否有3.3 V的电压,U101的1脚和3脚是否有VCC和AVCC的逻辑供电,即供CPU、存储器和本振IC的电压。如不正常,即电源模块U102损坏,更换电源模块U102和逻辑供电块U101。此外,U102虚焊也可能引起此故障。

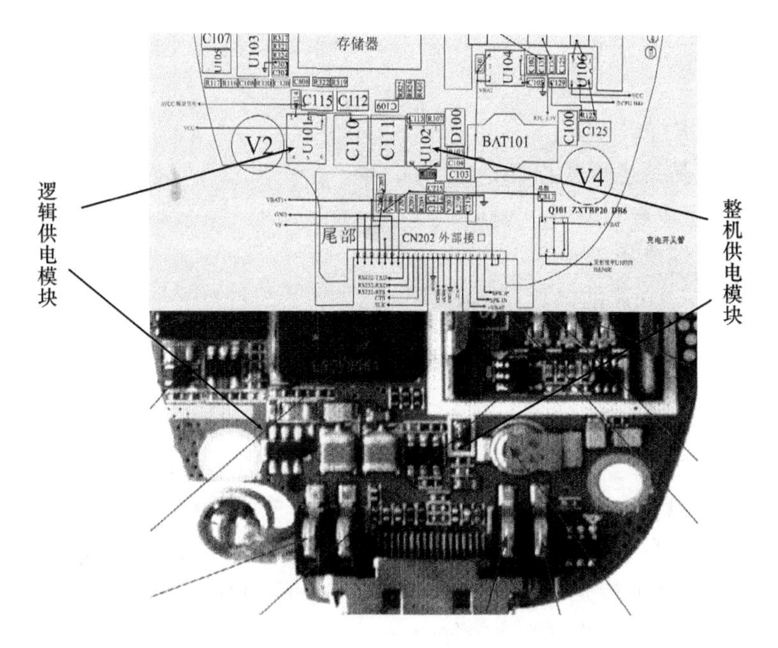

图 4-1 三星 T108 电源部分分布图和实物图

4.5.2 不开机，有电流（10～150 mA）故障分析与检修

1. 有电流（10～80 mA）不开机

(1) 有 20～50 mA 左右的电流，然后回到零

按开机键有 20～50 mA 左右的电流，然后回到零，手机不能开机。有 20～50 mA 左右的电流，说明电源部分基本正常。检修时可查找以下几点：

1) 电源 IC 有输出，但漏电或虚焊，致使工作不正常。

2) 13 MHz 时钟电路有故障。

3) CPU 工作不正常。

4) 版本、暂存器工作不正常。

在实际维修中，以电源 IC、CPU、版本、暂存器虚焊、13 MHz(或 26 MHz、19.5 MHz)晶振、VCO 无工作电源居多。

(2) 有 20～50 mA 左右的电流，但停止不动或慢慢下落

有 20～50 mA 左右的电流，但停止不动或慢慢下落，这种故障说明软件自检不过关。有电流指示，说明硬件已经工作，但电流小，说明存储器电路或软件不能正常工作。主要查找以下几点：

1) 软件有故障；

2) CPU、存储器虚焊或损坏。

处理方法：一是吹焊逻辑电路，二是用正常的带有资料的版本(字库)或码片加以更换，三是用软件维修仪进行维修。

2. 有电流（100～150 mA）不开机

(1) 有 100～150 mA 左右的电流，但马上掉下来

这种现象在不开机故障中表现得最多，有 100 mA 左右的电源，已达到了手机的开机电

流，这个时候若不开机，应该是逻辑电路部分功能未能自检过关或逻辑电路出现故障，可重点检查以下几点：

1）CPU 是否虚焊或损坏；

2）版本、码片是否虚焊或损坏；

3）软件是否有故障；

4）电源 IC 虚焊或不正常。

（2）有 100～150 mA 的电流，并保持不动。

这种故障大多与电源 IC 和软件有关，检修时可有针对性地进行检查。

例 4-2 TCL6898 型手机不开机。

处理方法：给 TCL6898 型手机加直流稳压电源，按开机键，若整机电流在 10 mA 左右，在实际维修中，多数是由于 13 MHz 的时钟晶体不正常引起的；若按开机键，整机电流达到 50 mA 左右后，又返回到 0 mA 处，这多数是因为字库或码片程序出错，也可能是因为字库、码片虚焊或损坏引起的；若按开机键，整机电流在 80 mA 左右，手机的信号灯和屏灯出现闪亮，但仍不开机，这很可能是 32.768 kHz 的晶体电路出现故障引起的。如图 4-2 所示为 TCL6898 型手机不开机常见的故障芯片。

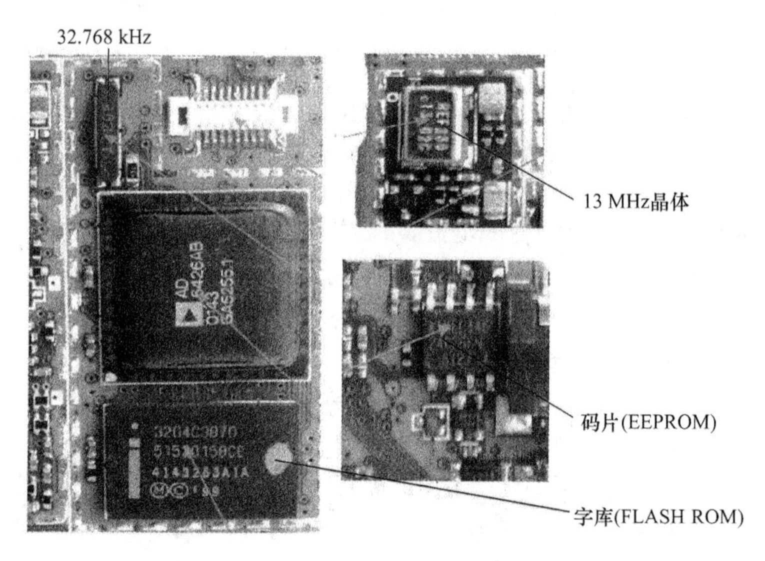

图 4-2 TCL6898 型手机不开机常见的故障芯片

例 4-3 三星 T108、N628 手机不开机，检测整机电流在 30～100 mA。

处理方法：T108、N628 手机不开机主要原因通常是由逻辑部分引起的，检查顺序如下。

（1）检查逻辑电路的硬件电路部分，确定电源部分正常后，检查逻辑电路 CPU、13 MHz 晶体、字库、码片、存储器是否有虚焊。检查 13 MHz 晶体是否正常，可用替代法测试；观察逻辑电路 CPU、字库、存储器是否虚焊或损坏；32.768 kHz 实时时钟晶体是否正常。逻辑电路的硬件故障也会引起有电流不开机。图 4-3 所示为 T108 手机晶体与逻辑芯片电路实物图。

（2）若无虚焊，检查字库和码片的程序是否正常。首先用三星免拆机维修仪观察是否能与电脑联机，若能联机，重写字库；若故障未消失，重写码片，通常就能解决问题；若不能联机，就要将字库重新植锡、焊接，然后利用拆机写字库、写码片的方式，修复字库、码片的程序（对于此方法，初学者要慎用）。

图4-3 T108手机晶体与逻辑芯片电路实物图

例4-4 诺基亚8210手机不开机（有40 mA的开机电流）。

处理方法：此故障可以先用诺基亚软件维修仪免拆机写字库、写码片的方法处理；若手机与电脑不连机，可判断为微处理器、字库、码片的硬件故障，采用逐一替代法解决故障。

4.5.3 不开机，有电流（500 mA以上）故障分析与检修

1. 按开机键出现大电流，但马上掉下来

一般由逻辑电路或电源IC漏电引起。

2. 按开机键出现大电流甚至短路

（1）电源IC短路。

（2）功率放大器短路。

（3）其他供电元器件短路。

例4-5 三星CDMA A399手机按开机键，有大电流但不开机。

处理方法：三星CDMA A399手机按开机键，有大电流但不开机，说明负载有短路或漏电现象。用触摸法检查电源IC、CPU、升压电感、电容等是否有灼热、发烫现象。电源内部短路、CPU内部短路和其他升压部分短路均可引起大电流不开机。经过对使用者进行必要的询问后可知，是由充电所致，重点检查整机供电开关和V-MSMA CPU的稳压供电管。图4-4所示为CDMA A399手机故障检修点实物。

3. 手机不开机故障维修实训

（1）实训目的

1）通过对手机不开机故障的维修训练，掌握手机不开机的检测方法和维修方法。

2）提高对手机电源电路和逻辑电路的认识。

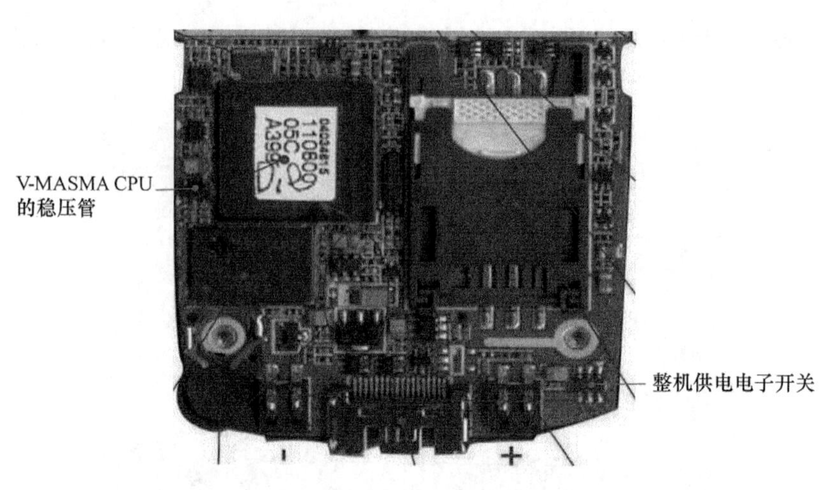

图 4-4　CDMA A399 手机故障检修点实物

3）提高对手机电源电路和逻辑电路元器件的认识。

4）熟悉对手机专用直流电源的使用。

（2）实训器材与工作环境

1）不开机的故障机若干，备用旧手机板、常见手机元器件若干。

2）手机维修专用直流稳压电源一台、电源转换接口一套。

3）数字万用表一块。

4）软件维修仪及相应的数据线等。

5)常用维修工具一套，如热风枪、防静电调温电烙铁、手机拆装专用工具、尖嘴钳、偏口钳、剪子、刀片、镊子、带灯放大镜、显示屏拆装工具及各类电路板连接电缆、植锡片、吸锡器、SIM卡（试验用）、松香、焊锡、天那水或无水酒精及容器、超声波清洗器、电吹风、毛刷、脱脂棉等。

6）常用手机电路原理方框图、电路原理图和手机机板实物彩图等资料。

7）建立一个良好的工作环境。

（3）实训内容

请指导教师根据实验室的条件选择合适的机型，指导学生对手机不开机故障进行检测、分析和处理练习。

1）手机电源电路引起的不开机。

2）手机晶体电路不正常引起的不开机。

3）手机逻辑电路不正常引起的不开机。

（4）注意事项

1）手机外加直流电源电压的标准值是 3.6 V，不得超过或低于这个标准值，否则无法正确观察手机的整机工作电流。

2）注意不同的机型要用不同的电源转换接口，注意手机电源的正负极的极性特点，特别注意每种手机电源的正负极，同时要分清多引脚电源触点的温度检测线和电池电量检测线，以免电源极性加反，扩大手机故障。

3）拆装机时要小心，以免损坏手机的元器件及外壳，尤其是显示屏；装机时不能遗忘小元器件。

4）要能熟练地吹焊元器件，在植锡技巧熟练的基础上进行焊接操作。

5）要积累实际维修经验，熟知手机开机的整机工作电流的正常值。

（5）实训报告

根据实训内容，完成手机不开机故障维修实训报告。

4.6　*实训项目二十：手机射频电路的故障分析与维修

本实训项目是手机维修中最为复杂的部分。图 4-5 所示是手机最常用的一种射频电路框图，这种射频电路也是最典型、最复杂的一种，只要搞清楚了这种电路，其他就更加简单了。下面根据此图，以任务的方式提出手机出现射频故障时需要检修的电路部位以及各部位的维修技能。要求学生熟悉手机射频电路各部分的检测技能，掌握其维修方法，并通过实训，提高学生对手机射频电路故障的维修能力。

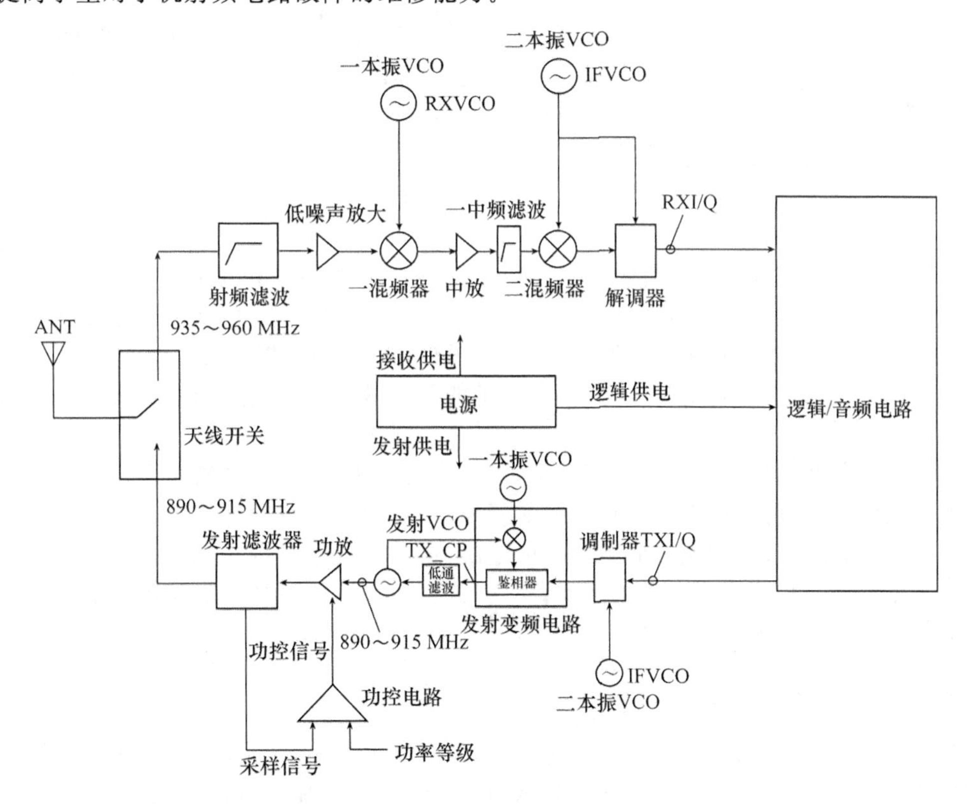

图 4-5　手机典型射频电路框图

4.6.1　射频供电电路的故障分析与维修

射频供电是射频电路正常工作的必要条件，供电不正常，就会引起不入网、无发射等多种故障。不同类型的手机，其射频供电来源可能不同，有些手机的射频电路的供电和逻辑电路的供电直接由一块电源 IC 供电，有些手机则设有专门的射频供电 IC，专门为射频电路供电，另有一些手机的射频供电较为复杂，由电源电路和射频电路共同提供。

射频供电要受CPU输出的接收启动(RXEN、RXON)或发射启动(TXON、TXEN)、频段转换等信号的控制。分析起来有两点:一是为了省电,使手机在不工作时处于“睡眠”状态;二是为了与网络同步,并使部分电路在不需要时不工作,否则,接收和发射电路都启动,手机工作就会紊乱。

射频供电电压不但是受控电压,而且大多还是脉冲电压。目的是为了减少接收和发射时的相互干扰,测量时应尽量选用示波器。

需要说明的是,手机的13 MHz VCO或13 MHz时钟电路不能采用脉冲供电方式,因为该电路产生的13 MHz时钟信号是CPU工作的必要条件,若时钟电路不能连续工作,CPU就不能正常工作。

为能正确地测量到射频供电电压波形,测试时需要启动接收或发射电路。关于启动接收或发射电路的方法有以下几种。

(1) 摩托罗拉手机可用专用的测试卡启动接收或发射电路。

(2) 诺基亚等手机可用专用的维修软件启动接收或发射电路。

(3) 多数手机可通过拨打“112”“10086”来启动。

(4) 手机在开机的过程中,接收机将进行信道扫描,此时,接收电路处于启动状态,如果接收机正常,手机接上SIM卡,则在开机的过程中会启动发射机一次,向基站发送相关的信息,不过发射时间比较短,开机后,手机固定在比较强的信道上。

(5) 人工干预法也是一种比较实用的方法。比如,要启动发射电路,可将发射启动信号(TXON或TXEN)飞线接高电平端(如3 V),使发射电路处于连续工作状态。发射电路启动后,则可以利用示波器、频谱仪测量发射VCO、功放输出的信号。但在实践中发现,要正确用好人工干预法并非易事,这是因为,若将TXEN信号外接3 V高电平信号,很多手机的功放处于最大功率而且是连续工作状态,将出现很大的发射电流,如果稳压电源输出电流不够大,稳压电源将会过流保护,迫使手机关机。另外,大的工作电流极易造成手机元器件损坏。因此,采用该方法时,维修人员须具备扎实的理论基础,对待修手机电路应有比较深入的理解。

在对手机射频供电电路测试时应注意,对于任何手机,在待机状态下,手机一般处于睡眠状态,也就是手机的接收电路在待机时是间隙工作,即大部分时间不工作,偶尔“醒一下”找一下网络,若用示波器测量接收电路供电电压,波形表现为一闪一闪的(与网络同步时出现),发射电路在待机状态下一般不工作。只要拨打“112”,均可同时启动接收和发射电路,接收和发射电路的供电均可测到。

4.6.2 接收电路的故障分析与维修

手机在待机状态下,当背景灯熄灭时,电流应停留在10～20 mA,并且不断“脉动”,就像人的脉搏一样。如果不“脉动”或长时间“脉动”一次,不必看显示屏或手动搜索就可知手机的接收电路不良。接收电路故障会造成手机不入网,无信号条显示。对于接收电路可能出现的故障部位,应重点检查以下几点。

1. 天线开关

一般的双频手机,天线开关的组成大同小异,天线接收到基站的信号后,经过一只电容耦合输入到天线合路器的天线输入端,然后经由天线开关的相应端口分别连接到手机的GSM、DCS接收与发射电路。天线开关的引脚虽多,其实最重要的只有几个引脚:即两个发射输入端口、两个接收信号输出端口、一个天线端口、几个控制端口。但在实际的维修工作中，真正能用得上的只有 3 个端口：GSM 接收与发射端口和天线端口。

我们知道，天线合路器是手机的“入口”和“出口”，若不正常，就会引起不入网、无发射等故障，因为只有天线正常地接通接收通道和发射通道，手机才能正常地接收和发射。有时，天线开关不正常还会出现信号弱、信号不稳、发射关机等故障。

对于天线开关的判断，一般采用以下方法。

（1）“假天线”法

用一根 10 cm 长的导线作假天线，焊在天线开关 GSM 900 MHz 信号输出端，观察手机的工作情况。若此时手机正常，说明天线开关可能有故障（也可能是控制信号不正常）。

（2）用频谱分析仪测量

利用射频信号源输出 −50 dBm 左右的射频信号，加到天线接口，设置频谱分析仪的中心频率与射频信号源的输出频率一致，然后在天线开关的接收输出端，用频谱分析仪测量高频信号是否送达，若没有，说明天线开关损坏（也可能是控制信号、供电不正常）。

例 4-6　三星 CDMA X199 型手机无信号故障。

处理方法：首先在 CDMA X199 手机待机状态下输入“ *759#813580”，进入“test mode”（测试模式），再输入命令“75”，读取该机的场强 RSSI 数值，发现相对值在 80 左右，而正常值应该在 50 左右变化，说明接收电路存在故障。具体处理方法为：在天线开关 FL420 的 5 脚焊一条 10 cm 左右的假天线，观察手机是否有信号，若有，说明是天线开关 FL420 损坏；若无，则再检查前端 IC（U300）、中频滤波器（FL310）和中频 IC（U310），并逐一加焊。当加焊完中频 IC（U310）后，重新装机，按开机键，手机信号正常，再输入“ *759#813580”，进入“test mode”（测试模式），读取该机的场强 RSSI 数值，若该值在 50 左右变化，说明手机信号正常。图 4-6 所示为该手机无信号检修点实物图。

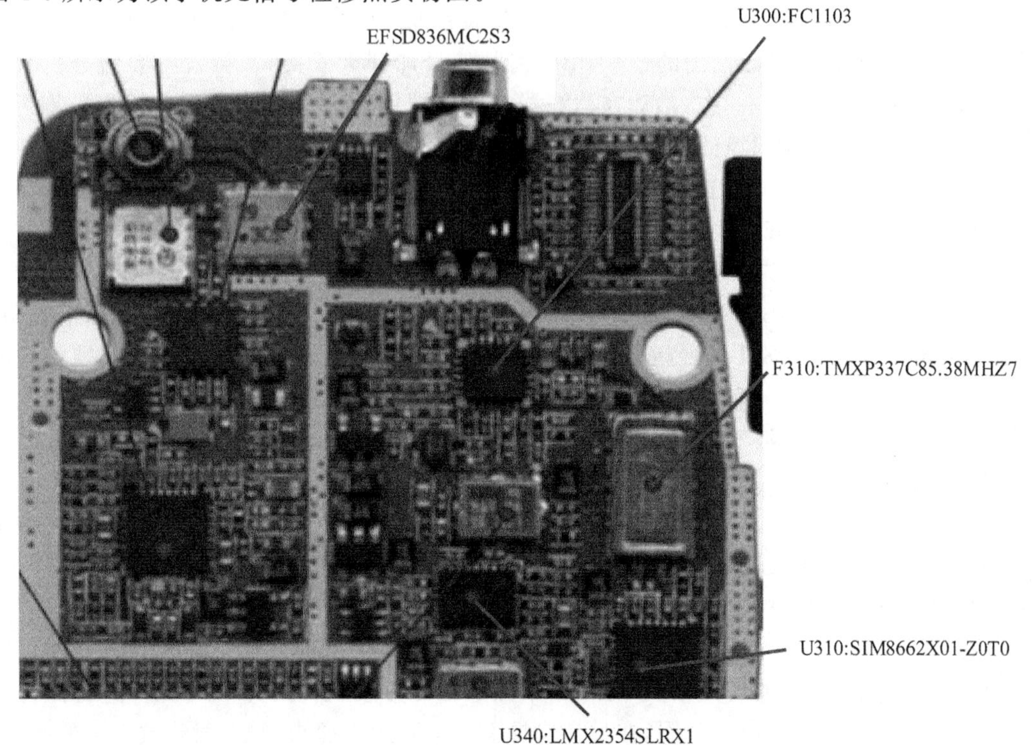

图 4-6　三星 CDMA X199 型手机无信号检修点实物图

2. 滤波器

手机中的滤波器较多，有射频滤波器、中频滤波器、发射滤波器等，它们大多是带通滤波器，摔过和进过水的手机易发生滤波器虚焊或损坏，因为这类元器件本身基础是陶瓷物质，其脚位是电镀层，两者结合容易受外力或腐蚀而脱落，从而引起手机不入网、无发射等故障。

对于滤波器的检修，可采用以下方法。

(1) 替代法

替代法就是用新的滤波器进行代换，但前提是手机需有多种型号的滤波器供选用。

(2) 短接法

首先观察引脚是否有虚焊或氧化，然后给手机接上稳压电源，用镊子两端触及滤波器输入、输出端，双模输入、输出可用两支镊子短接(也可用 10 pF 的电容短接输入、输出端)，同时观察电流表和显示屏。接收正常时，电流表指针在 0～30 mA 小幅度摆动(不同的手机摆动的大小不尽相同，维修时应注意积累资料)且手机的显示屏上应有信号条显示。如短接时，电流表指针落在接收正常范围并有小幅摆动或手机出现了信号条，即可断定该滤波器为故障点，然后更换或补焊即可。

(3) 用频谱分析仪测量

对于射频滤波器的检修，可利用射频信号源输出－40 dBm 的射频信号，加到天线接口，设置频谱分析仪的中心频率与射频信号源的输出频率一致，然后在滤波器的输出端用频谱分析仪测量高频信号是否送达，若没有，再检查射频滤波器的输入端射频信号是否正常，若正常，说明射频滤波器损坏。

对于中频滤波器的检测与维修，维修人员须了解手机中频的频率(一中频一般为 100 MHz、45 MHz、225 MHz、400 MHz，二中频一般为 45 MHz、14.6 MHz、13 MHz、6 MHz)。先将射频信号源输出的－40 dBm 射频信号加到天线接口，再设置频谱分析仪的中心频率与手机中频频率一致，然后在滤波器的输出端用频谱分析仪测量中频信号是否送达，若没有，再检测中频滤波器的输入端射频信号是否正常，若正常，说明中频滤波器损坏。

例 4-7 诺基亚 8310 手机无信号故障。

处理方法：开机后首先用手动寻网方式搜寻网络，屏幕显示无网络，同样断定是接收部分的故障。测量电源 IC 各路输出电压正常，用导线做一个 10 cm 长的假天线，分别焊接在天线开关的输出脚和 GSM 高放管、DCS 高放管的集电极，如图 4-7 所示。装机插卡，开机观察手机屏幕是否有 RSSI 场强指示，就可以判断出是天线开关问题还是高放前端接收滤波器损坏。本机是在高放管的集电极加假天线时有场强指示，从而断定是高放前端接收滤波器损坏。更换接收滤波器，故障消失。

3. 射频放大电路

射频放大和中频放大电路由分立元件组成，有些则集成在芯片内，维修中发现，这些电路本身并不易损坏，主要是供电不正常或线路中断，维修时应注意查找和分析。

对于射频放大电路的检修，可采用以下方法。

(1) 干扰法

对于分立元件组成的射频放大电路(如摩托罗拉部分手机)，可用“干扰法”进行简易判断：用一导线在电灯线上绕上几圈，在另一头焊上一个万用表探头，触及射频放大管的基板，用示波器就可以在射频放大管的集电极观察到波形(因为交流线有感应)，若测不到波形，说明射频放大电路有故障。

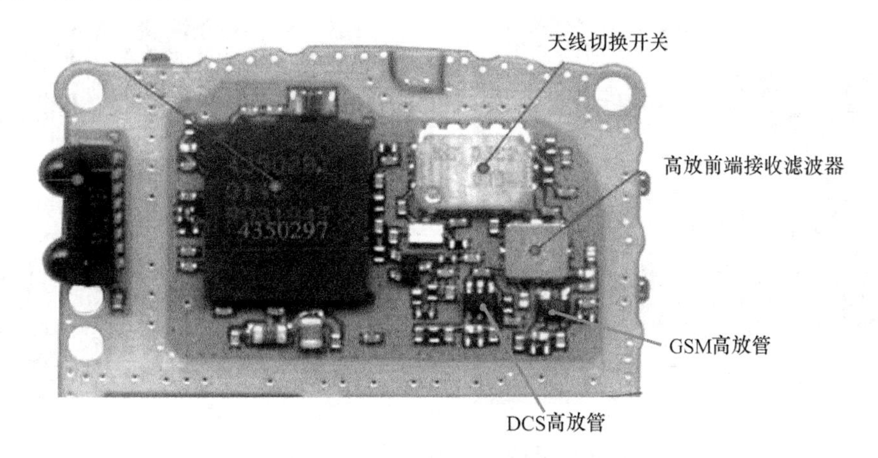

图 4-7　诺基亚 8310 型手机无信号检修点实物图

(2) 用频谱分析仪测量

利用射频信号源输出 −50 dBm 的射频信号,加到天线接口,然后用频谱分析仪在射频放大器的输出端和输入端分别测量射频信号,若输出端比输入端增大 10 dB,一般说明射频放大器正常。

4. 混频电路

对于混频器电路,无论是一混频还是二混频,都有两个输入端和一个输出端,即一个信号输入端、一个 VCO 振荡输入端和一个中频信号输出端。应重点检查混频器的输入、输出端信号是否正常。测量时,最好用射频信号源为手机天线接口输入 −40 dBm 的信号,使手机设置好信道并启动接收电路,用频谱分析仪进行测量。

需要注意的是,移动通信系统由很多个蜂窝小区组成,每个蜂窝小区会有多个不同信道的信号存在,也就是说,手机工作时,一混频器的输入端会有多个信道的射频信号(假设为 3 个),则 3 个射频信号和 RXVCO 混频后会产生 3 个一中频信号,只有经过一中频滤波器后,才能输出真正的一中频信号。

5. 接收 I/Q 解调电路

对于接收解调电路,主要是测量 RXI/Q 信号。测量时,可用示波器测量。测量方法如下。

(1) 将仪器探头接至 RXI/Q 测试端。

(2) 不要给手机接射频信号源,因为 RXI/Q 信号来自基站,接上信号源,反而测不到 RXI/Q 信号。

(3) 在开机的 30 s 内,可观察到 RXI/Q 信号,实测正常的 RXI/Q 信号波形如图 4-8 所示。手机在待机状态下,RXI/Q 信号只偶尔闪现一下。

正常的 RXI/Q 信号其直流脉冲顶部有波状信号(同步信号),此信号为 I/Q 的交流成分、峰-峰值约 100 mV。如果脉冲顶部平坦,则说明 I/Q 不正常。应注意的是,不同的测试设备测得的 RXI/Q 信号可能不大一样。

RXI/Q 信号不正常,一般说明解调电路、13 MHz 时钟故障。由于解调电路一般集成在中频处理电路中,因此,应重点检查中频处理电路的供电是否正常,以及中频处理电路是否虚焊或损坏。

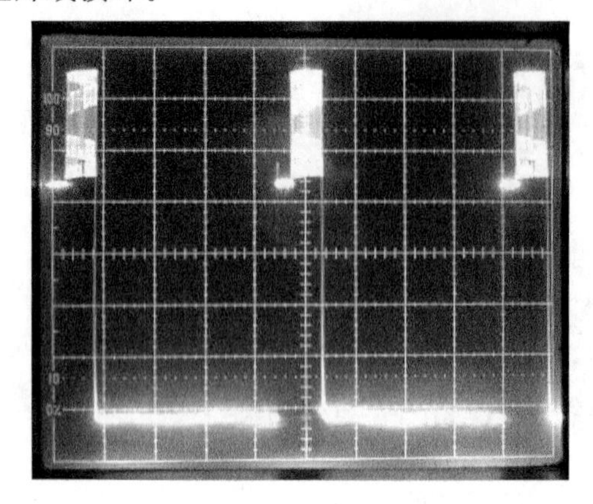
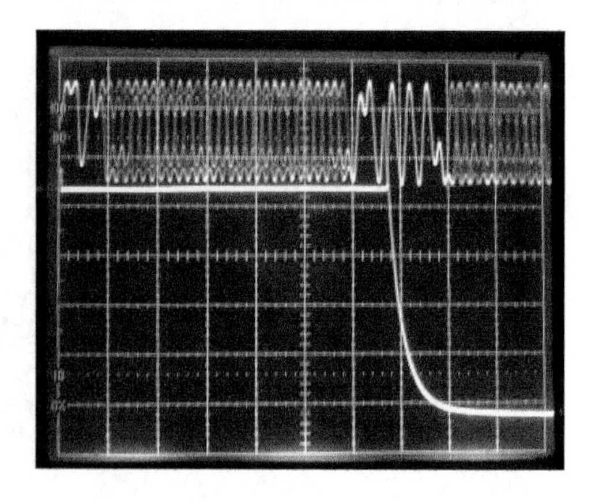

图 4-8　实测正常的 RXI/Q 信号波形

由于手机的中频处理电路大量采用了 BGA 封装的集成电路，这些 BGA 封闭的 IC 很容易由于摔地、热膨胀等因素引起虚焊，造成手机不入网。判断故障是否由中频 IC 虚焊引起，日常维修时可采用“按压法”进行判断，可用橡皮将中频 IC 压紧，然后开机，看故障有无变化，若有变化，则说明中频 IC 存在虚焊，然后再对中频 IC 进行吹焊或植锡。这种方法对没有测量仪器的维修人员来说，可谓一种简捷实用的方法。

需要说明的是，现在生产的很多手机，其接收 RXI/Q 与发射 TXI/Q 信号共用相同的传输通道，由于接收机与发射机是不同时工作的，因此，RXI/Q 信号和 TXI/Q 信号不会同时出现，用示波器测量时，RXI/Q 信号和 TXI/Q 信号在时间轴上不会重合，也就是说，有 RXI/Q 信号的地方不会有 TXI/Q 信号，有 TXI/Q 信号的地方不会有 RXI/Q 信号。

4.6.3　频率合成电路的故障分析与维修

频率合成电路不正常会引起多种故障，如不入网、无发射、信号弱等。

频率合成电路主要包括接收一本振（RXVCO、UHFVCO、SHFVCO、RFVCO）、接收二本振（IFVCO、VHFVCO）和发射 VCO（TXVCO）频率合成电路，主要为手机的接收和发射电路提供所需的振荡信号。每一种频率合成电路又由基准时钟电路、鉴相器、低通滤波器、压控振荡器和分频器 5 个部分组成。

手机中的基准时钟电路是指 13 MHz 振荡电路（部分机型采用 26 MHz 或 19.5 MHz），振荡频率应在 13 MHz±100 Hz 之内，如果基准频偏大于 100 Hz，则会产生无信号或通话掉话故障。除时钟本身频率不稳产生频偏外，很多是由时钟信号流经的电路故障引起的。另外，基准时钟的控制信号 AFC 若断路或信号不正常，将严重影响到基准时钟的稳定性，维修时应引起注意。

1. 基准时钟电路

基准时钟电路既可方便地用频谱分析仪进行检测，也方便地用备用元器件进行代替。因此，判断和维修时较为简单。

2. 压控振荡器（RXVCO、IFVCO、TXVCO）

有些压控振荡器采用分立元件组成，有些则采用了集成电路。压控振荡器有 3 个比较重要的测量点：一是供电端，二是锁相电压控制端，三是 VCO 频率输出端。有些压控振荡器还设有频段控制端，用于对 VCO 的工作频段进行切换。

对于压控振荡电路，应注意检查以下三点。

(1) 检查供电端。压控振荡器的供电电压为脉冲电压，需要用示波器测量，RXVCO、IFVCO需要启动接收电路才能测量到，TXVCO 需要启动发射电路才能测量到。

(2) 检查锁相环输出电压(一般由锁相环电路的一只脚输出)。需要用示波器测量，要启动接收电路才能测量到。在开机过程中，锁相环输出波形是一个不断变化的脉冲，幅度约为 1～4 V(峰-峰值)。不过，该波形并不总是出现，只有与网络同步时才出现，波形为一闪一闪的。

(3) 压控振荡器应有输出。压控振荡器(VCO)主要有 3 种：RXVCO、IFVCO 和 TXVCO。这 3 种 VCO 都可以用频谱分析仪进行检测，但检测的时机、方法不尽相同，下面分别进行介绍。

1) RXVCO

手机在开机过程中，接收机要进行信道扫描，控制 RXVCO 在短时间内依次工作在 GSM 频段的所有信道上，RXVCO 的频率是随信道的变化而变化的。手机在待机状态下，CPU 电路将控制 RXVCO 电路工作在比较强的空闲信道上，在待机时，由于接收机是“睡眠”的，因此，RXVCO 并不是一直输出，而是一个闪现的信号，时有时无。只有当手机处于测试状态或固定在一个地方建立通话时，RXVCO 频率才是固定的。

测量时，一般选在开机过程中进行测量，可用频谱分析仪进行检测，如果发现 RXVCO 的中心频率不断左右移动，说明 RXVCO 基本正常。需要说明的是，使用频谱分析仪时需要设置仪器的中心频率，中心频率 f_0 可通过上线频率 f_2 和下线频率 f_1 求出，即中心频率 $f_0=(f_2-f_1)/2+f_1$。例如，若手机 RXVCO 在 GSM 频段产生的频率为 1 160～1 185 MHz，则中心频率为 $f_0=(1\,185-1\,160)/2+1\,160=1\,172.5$ MHz。若 RXVCO 的频率较高(超出频谱分析仪测量量程)，还需要“频率扩展器”配合后才能测量到。实测 RXVCO 信号波形如图 4-9 所示。

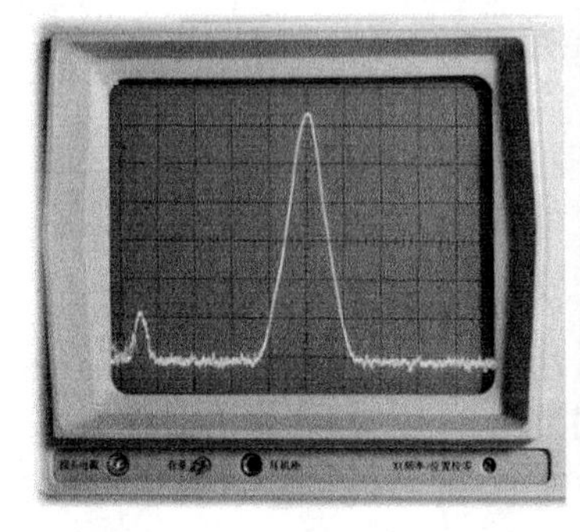
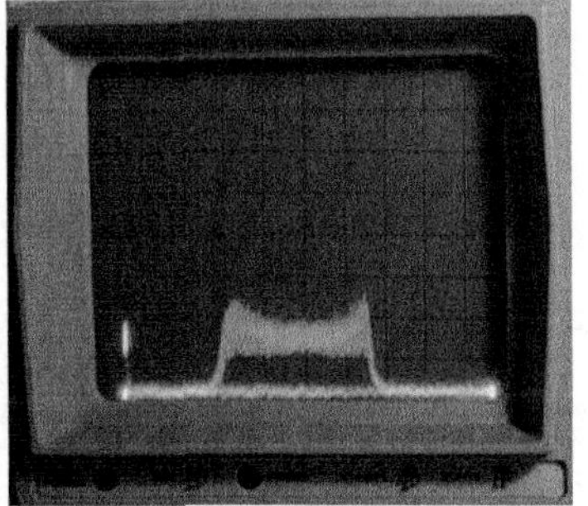

图 4-9　实测 RXVCO 信号波形

2) IFVCO

IFVCO 频率不随信道的变化而变化，即 IFVCO 的频率是固定的。在手机开机过程中，IFVCO 是一个单一的频谱，手机在待机状态下，由于手机处于“睡眠”状态，因此，IFVCO 是闪现的，即时有时无。测量时，一般选在开机过程中进行测量，可用频谱分析仪进行检测，如果检测到固定的 IFVCO 信号，说明 IFVCO 基本正常。正常的实测 IFVCO 信号波形如图 4-10 所示。

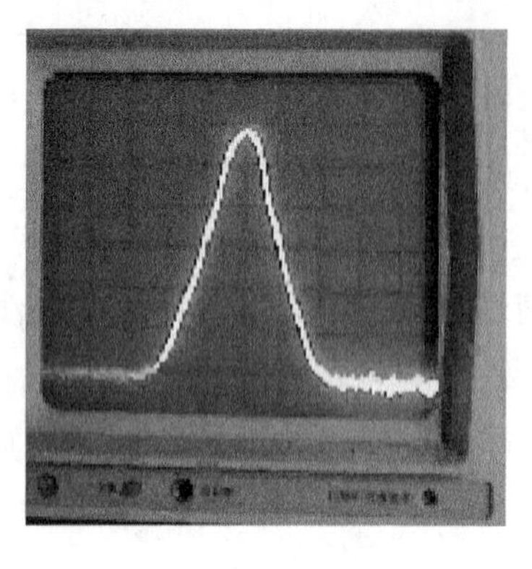

图 4-10　实测 IFVCO 信号波形

3）TXVCO

TXVCO 工作在发射频率上，其输出的信号就是发射射频信号，TXVCO 是否有故障，可通过电流法进行判断：入网后拨打“112”，发现电流表轻微摆动，就是上不去（正常情况下电流表应迅速上升到 350 mA 左右，然后在 250～350 mA 之间有规律地摆动）。故障可能是 TXVCO 电路不正常工作引起。TXVCO 信号可用频谱分析仪进行测量，测量时需要启动发射电路，频谱分析仪中心频率应选择在(915－890)/2＋890＝902.5 MHz。

例 4-8　摩托罗拉 T720i 手机无网络故障。

处理方法：摩托罗拉 T720i 这款手机无网络、无接收、无发射的故障率非常高，多数情况下，是由 Q700（发射机频段切换使能控制管）损坏造成接收信号频段混乱而导致的故障，图 4-11所示为该手机无网络故障检修点。Q700 损坏会使 Q701 的发射 VCO 频段切换使能端失效，而接收一本振（与发射 VCO 集成在一个芯片内）也会因 VCO 的 4 脚不正常而停止工作，因而导致无网络、无接收、无发射的故障，更换 Q700，故障即可消除。

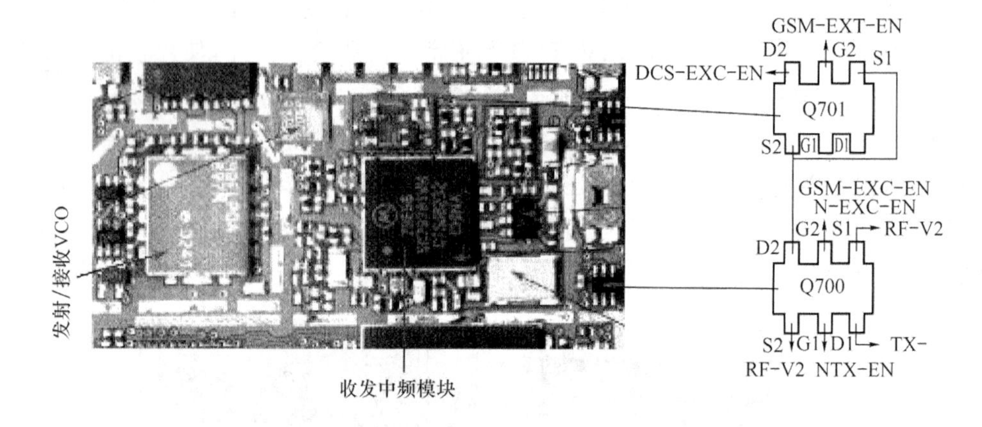

图 4-11　摩托罗拉 T720i 手机无网络检修点

例 4-9　三星 CDMA X199 型手机无信号故障。

处理方法：三星 CDMA X199 型手机加电开机无场强信号指示，输入“＊759＃813580”，进入“test mode”（测试模式），该机的场强 RSSI 数值也在 80 左右。先用加焊前端 IC(U300)、中频滤波器（FL310）和中频 IC（U310）的方法，故障依旧，这就要进一步检查 19.68 MHz 的晶体是否正常，用频率计在 C356 处观测参考频率，如图 4-12 所示。频率计的指示为 19.632 MHz，很明显存在频率偏移的问题。晶体输出的频率一路给 U340 锁相环作为基准频率，从而控制本振电路的输出，以便进行相关信号的接收。如果出现频率偏移，锁相环路锁定的不是基站发给手机的导频频率，因此手机接收不到信号。若晶体频率偏移小，手机能开机但无信号；若晶体频率偏移大，手机不会开机。晶体有频率偏移，说明晶体已经变性。更换晶体，故障即可消失。

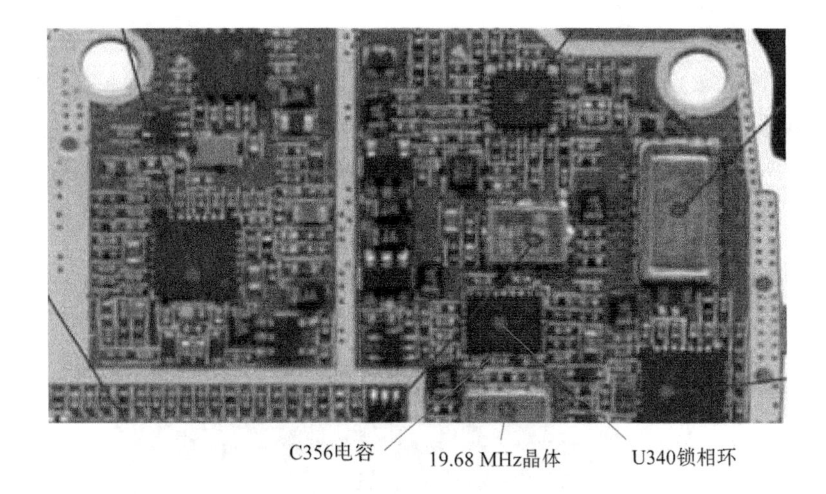

图 4-12　三星 CDMA X199 型手机无信号故障检测点

3. 鉴相器和分频器

鉴相器和分频器一般集成在中频 IC 中，有些机型则集成在专设的一块锁相环 IC 内，CPU 通过"三条线"(即 CPU 输出的频率合器数据 SYNDAT、时钟 SYNCLK 和使能 SYNEN信号)对锁相环发出改变频率的指令，在这"三条线"的控制下，锁相环输出的控制电压就改变了，用这个已变大或变小了的电压去控制压控振荡器的变容二极管，就可以改变压控振荡器输出的频率。

检查此部分电路时，可用示波器测量 CPU 输出的频率合成器数据 SYNDAT、时钟 SYNCLK 和使能 SYNEN(SYNON)信号波形。

4. 低通滤波器

低通滤波器一般由分立元件组成，用于将交流信号滤波成直流信号，可用万用表进行检测，也可用替换法进行代换。

4.6.4　发射电路的故障分析与维修

发射电路故障一般会引起手机无发射或发射关机等故障，有些手机还会导致不入网故障。

发射电路的很多供电、输入、输出信号只有在发射状态下才能测量到，因此，检修发射电路应首先启动发射电路，使发射电路工作，然后再借助示波器、频谱分析仪进行测量。

1. 发射 TXI/Q 调制电路

发射 TXI/Q 调制电路不正常会引起手机无发射、不入网故障。对于发射 TXI/Q 调制电路，一是检查输入的 TXI/Q 信号是否正常，TXI/Q 信号可用示波器进行测量，测量时，需要启动发射电路，正常的 TXI/Q 信号与 RXI/Q 信号比较相似；二是检查 TXI/Q 调制电路输出的发射中频信号是否正常，可用频谱分析仪进行测量，测量时，需要启动发射电路，需要说明的是，用频谱分析仪测量时，需要将频谱分析仪的中心频率调节到发射中频 VCO 信号的频点上，这需要维修人员了解发射 VCO 的输出频率。

例 4-10　摩托罗拉 CDMA V680 手机打不出去电话。

处理方法：用主复位、主清除指令处理，发现对此机没有效果，说明射频发射电路有故障。拆机发现进过水，用清洗液刷洗后，故障依然。在功放的输出端焊接一根假天线，在检测射频和功放供电正常的情况下，用频谱分析仪在收发双工器、功放、发射调制器及射频IC上观测CDMA的扩频信号频谱和基带信号频谱，发现发射调制器上的扩频频谱异常，断定射频调制器损坏，一般进水的机器虚焊的可能性很小，腐蚀损坏的可能性很大，图4-13所示为发射调制器的实物图。此机更换发射调制器后，故障排除。

图4-13 摩托罗拉CDMA V680手机的发射调制器

2. 发射VCO电路

在前面已作了介绍，这里不再重复。

3. 功放电路

功放电路工作不正常，一般会引起不入网、无发射、不能打电话、发射关机、发射低电告警等故障。判断功放电路是否正常可采用电流测量法：正常的手机，启动发射电路后，手机的工作电流变化较大，其变化范围应在150 mA左右，若变化很小，一般说明功放没有工作或无供电；若变化很大(超过正常的发射电流)，一般说明功放性能不正常。

对功放及功控电路应重点检查以下几点。

(1) 功放的供电。对于GSM手机，由于其工作是间断的，因此，功放的供电也是间断的，但这并不是说功放的供电必须是脉冲电压。例如很多手机的功放供电是直接接到电池正极上的，不过，在功放的内部设有开关电路，通过控制电源的通断来达到控制功率间断输出的目的。

(2) 功放的输入和输出信号。可用频谱分析仪进行检测，正常情况下，功放的输出信号和输入信号频率相同，但输出信号的幅度比输入信号要大得多。需要注意的是，若使用频谱分析仪，中心频率应选择在(915－890)/2＋890＝902.5 MHz。

(3) 功率控制信号。功率控制信号由功控电路输出，加到功放的控制端，控制功放的输出功率。当手机与基站很近时，使功率输出等级降低；当手机与基站远时，使功率输出等级升高，达到省电的目的。功率控制信号可用示波器进行检查。

例4-11 摩托罗拉V70手机有信号，发射有大电流。

处理方法：给手机加上直流稳压电源电压，拨打“112”，发现整机发射电流达400～450 mA，用手触摸功放，温度异常，怀疑功放损坏，图4-14所示为该手机功放集成块。可以看出，型号为EV581，与爱立信T28手机、三星A188手机的功放(15P、19P)很相似，易损坏，不耐高温，有些机型表现出的故障现象是发射关机。更换功放，故障即可消失。

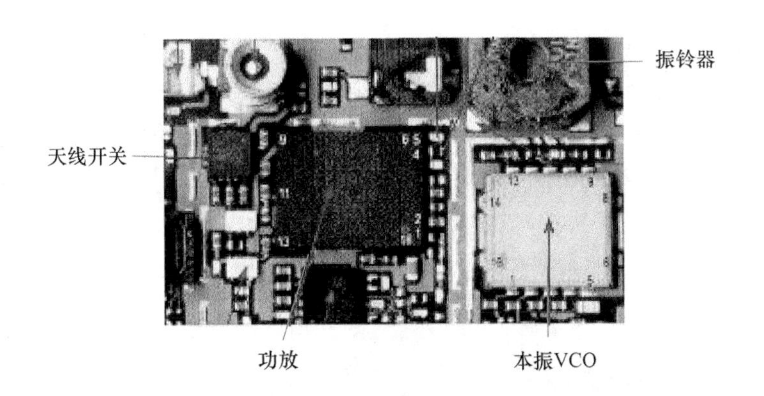

图4-14 摩托罗拉V70发射大电流故障检测点

例4-12 诺基亚7600手机(GSM和CDMA兼容)无CDMA频段的发射信号。

处理方法:使用诺基亚手机的手动寻找网络功能,能找到GSM的网络标识和CDMA的网络标识,说明手机在两个频段接收没有问题。GSM频段发射正常,CDMA频段无发射,断定为CDMA频段的发射电路有故障,通过观察发现CDMA段发射滤波器有掉脚的地方,更换后,仍无发射,说明还有虚焊损坏的元器件,功放元器件所处的位置就在已损坏的发射滤波器附近,因此极有可能虚焊,用热风枪选择在300℃左右补焊,以免温度过热击穿功放。补焊后故障消失。如果用观察法未能发现故障点,就要用频谱分析仪检测收/发合路器、功放后级滤波器、功放、功放前级滤波器、TXVCO,逐一检测CDMA的扩频频谱,由此判断出故障点。图4-15所示为故障维修点实物。

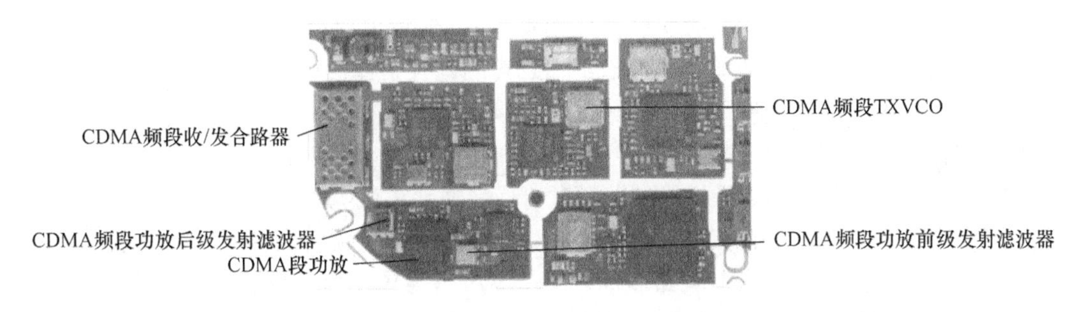

图4-15 诺基亚7600手机无CDMA频段的发射信号故障检测点

例4-13 三星T508手机无发射信号。

处理方法:给手机外加直流稳压电源,观察到无发射电流,重写码片,故障依然。用万用表检测射频供电和功放供电是否正常,发现功放供电不正常,三星手机的功放供电均采用VBATT(电池)直接供电,接下来就要检测功放供电的滤波金属钽电容,发现滤波电容已被击穿,如图4-16所示。更换此电容,故障排除。

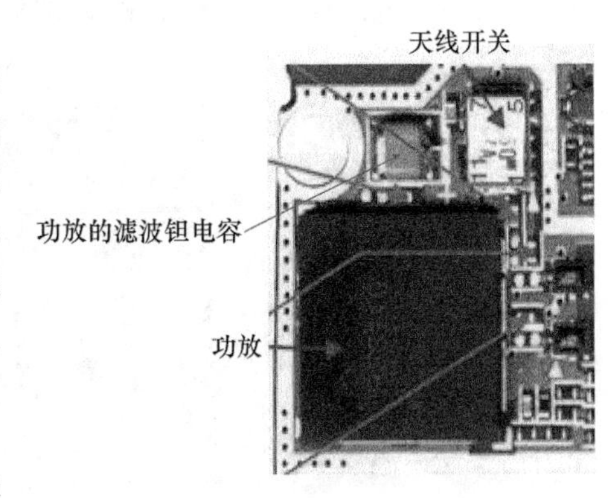

图4-16 三星T508手机功放的滤波钽电容

例4-14 三星A388手机打电话困难。

处理方法:给手机外加直流稳压电源,观察到无发射电流,重写码片,故障依然。用万用表检测射频供电和功放供电正常,用频谱分析仪在功放的输出端和天线开关检测发射信号频谱，发现天线开关的输入端无功放输出信号频谱。由功放到天线开关的发射路径上经过耦合器，如图4-17所示，它的作用是一方面将发射信号由功放耦合到天线开关，另一方面将发射信号反馈到功率控制IC中，实现功率控制(APC)。耦合器元件引脚比较脆，易损坏，更换后，故障消失。

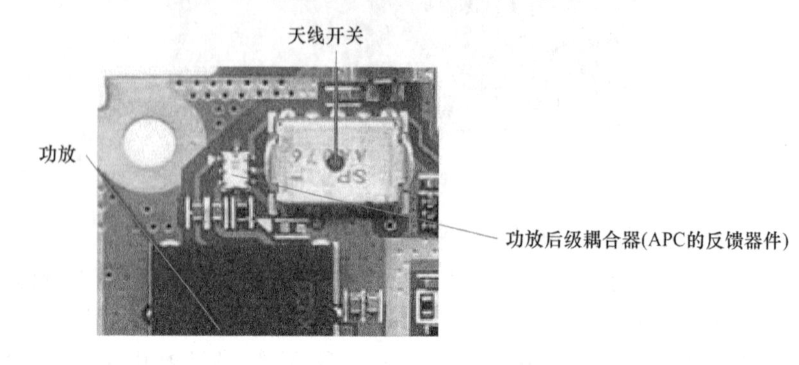

图4-17　三星A388手机功放后级耦合器

4. 发射滤波器和天线开关电路

发射滤波器和天线开关是发射信号传输的“必经之路”，若元器件虚焊、损坏，必然会使信号中断或信号幅度降低，引起手机无发射、不入网故障。维修时可通过补焊、更换的方法进行维修。

判断发射滤波器和天线开关是否有故障可采用假天线法来确定故障部位，即用一段10 cm长的漆包线焊在天线开关的发射信号的输入端，若能发射，说明天线开关有问题。同理，将假天线焊在发射滤波器的输入或输出端也可判断发射滤波器是否正常。

另外，发射滤波器和天线开关的好坏也可用频谱分析仪进行判断。需要注意的是，若使用频谱分析仪，中心频率应选择在(915－890)/2＋890＝902.5 MHz。

例4-15　摩托罗拉V70手机拨打电话时，显示“通话失败”。

处理方法：给手机加上直流稳压电源电压，拨打“112”，发现整机发射电流仅在100 mA左右变化，此故障是明显的发射电路故障，图4-18所示为该手机故障检测点。在检测射频电路供电和功放供电正常的情况下，先用观察法检查，发现发射信号传输通路上的元器件L350和R350可能虚焊，补焊后，故障排除。

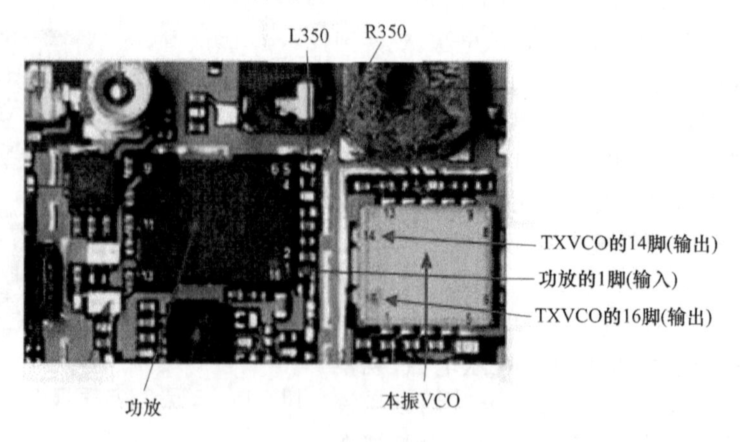

图4-18　摩托罗拉V70手机“通话失败”故障检测点

例 4-16　摩托罗拉 A6288 手机无发射。

处理方法：在检测射频和功放供电正常的情况下，用频谱分析仪分别测试 900 MHz 的 10、11、12、13、14、15 脚功放的输出，同理，测出 1 800 MHz 功放各脚的输出。如果有频谱输出，再测试天线合路器的输出端或天线开关的输入端，观察是否有频谱信号输出，若无，说明天线合路器已损坏，天线合路器实质是发射末级滤波器，且有将两路发射信号变成一路信号的作用。摩托罗拉手机 V998、V8088、V6188、V6288 等都有天线合路器，一般是由陶瓷材料合成，手机摔过或受到挤压时容易破碎而损坏。取下天线合路器，发现上面有裂纹，更换天线合路器，故障排除。图 4-19 所示为该故障检测点的实物图。

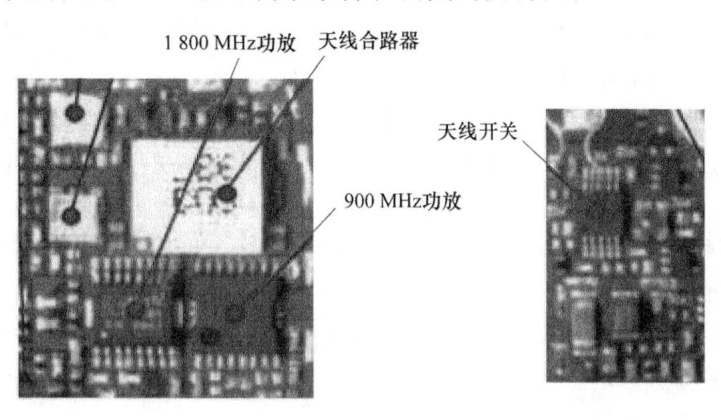

图 4-19　摩托罗拉 A6288 手机无发射故障检测点

例 4-17　摩托罗拉 CDMA V680 手机有时能打出去电话，有时打不出去电话。

处理方法：首先用主复位、主清除指令处理，发现对此机没有效果，说明射频发射电路有故障。对于摔过的手机，首先用观察法，观察发射电路是否有丢件、掉脚和虚焊的地方，如果有，很容易判断出来。若不能明显地观察出来，在功放的输出端焊接一根假天线，在检测射频和功放供电正常的情况下，用频谱分析仪在收发双工器、功放、发射调制器及射频 IC 上观测 CDMA 扩频信号频谱和基带信号频谱，哪一部分没有正常的频谱，哪一部分就有故障，这是经常使用的检测方法。如果没有频谱分析仪，也可以采用按压法或根据以往积累的经验检测，双工器元件的体积比较大，图 4-20 所示为收/发双工器的实物图。如果摔过就很容易虚焊或损坏，因此用手按压收/发双工器，观察手机的发射电流，时有时无，说明收/发双工器虚焊或损坏。也可以根据以往的经验，直接更换双工器，采用替代法维修。此机更换双工器后，故障消失。

图 4-20　摩托罗拉 A6288 手机无发射故障检测点

4.6.5　逻辑电路和软件的故障与维修

1. 逻辑电路维修

逻辑电路在接收时对 RXI/Q 信号进行 GMSK 解调，将模拟的 RXI/Q 信号转换为数字信号;在发射时则将数字信号进行 GMSK 调制,转换为 TXI/Q 模拟信号。因此,逻辑音频电路若出现故障也会造成手机不入网、无发射等故障,由于逻辑电路大都已集成化,检修时应重点加强焊接和清洗。

2. 软件故障维修

手机中的射频供电和双频的自动切换一般要由 CPU 控制,如果软件有故障,一方面会使 RXON 和 TXON 不正常,另一方面也会使 GSM/DCS 频段转换信号不正常,这些不正常的因素都会引起手机射频故障。

软件故障主要体现在发射开关控制信号 TXON 的正常与否。在检修时如何进行判断是关键。最常用的方法就是拨打"112"时,用示波器进行检测,波形一般是一串矩形脉冲。若无 TXON 波形输出,则一般为软件故障。

软件故障还可以通过观察手机专用维修电源的电流表是否摆动进行判断。在拨打"112"时,如果电流表有规律地摆动,说明软件运行正常,如果电流表仅几十毫安且无摆动,说明软件运行不正常。

3. 手机射频电路故障维修实训

(1) 实训目的

1) 通过对手机射频电路故障的维修训练,掌握手机射频电路的检测方法和维修方法。

2) 提高对手机射频电路的认识。

3) 提高对手机射频电路元器件的认识。

4) 熟悉示波器、频率计和频谱分析仪的使用。

(2) 实训器材与工作环境

1) 射频电路故障机若干,备用旧手机板若干、常见手机元器件及盛放容器若干。

2) 手机维修专用直流稳压电源一台、电源转换接口一套。

3) 万用表一块、示波器一台、频率计一台,若有条件,可配频谱分析仪一台。

4) 电脑、万用编程器及相应的适配器、各类软件维修仪及相应的数据线等。

5) 常用维修工具一套。

6) 常用手机电路原理方框图、电路原理图和手机机板实物彩图等资料。

7) 建立一个良好的工作环境。

(3) 实训内容

请指导教师根据实验室的条件选择合适机型,指导学生对手机射频电路故障进行检测、分析和处理练习。

(4) 注意事项

1) 手机外加直流电源电压的标准值是 3.6 V,不得超过或低于这个标准值,否则无法正确观察手机的整机工作电流。

2) 注意不同的机型要用不同的电源转换接口,注意手机电源的正负极的极性特点,特别注意每种手机电源的正负极,同时要分清多引脚电源触点的温度检测线和电池电量检测线,以免电源极性加反,扩大手机故障。

3) 手机装上外壳开机时,使用的假天线不能用裸露的导线。

4) 使用频谱分析仪分析接收信号的频谱时,不要把干扰信号的频谱当作信号频谱。

5) 拆装机时要小心,以免损坏手机的元器件及外壳,尤其是显示屏;装机时不能遗忘小元器件。

6）要能熟练地吹焊元器件，在植锡技巧熟练的基础上进行焊接操作。

7）要了解使用手机秘技维修手机故障的方法。

8）积累实际维修经验，熟知手机开机发射时，射频电路工作动态电流的正常值。

9）维修时，元器件要轻取轻放。

（5）实训报告

根据实训内容，完成手机射频电路故障维修实训报告。

4.7　* 实训项目二十一：手机逻辑/音频电路的故障分析与维修

4.7.1　逻辑电路的故障分析与维修

1. 单片机故障

单片机出现故障，根据故障部分的不同，会表现出不同的故障现象，最常见的就是不开机，特别是摔过的手机，会引起 CPU 虚焊，使手机满足不了开机的条件而导致手机不开机。

2. 存储器故障

存储器故障分为硬件故障和软件故障两种类型。硬件故障就是存储器本身虚焊或损坏，软件故障就是存储器内部的程序或数据丢失、错误。无论是硬件故障还是软件故障，均会表现出各种各样的故障现象，如不开机、不入网、不发射、不识卡、不显示、“联系服务商”、“话机坏请送修”、“输入 8 位特别码”等。维修时，可采用“先软后硬”的方法进行，即先用软件维修仪对软件故障进行维修，若不能排除故障，再更换写有正常资料的存储器。

4.7.2　音频电路的故障分析与维修

1. 受话电路的故障分析与维修

（1）受话无声

受话无声的主要原因有以下几方面。

1）受话器不正常

利用万用表判断受话器（听筒）是否正常在第 1 章中已介绍，这里不再重述。

2）受话电路不正常

检修时，用示波器测受话器触点的波形（拨打“112”），若没有 2～3 V（峰-峰值）的波形，说明受话电路有问题，可重点检查音频处理、放大 IC 及外围小元器件是否正常。

3）软件故障

（2）受话有噪声

手机在通话过程中听筒所传递的受话音频中含有噪声是手机维修中常遇见的一种毛病，各种机型产生的现象基本一样，但其产生的根源并非完全一样，一般来说，引起受话噪声的原因主要有以下几种。

1）听筒和受话电路不正常

检修时可采取更换听筒、补焊和更换音频电路的方法加以解决。

2）送话器(MIC)不正常

之所以送话器不正常会产生受话噪声，是由于MIC的作用是将机械振荡的声波转化为微弱的电信号，其工作的元器件是一个随声音的振动而可变动容量的电容器。因其产生的电信号实在太微弱，在MIC中则有一个高阻输入阻抗的场效应管将微弱的电声信号就地放大后再传输给手机主板。由于GSM手机使用时分多址的工作模式，即一个信号分8个时隙，在呼叫过程中手机仅能占用某个信道的某个时隙，所以手机发射的是脉冲信号，其频率为217 Hz，而217 Hz正好处于人耳的接听范围(30 Hz～30 kHz)内。当MIC性能下降时，辐射的功率信号在MIC引线上感应的电压被MIC放大，并送到主板音频部分放大，误作为送话被传送出去，对方听到该手机打来的电话很不舒服，而该手机在发射时语音信号通话后，到A/D返回到受话电路，使自己也受到影响，听到"217 Hz"的噪声是由MIC自激引起的，即便MIC本身是好的，如果其引线过长或一长一短，同样会使发射信号窜入通话电路。如一台爱立信早期生产的手机，其受话声中有"嗞啦啦"声响，查遍整个电路也未修复，后将MIC从尾插取下，听筒噪声没了，然后换一个MIC，故障立即消失。

3）供电不正常

如果手机的供电有毛刺、不干净，就会产生受话噪声，这在维修中是较为常见的。对于有升压电路的手机，当升压电感线圈不正常时，也会造成手机受话噪声。这是由于手机待机时整机耗电量少，发射时整机耗电量大，流经电感线圈中的电流大，当升压电感线圈不正常时，电感线圈难以忍受大电流就"叫唤"起来。

2. 送话电路的故障分析与维修

送话电路故障主要是对方听不到机主的声音或噪声大。引起该故障的原因主要有以下几种。

(1) 送话器(麦克风)坏或接触不良

利用万用表判断送话器好坏方法在第1章中已介绍，不再重述。

(2) 送话输入电路故障

手机的送话故障大多数出现在送话输入电路，话音输入(MIC)与音频放大、音频处理电路常采用可分离式结构(不用焊接)，不同的手机采用不同的连接方式。归纳起来主要有以下几种：第一种是直接插入型，如摩托罗拉V系列等；第二种是导电胶接触型，如摩托罗拉L系列；第三种是通过连接座连接型等。

实际维修中，直接插入型很少因接触问题引起送话故障，导电胶接触型和通过连接座连接型就较易因接触不良引起送话故障(无送话、有噪声或送话时有时无)。引起导电胶接触型出现送话故障的原因有：导电胶失效、维修时残留的松香污迹覆盖话筒触点、外壳装配不良引起的接触不良(用力压住话筒位置外壳手机能送话，松开无送话)等。对这类故障的检修方法是换导电胶、清洗送话器触点、重装外壳。引起连接座连接型手机出现送话故障的原因有：连接座的触片有松香污迹，连接座的触片移位、变形或失去弹性等。对这类故障的检修方法是清洗连接座的触片，用比较尖细的缝衣针将触片挑起或校正，如果连接座严重变形就需要更换。

需要说明的是，送话器有正负极之分，在维修时应注意，如极性接反，则送话器不能输出信号。

(3) 话音处理电路故障

话音处理电路出现故障,维修相对比较困难。我们知道,手机一般提供两路话音通道,一路使用机内话筒、听筒,另一路通过耳机插座或尾插连接外部话筒和听筒,手机的 CPU 根据耳机检测电路送来的信号选择(切换)相应的话音通道,耳机检测在手机原理图中常用 EINT_HEADSET、HEAD_INT 等表示,如果检测或切换不正常就会出现故障,如手机使用机内听筒、话筒时,不能正常送话,而使用外接耳机时送话和受话均正常就是典型的例子。当然,话音处理电路局部损坏也会引起这种故障。如果手机使用机内听筒、话筒和外接耳机都无送话,一般来说是话音电路的有关元器件损坏、虚焊或线路断线。维修送话不良故障时,维修人员通常是拨打"112",待接通后对着话筒吹气,同时听听筒有无反应,这种方法在吵闹环境下效果不明显。另一种试机的方法是装上机壳、插卡,拨打电话,找一个人接听电话或干脆自己一边对着话筒"喂",一边听被拨打的电话,这种方法的好处是可以了解通话的声音质量,但会浪费电话费。

比较简捷的方法是,拨打"112",待接通后测话筒正极是否有直流电压。不同手机电压不同,一般在 1 V 以上,若没有,则查与 MIC 相关的电路,有的话,找一根耳机线,用万用表测耳机插头各环间的电阻,阻值最小的两环就是连接听筒的,将它与手机的听筒输出端连接。拨打"112",待接通后用镊子点话筒正极,正常手机可在听筒中听到噪声,听不到噪声则查话筒到话音处理电路的有关元器件及线路。

(4) 软件故障

3. 手机振子电路的故障分析与维修

振子电路主要故障是振子不振动,常见原因有以下几种:

(1) 菜单未置于振动状态;

(2) 振动电机损坏;

(3) 振子驱动电路损坏;

(4) 软件有故障或振动控制电路有故障,无法输出振子启动信号。

例 4-18　摩托罗拉 CDMA V680 手机送话声音小。

处理方法:首先取下送话器,用万用表 $R\times100$ 欧姆挡检测,有灵敏度指示,然后仔细检查送话器周围的电阻和电容元件,此电阻和电容元件起着低通滤波的作用,如果有丢失的元件,或有虚焊的元件,或者有腐蚀变性的元件,都将改变滤波器的参数,从而影响滤波效果。如图 4-21 所示,经检查后,发现有腐蚀变性的电阻,更换后故障消失。

图 4-21　摩托罗拉 V680 手机送话声音小故障测试点

例 4-19　三星 S308 手机进水后不送话

处理方法:三星 S308 进水后不送话,应先检测送话器,发现已损坏,更换后还是不送话,然后重点检查送话器的供电及送话器与音频 IC 之间的耦合、滤波元件,送话器与音频 IC 之间的主要元件是 C400 耦合电容和 R405 电阻，图 4-22 所示为故障检修点实物图。用万用表检测 C400 耦合电容和 R405 电阻，发现 R405 电阻短路，更换 R405 电阻，故障排除。

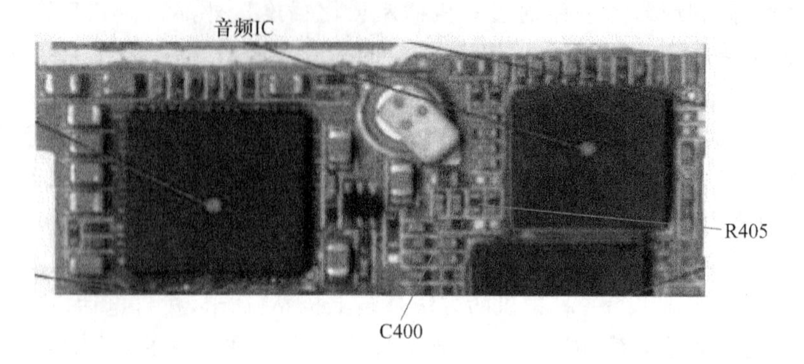

图 4-22　三星 S308 手机进水后不送话故障检测点

4. 音频电路故障维修实训

(1) 实训目的

1) 掌握手机受话器、振铃、振子及送话器的检测方法和维修方法。

2) 提高对手机音频电路的认识。

3) 提高对手机音频电路元器件的认识。

4) 熟悉示波器和万用表的使用。

(2) 实训器材与工作环境

1) 音频故障机若干，备用旧手机板、常见手机元器件及盛放容器若干。

2) 手机维修专用直流稳压电源一台、电源转换接口一套。

3) 万用表一块、示波器一台、频率计一台。

4) 电脑、万用编程器及相应的适配器、各类软件维修仪及相应的数据线等。

5) 常用维修工具一套。

6) 常用手机电路原理方框图、电路原理图和手机机板实物彩图等资料。

7) 建立一个良好的工作环境。

(3) 实训内容请指导教师根据实验室的条件选择合适的机型，指导学生对手机无振铃、无振动、无送话故障进行检测、分析和处理练习。

(4) 注意事项

1) 手机外加直流电源电压的标准值是 3.6 V，不得超过或低于这个标准值；否则无法正确观察手机的整机工作电流。

2) 注意不同的机型要用不同的电源转换接口，注意手机电源的正负极的极性特点，特别注意每种手机电源的正负极，同时要分清多引脚电源触点的温度检测线和电池电量检测线，以免电源极性加反，扩大手机故障。

3) 更换音频 IC(爱立信机型也称为多模转换器)时，热风枪的温度不得超过 300 ℃。

4) 拆装机时要小心，以免损坏手机的元器件及外壳，尤其是显示屏及其软连接排线，避免软连接排线褶皱而损坏，同时装机时不能遗忘小元器件。

5) 准备一些常见的受话器、振铃(子)、送话器，以便进行元器件代换检测。

6) 维修时，元器件要轻取轻放。

（5）实训报告

根据实训内容，完成手机音频电路的故障维修实训报告。

4.8　*实训项目二十二：手机输入/输出电路的故障分析与维修

4.8.1　显示电路的故障分析与维修

1. 显示器正常显示的条件

显示屏要能正常显示，必须满足以下几个条件。

（1）显示屏上的所有像素都能发光

要满足这个条件，就需要为显示屏提供工作电源（一般用 VCC、VDIG 等标注），对于有些类型的手机还需要负压供电。供电电压可用万用表方便地进行测量。

（2）显示屏上的所有像素都能受控

只有显示屏上的所有像素都能受控，显示屏才能正确显示所需的内容。对于串行接口的显示电路（如爱立信和诺基亚手机），控制信号主要包括 LCD_DAT（显示数据）、LCD_CLK（显示时钟）、LCD_RST（复位）3 个信号；对于并行接口的显示电路（如摩托罗拉和三星手机），控制信号主要包括数据线（D0～D7）、地址线（A0～A7）、复位（RST）、读写控制（W/R）、启动控制（LCD_EN）等。

无论是串行接口的显示电路，还是并行接口的显示电路，这些控制信号出现故障时，一般出现不显示、显示不全等故障，维修时可通过测量各控制信号的波形进行分析和判断。这些信号在手机开机后，显示内容变化时一般都能测量到。若无波形出现，说明显示控制电路或软件有故障。

（3）显示屏要有合适的对比度

手机的对比度是通过功能菜单或指令调整的。手机的显示屏有一个对比度控制脚，由外电路输入的控制电压进行控制。当对比度电压不正常时，显示屏会出现黑屏（对比度过深）、白屏（对比度过浅）、不显示等故障，可通过测量控制电压进行分析和维修，有时需要重写正常的软件数据。

需要说明的是，对于并行接口的显示屏，当出现对比度不正常时，要特别注意检查和显示屏相连的几个电容，当这些电容不正常时，对显示对比度影响很大。

2. 显示电路的故障分析与维修

引起无显示或显示不正常的原因有以下几种：

（1）显示接口脏或虚接，排线断线或接触不良；

（2）CPU 虚焊或损坏；

（3）显示屏损坏或不良；

（4）软件故障。

在以上几种原因中，以第一种最为常见，可采取清洗法、飞线法、代换法进行维修。

3. 背光灯电路的故障分析与维修

背光灯电路故障主要表现为背光灯不亮，维修时，可采取以下方法进行判断：

(1) 测量背光灯两端有无供电电压，若有电压但灯不亮，说明灯损坏；

(2) 若背光灯两端无供电电压，测量背光灯启动信号在背光灯启动时电平是否发生变化(一般情况，启动时应上升为高电平)，若无变化，说明 CPU 发出的启动控制信号不正常，应检查 CPU 电路；

(3) 若背光灯启动控制信号正常，应检查背光灯驱动 IC，该驱动 IC 一般采用电感式 DC/DC 变换器，在供电正常、外围电感正常的情况下，多为驱动 IC 不正常。

例 4-20 诺基亚 7210 手机无显示。

处理方法：诺基亚 7210 手机打电话和接电话正常而无显示，首先检测显示屏，把显示屏接在一个正常的诺基亚 7210 手机主板上加电开机，显示屏显示正常，说明故障在主板上；然后检测 CPU 屏显数据输出到屏显接口之间的元件，主要有 R308 和 R309，R308 和 R309 一端接 CPU 屏显数据输出，另一端接显示屏内联接口(X302)的 5 脚和 4 脚。同时还要观察显示接口是否有变形、虚焊的地方，图 4-23 所示为故障检测点实物图。检测发现 R308 断路，此类故障是 R308 和 R309 虚焊或损坏的居多，加焊或更换 R308 故障排除。

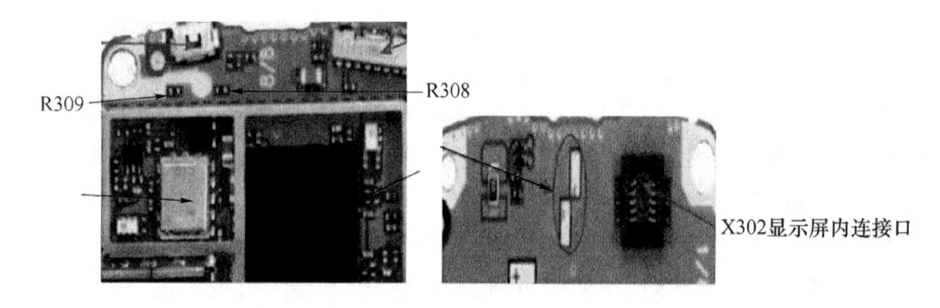

图 4-23 诺基亚 7210 手机无显示故障检测点

4. 显示电路的故障维修实训

(1) 实训目的

1) 掌握手机无显示、背光灯不亮的故障检测方法和维修方法。

2) 提高对显示电路相应元器件的认识。

3) 熟悉示波器和万用表的使用。

(2) 实训器材与工作环境

1) 具有显示故障的手机若干，备用旧手机板、常见手机元器件及盛放容器若干。

2) 手机维修专用直流稳压电源一台、电源转换接口一套。

3) 万用表一块、示波器一台、频率计一台。

4) 电脑、万用编程器及相应的适配器、各类软件维修仪及相应的数据线等。

5) 常用维修工具一套。

6) 常用手机电路原理方框图、电路原理图和手机机板实物彩图等资料。

7) 建立一个良好的工作环境。

(3) 实训内容

请指导教师根据实验室的条件选择合适的机型，指导学生对手机无显示、背景灯不亮故障进行检测、分析和处理练习。

(4) 注意事项

1) 手机外加直流电源电压的标准值是 3.6 V,不得超过或低于这个标准值,否则无法正确观察手机的整机工作电流。

2) 注意不同的机型要用不同的电源转换接口,注意手机电源的正负极的极性特点,特别注意每种手机电源的正负极,同时要分清多引脚电源触点的温度检测线和电池电量检测线,以免电源极性加反,扩大手机故障。

3) 更换显示屏时,热风枪的温度要适中。

4) 拆装机时要小心,以免损坏手机的元器件及外壳,尤其是显示屏及其软连接排线,避免软连接排线褶皱而损坏,同时装机时不能遗忘小元器件。

5) 准备一些常见的显示屏、按键板,以便进行元器件代换检测。

6) 维修时,元器件要轻取轻放。

(5) 实训报告

根据实训内容,完成手机无显示、背光灯不亮的故障维修实训报告。

4.8.2　键盘电路的故障分析与维修

1. 键盘电路的常用检查方法

维修中,对于键盘电路常采用以下检查方法。

(1) 电阻法

电阻法就是在关机状态下测各扫描线的对地电阻,正常情况下应该都一样,如果发现某按键对地电阻小或为 0,说明该按键或与之相关的元器件漏电或击穿,也可能是 CPU 击穿损坏。如果怀疑 CPU 击穿,可以拆下 CPU,此时再测量键盘扫描线是否短路,若短路消失,则为 CPU 损坏;如果拆下 CPU 后手机仍短路,说明按键短路。

(2) 电压法

电压法就是在开机状态下测各扫描线的电压,正常情况下应该一样高,如果发现某按键有低电平或偏低,说明该按键或与之相关的电路有问题。如果检测到任何一个按键的内圈和外圈都是低电平,说明键盘电路肯定有问题。造成这种情况一般有两种原因:一种情况是高电平的一端被低电平强行拉低,如脏污引起的漏电(包括键盘本身和 CPU 引脚)、压敏电阻漏电、CPU 击穿短路等;另一种情况是高电平一端断线或插座接口不良,导致高电平无法送达。

2. 键盘电路常见故障的维修

(1) 按键音常鸣

一般是某一条键盘扫描线被置为低电平,90%是扫描线上的二极管损坏及压敏电阻损坏或主板肮脏,很少是 CPU 坏,可按以下方法进行检修。

先彻底清洗所有的按键面板,重点放在清除按键内圈与外圈的线路之间有脏污的地方。尤其要重点检查侧面按键是否有脏污漏电现象。如果经清理处理无效,再检查与按键密切相关的保护电路,主要检查保护二极管和压敏电阻是否有漏电或损坏,这些元器件都是对地保护的,可以直接拆除。如果经检查以上保护电路也正常,说明 CPU 存在故障,需要进行更换或重植。

(2) 按什么键都出同一个字符,或总是出同一扫描线上的几个字符

这种故障一般是这条扫描线对地漏电(但没有短路)引起的。检修时,先彻底清洗所有

的按键面板，重点放在清除按键内圈与外圈的线路之间有脏污漏电的地方。如果清理后故障现象不变，再清洗 CPU 引脚。经过以上清理后还不能解决问题，一般是软件故障，导致键盘扫描错乱，对于这种情况，需要重新写入新的软件数据。

对于手写输入的非按键式大屏幕手机，出现按键退字、出同一个字等按键错乱现象，多数为显示屏损坏、老化引起，只有更换显示屏才能解决问题。

(3) 部分按键失效

部分按键失效是指个别几个或者一个按键失效。维修时，首先用万用表测量失效的按键的内圈与外圈和旁边按键的相应内圈和外圈的通断情况，哪个出现不通，故障就在这个部位，飞线连上即可，这种情况主要出现在进水和摔得较严重的手机中。如果测量正常，再检查按键膜、导电胶是否存在失效的问题。若按键膜、导电胶正常，一般为软件故障，需要重写资料恢复按键表。这种软件故障在国产手机中出现得比较多，品牌手机出现这种软件故障的情况相对少得多。

(4) 同一扫描线所有按键失灵，也就是说整列或整行数字失效，如“1、4、7、*”或“1、2、3”失效。

检查扫描线是否断线，若断线，飞线接上即可，若正常，再检查 I/O 拓展插口或支柱式连接座之间是否发生断路或接触不良。如果以上检查正常，多数为 CPU 虚焊或主板到 I/O 扩展插口的线路断裂。

(5) 全部按键失灵

维修时，可按以下步骤检查：

1) 对按键面板彻底清洗，以排除是否有按键断路的情况；

2) 检查音量键和功能键是否短路；

3) 凡主板与按键板分离的，要检查 I/O 扩展插口、支柱式连接座、软排座及排线的通断和接触情况；

4) 对于有按键保护二极管、压敏电阻及电容的手机，检查这些元器件是否有损坏和漏电的现象；

5) 检查 CPU 或键盘接口电路是否正常；

6) 重写软件数据。

(6) 键盘灯不亮

1) 测量键盘灯两端有无供电电压，若有电压但灯不亮，说明灯损坏。

2) 若背光灯两端无供电电压，测量键盘灯启动信号(KEY_LED_ON)在键盘灯启动时电平是否发生变化(一般情况下，启动时应上升为高电平)，若无变化，说明 CPU 发出的启动控制信号不正常，应检查 CPU 电路。

3) 若键盘灯启动控制信号正常，应检查键盘灯驱动 IC。

例 4-21 诺基亚 N8310 手机键盘灯不亮。

处理方法：首先将按键板取下，更换一个正常的按键板，判断故障是在主板上还是在按键板上，发现更换按键板后故障依然，说明故障在主板上，然后检查主板的键盘接口(X301)和 V300、V301 键盘灯驱动电路，如图 4-24 所示。键盘灯的控制信号(在 X301 的 2 脚)来自 V301 控制的 V300 的 3 脚，用万用表测试，无此信号，采用飞线方法将其连接在一起，故障排除。

图 4-24　诺基亚 N8310 手机键盘灯不亮故障检测点

例 4-22　三星 T408 手机按键失灵。

处理方法：三星 T408 手机仅有一块主板，按键板在主板的另一面，此机无内联座，因此，先检测各个按键的电压是否正常，有无漏电现象。经检测，一极是 0 V，另一极为 2.75 V，均正常，再测各个按键对地电阻值，也无异常。根据 CPU 扫描键盘的原理，此机需要有 32.768 kHz 的时钟参与扫描，如图 4-25 所示，32.768 kHz 晶体只有两个引脚，采用替代法比较容易，更换后故障排除。

图 4-25　三星 T408 手机按键失灵故障检测点

4.8.3　手机卡电路的故障分析与维修

卡座在手机中是提供手机与 SIM 卡通信的接口。通过卡座上的弹簧片与 SIM 卡接触，如果弹簧片变形，会导致 SIM 卡故障，如屏幕显示"检查卡""插入卡"等。

SIM 卡电路中的电源 SIMVCC(VSIM)是 SIM 卡工作的必要条件，早期生产的手机设有卡开关，卡开关是判断卡是否插入 CPU 的检测点，如摩托罗拉 328 手机，由于卡开关的机械动作，造成开关损坏的很多，现在新型的手机已经将此去除。通过数据的收集来识别卡是否插入，减少了卡开关不到位或损坏造成的问题。卡电源的工作一般都是从电源管理模块完成的，所以这部分的检测只要有万用表就可以检测到。

对于卡电路中的卡数据(SIMIO)、卡时钟(SIMCLK)、卡复位(SIMRST)，全部是由 CPU 的控制来实现的。虽然基站与网络之间的数据沟通随时随地进行着，但确定哪一时刻数据沟通往往很难测到。但有一点可以肯定，当手机开机时刻与网络进行鉴权时必有数据沟通，这时的测试尽管时间很短，但一定有数据，所以在判定卡电路故障时，这个时隙为最佳监测时间。

1. 手机卡电路故障维修

正常的手机开机时，在 SIM 卡座上可以用示波器测量到 SIMVCC、SIMIO、SIMCLK、SIMRST 信号，它们都是一个 3 V 左右的脉冲。若测不到，说明手机卡电路有故障。卡电路故障的主要原因有以下几个方面：

(1) SIM 卡座接触不良；

(2) SIM 卡座周围元器件有虚焊，使得数据信号、时钟信号不能正常传送，CPU 便误认为没有放入 SIM 卡；

(3) 软件有故障。

例 4-23 三星 CDMA X199 手机不读卡。

处理方法：X199 手机的 UIM 卡电路是由 CPU（微处理器）、时钟振荡电路、UIM 卡座和放大管组成。UIM 卡座有六个引脚，其中 1 脚、5 脚接 2.8 V 的供电源；2 脚接 UIM_RST 复位；3 脚接时钟信号，该时钟信号是时钟振荡器产生的经放大管放大后的 UIM_CLK 时钟信号；4 脚接 CPU 的数据信号（DATA）；6 脚接 GND 地。首先检查 UIM 座的 1 脚、5 脚，测试有 2.8 V 的供电，然后检测 2 脚的复位电压也正常，再用示波器检测 3 脚的 UIM_CLK 时钟信号，发现无波形显示，重点检测卡时钟振荡器，如图 4-26 所示，卡时钟振荡器的 4 脚与主板断裂，可用补焊或飞线的方法解决故障。

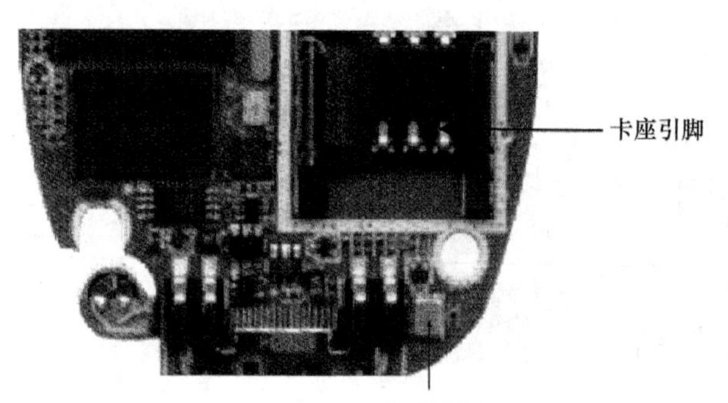

图 4-26 三星 CDMA X199 手机不读卡故障检测点

图 4-27 三星 T108 手机不识卡故障检测点

例 4-24 三星 T108 手机不识卡。

处理方法：根据 SIM 卡电路原理，首先在开机的条件下，检测 SIM 卡的供电，发现无供电电压，说明 SIM 卡供电模块有故障。如图 4-27 所示，更换 SIM 卡供电模块后，故障排除。

例 4-25 诺基亚 8310 手机不读卡。

处理方法：根据 SIM 卡电路原理，首先检测 SIM 卡座 1 脚的供电，发现只有 1 V 左右，说明不正常，怀疑有漏电的地方。经仔细检查发现 C202 电容两端均与地相连，C202 电容是供电电源的滤波电容，如图 4-28 所示。正因为 C202 电容的性能改变，使 SIM 卡座 1 脚的供电不正常。更换此电容，故障排除。

图 4-28　三星 CDMA X199 手机不读卡故障检测点

例 4-26　诺基亚 8210 手机不识卡。

处理方法：根据 SIM 卡电路原理，首先检测 SIM 卡座，无异常。在开机的条件下，测量 SIM 卡的供电电压，发现电压值为 0，说明手机不识卡是因为无卡电源供电所致。再检查卡供电稳压模块 V104，如图 4-29 所示，它是由 4 个二极管构成的 5 个引脚的模块，检测对 SIM 卡电压的稳压二极管，已损坏，更换 V104，故障排除。

图 4-29　诺基亚 8210 手机不识卡故障检测点

2. 手机不识卡故障维修实训

(1) 实训目的

1) 掌握手机不识卡故障检测方法和故障维修方法。

2) 提高对 SIM 卡、UIM 卡电路和相应元器件的认识。

3) 熟悉示波器和万用表的使用。

(2) 实训器材与工作环境

1) 不识卡故障手机若干，备用旧手机板、常见手机元器件及盛放容器若干。

2) 手机维修专用直流稳压电源一台、电源转换接口一套。

3）万用表一块、示波器一台、频率计一台。

4）电脑、万用编程器及相应的适配器、各类软件维修仪及相应的数据线等。

5）常用维修工具一套。

6）常用手机电路原理方框图、电路原理图和手机机板实物彩图等资料。

7）建立一个良好的工作环境。

（3）实训内容

请指导教师根据实验室的条件选择合适的机型，指导学生对手机卡故障进行检测、分析和处理练习。

（4）注意事项

1）不能用金属物划伤 SIM 卡、UIM 卡，否则 SIM 卡、UIM 卡会永久损坏。

2）不能用镊子过分挑起卡座的触片，以免触片失去弹性而永久损坏。

3）不能用热风枪吹焊卡座，受热后的卡座易变形，不能复原。

4）用热风枪吹焊卡座周围的元器件时，要用耐热的隔离物将其遮盖后再吹焊。

5）手机外加直流电源电压的标准值是 3.6 V，不得超过或低于这个标准值，否则无法正确观察手机的整机工作电流。

6）注意不同的机型要用不同的电源转换接口，注意手机电源的正负极的极性特点，特别注意每种手机电源的正负极，同时要分清多引脚电源触点的温度检测线和电池电量检测线，以免电源极性加反，扩大手机故障。

7）拆装机时要小心，以免损坏手机的元器件及外壳，尤其是显示屏，同时装机时不能遗忘小元器件。

8）维修时，元器件要轻取轻放。

（5）实训报告

根据实训内容，完成手机不识卡故障维修实训报告。

4.8.4 充电电路的故障分析与维修

1. 显示充电字符但不充电

插入充电器后显示充电字符，并且电池框内有一格电池在闪动，说明充电器检测电路正常，此时若不能充电一般有以下几种原因：一是充电驱动电路不正常，不能输出充电电流为手机电池充电；二是逻辑电路不正常，不能输出充电启动信号，使充电驱动电路不工作；三是软件故障。

2. 不显示充电字符也不充电

不显示充电字符也不充电说明手机充电器检测电路有故障，由于手机不能检测出充电座已插入，当然不能充电。

3. 未插入充电器显示充电字符

未插入充电器显示充电字符，这种故障一般也出在充电器检测电路上。主要原因是充电座的充电端在未插入充电器时就为高电平，使手机误认为充电器已插入。

4. 充电一会儿即显示充电已满

充电一会儿即显示充电已满，这种故障一般有两种原因：一是电池电量检测（充电信息检测）电路不正常，二是软件故障。

4.8.5　手机供电电路的故障分析与维修

手机的供电方式，常见的有稳压管供电、电源 IC 供电以及两者并用三种。

1. 稳压管供电

首先找稳压管的输入，一般由 VBATT 输入的较多，其次找稳压管的控制脚，其中有一个稳压管的控制脚是与 ON/OFF 开关机键相连的(开关机键的另一端与 VBATT 相连)，当按下开关机键，稳压管工作输出一个电压，这个稳压管的输出一般作为其他稳压管的控制电压，从而使整个供电系统开始工作。

以三星 N628 手机为例，当按下开关机键后，VBATT 电压通过 D300(内有四个二极管，分别接开关机键、开机维持、闹钟触发，但殊途同归)送出的电压称为 POWER(即开机触发电压)，这一路电压送入 U102、U105 后使这两个稳压管工作，分别输出 VCC 和 AVCC 的两路主供电，待逻辑电路启动后再驱动射频供电管工作，当然 CPU 启动后也会立即送出一路开机维持电压至 D300，以保证 POWER 一直是个高电平。

2. 电源 IC 供电

VBATT 送入电源 IC 后，电源 IC 建立一条高电平的开机线(一般也以 POWER 标注，有的芯片标为 PWRON 或 PWON，MT 电源芯片以 PWKEY 标注、UEM 电源芯片以 PWRONX 标注)，开机线与开关机键相连，开关机键的另一端接地，当按下开机键后，开机线成为低电平，电源 IC 被激发工作，输出几路供电。

常见的供电线路标注有：VSIM—卡供电(如未插卡，CPU 会发出指令给电源 IC 中止该供电)；VCC—主供电；VDD—逻辑电路供电；AVDD—音频供电(或标 VCOBBA)；VCORE—CPU 供电；VTCOX—主时钟供电(或标 VRIC)；VREF—参考电压供中频；VBOOST—升压电路输出电压；VMEM—存储器供电；VRF—射频供电；VRX—接收电路供电；VTX—发射电路供电。当然也有一些机型直接用 V1，V2，V3 等编号来标注区分各路电压。

电源 IC 相当于一个供电局，它把来自发电厂(手机电池)的电压进行加工后(输出不同的电压值)分别按各元器件的需要提供出合适而稳定的供电电压。

3. 电源 IC 和稳压管并用

一般以电源 IC 作为逻辑供电电源，待逻辑部分启动后再根据需要来驱动稳压管输出射频电路供电。

手机供电常见故障有不开机、大电流等，检修可根据上述的手机供电方式进行跟踪测量。

4.9　*实训项目二十三：手机特殊电路的故障分析与维修

4.9.1　手机相机电路的故障分析与维修

1. 数码相机的基本工作过程

照相手机一般由摄像头(感光器件)、数码照相处理芯片、储存器、LCD 显示屏等组成。

数码相机的基本工作过程是:当照相手机按下快门后,镜头将光线会聚到“感光器(CMOS或CCD)”上,它把光信号转变成电信号,并进行模/数转换,转换成由CPU进行压缩处理,再把数据信号转换成相应的物体图像格式,存储在手机存储器内,完成整个图像的采集。

目前市场上的照相手机有十多万像素到几百万像素的,像素越高图像越清晰。

2. 相机电路维修

目前许多手机都内置有照相机,标志着一个新的发展方向。采用的手机如N3650、N7650、V208、V200、X309、DA8等越来越多,下面以N3650为例,对该摄像头(数码照相机)处理模块进行介绍。

图4-30所示为N3650 CAMERA数码照相处理芯片D103实物图。照相机是由摄像头和硬件加速器组成的,分辨率为VGA格式。它是通过连接器连到PCB板上。硬件加速器提供图像的后端处理以消除干扰和缺陷,并将其转换为JPEG格式。

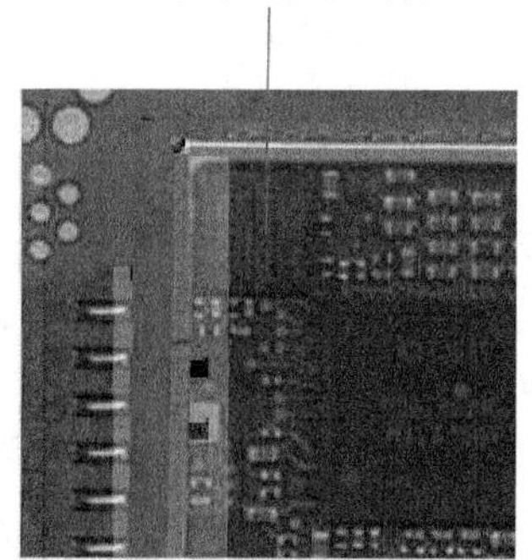

图4-30　N3650 CAMERA数码照相处理芯片D103实物图

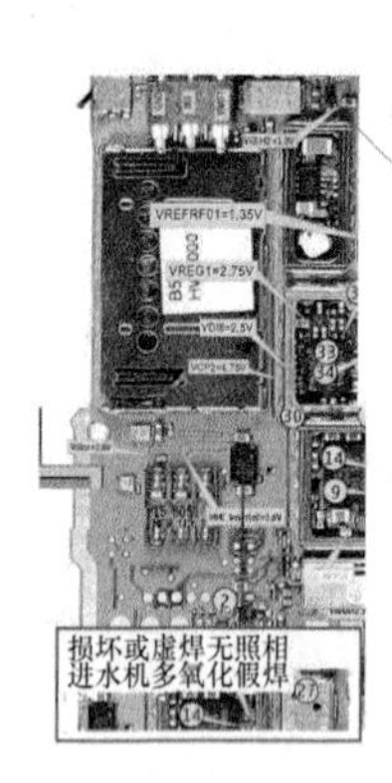

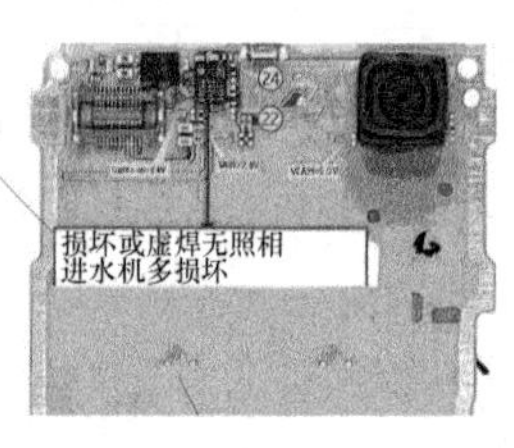

图4-31　诺基亚N70摄像电路故障维修点

图4-31所示为诺基亚N70摄像电路故障维修点图。诺基亚N70相机主要由两个摄像电路组成,其中主摄像电路供电由N1470、N7605两稳压管稳压,手机调节为主摄像时,副处理器D4800对摄像头进行编码处理,处理编码对像素进行工作;副摄像头电路主要由N1474接口IC进行联结,当副电路进行工作时,D4800副处理器输出摄像控制信号通过N1474转换联结,N1472同时稳压产生2.8 V,满足副摄像电路的正常工作。

4.9.2　手机蓝牙电路的故障分析与维修

蓝牙是一种近距离无线通信的技术规范,用来描述和规定各种信息电子产品相互之间如何用短距离无线电系统连接。蓝牙技术消除了千头万绪的电缆线,实现了电子产品间信息的传递与同步,寻找另一个,找到后开始通信,交换信息。它的传输距离一般为10～60 m左右,可以实现点到点通信,同时可和7台设备通信。蓝牙数据传输速率为每信道1 Mbit/s,是普通电话的13倍,可传输数据和语音,蓝牙使用的是2.4～2.835 GHz频率范围,属于全球自由频段。

1. NOKIA 蓝牙接口模块

在诺基亚手机中,已陆续加入了蓝牙耳机功能,主要型号有 N8910、N6310、N7650、N6650、N3650 等。表 4-1 列出了 NOKIA LRB2-0630271 蓝牙接口模块 V130(N8310)的各脚位说明,图 4-32 所示为 NOKIA LRB2-0630271 蓝牙接口模块 V130(N8310)实物图。

表 4-1　LRB2-0630271 蓝牙模块 V130(N8310)脚位说明

信号名	作用/功能	测试点	信号参数	注释
PURX	功率启动复位	V130/44	1.8～0 V,数字信号	
LPRFCLK	系统时钟(蓝牙模块)	V130/50	26 MHz 模拟信号 3.6 V	
VBAT	电池电压 3.6 V	V130/52,53,54	3.6 V	2.95～4.23 V
VFLASH1	LCD,IR,BT,Flash 供电 2.8 V	V130/6	2.8 V	
SLEEPCLK	睡眠时钟	V130/26	1.8～0 V,32 kHz 数字时钟信号	
USARTTX	串行数据输出	V130/27	1.8～0 V,数字信号	音频数据发射
USARTRX	串行数据输入	V130/28	1.8～0 V,数字信号	音频数据发射
OSCON	V130 睡眠模式控制	V130/31	1.8～0 V,数字信号	
VIO	LCD,IR,BT,Flash 供电 2V	V130/32	1.8 V	
CBUSCLK	串行时钟	V130/36	1.8～0 V,数字时钟信号	由 MCU 控制
CBUSDA	串行数据 I/O	V130/35	1.8～0 V,数字时钟信号	由 MCU 控制
CBUSENX	总线选择及使能信号	V130/34	1.8～0 V,数字时钟信号	由 MCU 控制
LPRFSYNC	交换时钟信息	V130/38	1.8～0 V,数字时钟信号	
LPRFINT	中断请求信号	V130/37	1.8～0 V,数字时钟信号	

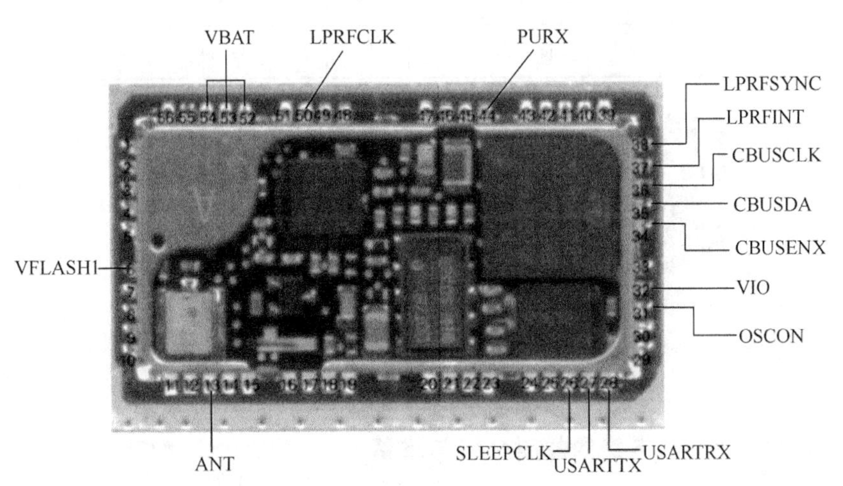

图 4-32　NOKIA LRB2-0630271 蓝牙接口模块 V130(N8310)实物图

2. 蓝牙电路的故障维修

维修之前，先检查手机是否启动蓝牙功能，若蓝牙启动后仍不能进行通信，说明蓝牙电路可能存在故障。

对于蓝牙电路的维修，应重点检查蓝牙电路的供电、时钟、复位信号是否正常，若正常，一般为CPU不正常或损坏，需重植或更换。

4.9.3 USB接口电路的故障分析与维修

USB接口与手机外部设备通信相连，主要用于数据传输。可以通过电脑下载软件，写软件、编程。但在故障维修中，损坏的比例较小。USB接口以IC形式出现较多，目前它在T720手机出现过。这里以T720手机为例，主要对EMIF11 USB接口芯片进行介绍。表4-2所示为EMIF11 USB接口IC脚位说明英文注释表；图4-33所示为EMIF11 USB接口IC实物图。USB数据接口IC虚焊或损坏会引起USB数据传输失效。

表4-2 EMIF11 USB接口IC脚位说明英文注释表

脚位	英文	注释	脚位	英文	注释
1	GND	接地	11	UDTR	USB数据终端准备信号
2	BATT_FDBK	电池电压反馈信号	12	UDSR	
3	EXT_BATT	外接电池	13	OPTION1	
4	USB+_UTXD	USB发射数据	14	OPTION2	
5	USB+_RDUX	USB发射数据	15	CE_AUDIO_OUT	音频片选信号输出
6	USB_PWR	USB供电	16	CE_AUDIO_IN	音频片选信号输入
7	SW_B+	外接电源开关信号	17	GND	
8	UCTS	USB发送清除信号	18	GND	
9	UDCD	USB数据载波检测	19	GND	
10	URI	USB读入信号	20	GND	

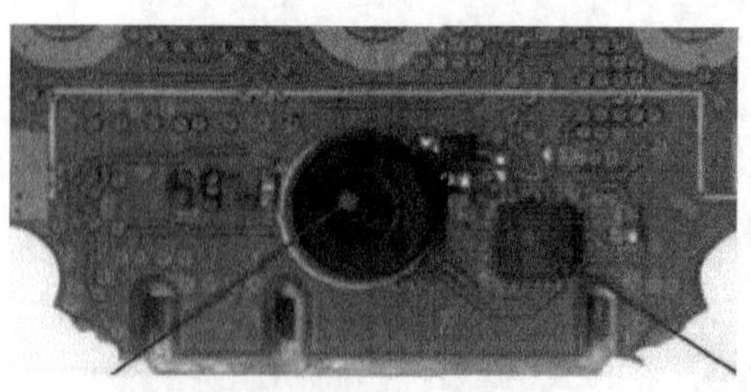

图4-33 EMIF11 USB接口IC实物图

4.9.4 手机FM收音机电路的故障分析与维修

目前带有FM收音机功能的手机较多，在诺基亚系列中常出现两种型号的调频收音机

TEA5757HN 和 HEA5767HN。下面以 TEA5757HN 调频收音 IC 作介绍。N8310 调频收音机受 CPU 控制，是经过数据、时钟读写三总线受 CPU 控制，音频放大后经电源 IC 内放大输出；调频收音电路供电来自电源管理集成芯片供电。TEA5757HN 高频收音机N365(N8310)电路测试点如图 4-34 所示。

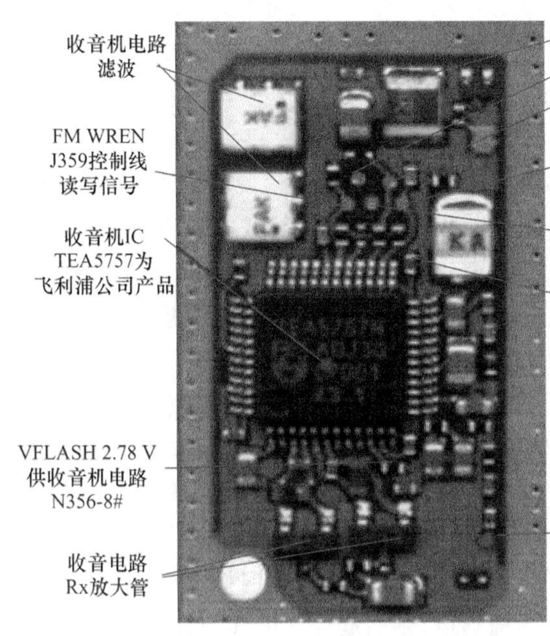

图 4-34　TEA5757HN 高频收音机 N365(N8310)电路测试点图

如 N8310 调频收音 IC 损坏，可与 N5510、N6500、N6510 手机的更换，它们都是同型号的。而 TEA5767HN 型号，它应用在诺基亚 N7210、N3300、N6610 手机中，它们之间也可互换。

4.9.5　手机电路板两种特殊故障的维修

1. 进水手机电路板的维修

由于手机在使用过程中容易受潮或进水，并且其内部电路的集成度高、工作的频段高(900 MHz 或 1 800 MHz 左右)，所以当手机进水后，一方面由于水中可能有多种杂质和电解质，造成电路板污损或电路发生故障，特别是当手机进水后，未经清洗和干燥处理，就直接加电开机，极易导致手机电路板上的集成电路和供电电路发生故障；另一方面，当进水手机的水分挥发后，电路板上可能会留下多种杂质和电解质，会直接改变电路板在设计时的各项分布参数，导致性能、指标下降。

进水的手机最常出现的故障是断线，断线的地方通常有 3 类：一类是供电线路易断，因为供电线路是大电流工作的地方，进水后，若手机线路板未能及时进行处理，开机时，供电线路容易短路而烧断；另一类是线路板穿孔处，因为穿孔处易于堆积腐蚀物而不易清除，天长日久，最易腐烂断线；三是集成电路及小元件(如电阻、电容)也最易腐蚀。

因此，当手机进水后，电路板要经过正确的处理，才能将手机修复。

对于进水手机的电路板，首先，要放在超声波清洗器中进行清洗，清洗液可用无水酒精，利用超声波的振动把电路板以及集成电路模块底部的各种杂质和电解质清理干净；其次，对于浸水时间长的手机线路板，清洗后必须干燥处理。因为浸水时间较长，水分可能已进入电路板内层，这时若用简单的清洗方法，不一定能将电路板内层的水分完全排除出来。这时候就需要把电路板浸泡在无水酒精里，而且浸泡的时间要足够长(一般在 24～36 小时)，利用无水酒精的吸水性，使水分和无水酒精完全混合；然后把电路板取出吹干，置电路板于干燥处，干燥 24 小时后，就基本排除电路板内层的水分。

2. 铜箔脱落电路板的维修

在维修手机的过程中，维修人员经常会遇到电路板铜箔脱落的现象，究其原因有两个：一是维修人员在焊接元器件或集成电路时，由于技术不熟练或方法不当将铜箔带下；二是落水受腐蚀的手机电路板，在用超声波清洗器进行清洗时，将部分电路板铜箔洗掉。针对这种情况，如何快速有效地使铜箔连线复原呢？下面介绍几种常见的补救方法。

(1) 查找资料对照。查有关资料，看脱落铜箔所在引脚与哪一元器件的引脚相连，找到后，用漆包线将两脚相连即可。由于目前新式机型发展较快，维修资料相对滞后，且很多手机的维修资料错误较多，与实物比较也有一定差异，所以此法在实际应用中受到一定的限制。

(2) 用万用表查找。在没有资料的情况下，可用万用表进行查找。方法是，将数字万用表的挡位置于蜂鸣器挡(也有为二极管挡)，用一只表笔点触铜箔脱落的引脚，另一只表笔则在电路板上可能相连通处划动，若听到蜂鸣声，则引起蜂鸣的那一处与铜箔脱落处引脚是相通的，这时，可取长度适中的漆包线，将两处连接即可。

(3) 重新补焊。若以上两法无效，则有可能此脚是空脚。但若不是空脚，又找不出铜箔脱落处引脚与哪一元器件引脚相连时，可用刀片轻轻刮电路板铜箔脱落处，刮出新铜箔后，可用烙铁沾锡轻轻将其与脱焊引脚焊上即可。

(4) 对照法。在有条件的情况下，最好找一块同类型的正常手机的电路板进行比较，测出正常手机相应点的连接处，再对照着连接脱落故障的铜箔。

3. 手机电路板两种特殊故障维修实训

(1) 实训目的

1) 掌握进水手机电路板的处理方法。

2) 掌握电路板铜箔脱落故障的处理方法。

3) 熟悉超声波清洗器和万用表的使用。

(2) 实训器材与工作环境

1) 进水手机电路板若干、铜箔脱落的电路板若干、常见手机元器件若干。

2) 手机维修专用直流稳压电源一台、电源转换接口一套。

3) 万用表一块、示波器一台、频率计一台、超声波清洗器一台。

4) 电脑、万用编程器及相应的适配器、各类软件维修仪及相应的数据线等。

5) 常用维修工具一套。

6) 常用手机电路原理框图、电路原理图和手机机板实物彩图等资料。

7）建立一个良好的工作环境。

（3）实训内容

请指导教师根据实验室的条件，选择合适的电路板指导学生练习。

1）进水手机电路板故障的维修实训。

2）电路板铜箔脱落故障的维修实训。

（4）注意事项

使用超声波清洗器时应注意以下几方面。

1）清洗液的选择。一般容器内放入无水酒精，其他清洗液如天那水易腐蚀清洗器。

2）清洗故障电路板时，应先将容易被清洗液损坏的元器件摘下，如受话器、送话器、显示屏、振子和振铃等。

3）清洗液放入要适量。

4）适当选择清洗时间。连接脱落铜箔时要注意，应该清楚被连接的部分是射频电路还是逻辑电路，一般来讲，逻辑电路的铜箔断点用漆包线连接不会产生副作用，而射频部分信号频率较高，连接一根导线，对其分布参数影响较大，因此，在射频部分一般不能轻易连线，即使要连线，也应尽量短。

（5）实训报告

根据实训内容，完成手机电路板两种特殊故障维修实训报告。

4.10　习题四

一、填空题

1. 按引起手机故障的原因分类，手机故障可以分为________、________和________。

2. 手机的故障按性质不同，可分________故障和________故障。

3. 手机状态可分为________状态、________状态、________状态3种。

4. 手机的供电方式，常见有________供电、________供电以及________三种。

5. 手机键盘电路的常用检查方法是________法和________法。

6. 手机显示器正常显示的条件是：显示屏上的所有像素都能________、显示屏上的所有像素都能________、显示屏要有合适的________。

7. 电压测量法主要测量手机的________供电、________供电、________供电、________供电是否正常。

8、处理软件故障的一般方法是：________、________、________、________。

二、判断题

1. 虚焊是指手机元器件引脚与印制电路板接触不良。（　）

2. 补焊是指对元器件虚焊的引脚重新加锡焊上的过程。（　）

3. 在手机的屏幕上显示“插SIM卡”“检查SIM卡”或“SIM卡有误”“SIM卡已锁”等均属不识卡。（　）

4. 手机故障检修的基本原则之一是：先检查机外，再检查机内。（　）

5. 对手机进行拆装、焊接元器件之前不用关断电源。（　）

6. 手机故障检修前必须接上天线或假负载。（ ）
7. 用触摸法检查手机贴片元件时应注意防静电。（ ）
8. 在射频电路上可以用飞线法排除断线故障。（ ）

三、选择题

1. 卡座与 SIM 卡接触的弹簧片如果变形，会导致（ ）故障。

A. SIM 卡　B. SD 卡　C. USB 接口　D. GPS 接口

2. 以下手机故障检修的基本原则正确的是（ ）。

A. 先进行维修，再清洗、补焊　B. 先进行动态检查，再进行静态检查
C. 先检查供电电源，再检查其他电路　D. 先检查复杂故障，再检查简单故障

3. 按手机开机键时电流表无任何电流，故障原因是（ ）。

A. 开机信号断路或电源 IC 不工作　B. 射频电路不工作
C. 电源部分有元器件短路　D. 功放部分有元器件损坏

4. 手机通电就有几十毫安左右漏电流（不按开机键），故障原因是（ ）。

A. 开机信号断路或电源 IC 不工作　B. 射频电路不工作
C. 电源部分有元器件短路　D. 功放部分有元器件损坏

5. 按开机键时电流表指针瞬间达到最大，故障原因是（ ）。

A. 开机信号断路或电源 IC 不工作　B. 射频电路不工作
C. 电源部分有元器件短路　D. 功放部分有元器件损坏

6. 用按压法检查手机 IC 不正确的操作是（ ）。

A. 用手直接按压 IC　B. 戴手套后按压 IC
C. 戴防静电手套后按压 IC　D. 手拿橡皮按压 IC

7. 用跨接电容法检查高频滤波器好坏时，跨接电容可用（ ）左右电容代替。

A. 33 pF　B. 200 pF　C. 0.01 μF　D. 1 μF

8. 下面说法不正确的是（ ）。

A. PSOP 封装的 IC 容易脱焊
B. 主板薄的手机其反面的元器件易出现虚焊
C. 内联座结构的排插易出现接触不良
D. 阻值大的电容和阻值小的电阻容易损坏

四、简答题

1. 简述手机故障分类。
2. 手机的常见故障有哪些？
3. 列出手机维修常用的方法，并分别简述它们。
4. 手机软件故障的实质是什么？
5. 手机软件故障的常用维修方法有哪几种？请分别简述它们。
6. 简述手机的易损部位和手机结构的薄弱点。
7. 水货手机与山寨手机的识别方法是什么？
8. 如何用简易的方法启动手机的发射电路？
9. 什么是手机的指令秘技？
10. 简述摩托罗拉手机维修卡的类型和作用。

11. 如何在未拆机之前,对手机不开机故障进行简单的故障定位?请具体分析。
12. 引起手机不开机的原因有哪些?
13. 请叙述手机不开机故障的检修思路。
14. 对不发射故障应重点检查哪几部分电路?
15. 用哪些方法可以检查和判断语音处理电路是否正常?
16. 如何简单判断受话器本身是否有故障?
17. 什么是SIM卡?什么是UIM卡?什么是PIN码?
18. 如何检修手机SIM卡故障?
19. 手机出现不入网故障,故障原因有哪些?
20. 手机功放电路不正常,应如何进行检测?
21. 手机出现送话无声,应如何进行检修?
22. 用哪些方法可以检查和判断语音处理电路是否正常?
23. 手机显示屏出现"请插入SIM卡"的显示时,应如何进行故障的检测?

参考文献

[1] 董兵．手机检测与维修[M]. 北京:北京邮电大学出版社,2010.

[2] 董兵．手机检测与维修实训指导书[M]. 北京:北京邮电大学出版社,2013.

[3] 陈子聪．手机原理及维修教程[M]. 北京:机械工业出版社,2007.

[4] 刘建清．GSM手机维修基础经典教程[M]. 北京:人民邮电出版社,2007.

[5] 张兴伟．精解摩托罗拉手机电路原理与维修技术[M]. 北京:人民邮电出版社,2007.

[6] 张兴伟．彩屏手机电路原理与维修[M]. 北京:人民邮电出版社,2003.

[7] 张兴伟．彩信手机电路原理与维修(一)[M]. 北京:人民邮电出版社,2004.

[8] 张兴伟．彩信手机电路原理与维修(二)[M]. 北京:人民邮电出版社,2004.

[9] 谭本忠．双屏手机工作原理与故障分析[M]. 长沙:湖南电子音像出版社,2001.

[10] 陈良．手机原理与维护[M]. 西安:西安电子科技大学出版社,2004.

[11] 金明,陈子聪．电话机和手机维修实训教程[M]. 南京:东南大学出版社,2004.

[12] 张兴伟．常用手机射频维修软件使用手册[M]. 北京:人民邮电出版社,2006.

[13] 李波勇．手机维修软件的使用与操作[M]. 北京:国防工业出版社,2008.

[14] 文恺．手机维修从入门到精通[M]. 北京:人民邮电出版社,2011.

[15] 韩雪涛．智能手机维修就这几招[M]. 北京:人民邮电出版社,2013.

附　　录

附录 A　手机电路中的常用英文缩写

手机电路中各种英文缩写很多，掌握了解这些缩写对我们分析电路帮助很大。例如，AFC 信号在手机电路中是控制基准频率时钟电路的，那么在一张新手机图纸中，只要看到有 AFC 字样，就可以断定该信号线所接的是基准频率时钟电路。以下列出的是手机电路中出现的英文缩写及释文。

A

A/DC：模/数转换。

AC：交流。

ADDRESS：地址。

AF：音频。

AFC：自动频率控制，控制基准频率时钟电路。在 GSM 手机电路中，只要看到 AFC 字样，则马上可以断定该信号线所控制的是 13 MHz 电路。该信号不正常则可能导致手机不能进入服务状态，严重的导致手机不开机。

AGC：自动增益控制。该信号通常出现在接收机电路的低噪声放大器，被用来控制接收机前端放大器在不同强度信号时给后级电路提供一个比较稳定的信号。

ALERT：振铃。

AMP：放大器。常用于手机的电路框图中。

ANT：天线。用来将高频电磁波转化为高频电流或将高频信号电流转化为高频电磁波。

AOC：自动功率控制。通常出现在手机发射机的功率放大器部分（以摩托罗拉手机比较常用）。

ASIC：专用集成电路。在手机电路中，它通常包含多个功能电路，提供许多接口，主要完成手机的各种控制。

B

B+：电源。

BAND：频段。

BAND-SELECT：频段选择。只出现在双频手机或三频手机电路中。该信号控制手机的频段切换。

BATT：电池电压。

BIAS:偏压。常出现在诺基亚手机电路中,被用来控制功率放大器或其他相应的电路。

BSI:电池类型信号线。

BUFFER:缓冲放大器。常出现在 VCO 电路的输出。

BUS:通信总线。

BUZZ:蜂鸣器。一般只出现在铃声电路。

C

CDMA:码分多址。多址接入技术的一种,CDMA 通信系统容量比 GSM 更大,其微蜂窝更小,CDMA 手机所需的电源消耗更小,所以 CDMA 手机待机时间更长。

CHARG+:充电电源正端。

CHARG-:充电电源负端。

CLK:时钟。CLK 出现在不同的地方起的作用不同,若在逻辑电路,则它与手机的开机有很大的关系;若在 SIM 卡电路,则可能导致 SIM 卡故障。

CODEC:编码器。

COL:列地址线。出现在手机的按键电路。

CPU:中央处理器。只出现在手机的逻辑电路,完成手机的多种控制。

D

D/AC:数/模转换。

DATA:数据。

DC:直流。

DCS:数字通信系统。工作在 1 800 MHz 频段。该系统的使用频率比 GSM 更大,也是数字通信系统的一种,它是 GSM 的衍生物。DCS 的很多技术与 GSM 是一样的。

DEMOD:调制解调器。

DET:检测。

DM-CS:片选信号。摩托罗拉手机专用,该信号用来控制发射机电路中的 MCDEM、发射变换模块及发射 VCO 电路,无论是 GSM328、GSM87 手机还是 CD928、V998 手机,都是如此。

DSP:数字信号处理器。

DUPLEX:双工器。它包含接收与发射射频滤波器,处于天线与射频电路之间。

E

EAR:听筒。又称为受话器、喇叭、扬声器。它所接的是接收音频电路。

EEPROM:电可擦只读存储器。在手机中用来存储手机运行的软件。如它损坏,会导致手机不开机、软件故障。

EXT:外接。

F

FILTER:滤波器。有时用 FL 表示。滤波器有射频滤波器、中频滤波器、高通滤波器、低通滤波器、带通滤波器、带阻滤波器等。按材料,又有陶瓷滤波器、晶体滤波器等。

FLASH:闪烁存储器。一种存储器,在手机电路中用来存储字库等。

G

GND:地线。手机机板上,大片的铜箔都是地线。

GMSK：高斯滤波最小频移键控。一种数字调制方法，900 MHz 及 1 800 MHz 系统都使用这种方式。

GSM：全球移动通信系统。最早被称为泛欧通信系统，由于后来使用该技术标准的国家与地区越来越多，被称为全球通。

H

HOOK：外接免提状态。

HRF：高通滤波器。

I

I/O：输入输出端口。

IF：中频。中频有接收中频，即 RXIF，有发射中频，即 TXIF。中频都是固定不变的。接收中频来自接收机电路中的混频器，要到解调器去还原出接收数据信号；发射中频来自发射中频 VCO，被用于发射 I/Q 调制器作载波。在接收机，第二中频频率总是比第一中频频率低。

IFVCO：第二中频 VCO。用于接收机的第二混频器或发射机的 I/Q 调制器。与后面的 VHFVCO 作用一样，只要看到 IFVCO 或 VHFVCO，就可以断定这种手机的接收机是超外差二次变频接收机，有两个中频。

IMEI：国际移动设备代码。该号码是唯一的，作为手机的识别码。

J

JTCK：测试用时钟信号。

K

KEYBOARD：键盘

KBLIGHTS：键盘背景灯控制。

L

LCD：液晶显示器。用来显示一些手机信息。目前手机所使用的 LCD 基本上都是图形化的 LCD，可以显示图形。

LED：发光二极管。早期的手机通常使用 LED 显示，特别是摩托罗拉手机，LED 显示器耗电，且不能显示图形，在手机电路中，已被 LCD 替代。

LNA：低噪声放大器。接收机的第一级放大器，用来对手机接收到的微弱信号放大。若该电路出现故障，手机会出现接收差或手机上网的故障。

LOGIC：逻辑。

LPF：低通滤波器。多出现在混频合成环路。它滤除鉴相器输出中的高频成分，防止这个高频成分干扰 VCO 的工作。

M

MAINVCO：主振荡器。摩托罗拉手机专用，该信号用于接收机的第一混频器及发射变换模块。

MCLK：主时钟。该信号是给逻辑电路提供时钟信号。

MIC：送话器。是一个声电转换器件，它将话音信号转化为模拟的电信号。

MIX：混频器。在手机电路中，通常是指接收机的混频器。混频器是超外差接收机的核心部件，它将接收到的高频信号变换成为频率比较低的中频信号。混频器有两个信号输入端，一个信号输出端。两个输入信号是射频信号与本机振荡信号（UHFVCO、RXVCO、RFVCO 或 MAINVCO）或一中频与第二本机振荡信号（IFVCO、VHFVCO）。

MOD：调制。出现在手机的发射机电路。手机发射机的调制有几次：一次是 GMSK 调制，通过这个处理，用不同模拟信号来表示二进制的信息，是一个数字调制过程；第二次是 GMSK 调制，处理后的发射基带信号（TXI/Q）在射频电路中的 TXI/Q 调制器去调制发射中频；一些厂家的手机在中频调制后，再进行一次变换，将已调的发射中频信号转化成一个包含发送数据的脉动直流信号，再用这个信号去调制 TXVCO。摩托罗拉手机、爱立信手机基本上也采用这种模式。

MODEM：调制解调器。摩托罗拉手机使用，是逻辑射频接口电路。它提供 AFC、AOC 及 GMSK 调制解调等。

MUTE：静音。

N

NC：悬空，不接。

NEG：负压。

O

ON/OFF：开关控制。

OSC：振荡器。

P

PA：功率放大器，在发射电路的末级电路。

PAC：功率控制。

PCB：印制板电路。手机电路中使用的都是多层板。

PCM：脉冲编码调制。

PCMDCLK：脉冲编码采样时钟。

PCMTXDATA：脉冲编码发送数据。

PCN：个人通信网络。数字通信系统的一种，不过其称谓还不大统一，在一些书上叫 PCS。

PCS：个人通信网络。

PD：鉴相器。通常用在锁相环中，是一个信号相位比较器，它将信号相位的变化转化为电压的变化，我们把这个电压称为相差电信号。频率合成器中 PD 的输出就是 VCO 的控制信号。

PLL：锁相环。常用于控制及频率合成电路。

PURX：复位。常见于诺基亚手机电路。

PWM：脉冲宽度调制，被用来进行充电控制。常见于诺基亚手机充电控制电路。

PWRLEV：功率电平。

Q

Q：正交支路。

R

RAM：随机存取存储器。

REF：参考、基准。

RF:射频。

RFC:射频时钟。

RFI:逻辑射频接口电路,常见于诺基亚手机电路。

RFVCO:射频 VCO,用于接收机第一混频器及发射机电路,常见于三星手机电路中。

ROW:行地址。通常出现在手机按键电路中。

RSSI:接收信号强度指示。

RST:复位。

RX:接收。

RXEN:接收使能(启动)。在手机待机状态下(即手机开机,但不进行通话),该信号是一个符合 TDMA 规则的脉冲信号。若逻辑电路无此信号输出,手机接收不能正常工作。

RXI/Q:接收解调信号。在待机状态下,用示波器也可测到此信号,若手机无此信号,手机不能上网。

RXON:接收启动,见 RXEN。

RXPWR:接收电源控制。常见于诺基亚手机电路。

RXVCO:接收 VCO,常用于接收机第一混频器。

S

SAMPLE:采样。常出现在 VCO 的输出端及功率放大器的输出端。

SAW:声表面波滤波器。

SF_OUT:超线性滤波电压。摩托罗拉手机专用,是一个稳压电源输出,给 VCO 供电。

SIMCARDCLK:SIM 卡时钟,为 3.25 MHz。

SIMCARDPWR:SIM 卡电源或 SIM 卡电源控制。

SIMCARDDRSTX:SIM 卡复位。

SIMDET:SIM 检测。

SLEEPCLK:睡眠时钟。常见于诺基亚手机,若该信号不正常,手机不能关机。

SPK:受话器、听筒。参见 EAR。

SPI:外接串行接口。

SW:开关。

SYNCLK:频率合成时钟。

SYNDATA:频率合成数据。

SYNEN:频率合成使能。

SYNSTR:频率合成启动。

SYNPWR:频率合成电源控制。

T

TDMA:时分多址。一种多址接入技术,以不同的时间段来区分用户。

TEMP:电池温度检测端。

TXEN:发射使能、启动。当该信号有效时,发射机电路开始工作。

TXI/Q:发射数据。

TXON:发射启动。参见 TXEN。

TXPWR:发射电源控制。诺基亚手机电路比较常用。

U

UHFVCO:射频 VCO。

UPDATA:升级。

UI:用户接口。

V

VBATT:电池电压。

VCO:压控振荡器。该电路将控制信号的变化转化为频率的变化,是锁相环的核心器件。

VCXOPWR:13 MHz 电路控制。诺基亚手机专有名词。该信号线路故障会导致手机不开机。

VHFVCO:第二本振 VCO。

VREF:参考电压。

VRX:接收机电源。诺基亚手机电路比较常用。

VSYN:频率合成电源。

VTX:发射机电源。

W

WATCH DOG:看门狗(信号)。

WCDMA:宽带码分多址。

X

XVCC:射频供电。

Y

Y:输出。

YS:选通输出。

Z

ZO:零点。

附录B 诺基亚1116手机电路图

Service Schematics

NOKIA 1110/1600

RH-70/RH-64

Introduction

IMPORTANT:

This document is intended for use by authorized NOKIA service centers only.

"Service Schematics" was created with focus on customer care.
The purpose of this document is to provide further technical repair information for NOKIA mobile phones on Level 3/4 service activities.
It contains additional information such as e.g. "Component finder", "Frequency band table" or "Antenna switch table".
The "Signal overview" page gives a good and fast overview about the most important signals and voltages on board.
Saving process time and improving the repair quality is the aim of this document.
It is to be used additionally to the service manual and other training or service information such as Service Bulletins.

All measurements were made using following equipment:

Nokia repair SW	: Phoenix version 2005.12.5.90
Oscilloscope	: Fluke PM 3380A/B
Spectrum Analyzer	: Advantest R3162 with an analog probe
RF-Generator / GSM Tester	: Rhode & Schwarz CMU 200
Multimeter	: Fluke 73 Series II

While every endeavour has been made to ensure the accuracy of this document, some errors may exist. If the reader finds any errors, NOKIA should be notified in writing.

Please send E-Mail to: training.sace@nokia.com

Table of Contents	Page

Exploded view and component disposal

A-COVER I001
KEYMAT I002
6 X SCREWS T6+ I003
LCD SHIELDING I004
LCD MODULE I006
ACOUSTIC CHANNEL I005
LIGHT GUIDE ASSY I007
DOMESHEET I008
ENGINE MODULE (NOT SUPPLIED) I009
FEM SHIELDING LID I012
RF SHIELDING LID I011
BB SHIELDING LID ASSY I010
SIM LID (A2) I016 ✱
ANTENNA (A1) ✱ I013
IHF (A1) ✱ I014
MICROPHONE (A2) I017
EASY FLASH CONNECTOR CAP I022
EASY FLASH CONNECTOR (A2) I018
D-COVER (LEVEL 3/4 ONLY) (A2) ✱ I019
RELEASE BUTTON (A2) I015 ✱
TYPE LABEL (LEVEL 3/4 ONLY) I020
B-COVER I021

A1= ANTENNA IHF ASSY
A2= D-COVER ASSY
✱ = ONLY AVAILABLE AS ASSEMBLY

ELECTRO SILICONE METAL PLASTIC PWB COVER

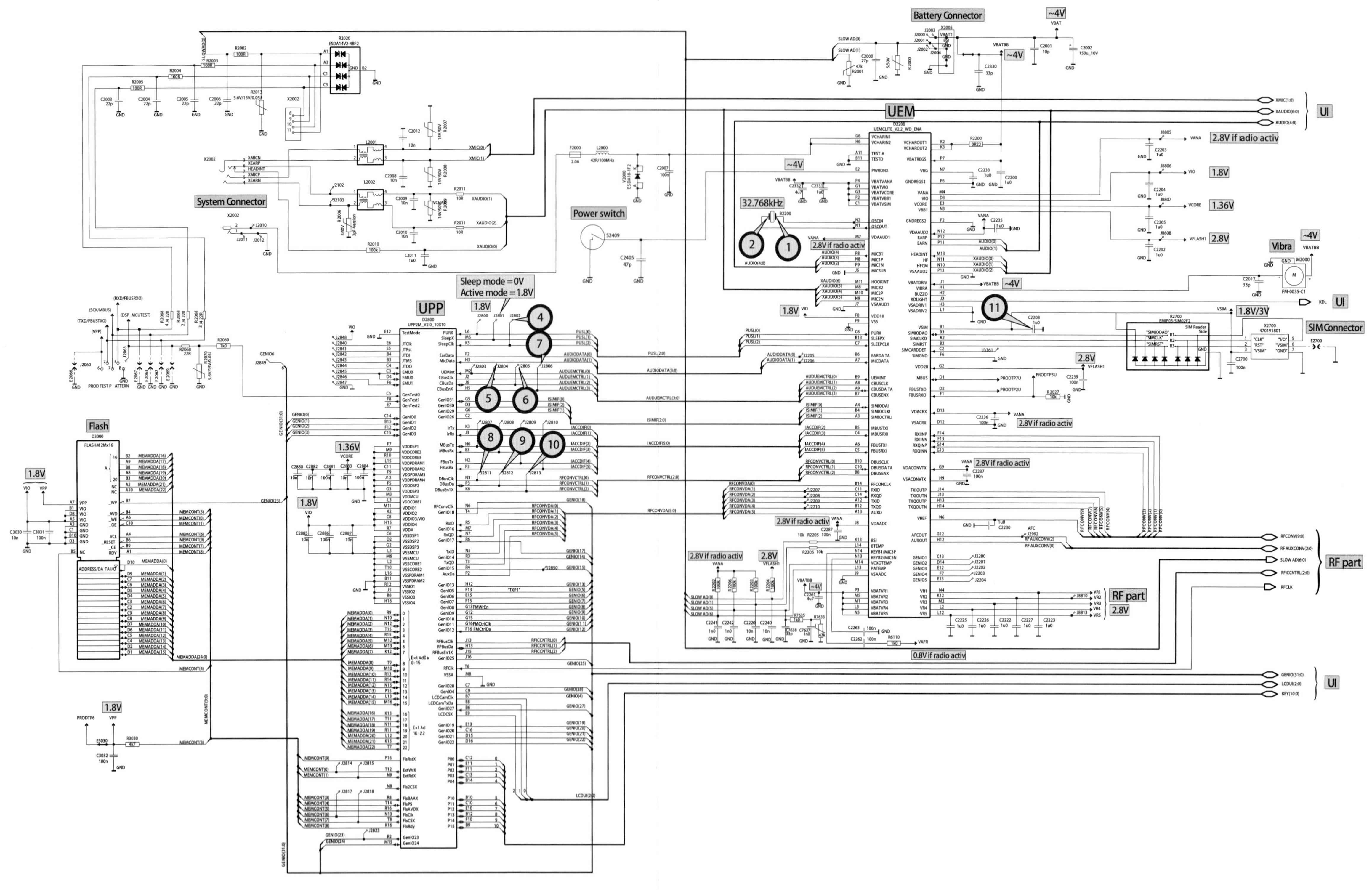

诺基亚1116电源、音频、CPU、存储电路图

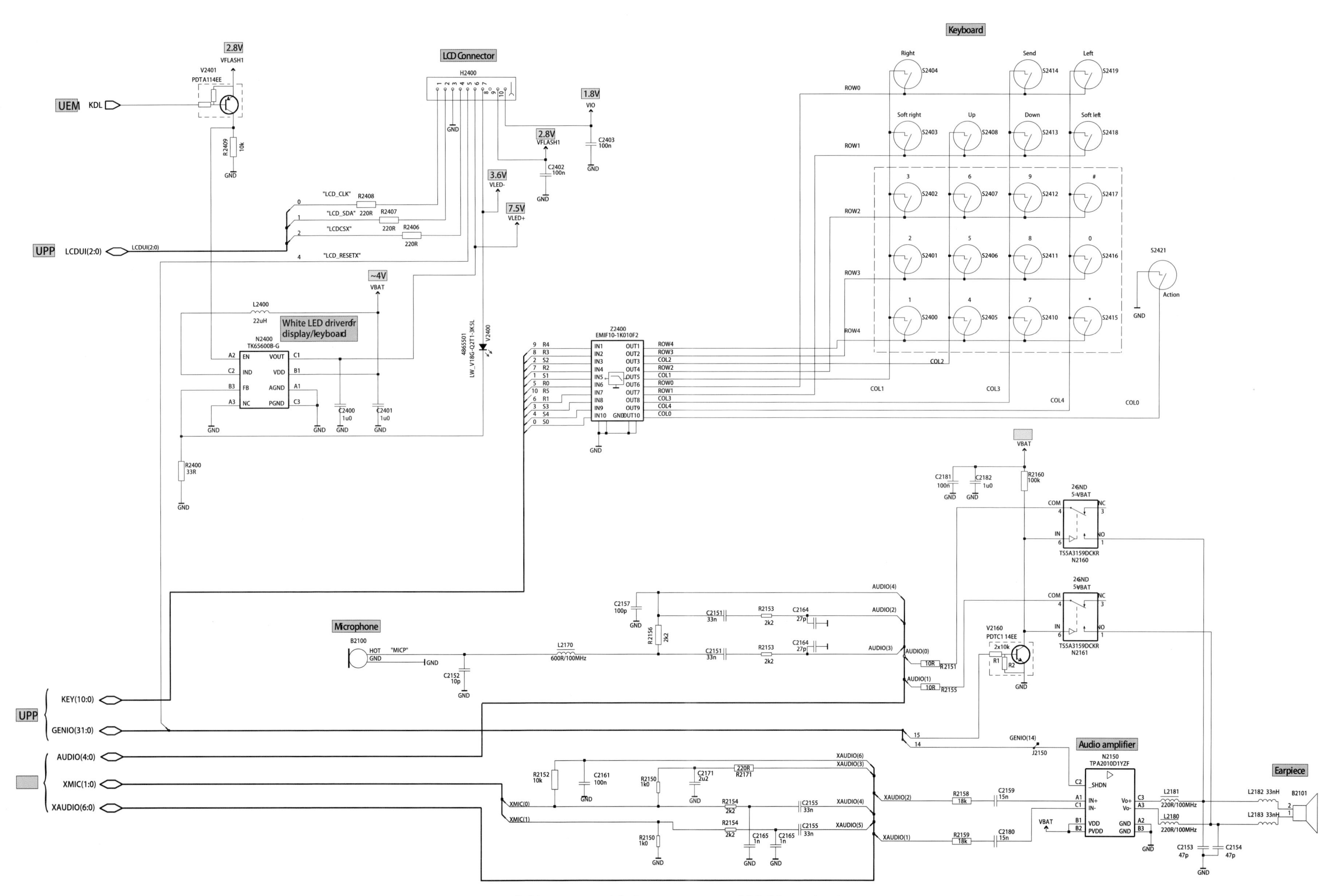

诺基亚1116键盘、显示、听筒接口电路图

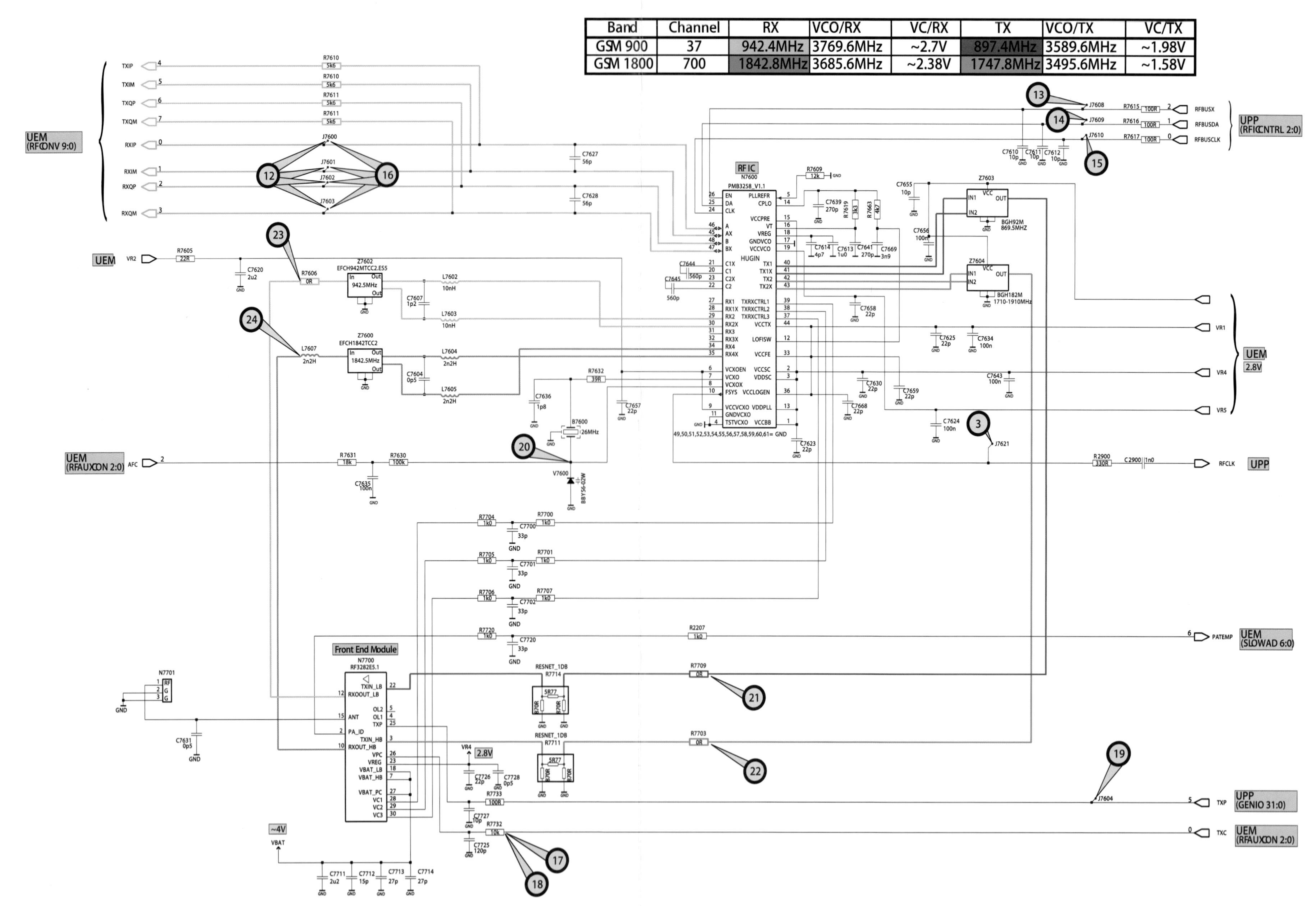

Band	Channel	RX	VCO/RX	VC/RX	TX	VCO/TX	VC/TX
GSM 900	37	942.4MHz	3769.6MHz	~2.7V	897.4MHz	3589.6MHz	~1.98V
GSM 1800	700	1842.8MHz	3685.6MHz	~2.38V	1747.8MHz	3495.6MHz	~1.58V

诺基亚1116射频电路图

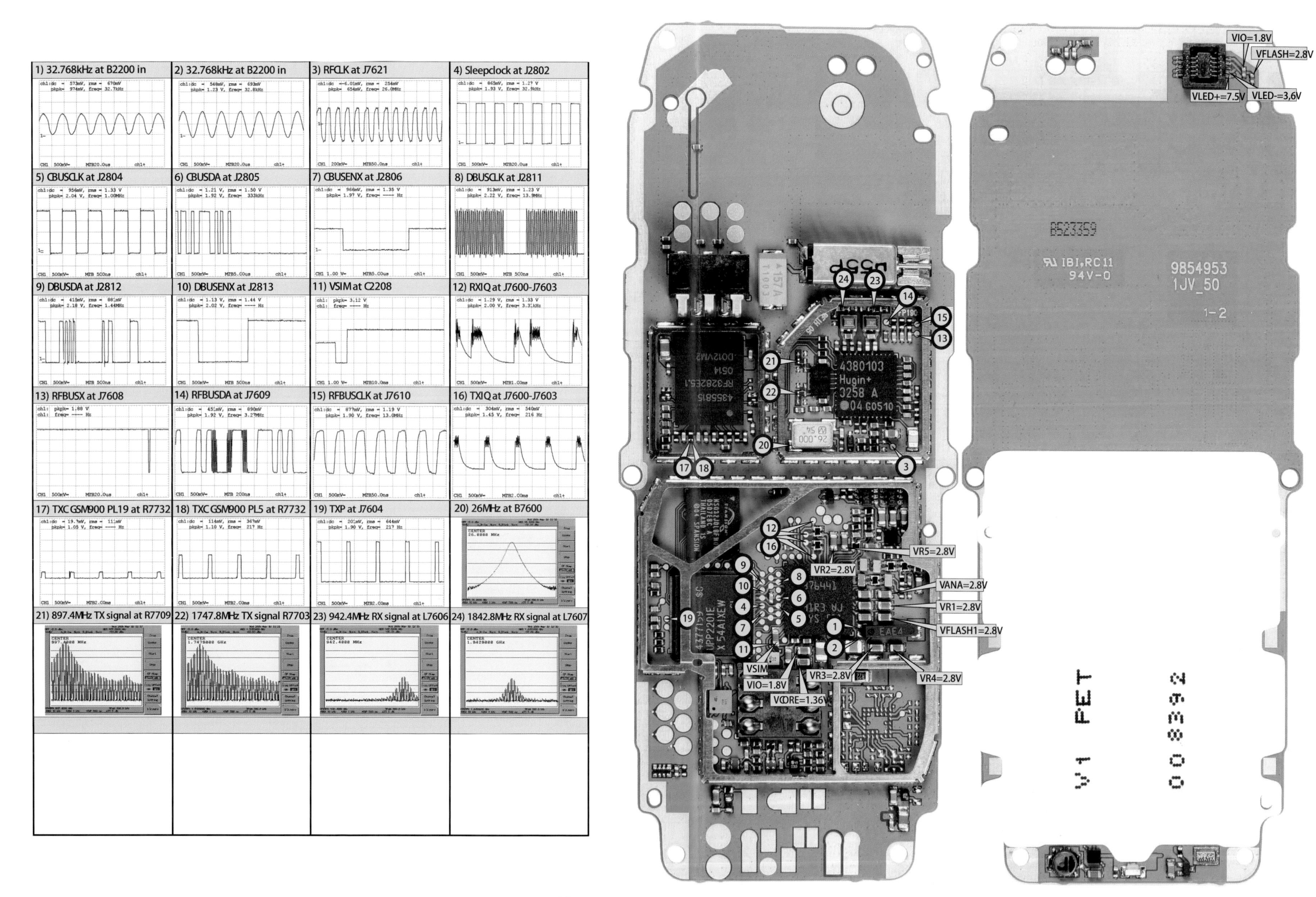

诺基亚1116主板信号测试彩图

B		C2239	P5	C7644	J7	J2207	N4	J8808	M6	R2154	N7	V	
B2200	O7	C2240	M6	C7645	I7	J2208	N4	J8810	M6	R2155	L6	V2000	S7
B7600	K5	C2241	M6	C7655	I5	J2209	N4	J8813	M6	R2156	O7	V2160	L6
C		C2242	M6	C7656	J5	J2210	N4	L		R2158	N7	V2400	U5
C2000	G3	C2261	P6	C7657	K7	J2800	N4	L2000	T7	R2159	N7	V2401	U3
C2001	G2	C2287	M5	C7658	J7	J2801	N4	L2001	R3	R2160	L6	V7600	K6
C2002	G4	C2330	G2	C7659	I6	J2802	O4	L2002	R4	R2171	N8	X	
C2003	S5	C2331	P5	C7668	I6	J2803	N4	L2170	S3	R2200	P6	X2005	G3
C2004	R5	C2332	P5	C7669	K8	J2804	O4	L2180	M7	R2202	M7	X2060	T3
C2005	R5	C2400	U4	C7700	K3	J2805	O4	L2181	M7	R2203	M7	X2700	Q4
C2006	R5	C2401	U6	C7701	K3	J2806	O4	L2182	B6	R2204	M6	Z	
C2007	S7	C2402	C2	C7702	K4	J2807	O4	L2183	B6	R2205	M6	Z2400	Q3
C2008	R4	C2403	C2	C7711	I2	J2808	O4	L2400	U6	R2206	M7	Z7600	H6
C2009	R4	C2405	P5	C7712	I4	J2809	O4	L7602	I7	R2207	L4	Z7602	H7
C2010	R5	C2700	R4	C7713	I2	J2810	O4	L7603	I7	R2400	U5	Z7603	J5
C2011	S3	C2880	O4	C7714	K3	J2811	N4	L7604	I6	R2406	O2	Z7604	J5
C2012	R4	C2881	P3	C7720	K4	J2812	N4	L7605	I6	R2407	P2		
C2013	R3	C2882	P3	C7725	K3	J2813	N4	L7607	H6	R2408	P2		
C2017	G5	C2883	O2	C7726	J2	J2814	N3	M		R2409	T4		
C2151	N7	C2884	O2	C7727	K2	J2815	N3	M2000	G6	R2700	P4		
C2152	S3	C2885	P3	C7728	K2	J2817	N3	N		R2900	K7		
C2153	B6	C2886	P3	D		J2818	N3	N2150	M7	R3030	O2		
C2154	B7	C2887	O2	D2200	O5	J2823	N4	N2160	L7	R7605	K7		
C2155	N6	C2900	K7	D2800	O3	J2840	P4	N2161	L7	R7606	H7		
C2157	O8	C3030	N2	D3000	M3	J2841	P4	N2400	T6	R7609	K6		
C2159	N7	C3031	N2	F		J2842	P4	N7600	J7	R7610	M5		
C2161	N8	C3032	N2	F2000	T7	J2843	P4	N7700	J3	R7611	M5		
C2164	N6	C7604	I6	H		J2844	P4	R		R7615	H8		
C2165	N7	C7607	I7	H2400	C3	J2845	P4	R2000	G3	R7616	H7		
C2171	N8	C7610	I8	J		J2846	P4	R2001	Q3	R7617	H7		
C2180	N7	C7611	I7	J2000	F2	J2847	O4	R2002	R5	R7619	J8		
C2181	M7	C7612	I7	J2001	F3	J2848	O2	R2003	R5	R7630	K6		
C2182	M7	C7613	I7	J2002	F3	J2849	O2	R2004	R5	R7631	K7		
C2200	O7	C7614	J7	J2003	F2	J2850	M4	R2005	S5	R7632	K6		
C2202	O7	C7620	K7	J2004	F3	J2992	M5	R2006	R5	R7633	K2		
C2203	O7	C7623	J7	J2010	T6	J3361	P5	R2007	R4	R7635	K2		
C2204	P5	C7624	J8	J2011	U4	J6161	Q7	R2008	S4	R7663	K8		
C2205	P5	C7625	J6	J2012	T6	J6162	Q7	R2009	R4	R7700	I5		
C2208	P4	C7627	J5	J2060	Q2	J7600	M5	R2010	S3	R7701	I5		
C2220	M7	C7628	J5	J2063	Q2	J7601	M5	R2011	R4	R7703	J5		
C2222	P7	C7630	K6	J2102	T4	J7602	M5	R2013	R5	R7704	K3		
C2223	O7	C7631	D3	J2103	S4	J7603	N5	R2020	R5	R7705	K3		
C2225	M6	C7634	I7	J2150	N4	J7604	O2	R2027	R5	R7706	K3		
C2226	P7	C7635	K6	J2200	N5	J7608	I8	R2068	S2	R7707	I5		
C2227	M6	C7636	K6	J2201	N5	J7609	H7	R2069	S2	R7709	I5		
C2230	O7	C7637	K2	J2202	N5	J7610	H8	R2070	S2	R7711	J4		
C2233	O7	C7638	K2	J2203	N4	J7621	K7	R2150	N7	R7714	J2		
C2235	M7	C7639	J7	J2204	M5	J8805	M5	R2151	M7	R7720	K4		
C2236	M5	C7641	J7	J2205	O4	J8806	N2	R2152	N7	R7732	K2		
C2237	M5	C7643	K6	J2206	O4	J8807	O4	R2153	N7	R7733	K2		

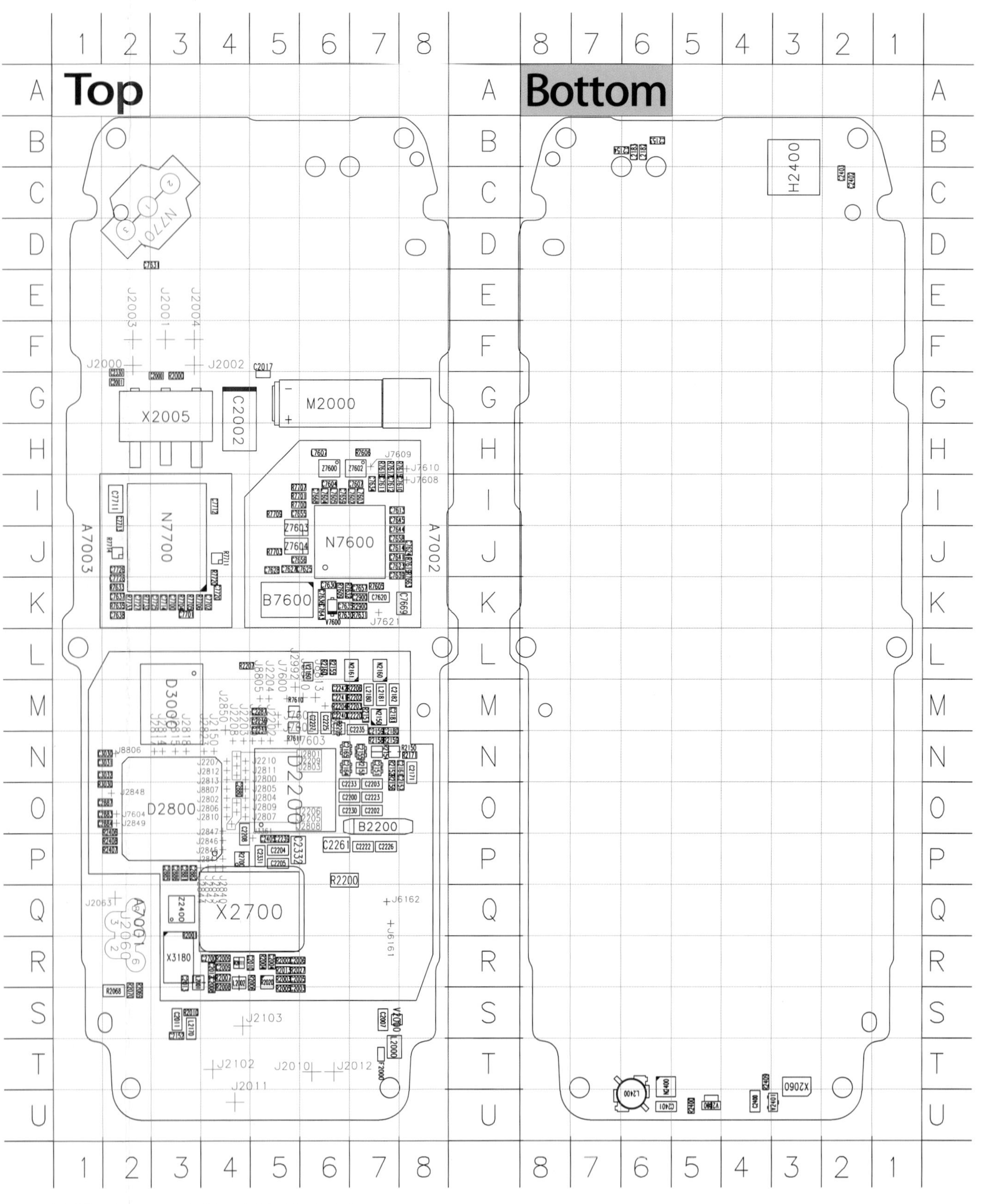

诺基亚1116主板元件分布图